U0322464

地理信息科学系列

农作物类型遥感识别方法与应用

Identification Methods and Applications of Crop Types by Remote Sensing

朱秀芳　张锦水　潘耀忠　等著

高等教育出版社·北京

图书在版编目（CIP）数据

农作物类型遥感识别方法与应用 / 朱秀芳等著 . -- 北京 : 高等教育出版社 , 2018. 8
ISBN 978-7-04-050876-5

Ⅰ. ①农… Ⅱ. ①朱… Ⅲ. ①遥感技术 - 应用 - 作物 - 识别 - 研究 Ⅳ. ① S5

中国版本图书馆 CIP 数据核字（2018）第 243303 号

| 策划编辑 | 关　焱 | 责任编辑 | 关　焱 | 封面设计 | 王　洋 | 版式设计 | 于　婕 |
| 插图绘制 | 于　博 | 责任校对 | 窦丽娜 | 责任印制 | 尤　静 | | |

出版发行	高等教育出版社	网　　址	http://www.hep.edu.cn
社　　址	北京市西城区德外大街4号		http://www.hep.com.cn
邮政编码	100120	网上订购	http://www.hepmall.com.cn
印　　刷	北京佳信达欣艺术印刷有限公司		http://www.hepmall.com
开　　本	787mm×1092mm　1/16		http://www.hepmall.cn
印　　张	26.25		
字　　数	490 千字	版　　次	2018 年 8 月第 1 版
购书热线	010-58581118	印　　次	2018 年 8 月第 1 次印刷
咨询电话	400-810-0598	定　　价	168.00 元

NONGZUOWU LEIXING YAOGAN SHIBIE FANGFA YU YINGYONG

前　言

　　农业是地球上主要的土地利用活动,不仅对土地覆盖变化产生影响,还对社会经济、粮食安全、水和环境的可持续利用、生态系统服务、气候变化和碳循环等有着深远影响。农田的面积、位置、状态和转换信息对于理解人类活动影响生物圈、水圈、大气圈和岩石圈及碳氮循环的模拟,以及可持续农业发展政策的制定都非常重要。传统上,作物面积信息由统计调查而来。但是,该方法不能提供作物的空间分布信息,而且统计上报的过程繁琐、耗时且费用高。

　　遥感信息具有覆盖范围大、探测周期短、现势性强和费用成本低等特点,为农作物种植信息的快速、准确和动态监测提供了重要的技术手段。自 20 世纪 70 年代以来,美国率先开始利用陆地卫星和极轨气象卫星开展“大面积作物调查实验”“空间遥感监测农业资源”等项目,进行不同尺度的农作物种植面积遥感测量与估产。欧盟、俄罗斯、法国、日本和印度等也相继应用遥感技术进行农作物长势监测和种植面积量算。我国从“八五”计划开始,致力于农作物种植面积遥感测量研究与应用,取得了较好的社会经济效益。近年来,依托国内外空间信息技术产业的发展,特别是我国自主卫星产业的发展与壮大,国土、统计和农业等部门依托中国科学院及高等院校等科研院所强有力的技术攻关,积极开展了利用卫星遥感进行农作物种植面积测量和估产等业务,且部分成果已经纳入各级相关部门的常规业务。

　　依托国家科学技术部国家高技术研究发展计划重点项目、科技支撑计划课题,国家国防科技工业局重点项目,国家发展和改革委员会国产卫星专项以及自然科学基金等众多项目的支持,在过去十几年里,笔者研究团队在农业遥感研究上取得了一系列成果。本书围绕农业遥感中的基础工作——作物类型识别,凝练研究成果,力求做到

"精",在"精"的基础上力求做到"全"。从数据源来说,本书内容涵盖了基于可见光影像、高光谱影像、雷达影像以及多源数据复合的作物识别。在可见光影像作物识别中还分别介绍了基于单时相影像、多时相影像和时序影像的作物识别。从识别方法来说,本书内容涵盖了非监督分类、监督分类和半监督分类;面向对象的分类和基于像元的分类(含亚像元的分类);单分类器分类和多分类器集成分类;基于光谱特征、空间特征、物候特征(即时间特征)以及多特征组合的分类。此外,本书还讨论了影响作物识别精度的因素。书中部分成果已经以学术论文的形式发表,部分成果为博/硕士论文的内容。

　　本书共分为5章,第1章从不同角度概述了作物遥感识别的方法,为后续章节的阅读和理解奠定基础;第2章重点介绍了样本数量、样本质量、数据特征和数据尺度对作物识别精度的影响;第3章介绍了基于可见光遥感影像的作物识别方法,并给出了基于单时相、多时相和时序可见光遥感影像的研究案例;第4章介绍了基于高光谱遥感数据的作物识别方法,并给出了基于人工蜂群优化算法、集成分类、混合像元分解、改进光谱相似测度的作物识别研究案例;第5章介绍了基于雷达遥感数据的作物识别方法,给出了基于多时相雷达数据以及可见光和雷达数据复合进行作物识别的案例。每一章的引言里概述了本章的主要内容,围绕本章主要内容介绍国内外研究进展情况,然后分小节介绍研究案例,每个案例详细描述了问题的切入点、研究区与数据、研究方法与技术路线、结果分析、结论与讨论。

　　全书由朱秀芳、张锦水和潘耀忠共同撰写完成。研究团队其他成员和研究生,包括朱爽、顾晓鹤、胡谭高、李乐、帅冠元、孙佩军、谢登峰、蔡毅、杨珺雯、李楠、袁周米琪、陈抒晨、李苓苓、张俊哲和赵莲等参与了以往相关项目的研究工作,本书的成果也有他们的贡献。此外,徐昆、肖国峰和侯陈瑶在排版和校对工作中付出了大量的时间,在此一并感谢。最后,还要感谢高等教育出版社,特别是责任编辑关焱女士,没有她的支持和认真细致的工作,就没有本书的顺利出版。

作者
2018 年 3 月

目　　录

第1章

作物识别方法概述

1.1 引 言

  及时、准确地获取作物播种面积信息,对于制定国家/区域农业经济发展规划和指导种植业结构调整,提高农业生产管理水平具有重要的意义。遥感信息具有覆盖范围大、探测周期短、现势性强和费用成本低等特点,为农作物种植信息的快速、准确和动态监测提供了重要的技术手段(童庆禧,1994;刘纪远,1997)。自20世纪70年代起,美国率先开始利用陆地卫星和极轨气象卫星开展"大面积作物调查实验"、"空间遥感监测农业资源"等项目,进行不同尺度的农作物种植面积遥感测量与估产(李郁竹,1997)。欧盟、俄罗斯、法国、日本和印度等也相继应用遥感技术进行农作物长势监测和种植面积量算,均取得了不同程度的效益(刘海启,1999)。我国从"八五"计划开始,致力于农作物种植面积遥感测量研究与应用,取得了具有一定深度和广度的成果,收到了良好的社会经济效益(吴炳方,2004)。

  近几十年来,依托国内外空间信息技术产业的发展,特别是我国自主卫星产业的发展壮大,国土、统计和农业等部门依托中国科学院及高校等科研院所强有力的技术攻关,已经利用遥感手段实现了我国土地资源的动态监测,并建立了完备的土地资源数据库,各级业务部门也积极利用卫星遥感开展农作物种植面积测量和估产等业务,且部分成果已经纳入各级部门的常规业务(周清波,2004;陈水森等,2005;吴炳方等,2010;陈仲新等,2016)。

  总体来说,农作物遥感识别方法包括目视解译和自动分类两种。目视解译费时费力,识别精度易受解译人员素质的影响,难以业务化运行,在农作物识别中常用于训练样本和检验样本数据的选取工作(蒋旭东等,2001;刘婷等,2001;江晓波等,2002)。自动分类方法从不同角度出发有不同的分类体系(图1.1)。按照分类的对象,可分为面向对象的分类(包括基于图斑的分类)和基于像元的分类(含亚像元的分类);按照训练样本参与情况,可分为非监督分类、监督分类和半监督分类;按照分类器的个数,可分为单分类器分类和多分类器分类;按照参与分类的数据源,可分为基于可见光影像、基于雷达影像、基于高光谱影像的分类和多源数据复合的分类;同一数据源按照参与分类的影像多少又可以进一步分为基于单时相、基于多时相和基于时序影像的分类;按照参与分类的数据特征,可分为基于光谱特征的、基于空间特征的、基于物候特征(即时间特征)以及多特征组合(如时空谱组合)的分类。本章对上述各类别方法进行简要的概述,方便读者了解作物识别方法的概况,为后续章节的阅读和理解奠定基础。

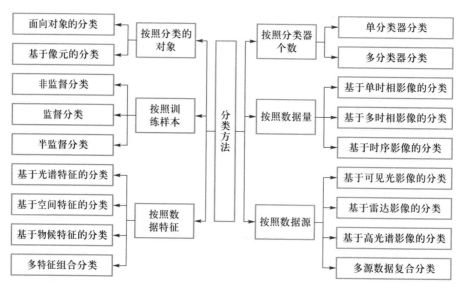

图 1.1   作物识别方法分类

1.2   非监督、监督和半监督分类

根据是否需要分类人员事先提供已知类别及其训练样本对计算机分类器进行训练,可将遥感图像计算机分类划分为非监督分类(unsupervised classification)与监督分类(supervised classification)两种。非监督分类无须已知样本,无须对计算机的分类器进行监督和训练,只是按照特征矢量在特征空间中类别集群的

特点进行分类,分类结果仅对不同类别进行了区分,而类别属性则是通过事后分析确定。常见的非监督分类法有 K 均值(K-Means)和迭代自组织数据分析(ISODATA)等。监督分类需要事先知道地物类别,并使用已知地物的样本对分类器进行监督和训练,然后对图像进行分类。在有先验知识的条件下,先选择训练样区,根据已知像元数据求出参数,确定各类判别函数的形式,然后利用判别函数对未知像元进行分类。经典的监督分类法有最大似然法(maximum likelihood)、最小距离法(nearest-mean)、光谱角分类法(spectral angle)和半行六面体法(level-slice)等。

通常非监督分类没有监督分类精度高。然而在模式识别或机器学习的很多应用领域,模型构建时均存在有标记样本(即训练样本)不足且获取难度大的问题,为此有研究者提出了半监督分类。半监督是在已标记样本稀少,人工标注费时费力或获取困难,而未标记样本易得且充足的客观现实条件下产生的(Zhou, 2011)。半监督学习思想是将有标记样本与无标记样本同时运用到分类器的构建中,以提高有标记样本不足时分类器的性能,其最早可追溯到 1985 年的自训练学习(Berger, 2002;张晨和张燕, 2013)。1992 年, Merz 等(1992)第一次使用"semi-supervised"一词。1994 年, Shahshahani 等(1994)指出了使用未标记样本有助于减轻"Hughes"现象以及解决小样本问题,确立了无标记样本或半监督学习的价值和地位。

半监督的方法数目和分类方式繁多,按照不同假设大体上可分为三大类:基于流行假设的方法(Joachims, 2003;Belkin et al., 2006;Bengio et al., 2006)、基于聚类假设的方法(Blum and Mitchell, 1998;Fung and Mangasarian, 2001;Rosenberg et al., 2005)和基于流行与聚类假设的方法(Mallapragada et al., 2009;Su et al., 2011)。Mallapragada(2009)将这三大类方法进行归纳和细分:①基于流行假设的方法可分为基于图正则化的方法、基于拉普拉斯正则化的方法、基于马尔可夫或高斯随机场的生成式方法等;②基于聚类假设的方法分为自训练的方法、协同训练的方法、基于混合模型或贝叶斯的生成式方法、基于 Boosting 最大化 Margin 的方法、基于未标记样本最大化 Margin 的方法;③基于聚类假设与流行假设的方法较少,主要以 SemiBoost 及其改进方法为代表。

近年来,国内外不断涌现出新的半监督方法,并已应用到各个领域。Carlson 等(2010)将成对半监督应用到信息提取中。Wang 等(2012)基于标记样本经验风险最小化和基于标记样本与未标记样本的信息论规则化双重考虑,提出了一套半监督哈希算法框架,并应用到大规模数据的搜索中。Weston 等(2012)将半监督学习嵌入深度学习中,并证明了对于标准监督方法的反向传播,半监督能带来更大的好处。陈荣等(2011)基于主动学习和半监督学习进行了多类图像分类,并通过实验证明了新方法能够有效地减少标注样本数量,具有较高的准确率和鲁棒性。于重重等(2013)提出了一种增强差异性的半监督协同分类算法,并与 Tri Training 算法做了性能比较,验证了该算法的有效性和可行性。

在作物识别方面,半监督分类应用最多的还是在高光谱数据源上。例如,王小攀(2014)提出 LNP-WKNN 算法,使用线性邻域传播算法(linear neighbor propagation,LNP)来获取无标签数据的分类概率,然后输入加权近邻算法(WKNN)中对 India Pines 数据进行分类,结果显示 LNP-WKNN 算法比直接使用 LNP 和高斯随机场及调和函数(GRHF)等半监督分类算法的分类效果好。马小丽(2014)提出了拉普拉斯支持向量机半监督分类方法,并利用模拟退火算法对拉普拉斯的参数进行优化用以减小计算量,在 India Pines 标准数据集上的测试结果显示,该方法相比传统 SVM 精度高,在三种拉普拉斯支持向量机(对偶拉普拉斯支持向量机、共轭梯度拉普拉斯支持向量机和牛顿拉普拉斯支持向量机)中,共轭梯度拉普拉斯支持向量机分类结果最优。王俊淑等(2015)在 Self-training 半监督学习的基础上,提出基于最近邻规则的数据剪辑策略,发展了 DE-Self-training 半监督学习,在迭代分类过程中去掉置信度较低的标记样本,以提高训练集的质量,优化分类器的性能,并在 India Pines 和 Botswana 数据集上进行了测试,结果显示 DE-Self-training 方法比 SVM 分类的总体分类精度提高了约 4%。

1.3　单分类器与多分类器集成分类

机器学习根本问题之一是提高学习系统的泛化能力,而单一学习器的发展日益成熟,要提高单一学习器的学习性能变得越来越困难,有学者提出将多个学习器组合进行学习,由此诞生了集成学习这一分支。

有学者认为,"没有免费的午餐"(No Free Lunch)理论(Wolpert,2002;夏俊士,2013)是集成学习产生的起源,正是因为没有一种分类是万能的,所以通过将多种方法综合考虑可以有效提高分类精度。20 世纪 90 年代初,将多个学习器组合进行集成分类的思想兴起;到 90 年代末,Dietterich(1997)将集成学习列为机器学习四大方向之首。传统的学习方法在建模上力求单一学习器性能最优,而集成学习则是一种从多个学习器的角度来综合考虑,使得整体学习系统泛化能力最优的方法,这为提升机器学习性能开辟了一条新道路。Sollich(1996)、Opitz 和 Maclin(1999)先后给出了集成学习的狭义定义和广义定义。狭义的集成学习指利用多个同质学习器来对同一个问题进行求解,而广义的集成学习定义为凡是使用多个学习器来解决问题就符合集成学习的范畴(张燕平,2012)。广义集成学习将多个分支归到统一的领域,使其成为一个包含内容多、研究范围广的研究领域。根据这一定义,多学习器系统(multi-classifier system)、多专家混合(mixture of expert)以及基于委员会的学习(committee-based learning)等多个领域都可以纳入集成学习中来(张燕平,2012)。但目前仍然以同质分类器的集成学习研究居多。

集成学习的步骤主要包括:①采用一定方法生成不同的个体分类器,例如,使用不同训练集(Breiman,1996)、不同特征集(Kuncheva and Whitaker,2003)、异质性分类器等(Zhang et al.,2012);②通过一定的方式将分类器进行组合集成,如并行构造、串行构造、选择性构造和树状构造等(张燕平,2012);③对分类器分类结果进行合成,如代数合成、投票法(Bahler and Navarro,2000)和基于特定理论合成(Quost,2011;Tabassian et al.,2012)等。

总体而言,集成学习在机器学习领域旗帜鲜明,包含内容非常繁多,涉及方面相当广泛。其中以 Bagging(Breiman,1996)、Boosting(Freund and Schapire,1996)为基础的相关研究为典型代表。目前趋势是利用学习器多样性与学习精度作为衡量一个集成学习系统的重要指标,有大量学者对多样性(Kuncheva and Whitaker,2003;Li et al.,2012;Wang and Yao,2012)和学习精度(Löfström et al.,2008;Li et al.,2012)与集成学习之间的关系做了研究。经典集成学习方法 Bagging、AdaBoosting、Random Subspace(Ho,1998)和近年一系列改进方法(Burduk,2012;Yu et al.,2012;Gama et al.,2013)都隐含使用了学习器间的多样性。Chu 等(2012)利用无标记样本的分布信息来计算多样性。Zhang 和 Zhou(2009)提出的 UDEED 方法主要思想是同时最大化有标记样本拟合精度和无标记样本的多样性。在集成学习多样性度量方面以有标记样本度量为主,极少研究涉及无标记样本的度量。

在作物识别中,也有研究者采用集成学习的方法减少单分类器泛化性能差、选择分类器主观性强等问题(Du et al.,2012)。马丽(2010)提出了一种基于有监督局部流形学习算法(SLML)的加权 KNN 分类器(SLML-WKNN),其中权值由流形学习算法对应的核函数确定。徐卫霄(2011)以分类回归树(CART)为弱分类器,分别采用 CART 决策树、Real AdaBoost、基于加权投票法的 Bagging 和基于粒子群优化选择策略的选择性集成(PSO Selective Ensemble)四种方法对机载 PHI 高光谱影像进行分类,结果显示,Real AdaBoost、Bagging 和 PSO Selective Ensemble 集成学习方法的分类精度都明显优于 CART 决策树的分类精度。Tatsumi 等(2015)在秘鲁南部的伊卡研究区内,基于时间序列 Landsat 7 ETM+影像,采用随机森林分类方法识别了 8 种作物:紫花苜蓿、芦笋、牛油果、棉花、葡萄、玉米、芒果和西红柿。Debats 等(2016)在南非测试了随机森林分类方法绘制不同类型农业用地的能力。Contiu 和 Groza(2016)利用可废止逻辑推理来确定基学习器分类结果不一致的像元的最终类别,经过作物分类的试验证明了可废止逻辑推理比传统基于投票解决分歧的方法精度要高。但基于集成学习的作物识别研究总体来说还比较少。

1.4 硬分类与软分类

遥感传感器所获取的地面反射或发射光谱信号是以像元为单位记录的,但像元所对应的是综合的地表物质光谱信号。图像中每个像元所对应的地表,往往包含不同的覆盖类型,它们有着不同的光谱响应特征。而每个像元则仅用一个信号记录这些"异质"成分。若该像元仅包含一种地物类型,则为纯像元(pure pixel),它所记录的是该类型的光谱响应特征或光谱信号;若该像元包含不止一种土地覆盖类型,则称为混合像元(mixed pixel)。传统像元级的分类,在分类过程中把遥感图像简单地认为全部由纯像元组成的,将每一个像元分为单一的土地覆盖类别,即硬分类(胡潭高等,2011)。然而遥感影像中混合像元是普遍存在的,混合像元的存在是硬分类精度难以达到实用要求的主要原因之一(Ferreira et al.,2007;胡潭高等,2008)。为了提高遥感应用的精度,就必须解决混合像元的分解问题,使遥感应用由像元级达到亚像元级,进入像元内部,将混合像元分解为不同的"基本组成单元"或称"终端端元"(endmember),并求得这些基本组分所占的比例(Atkinson,2005;赵英时,2013)。软分类方法就是针对遥感影像中的混合像元现象,根据光谱组成信息等,计算出每一个混合像元内的土地覆盖类型组成百分比的方法(Busetto et al.,2008;胡潭高等,2011)。

目前,混合像元分解模型主要包括5种:①线性模型(linear model);②概率模型(probabilistic model);③几何光学模型(geometric-optical model);④随机几何模型(stochastic geometric model);⑤模糊分析模型(fuzzy model)(Karnieli,1996;Liu and Wu,2005)。

1) 线性模型

线性光谱混合模型是混合像元分解的常用方法。它被定义为:像元在某一光谱波段的反射率(亮度值)是由构成像元的基本组分的反射率(光谱亮度值)以及所占像元面积比例为权重的线性组合。它的基本假设是:组成混合像元的几种不同地物的光谱以线性的方式组合成混合像元的光谱,即假定混合像元内各个成分光谱之间是独立的。

线性光谱混合模型优点是模型简单,物理含义明确,理论上有较好的科学性,对于解决像元内的混合现象具有较好的效果,目前应用最为广泛。线性光谱模型的缺点是由于在线性光谱模型计算前必须要获取各种地物的参照光谱值,即纯像元下某种地物的光谱值,但是在实际应用中各类地物的典型光谱值获取较为困难,因此导致计算误差较大。另外,该模型认为某一像元的光谱反射率仅为各组成成分光谱反射率的简单相加,而在大多数情况下,各种地物的光谱反射率是通过非线性形式进行组合的。像元内因地形造成的同物异谱、同谱异物现象的存在也会对线性光谱模型应用效果产生影响。

2) 概率模型

以概率统计方法为基础,如最大似然法等,基于统计特征分析计算方差、协方差矩阵等统计值,以及利用简单的马氏距离来判定类型的比例。

3) 几何光学模型

通常适用于冠状植被地区,它把地面看成是由树及其投射的阴影组成。在模型中,将像元表示为:树冠(即太阳照射下的树)C、树阴影下的树(即被其他树阴影投射到的树)T、背景地面(即太阳直射的地面)G、树阴影下的地面 Z。通过这样 4 个基本组分建立一个与树冠、树高、树密度、太阳入射角、观察角有关的函数。这个模型同时假设:树在像元里和像元间的分布符合泊松分布,并且树高的分布函数是已知的。在实际应用中,我们还需要对这些几何特征进行适当简化,如树冠由占主要地位的树种的形状、大小来替代,树冠假设为具有相同规则的几何形状,观测角有时设为星下点的观测角等。

4) 随机几何模型

与几何光学模型相似,是几何模型的特例,像元反射率同样表示为 4 个基本组分的组合。与几何光学模型所不同的是,它把景观的几何参数作为随机变量。由于几何模型需要引入当地景观几何参数,所以算法更加复杂。

5) 模糊分析模型

基本原理是将各种地物类型看作模糊集合,每个像元即为其中的元素,每个像元均与一组隶属度值对应。隶属度代表了该像元中所含此种地物类型的面积百分比。

过去的研究表明,相较于硬分类方法,软分类方法在混合像元的表现上要明显优于硬分类方法,尤其适用于地物异质性较大的区域。软分类方法中的线性光谱模型建立的基础是图像内部相同地物具有相同的光谱特征,以及混合光谱可以由纯净端元的线性组合生成。模型构建简单、物理含义明确,对于解决像元内的混合现象具有较好的效果,但是对于在光谱混合情况复杂的条件下,线性光谱模型的计算结果就会产生较大误差。非线性模型虽然不需要满足线性条件,但是由于其计算比较复杂以及其他残存误差的影响,在一定程度上制约了其发展。因此,目前在作物识别的软分类研究中,主要用到的还是线性光谱混合模型。李霞等(2008)利用线性光谱混合模型对 TM 影像进行分类提取大豆,结果显示,线性光谱混合模型的精度优于最大似然法监督分类和自组织迭代非监督分类的精度。Ozdogan(2010)在美国堪萨斯州和内布拉斯加州以及土耳其西北部,使用独立主成分分析法分解时序 MODIS 数据(包括近红波段、红波段和植被指数),得到研究区主要作物类型的面积百分比。马孟莉等(2012)基于 HJ-1B CCD 多光谱数据,结合分层分类与多端元混合像元分解方法识别水稻,通过分层将较易分类的非目标地物从原始影像中去除,直到提取出目标作物信息;每层的分类均使用多端元混合像元分解方法。吴黎等(2013)基于单时相 TM 数据,对比分析使用线混合分解、波谱角分类法、最大似然分类法提取水稻的精度,指出混合像元分解方法精度最高。苏伟等(2015)通过分析典型作物区的 Landsat 8 NDVI 曲线,建立决策树,初步提取了早播夏玉米、小麦夏玉米和春玉米的分布范围,进而利用线性混合像元分解模型提取了 3 类玉米的丰度比例。

对于软分类方法而言,无论是线性还是非线性光谱模型,如何正确地选择端元,并且尽量准确地获取像元可能的端元组成,对于提高混合像元分解的精度具有重要的意义。

1.5   面向对象与基于像元的分类

基于统计学理论的像元逐点分类是绝大多数计算机辅助下农作物遥感信息提取所采用的传统方法。但由于遥感影像数据含混度大、维数高,基于像元光谱统计特性的分类往往得不到满足实际应用所需要的制图精度与统计精度(Author and Choi,2004),并且由于光谱的不稳定性,图像空间分辨率越高,分类精度反而越低(Irons et al.,1985;Cushnie,1987)。为了改善基于像元的作物分类识别精度,许多研究采用了诸如多源遥感数据或者根据作物物候选择多时相数据等辅助手段提取农作物信息,尽管如此,始终存在两个常见的分类问题,严重影响着基于像元的农作物自动分类结果(Smith and Fuller,2001)。第一,农田中的植被冠层反射率常常由于环境湿度、生长状况、营养条件或者病虫害等因素的影响而产生光谱变异,使得同一作物种植块中出现某些部分的光谱属性与其余大部分不同,或同类型作物种植块内光谱变频高的"同物异谱"现象,致使在像元分类过程中将光谱变异的像元根据其光谱距离错判为其他类型。第二,两类不同作物的田块交界处由于相邻像元之间能量的传递作用存在较多的混合像元,在很多情况下,这样的混合像元往往会依其混合光谱值而被错分至混合类型以外的第三种类型。这两大问题大大降低了基于像元图像分类的可靠性,其主要原因在于将各像元孤立开来确定类型,丢失了图像像元之间可利用的上下文关系,极易产生"椒盐现象"。为此,有研究采用以地块为基本单元分类的方法来克服像元分类所遇到的问题,以提高农作物分类的精度。其基本思想是以农田地块的边界将遥感图像数据分割成许多个基本图斑单元,对每一地块来说,边界即是对图斑内部像元之间上下文的定义,并且使得这些像元可以一并参与分类处理。

Janssen(1990)将存储于 GIS 中的地图数据整合到面向对象的分类当中,在基于像元的分类之后,根据对象内的主要类型为每一对象确定标识。此后,Pedley 和 Curran(1991)、Ban 等(1995)、Janssen 和 Molenaar(1994)、Lobo 等(1996)、Aplin 等(1999)、Tso 和 Mather(1999)、Aplin 和 Atkinson(2001;2004)、Smith 和 Fuller(2001)的研究都表明,按地块的图斑分类方法完全能够提供比基于像元的传统分类法更精确的结果。在我国,马丽等(2009)用人工数字化的方式提取耕地地块边界,建立了河南省新乡市原阳县的耕地地块数据库,在此基础上基于植被指数和光谱信息建立决策规则识别玉米,经验证显示位置精度为81.8%,总量精度为 91.1%。王久玲等(2014)基于多时相 HJ-1A CCD 数据,使用多尺度影像分割方法获取地块对象,以归一化植被指数(NDVI)、光谱均值、数字高程模型(DEM)、灰度共生矩阵局部一致性指数为特征参量构建决策树,提取了广西中部贵港市三区的甘蔗分布信息,分类精度为 91.3%,Kappa 系数为0.83。孙佩军等(2015)融合 GF-1 卫星的 8 m 多光谱和 2 m 全色图像得到 2 m分辨率的彩色合成图像,通过影像分割提取地物图斑,综合考虑归一化植被指数提取植被图斑,区分纯净、混合图斑,然后利用变化向量图像进行秋粮作物的纯净、混合图斑的标定,提取作物分布,总体精度达到了 93.6%。周静平等(2016)基于 23 幅 HJ-1A/1B 卫星时序影像,采用决策树和面向对象相结合的分类方法提取黑龙江省双河农场玉米和水稻信息,验证结果显示,面向对象的决策树分类方法相比传统决策树分类方法精度提高了约 6%。覃泽林等(2017)采用人机交互的方式对地块信息进行识别,在此基础上基于地块对象的光谱、纹理、亮度、NDVI 特征识别了广西崇左市江州区甘蔗、水稻和香蕉的种植信息,总体精度达到 90.08%,Kappa 系数达到 0.85。

基于图斑(地块)分类的方法利用了像元空间上下文,克服了由田块内部的光谱变异所引起的错分类问题,同时边界矢量数据又使得图上图斑对象与地面实际地块相对应,能对地块的位置、形状进行十分准确的表达,因而以地块为单元来划分图像图斑的分类法提供了一种简单而又能有效地排除地块内部光谱变异和地块交界光谱混合影响的解决方案(Wit and Clevers,2004)。

总体来说,以地块为基本单元的分类通常用到遥感与地理信息系统(GIS)的集成系统,将遥感图像数据与数字化地块边界矢量数据联合处理(Llf et al.,

1990;Janssen et al.,1993;Aplin et al.,1999;Turker and Derenyi,2000;Aplin and Atkinson,2001;Wit and Clevers,2004)。两种类型数据的集成可通过以下三种方式来完成:①分类前;②分类中;③分类后;又可分别称为分类前分层(pre-classifier stratification)、分类修正(classification modification)和分类后分选或排序(post classification sorting)(Hutchinson,1982)。第一种方式首先将遥感栅格图像和矢量图形数据进行联合处理,把图像按地块划分成图斑,然后计算每一地块图斑在各波段的光谱均值或标准差等统计值作为分类的输入值进行分类(Pedley and Curran,1991);后两种方式是在像元分类过程中或分类后再把矢量数据集成到遥感图像或分类图像中,根据分类结果确定图斑的统计属性,通常将其中像元数最多的主要类型确定为图斑的最终类型(Llf et al.,1990;Mattikalli,1995;Aplin et al.,1999)。还有一些研究将以上方式结合起来进行按地块的图斑分类(Cross et al.,1988;Smith and Fuller,2001)。

在基于图斑分类技术的发展过程中,很多研究者指出图斑分类的结果要比像元分类的结果精度高(Pedley and Curran,1991;Lobo et al.,1996;Shandley et al.,1996)。但是基于图斑分类技术存在地表对象难以获取的困难(Smith and Fuller,2001)。这个主要的障碍随着计算机制图与图像分割两项技术的发展而得到改善。一方面,很多国家现在已拥有了1:250 000到1:100 000的数字地形矢量数据库,可以在其基础上描绘地表对象。De Wit 和 Clevers(2004)证明了按地块的图斑分类方法可以大大提高图像分类的效率,尽管其中数字化田块边界的工作需要耗费大量的人力与工时,但值得说明的是,地块边界的数字化实际上是一项相对简单的工作,无须专业的遥感操作员就能完成,因此不会对图像分类的工作效率造成很大影响。同时,作物地块边界的使用建立了图像像元之间的上下文关系,有效地排除了由地块内的光谱变异与地块边界周围的混合像元所带来的分类误差。数字化的过程实际上是一个地理信息系统(GIS)本底数据库建设的过程,实际农田地块边界的变动并没有通常想象的那么频繁,因此矢量数据库的存储与不断更新利用对农田属性信息的存档与查询分析具有长远的意义。另一方面,许多可获取的业务软件中都已具备遥感图像的分割功能,可以通过分割算法自动生成地表对象。图像上由于某种地物的连片分布会形成很多大大小小的光谱均一的区域,基于此,分割处理(segmentation)将一副图像分成许多"均一"的区域并赋予图像中所有像元以几何学和拓扑结构。分割任务完成后形成以图斑为单元的图像,然后对这个分割图像进行分类。例如,Conrad 等(2010)、Pena 等(2014)、Zhou 等(2015)、Singha 等(2016)和王久玲等(2014),都使用了 eCognition 软件中的多尺度分割算法提取地块边界,进而采用分类算法进行作物识别。

　　基于地块的分类方法利用了图像像元之间的上下文,与传统的像元分类法相比,按光谱均一性分割后的分类结果更加合理。但这类方法应用到农作物分类时会存在一些缺陷:首先,分割算法的结果很难捕捉住人眼所能识别出的所有地块边界,因此由分割算法得到的区域不一定与有意义的实体(作物地块)相关联(Hill,1999),尤其是在图像内容(图斑形状、分布模式)比较复杂的情况下。其次,由于图像分割算法按照光谱均一性分割图像,势必无法准确地去除农田地块边界上沟渠、林带等与作物混合的影响,致使由此造成的错分现象仍旧十分严重。为此,研究者也采取了不同的应对措施,例如,采用人机交互的方式提取地块,进而识别作物,提高地块提取效率的同时保证地块边界的科学性和准确性(覃泽林等,2017);发展自动化的最优分割参数方法,最大限度地提高地块分割和作物识别的精度(Schultz et al.,2015);发展软硬分类相结合的作物识别方法,区分混合地块和纯净地块,对纯地块进行分类,对混合地块进行分解,合并生成最后的作物分布图(顾晓鹤等,2010;孙佩军等,2015)。

1.6　单时相、多时相与时序数据分类

1.6.1　基于单时相数据的分类

　　基于单时相数据的作物分类通常是采用合适的分类器基于作物生长季中最佳时相的高质量影像来识别作物。常用的分类方法包括最大似然法、光谱角、支持向量机、混合像元分解法、决策树法、分类和回归树算法(classification and regression tree,CART)、神经网络分类和面向对象方法等。例如,李霞等(2008)利用线性光谱混合模型对 2003 年 8 月 25 日 Landsat TM 影像进行分类来识别大豆,并将结果与最大似然法和自组织迭代法进行比较,结果表明,线性光谱混合模型精度最高。吴黎等(2013)基于单时相 Landsat TM 数据,对比分析使用线性混合像元分解、光谱角、最大似然法提取水稻的精度,指出线性混合像元分解方法精度最高。单捷等(2012)基于单时相 HJ-1A CCD1 多光谱数据,分别使用支持向量机、CART 决策树法和最大似然法进行水稻识别,结果表明,支持向量机法的分类精度最高。马孟莉等(2012)基于 HJ-1B CCD 多光谱数据,结合分层分类与多端元混合像元分解方法识别水稻,通过分层将较易分类的非目标地物从原始影像中去除,直到提取出目标作物信息,其中每层的分类均使用多端元混合像元分解方法。黄健熙等(2015)基于水稻和玉米乳熟期的 GF-1 卫星多光谱数据,计算 NDVI 和前三个主成分,将 NDVI、前三个主成分和原始影像波段组成特

征变量集,输入分类和回归树算法以提取水稻和玉米,验证结果显示分类总体精度达到 96.15%,Kappa 系数为 0.94。郭燕等(2015)基于 GF-1 WFV1/3/4 卫星数据,采用支持向量机和光谱角两种分类方法在河南许昌进行玉米识别,结果显示,基于 WFV3 数据的识别结果优于基于 WFV1 和 WFV4 数据的识别结果,支持向量机法识别精度优于光谱角法。梁友嘉和徐中民(2013)基于 2.5 m 的 SPOT 5 影像,使用最小距离、马氏距离、最大似然、光谱角和支持向量机方法提取了甘肃张掖市盈科灌区的作物分布,结果显示,最大似然法精度最高。钟仕全等(2010)基于 2009 年 6 月 5 日 HJ-1B CCD 卫星数据,采用决策树法识别了广西宾阳县的水稻,验证结果显示总精度为 94.9%。曹卫彬等(2004)分析了 6—9 月 Landsat TM 影像上各地物的光谱差异,发现 9 月是棉花的最佳监测时期,因此基于 9 月的 Landsat TM 图像,建立决策树,提取了棉花,验证结果显示棉花识别正确率为 96%。李志鹏等(2014)基于 Landsat TM 影像对比分析了两种分类方法(神经网络分类和面向对象分类)和两个时相(乳熟期和返青期)数据识别水稻的精度差异,结果显示,返青期水稻提取精度要高于乳熟期,面向对象分类精度要高于神经网络分类精度。Okamoto 和 Kawashima (2016)基于 Landsat TM/ETM+影像利用 ISODATA 非监督分类提取了 2000 年黑龙江省的水稻分布。Verma 等(2017)基于 IRS-P6 数据,使用最大似然监督分类、ISODATA 非监督分类和决策树分类提取了印度穆扎法尔讷格尔 Chhapar 村的甘蔗分布,指出决策树分类精度最高。

基于单时相数据的作物分类方法中用以识别目标作物的最佳时相的确立是研究的一个重点(李志鹏等,2014)。农作物物候历的种间差异是进行作物识别最佳时相选择的常用依据(曹卫彬等,2004;齐腊等,2008;冯美臣和杨武德,2010)。除此之外,太阳高度角的变化、土壤光谱噪声的变化也是考虑的因素(赵良斌等,2008)。

1.6.2   基于多时相数据的分类

基于多时相数据的作物分类是基于作物生长季里面的若干期遥感影像,采用一定的分类方法来识别目标作物。常用的分类方法包括基于多期影像直接分类法、基于作物物候特征的变化检测法、分层掩模处理法和建立决策规则的分类方法。

1.6.2.1   直接分类法

基于多期影像的直接分类法是将作物生长季的若干期遥感影像直接叠加或者经过某些预处理(如特征选择、主成分变换、比值变化等)后的图像输入选定的分类器进行分类以识别目标作物的方法。例如,彭光雄等(2009)叠加 2008 年

3月18日的CBERS-02B CCD影像和2008年4月6日的Landsat 5 TM影像,分别利用光谱角制图法、最大似然分类法、面向对象分类法和反向传播(back propagation,BP)神经网络法进行甘蔗、玉米和水稻的分类,结果显示,面向对象分类法的精度最高。杨晓华和黄敬峰(2007)对插秧后期和收获期的Landsat 5 TM遥感影像进行单波段统计分析、主成分变换和比值变换,利用雪氏熵值法、最佳指示因子法分析和选取变化处理后的最佳波段组合,然后进行概率神经网络(probabilistic neural network,PNN)、反向传播BP神经网络和最小距离法分类以识别水稻,结果显示,PNN模型的识别精度最高。

1.6.2.2 变化检测法

农作物生长具有短时间内土地覆盖强烈变化的特性,这种短时期内的迹象变化与自然植被的周期季节性变化形成了较大的反差(张峰等,2004;张明伟等,2008)。因此,利用多期遥感影像进行农作物检测识别,能够根据作物短期内的光谱变化,定量刻画出作物的生长物候特征并进行作物识别,解决作物光谱相混的问题,提高农作物的遥感识别精度(俞军和Ranneby,2007;徐新刚等,2008;李颖等,2010;潘耀忠等,2011)。根据作物在不同生长期内表现出的光谱差异特性,采用多时相变化检测方法进行作物的识别(李正国等,2012)。

针对农作物遥感识别,基于作物物候特征的变化检测法可以概括为三类:硬变化检测方法(hard change detection,HCD)、软检测方法(soft change detection,SCD)和软硬结合的检测方法。

硬变化检测方法的检测结果以离散方式的土地覆盖来表达变化和非变化信息,从而提取出作物的空间分布,包括代数运算法、转换法和分类法。硬变化检测方法的优势在于能够利用作物的物候生长特征准确地进行作物识别,但该方法由于受到混合像元和光谱不确定性等诸多因素影响,不适合对复杂地物和微弱变化区域进行描述(Luo and Li,2011)。

软检测方法是用[0,1]的连续变化概率图进行土地覆盖变化的信息提取,可以检测出微小的土地覆盖变化信息,从而得到像元内目标的丰度。软检测方法适合于中、低分辨率影像渐变或者由于混合像元造成的渐变状态的识别,能够反映出土地覆盖的连续变化特征,得到作物的丰度信息,但该方法在纯净区域的识别易受到光谱不稳定性因素(由大气、土壤等)影响,导致混入一些其他地物组分,造成识别误差(Somers et al.,2011;Pan et al.,2012)。

软硬结合的检测方法是结合软、硬作物变化检测方法各自的优势,将两种检测方法的优势进行综合(朱爽等,2014),克服因像元尺度导致的软变化(由混合变化像元)以及光谱不稳定导致在硬变化区域造成目标物识别的误差,对于提高作物多时相遥感识别精度是一个可行的解决方案(朱爽等,2014;孙佩军等,2015)。

1)硬变化检测农作物识别方法

硬变化检测是识别农作物的最常用方法,该方法将检测结果以离散的方式表示变化和非变化两种状态(屠星月和赵冬玲,2012;殷守敬等,2013),主要包括三种方法:代数运算法、转换法和分类法。Allen和Kupfer(2000)、Alcantara等(2012)应用代数运算方法对多期遥感影像进行数学运算,设定阈值对作物分布进行识别。Muchoney和Haack(1994)、Collins和Woodcock(1996)通过转换模型对两期遥感影像进行信息综合,减少数据冗余,对作物的特有变化特征进行提取。Munyati(2000)、Bruzzone和Prieto(2000b)、Petit和Lambin(2001)通过不同分类模型对多期遥感影像进行分解,构建变化矩阵信息来进行作物的检测,减少了多期影像之间大气、环境等因素的干扰。目前,各种常用的硬变化检测方法均可以应用到农作物的识别中(李苓苓等,2010)。

(1)代数运算法

代数运算法是通过不同的代数运算方法将图像进行计算,以提取出土地覆盖变化的信息,主要包括差值图像、比值图像、植被指数差值、变化向量、图像回归和背景值去除(Author et al.,2004)。

- 差值图像是将两幅影像进行逐像元间的光谱信息相减而得到的,其特点是应用直接、简单,识别结果容易解释,但是不能够提供详细的变化矩阵,且需要进行阈值划定来确定变化分布。
- 比值图像是将两期配准好的遥感影像进行逐波段的比值运算,该方法能够减少太阳高度角、阴影、地形的影响,但检测结果分布异常,效果并不理想。
- 植被指数差值是分别计算两期影像的植被指数,然后再相减得到。该方法广泛应用于植被变化(Townshen and Jistice,1995;Guerra et al.,1998)、废弃农业检测(Alcantara et al.,2012)、作物面积监测(邹金秋等,2007;张健康等,2012)、作物类型识别(许文波等,2007;彭光雄等,2009)。其主要特点是强调了不同特征光谱响应的差异(李亮等,2013),减少了地形和亮度影响,但增加了随机噪声和一致性噪声。
- 变化向量是一种应用广泛的变化检测方法,是图像差值的扩展,一方面通过光谱变化向量来描述从第一期到第二期的光谱变化方向,另一方面根据每个像元计算总变化强度的欧氏距离,设定阈值确定变化(Author et al.,2004)。其特点是能够对任意的波段进行处理,得到详细的变化检测信息,但难以识别土地覆盖变化轨迹。该方法被用于冬小麦、玉米的检测识别(李苓苓等,2010;王堃等,2011)。

- 图像回归是通过建立两幅影像的回归方程,用预测值跟第二期影像进行差值来得到变化信息(赵英时,2013)。该方法能够减少大气、传感器、环境差异等因素对两期影像的影响,但需要提供准确的回归方程。
- 背景值去除是在非变化区域的背景值变化很慢的前提下,对原始影像进行低通滤波来估计影像变化的背景影像(Singh,2010),然后由原始影像减去估计的背景影像得到变化信息。该方法易于操作,但精度较低。

综上,代数运算法的共同特点是都需要选择阈值来划定变化区域,除变化向量分析(CVA)之外,实现方法相对简单、直接,识别结果易于应用和解释,但不能够提供完整的变化矩阵信息,且在识别过程中阈值的正确定义存在困难(钟家强和王润生,2006)。

(2)转换法

转换法包括主成分分析(principle component analysis,PCA)、缨帽变换(即K-T变换)、Gramm-Schmidt(GS)变换和卡方变换(Author et al.,2004;赵英时,2013)。

- PCA转换假设多时相数据是高度相关的,变化信息在新组分中能够很容易发现(Kwarteng and Jr,1998)。通过两种方法来实现变化信息提取:一种是将两幅或多幅影像合并为一个文件,然后进行PCA变换,分析较小组分的变化信息(Collins and Woodcock,1994);另一种是对两期影像分别进行PCA变换,然后将第二期影像的PCA转换结果减去第一期影像相对应的PCA转换结果(Muchoney and Haack,1994)。其特点是减少数据冗余,强调转换后的不同信息,但基于不同时期数据的PCA结果很难进行比较,不能提供变化矩阵以及变化类型信息,且需要阈值划定。
- K-T变换的原理与PCA变换一致,差别在于PCA是跟影像相关的,而K-T变换独立于影像。K-T变换检测是基于亮度、绿度以及湿度三个组分来进行的变化检测(Coppin and Nackaerts,2001)。其特点是独立于影像,减少波段间的数据冗余,强调变化成分信息,但这种变化信息难以进行解译,不能提供变化矩阵,且阈值设定比较难,还对大气纠正的精准度有很高的要求。
- GS变换是将光谱向量正交化,产生3个稳定的组分(分别与K-T变化后的亮度、绿度、湿度相对应)以及一个变化组分(Collins and Woodcock,1996)。其特点是变化组分和影像特征之间的联系可以提取到其他方法可能探测不到的变化信息,但对于给定的变化类型难以提取超过1个组分,且GS变换过程依赖于光谱向量的选取以及变化类型。

- 卡方变换法能够将多波段同时进行考虑,并生成一幅单一的变化图像,但该方法假设当影像大部分发生变化时,图像变化值为0并不代表没有发生变化,且不能定义光谱变化方向(Ridd and Liu, 1998)。由于计算方法相对复杂,且多数图像处理软件未提供相应计算模块,该方法实际应用较少。整体来看,图像转换方法能够减少波段间的数据冗余,在新生成的组分中突出了不同信息,但该类方法不能提供详细的变化矩阵,并需要提供阈值来判定是否发生变化,且难以在变换后的波段上解译和标记变化信息。

(3)分类法

分类法主要包括分类后对比、光谱-时相综合分析、期望最大值(expectation-maximization algorithm, EM)变化检测、非监督变化检测、混合变化检测和人工神经网络(artificial neural network, ANN)检测(Author et al., 2004)。

- 分类后对比法是分别对多期影像进行分类,然后对每个像元进行对比判别变化信息的方法(陈宇等, 2011)。其特点是能够将不同时期影像之间的大气、传感器、环境产生的误差最小化,并能够提供完整的变化矩阵信息,但分类工作耗时较大,检测的精度依赖于每个影像的分类精度。

- 光谱-时相综合分析是将多期影像叠加在一幅图像中,然后进行分类,识别变化信息(Bruzzone and Serpico, 1997)。其特点是分类过程简单、省时,但难以识别变化类型,不能提供变化矩阵信息,且需要估计先验的联合类概率。

- EM变化检测是基于分类的方法,利用EM算法来估计先验类联合概率。这些概率直接从影像分析中获得(Bruzzone and Prieto, 2000a)。其特点是相比于其他的变化检测方法可以提供更高的变化检测精度,但需要估计联合类的先验概率。

- 非监督变化检测是选择一期影像中光谱类似的像元和像元簇作为初始类簇,然后对两期影像光谱相似的像元簇进行标记,最后进行变化的检测(Lu and Weng, 2004)。其特点是可以利用非监督的特点自动进行变化过程分析,但难以进行变化轨迹的标定。

- 混合变化检测是用图像叠加增强法来提取出变化像元,然后用监督分类方法进行分类(赵喜等, 2012),从分类结果中构建一个二元变化掩膜,用变化掩膜将土地覆盖变化图中的变化像元部分剪切出来。其特点是能够将不发生变化的像元排除在外,可以减少分类误差;但需要为分类方法选择合适的阈值,并且变化轨迹的识别较为复杂。

- 人工神经网络检测是非参数监督算法（Gopal and Woodcock，1996），该方法能够根据样本估计数据的特性，但目前研究对隐藏层的特性了解较少，需要长时间的样本选择，且对样本数量很敏感（Author et al.，2004）。

总体来看，分类变化检测都是基于遥感影像分类，能够给出详细的变化矩阵且降低多期影像中来自大气、环境方面的影响，但多期影像间高质量训练样本的选择是比较困难的，这将对分类结果产生很大的影响，从而影响变化检测的结果。

2）软变化检测农作物识别方法

针对过渡型土地覆盖变化和遥感混合变化像元存在的区域，软变化检测方法用 [0,1] 的连续变化概率图进行变化信息提取，可以检测到微小的变化信息（Jensen and Lulla，1996）。目前，软检测方法的相关研究已取得一定进展，主要包括阈值划分法（Adams et al.，1995；Roberts et al.，1997；Jr and Barreto，2000）、模糊混合矩阵法（Fisher et al.，2006）、基于对象（Ardila et al.，2012）的划分法、基于时间的变化检测方法（Kennedy et al.，2007）、时间序列的混合像元分解法（Lobell and Asner，2004；Pan et al.，2012）。例如，Lobell（2004）、许文波等（2007）利用 MODIS 时序数据采用线性分解模型识别冬小麦；Pan 等（2012）构建 MODIS 冬小麦物候指数模型与 TM 建立回归关系，估算 250 m 尺度上冬小麦的丰度；顾晓鹤等（2007）分析了 MODIS 数据冬小麦分解结果与 TM 数据的异质性；朱爽等（2014）首先定义连续型地物参量，然后对比不同时期参量的变化程度，定量地表达地类变化强度信息。

软变化检测进行作物识别的核心方法就是进行分解，获取作物的丰度信息。由于物候、大气条件和土壤水分等差值导致的"干扰噪声"，尤其对于 MODIS 数据常为 8 天、16 天合成数据，像元是 16 天的合成结果，造成光谱不确定（陈晋等，2001）。Somer 等（2011）分析遥感光谱的不确定性，受到"类内"、"类间"光谱不稳定性的影响，对识别结果造成很大的偏差。光谱不稳定对软分类的影响一直是混合光谱分解模型中待解决的难点和热点问题。

3）软硬变化检测结合的农作物识别方法

软、硬变化检测方法在农作物识别中应用较为广泛，但受到农作物种植景观特征和遥感影像空间分辨率等因素的影响，软、硬变化检测方法对农作物变化类型存在各自的不足。

硬变化检测方法从空间角度来看，由于遥感图像是由栅格像元构成，对于中、低分辨率影像，尤其是在作物破碎种植区，一个像元内反映出的土地覆盖变化往往不只是一种作物，而是多种变化类型共存的现象，这是由混合像元造成的。其次,硬作物变化检测结果仅给每个像元分配一个排他性的二值结果(0,1),即作物和非作物(Fisher et al.,2006;Foody and Doan,2006),侧重于硬变化区域的信息提取,但对于软变化区域内像元内难以准确识别,造成作物识别误差。

软变化检测方法利用作物在整个生长期的物候特征,采用分解方式获取作物连续的丰度值,在混合变化像元区和过渡变化像元区表达出更加丰富的信息,但由于光谱的不稳定性因素(由大气、土壤等因素造成)导致混入一些其他地物组分,给变化方向和其特征的确定带来困难,导致类内光谱不稳定性;另外,现有研究虽然将硬变化和软变化进行了划分,但并未对软变化尤其在作物丰度方面,进行深入的分析研究。

多期遥感影像上硬变化(离散变化,像元内完全发生变化)、软变化(连续变化,像元内部分发生变化)是共存的,单独采用软、硬变化检测均会给作物识别结果带来误差(Jensen and Lulla,1996)。因此,综合软、硬变化检测方法各自的优势,发展遥感软硬变化检测作物识别方法(Soft and Hard Change Detection Method,SHCD),以达到对硬变化区(即纯净像元区,包括完全转换成作物的突变区域和非作物区域)和软变化区(即过渡区、混合像元区,是部分转化为作物的区域)的作物进行准确识别。目前,软硬变化检测方法概念模型已被提出,但是实现的具体方法并不固定,研究重点集中于软变化区(SCR)和硬变化区(HCR)的划分以及土地覆盖变化强度的计算和转换。研究案例相对还很少,朱爽等(2014)基于播种期和拔节期的两期 HJ-1 卫星数据,分别采用硬变化检测方法、软变化检测方法和软硬结合的变化检测方法进行冬小麦识别,指出软硬结合的变化检测方法总体识别精度高于单独使用任何一种软、硬变化检测的方法。孙佩军等(2015)融合 2014 年 8 月 7 日 GF-1 卫星的 2 m 和 8 m 数据,通过影像分割提取地物图斑,结合图斑内 NDVI 的平均值,区分植被图斑与非植被图斑,对植被图斑利用 2014 年 6 月 27 日和 8 月 7 日两期影像计算变化向量,然后利用变化向量图像进行秋粮作物的纯净、混合图斑的标定,提取作物分布。

1.6.2.3 分层掩模处理法

分层掩模处理法先通过某些判断规则(或某种分类方法)去掉非目标作物,建立掩模,通过掩模处理得到包括目标作物的剩余影像部分,然后进一步选用合适的分类器(或建立判别规则)进行目标地物识别。丁美花等(2012)首先采用最大似然法对 2009 年 9 月 19 日 HJ-1 CCD 图像进行分类,然后在甘蔗可能的种植区域内,对多个时相的 NDVI 图像分别设置阈值排除非甘蔗信息,最后基于2009 年 11 月 23 日的 TM 数据,再次利用最大似然法识别得到甘蔗的分布区域。李峰等(2016)采用多时相 NDVI 阈值分割与监督分类相结合的方法提取菏泽市玉米种植分布区。研究者首先在 2014 年 6 月 5 日 HJ-1 CCD 影像上设定 NDVI

阈值,建立掩模去除蔬菜、果树和苗木,然后在 2014 年 7 月 21 日 HJ-1 CCD 影像上设定 NDVI 阈值,建立掩模去掉水体、城镇,经过两次 NDVI 掩膜后,利用最大似然法对剩余图像进行监督分类,提取玉米、棉花、大豆和花生四种作物。覃泽林等(2017)首先使用 4—7 月 4 个时相的 GF-1 影像通过最邻近分类法将研究区的地块对象分为水稻和非水稻,然后对非水稻地块使用 4 月、6 月、7 月、9 月和 10 月的 GF-1 影像和支持向量机进行分类,识别出甘蔗、香蕉和其他作物,最后进一步以 4 月和 10 月无云覆盖影像为数据源,基于光谱、亮度和 NDVI 特征,利用支持向量机将甘蔗和香蕉提取出来。

1.6.2.4 建立决策规则的分类方法

多时相决策规则分类以农作物的物候特点和生长时期为依据,通过分析作物与其他地物类型的特征差异,建立决策规则以识别目标地物的方法。决策规则的建立方法总体来说可以分为两种:专家经验法和数据挖掘法。专家经验法顾名思义是专家结合主观经验和辅助信息(如外业调查数据)来建立决策规则的方法;数据挖掘法是通过机器学习算法(如分类回归树 CART),在训练样本辅助下,自动生成决策规则的方法(田野等,2017),目前使用最多的还是专家经验法。参与决策的变量多为特征波段,其中使用最多的为近红外(刘珺等,2012;刘吉凯等,2015)、红(贺鹏等,2016)短波红外(马丽等,2008;马丽等,2009)波段和多时相植被指数,如 NDVI(苏荣瑞等,2013;Marais Sicre et al.,2016;尤慧等,2016)和 EVI(林文鹏等,2006;贺鹏等,2016)。也有人采用面向对象的方法,充分利用对象在多期影像上的多种特征(如光谱、纹理、植被指数、高程等信息)来提取作物(王久玲等,2014)。

1.6.3 基于时序数据的分类

基于时序数据的作物分类一般选择作物整个生育期内固定或准固定时间间隔(旬、月或数据重访周期)的高时间分辨率影像序列提取的时序曲线(如 NDVI)进行作物识别。基于时序数据分类的方法包括直接分类法、特征曲线匹配法、分层掩模处理法和建立决策规则的分类方法。

1.6.3.1 直接分类法

基于时序数据的直接分类法与基于多时相影像的直接分类法原理和方法一样,只是数据源上有差异。例如,Lobell 和 Asner(2004)、林文鹏等(2008)、熊勤学和黄敬峰(2009)利用时间序列 MODIS NDVI 数据分别通过混合像元分解方法、Fuzzy ARTMAP 神经网络法和 BP 神经网络法进行作物提取研究。闫峰等

(2009)构建 MODIS 地表温度与增强植被指数时间序列数据,采用 ISODATA 非监督分类方法识别冬小麦。Mulianga 等(2011)基于 20 景的 Landsat 8 影像,通过最大似然分类识别了肯尼亚甘蔗分布。汪松等(2016)利用 Landsat 时序 NDVI 数据采用支持向量机分类器进行灌溉作物分类。顾晓鹤等(2012)、谢登峰等(2015)、Li 等(2015)分别融合 Landsat 和 MODIS 形成高空间分辨率(30 m)的时间序列数据进行作物识别。Siachalou 等(2015)利用隐马尔可夫模型,融合 Landsat ETM+和 RapidEye 影像进行作物识别。杨闫君等(2015;2016)和王利民等(2016)利用高分一号 WFV 构建的时序 NDVI 曲线进行冬小麦识别。

时序数据相比多时相遥感数据能更好地捕捉到作物的物候信息,因此有研究者对时间序列数据进行相关变换后,对作物的物候变化特征进行定量化描述,进而提高分类精度(Wardlow et al.,2007)。例如,通过傅里叶分析把 NDVI 序列分解成一系列谐波,选取 0 级谐波振幅和 1~3 级谐波的初始相位、振幅比例作为作物识别的参数,通过监督分类识别作物(张明伟等,2008);提取 NDVI 序列的物候指标(开始生长时间、停止生长时间、生长季长度、基准值、生长期的中期时刻、NDVI 峰值、生长季振幅、生长速度、减缓速度、生长季 NDVI 活跃累积量、生长季 NDVI 总累积量)参与作物分类(谢登峰等,2015);利用随机森林法识别美国堪萨斯州的作物分布,并分析了不同时间长度数据和不同特征参数(光谱、NDVI、NDWI、物候特征)对作物识别精度的影响(Hao et al.,2015)。

1.6.3.2　特征曲线匹配法

特征曲线匹配通过分析未知像元特征曲线和参考特征曲线的匹配(相似)程度来识别地物类型,实质为两条曲线的相似度计算,其中参考特征曲线的构建是核心。常用的衡量匹配程度的方法包括波谱角分类(Souza et al.,2015)和最小距离分类(郝鹏宇等,2012)。常用的参考曲线的构建方法是计算样本像元的特征(如光谱值、植被指数)均值,构成均值序列(Durgun et al.,2016)。然而受种植结构、水肥条件、作物品种、地理环境等因素的影响,作物的物候期和生长状况都存在差异,以均值序列为参考曲线可能会导致错分和漏分,为此有研究者提出了不同的改进方案。Zhang 等(2014)考虑作物物候随地理位置(纬度)的变化,在农气站点物候数据的支持下,分析均值特征曲线随纬度的变化关系,对均值特征曲线进行修正,生成标准参考曲线,进而识别了中国东北三省的玉米分布。宋盼盼等(2017)基于 GF-1 卫星时间序列数据,拟合光谱和植被指数时间序列特征曲线,设定目标特征区域范围为影像调查样本中剔除异常值的最小值和最大值,通过分析待分类像元特征曲线落在目标地物(中稻和晚稻)特征区域范围的比例来识别不同的水稻类型。

1.6.3.3　分层掩模处理法

类似基于多时相的分层掩模处理法,基于时序数据的分层掩模处理法也是通过分层分类或分步骤建立决策规则,建立掩模逐步去掉非目标作物,逼近目标作物。姚成和赵晋陵(2015)首先基于抽穗期和移栽期的 HJ CCD 影像 NDVI 差值进行阈值分割,提取潜在水稻像元,然后将 18 期时序 NDVI 输入到 See5.0 决策树软件,生成分类规则识别水稻。刘珺和田庆久(2015)利用最大似然法对 MODIS EVI 时间序列数据进行分类,初步提取夏玉米和夏棉花,制作掩模并对夏玉米抽雄期影像进行掩膜处理,然后进一步制定决策规则剔除夏棉花,得到最终的夏玉米空间分布。平跃鹏和臧淑英(2016)首先对 2013 年 MODIS NDVI 时序数据进行支持向量机(SVM)分类提取农用地,通过掩模处理去掉非农用地,然后在农用地内进一步利用 MODIS NDVI 时序数据及其物候参数和归一化水体指数进行 SVM 分类,提取玉米、水稻和大豆。Xiao 等(2005)和 Xiao 等(2006)分别在中国南方和南亚、东南亚 13 个国家,使用 8 天合成的 MODIS 地表反射率数据分别计算了归一化雪指数(NDSI)、归一化植被指数(NDVI)、增强植被指数(EVI)、地表水指数(LSWI),对这些指数设定阈值,建立了雪、水体、常绿植被掩模,对原始图像进行掩模处理后,设定满足 LSWI+0.05 ≥ NDVI 或 LSWI+0.05 ≥ EVI 的像元为泡田移栽像元(flooding and transplanting pixel),在移栽期识别后 40 天内,EVI 值能到达年内最大 EVI 值一半的像元被认定为水稻像元,最后排除掉高程大于 2000 m 和坡度大于 2°的像元,以进一步提高水稻识别精度。类似地,Zhang 等(2015)使用 8 天合成的 MODIS 地表反射率数据分别计算了 NDSI、NDVI、EVI、LSWI,设定夜间地表温度大于 0.5°为水稻生长季开始时间,季末 EVI 等于 0.35 时为水稻生长季结束时间,指定满足 LSWI+0.05 ≥ EVI 条件的像元为泡田移栽像元,以提取东北三省的水稻分布,并对 NDSI、NDVI、EVI、LSWI 分别设定阈值生成了雪、水体、水体和自然植被混合区、常绿植被、自然落叶植被和稀疏植被掩模,提取 2010 年中国土地利用覆盖图中的湿地建立湿地掩模,对水稻分布图进行掩模处理,提高分类精度。Qin 等(2015)使用时间序列 Landsat 8 和 Landsat 7 反射率数据计算 NDSI、NDVI、EVI、LSWI,设定阈值制作水体、建筑与裸地、常绿植被、冰雪、湿地掩模,设定水稻生长季为夜间地表温度大于 0.5°的开始时间至后延长 50 天,提取生长季内有泡田移栽现象(即 LSWI ≥ NDVI 或 LSWI ≥ EVI)的像元为水稻像元。Forkuor 等(2015)在非洲西部的苏丹大草原对比分析了基于分层掩模和基于一次分类提取作物的精度,指出分层掩模方法相比基于一次分类提取的总体精度高了 6% 以上,通过统计分析发现基于分层掩模方法和基于一次分类提取的精度在 0.01 水平下存在显著差异。

1.6.3.4   建立决策规则的分类方法

基于时序数据建立决策规则的分类方法与基于多时相数据建立决策规则的分类方法原理类似,都利用了作物生长发育在不同时间点的物候差异,只是时序数据通常覆盖所研究目标作物的整个生长季,而多时相数据一般是由目标作物整个生长季中关键生育期的若干影像组成的。因此,基于时序数据建立决策规则的分类方法可以更充分地挖掘不同作物间的物候差异,常常用于多目标作物的识别。决策规则的制定也同样分为专家经验法和数据挖掘法两种,并以专家经验法居多。Wardlow和Egbert(2008)在美国大平原利用250 m空间分辨率MODIS NDVI数据,Zhong等(2016)在巴西南部巴拉那州利用8天合成的500 m空间分辨率的MODIS反射率数据,Wang等(2017)在美国密苏里西部和堪萨斯交界的39个县利用TM和MODIS融合生成的30 m高时空分辨率数据,分别建立决策规则,进行了研究区内作物分布图的制作。在我国,黄青等(2011)利用2005—2009年每年4—9月旬尺度的MODIS NDVI数据建立判别规则,识别了新疆的棉花分布,并进一步分析了棉花长势情况。陈健等(2011)基于2004—2005年整个作物生育期内35个时相的MODIS地表反射率数据生成EVI时序数据集,建立决策规则来识别冬小麦。李鑫川(2013)基于2010年6—9月共10景HJ CCD数据建立分层决策树判别模式,识别了研究区内的水稻、玉米和大豆。刘佳等(2015)利用河北省衡水市2011年10月3日—2012年10月24日期间16景HJ-1A/B CCD影像月度NDVI建立判别规则,识别了研究区内的冬小麦、夏玉米、春玉米、棉花、花生和大豆等主要作物类型。程良晓等(2016)利用甘肃省张掖市2012年4月—2012年10月15个时相的HJ CCD影像NDVI建立判别规则,识别了研究区内的玉米、油菜、大麦和小麦。周静平等(2016)利用黑龙江双河农场2012年4—11月23个时相的HJ CCD影像,通过面向对象与决策树相结合的方法提取了研究区内的玉米和水稻等。而以数据挖掘为规则制定的方法中,使用最多的是决策树分类法,如Vieira等(2012)和张焕雪等(2015)分别采用C4.5和C5.0决策树分类方法自动选取特征,构建决策树识别研究区作物。

1.7   单特征分类与多特征分类

特定的分类目标总是和相应的特征或特征组合相联系,只有选择合适的特征变量才能有效地区分地物(贾坤和李强子,2013)。用于农作物遥感分类的特征大致可以分为四类:电磁波谱特征、空间特征、时相特征和其他辅助特征(贾坤和李强子,2013)。电磁波谱特征又包括光谱特征(多光谱和高光谱数据)和微波散射特征(雷达数据)。早期的作物识别主要使用单一电磁波谱特征进行分类。然而,农作物在生长周期中,化学、物理、生物性质会随其生理、外形、结构特征的变化而变化,相应的电磁波谱特征也发生改变。此外,遥感数据空间分辨率的差异使得同一地物在不同分辨率的遥感影像上的表现也不一致,在低分辨率影像上表现为混合像元的地物随着分辨率提高会纯化,且表现出越来越多的空间细节、纹理和结构特征。将作物的空间信息加入光谱信息中可以有效地解决"异物同谱"的现象。随着遥感技术的提高,大量不同类型的传感器得以发展和应用,研究者尝试将多源多尺度遥感数据结合起来使用,取长补短,发展了各类时-谱、空-谱、时-空-谱、谱-谱结合的分类方法以提高作物识别精度。

时-谱结合的分类方法是充分挖掘作物的物候特征信息进行作物识别的方法,第1.6节中使用多时相或时序序列进行分类的方法都属于时-谱分类方法。

空-谱结合的分类方法主要综合使用地物空间和几何特征信息与电磁波谱特征进行分类。例如,吴见和彭道黎(2012)基于北京怀柔部分地区 Hyperion 高光谱影像数据,融入空间信息进行植被(森林、农作物和草地)分类,相比最大似然方法精度平均提高了20%。Zhong 等(2015)提出了空间约束条件下的端元选择方法,在混合像元分解过程中选择待分解像元周边最邻近的10个纯像元作为端元,以提高时序混合像元分解的精度。郭连坤(2015)基于 AVIRIS India Pines 数据,选取 5×5 窗口,分别提取 0°、45°、90°、135°四个方向的灰度共生矩阵,并提取能量(E)、对比度(C)、相关系数(R)以及变化量(H)四种纹理特征,以及多尺度小波纹理和多尺度形态学纹理,将特征信息与原始波段叠加进行分类,结果显示纹理特征可以有效地提高高光谱影像分类精度,并且不同特征对高光谱分类精度影响不同。程志会和谢福鼎(2016)综合利用高光谱图像光谱特征(每一个像素的光谱值)、空间特征(像素一定邻域范围内的光谱特征)和纹理特征(灰度共生矩阵提取的对比度、能量、同质性和相关性),基于图的半监督分类算法对 India Pine 数据集进行了分类,结果表明综合利用多种特征的分类结果明显优于使用单一光谱特征分类的结果。黄坤山(2016)提出基于 KNN 非局部滤波的高光谱图像分类方法,利用基于 KNN 的滤波器为分类器提供空间结构信息,联合使用空间结构信息和图像光谱信息进行分类,在 India Pines 等数据集上进行了测试,并与 SVM、基于利用多层逻辑模型作为先验知识和多项式逻辑回归分类器(LMLL)的算法、基于置信度传播(LBP)的分类方法和基于间隔保持滤波(EPF)的分类方法四种分类方法相互对比,结果显示作者所提出的方法效果最好。

时-空-谱结合的分类方法是融合物候特征、光谱特征和空间特征进行分类的方法。例如,Pena-barragan 等(2011)基于多时相 ASTER 数据,采用面向对象的决策树分类方法,综合使用多种植被指数和纹理特征提取了美国加利福尼亚州约洛县的作物分布。张楠楠(2012)融合物候特征、光谱特征和纹理特征及 GIS 辅助信息来识别作物。张焕雪等(2015)基于多尺度影像分割得到农田对象,进而综合利用典型时相光谱特征和 NDVI 曲线特征参数(包括峰值、峰值出现的位置、最大衰老速率、峰前累加值、峰后累加值)识别玉米、小麦和大豆。Qiu 等(2017)分析冬小麦农业气象站点物候数据,发现冬小麦的抽穗期由南到北有推后的趋势,EVI 时间曲线的形状、变化强度在不同站点之间也都存在差异。因此基于农业气象站点数据,利用线性回归方法建立了抽穗期和早期生长期(从苗期到抽穗期)与经纬度的函数表达式,设定收获期为抽穗期后的 48 天,将作物生长季分为前期(播种到抽穗)和后期(抽穗到收获)两个阶段,对应建立了两个物候指数(EVE 和 EVL),EVE 为播种期和抽穗期增强植被指数 EVI 的差值与生长季前期最大最小 EVI 差值之和,EVL 为抽穗期和收获期增强植被指数 EVI 的差值与生长季后期最大最小 EVI 差值之和,最后设定 EVE 和 EVL 阈值,提取了中国华北平原和黄淮平原的冬小麦分布。

　　谱–谱结合的分类方法主要是融合不同电磁波谱特征(如合成孔径雷达 (SAR)图像散射特征和可见光反射率波谱特征)进行作物识别的方法。Blaes 等 (2005)对 SAR(ERS-1、RADARSAT-1)与光学影像(SPOT XS、Landsat ETM)的农作物识别能力进行了评价研究,指出对于复杂的农作物类型(小麦、玉米、甜菜、大麦、马铃薯及牧草),联合 SAR 和光学影像可以提高作物识别精度,缩短遥感监测周期。赵天杰等(2009)融合 ENVISAT-1 ASAR、ALOS PALSAR 和 TM 数据,使用模糊神经网络进行作物分类,总体分类精度达到 93.54%。Haldar 和 Patnaik(2010)联合使用 RADARSAT-1 SNB(ScanSAR Narrow Beam)数据和 IRS-P6 AWIFS数据,成功识别了印度境内两个研究区的早晚稻。贾坤等(2011)融合环境星多光谱数据和 ENVISAT ASAR VV 极化数据进行作物分类研究,发现融合后分类精度比单独使用环境星数据分类精度提高了约 5%。Kussul 等 (2013)联合 SAR(RADARSAT-2)和光学影像(EO-1,Earth Observing Mission)对乌克兰的夏季作物(玉米、大豆、向日葵和甜菜)进行了分类研究,分类精度在 85%以上。张细燕和何隆华(2015)在南京市江宁区,利用多时相 ERS-2 SAR 和 TM 数据,对比分析了多时相 SAR 数据、TM 和多时相 SAR 数据融合,以及 TM 和单时相 SAR 数据融合识别水稻的精度,发现 TM 和多时相 SAR 数据融合识别水稻的精度最高。

　　大量研究表明,联合特征进行作物识别有利于提高识别精度,但是目前农作物遥感分类特征变量选择的理论研究不足,如何更好地挖掘多种数据源中独立又互补的分类特征,以及不同分类器对分类特征的差异,进一步提高作物识别精度仍然是作物识别中的一个重点问题。

1.8 小 结

基于遥感技术的作物识别方法已经取得了大量的成果,但是在实际应用中仍然存在一些问题,主要表现在以下几个方面。

1) 数据源问题

目前,在作物识别应用中使用最多的数据源仍然为多光谱数据,其次是雷达数据,最后是高光谱数据。雷达数据具有全天时、全天候对地表进行观测成像的优势,弥补了光学影像易受云雨天气影响的不足,为作物信息的及时提取提供了数据保障。微波遥感与光学遥感获取地物信息的机理截然不同,微波信号主要与地物的结构特性和介电特性有关,介电特性又受含水量的影响,因此雷达数据可以提供更加丰富的作物特征信息。然而,通常雷达数据的分辨率比较低,获取周期较长,在水稻识别上有一定优势,但对于旱作作物,特别是地块破碎地区的作物识别精度还有待提高。高光谱遥感能够获取地表物体成百上千个连续谱段的信息,提供的波段信息能够达到纳米级,极大增强了对地物的区分能力,使得在宽波段遥感中不可识别的作物类型在高光谱遥感中能被探测到,然而其数据成本高,数据源少,目前大多工作还停留在研究阶段。此外,荧光遥感、激光雷达、无人机航空遥感都可以为作物识别提供数据源,但是相关研究还很少。

2) 样本数据问题

训练样本数量和质量制约着分类器的分类精度。目前,获取样本的方式主要有三种:外业调查、目视解译和作物样本标准光谱库。人工调查获取样本的精度高,但是效率低;通过目视解译从高分辨率图像上获取样本效率高,但是精度难以保证;对典型作物进行光谱测量构建作物样本标准光谱库有利于样本重复利用,但是工作量大,遥感数据在获取过程中会受到大气条件等外界因素的影响,实际测量的光谱值和遥感数据反映的光谱值可能会存在差异。新的数据源(例如,高光谱数据具有更高的维度)和新的技术手段(深度学习方法)对训练样本数量提出了更高的要求,海量高质量样本是支撑人工智能和大数据挖掘的基础。因此,如何整合各类样本获取方法,发展快速的自动化样本数据采集手段,建立典型的作物光谱库,更好地服务于作物识别的业务化应用是值得思考的问题。

3）研究尺度方面

遥感信息的一个重要基本特征是多尺度。不同空间分辨率的遥感数据所包括的地表详尽程度不同。根据所研究的目标,选择合适的空间分辨率的遥感数据可以提高信息提取的精度,降低分析结果的不确定性。由于空间分辨率的增加可能同时引起类内光谱变异程度和边缘混合像元数目的变化,而这两者的变化对农作物提取精度的影响又是相互矛盾的。一般高空间分辨率的遥感数据含有更多的信息,但并不是空间分布率越高,信息提取的精度越高。分类精度和地表覆盖类型单元的大小有关,过高的空间分辨率反而会降低分类精度。从研究区种植结构、地块图斑特征、作物种类等因素出发,选择最佳尺度的遥感数据,不但可以提高分类精度,而且可以排除选择数据时的盲目性,降低数据成本。

4）分类特征方面

作物在生长周期内随周边环境和生长状态的改变,其电磁波特性也会发生变化,“同谱异物”和“同物异谱”现象时有发生。使用单一的光谱特征无法精确识别作物。随着多种新型传感器的发展,如高光谱数据的出现,使得研究者可以尝试提取各类光谱指数、光谱变化形式、高光谱特征参数、光谱形态学剖面来进行作物识别,深入挖掘和应用光谱特征。研究者也可以结合不同遥感数据源,融合不同光谱特征、微波散射特征、荧光特征等以改善作物识别精度。区别于一般地物,作物生长具有短时间内土地覆盖强烈变化的特性,充分挖掘作物的季相特征,有利于提高作物识别精度。此外,同一地物在不同分辨率的遥感影像上的表现也不一致,在低分辨率影像上表现为混合像元的地物随着分辨率的提高会纯化,且表现出越来越多的空间细节、纹理和结构特征。将作物的空间信息加入光谱信息中可以有效地解决“异物同谱”的现象。总之,综合应用作物“时”“空”“谱”特征进行作物识别是未来发展的一个方向。

5）分类方法方面

高光谱遥感影像很高的光谱分辨能力是以其较大的数据量以及较高的数据维度为代价的,传统的多光谱分类方法将不再适用,为此研究者积极致力于对传统分类方法的改进或者引入机器学习领域的新理论、新方法到高光谱数据的分类中来。相对于一般遥感影像分类,高光谱遥感影像数据维数高、波段间相关性强,要求的训练样本多。当样本数量不足时,往往会出现分类精度随特征维数上升而下降的现象。为了克服这一现象,国内外学者开展了许多高光谱数据降维研究,旨在通过降低数据维度保留有效信息的方式获取高精度的分类结果。也有学者选择适用于小样本、高维特征的分类器(如支持向量机分类器)来解决维数灾难问题。还有学者使用半监督分类,通过加入无标记样本来增加样本数量。另外,不同分类器往往有不同的适用条件,对于不同的数据集表现出不同的分类性能,为此有学者融合多分类器,通过集成学习实现优势互补以提高作物识别精度,但是目前多是通过实证研究来分析集成策略的优劣,很少从机理出发阐述集成策略的选择依据,今后需要从机理出发,研究集成策略筛选的标准,同时结合应用的作物对象、遥感数据源、样本库、研究区特征等,给出应用方案指导,以提高作物遥感识别实际业务化的能力。此外,人工智能与大数据等新技术的应用也为作物识别提供了技术解决途径,必将推动作物识别技术的进一步发展。

参 考 文 献

曹卫彬, 杨邦杰, 宋金鹏. 2004. TM 影像中基于光谱特征的棉花识别模型. 农业工程学报, 20(4): 112-116.

陈健, 刘云慧, 宇振荣. 2011. 基于时序 MODIS-EVI 数据的冬小麦种植信息提取. 中国农学通报, 27(1): 446-450.

陈晋, 何春阳, 史培军, 陈云浩, 马楠. 2001. 基于变化向量分析的土地利用/覆盖变化动态监测(Ⅰ)——变化阈值的确定方法. 遥感学报, 2001(5): 259-266.

陈荣, 曹永锋, 孙洪. 2011. 基于主动学习和半监督学习的多类图像分类. 自动化学报, 37 (8): 954-962.

陈水森, 柳钦火, 陈良富, 李静, 刘强. 2005. 粮食作物播种面积遥感监测研究进展. 农业工程学报, 21(6): 166-171.

陈宇, 杜培军, 唐伟成, 柳思聪. 2011. 基于 BJ-1 小卫星遥感数据的矿区土地覆盖变化检测. 国土资源遥感, (3): 146-150.

陈仲新, 任建强, 唐华俊, 史云, 冷佩, 刘佳, 王利民, 吴文斌, 姚艳敏. 2016. 农业遥感研究应用进展与展望. 遥感学报, 20(5): 748-767.

程良晓, 江涛, 谈明洪, 肖兴媛. 2016. 基于 NDVI 时间序列影像的张掖市农作物种植结构提取. 地理信息世界, 23(4): 37-44.

程志会, 谢福鼎. 2016. 基于空间特征与纹理信息的高光谱图像半监督分类. 测绘通报, (12): 56-59.

单捷, 岳彩荣, 江南, 孙玲. 2012. 基于环境卫星影像的水稻种植面积提取方法研究. 江苏农业学报, 28(4): 728-732.

丁美花, 谭宗琨, 李辉, 杨宇红, 张行清, 莫建飞, 何立, 莫伟华, 王君华. 2012. 基于 HJ-1 卫星数据的甘蔗种植面积调查方法探讨. 中国农业气象, 33(2): 265-270.

冯美臣, 杨武德. 2010. 基于 RS 的冬小麦种植面积提取及最佳时相选择. 山西农业大学学报 (自然科学版), 30(6): 487-490.

顾晓鹤, 韩立建, 王纪华, 黄文江, 何馨. 2012. 中低分辨率小波融合的玉米种植面积遥感估算. 农业工程学报, 28(3): 203-209.

顾晓鹤, 潘耀忠, 何馨, 黄文江, 张竞成, 王慧芳. 2010. 以地块分类为核心的冬小麦种植面积遥感估算. 遥感学报, 14(4): 789-805.

顾晓鹤, 潘耀忠, 朱秀芳, 张锦水, 韩立建, 王双. 2007. MODIS 与 TM 冬小麦种植面积遥感测量一致性研究——小区域实验研究. 遥感学报, 11(3): 350-358.

郭连坤. 2015. 基于多核 Boosting 多特征组合高光谱分类技术研究. 西安科技大学硕士研究生学位论文.

郭燕, 武喜红, 程永政, 王来刚, 刘婷. 2015. 用高分一号数据提取玉米面积及精度分析. 遥感信息, (6): 31-36.

郝鹏宇, 牛铮, 王力, 王秀兰, 王长耀. 2012. 基于历史时序植被指数库的多源数据作物面积自动提取方法. 农业工程学报, 28(23): 123-131.

贺鹏, 徐新刚, 张宝雷, 李振海, 金秀良, 张秋阳, 张勇峰. 2016. 基于多时相 GF-1 遥感影像的作物分类提取. 河南农业科学, 45(1): 152-159.

胡潭高, 潘耀忠, 张锦水, 李苓苓, 李乐. 2011. 基于线性光谱模型和支撑向量机的软硬分类方法. 光谱学与光谱分析, 31(2): 508-511.

胡潭高, 张锦水, 贾斌, 潘耀忠, 董燕生, 李乐. 2008. 不同分辨率遥感图像混合像元线性分解方法研究. 地理与地理信息科学, 24(3): 20-23.

黄健熙, 贾世灵, 武洪峰, 苏伟. 2015. 基于 GF-1 WFV 影像的作物面积提取方法研究. 农业机械学报, (1): 253-259.

黄坤山. 2016. 基于 KNN 非局部滤波的高光谱图像分类方法研究. 湖南大学硕士研究生学位论文.

黄青, 王利民, 滕飞. 2011. 利用 MODIS-NDVI 数据提取新疆棉花播种面积信息及长势监测方法研究. 干旱地区农业研究, 29(2): 213-217.

贾坤, 李强子. 2013. 农作物遥感分类特征变量选择研究现状与展望. 资源科学, 35(12): 2507-2516.

贾坤, 李强子, 田亦陈, 吴炳方, 张飞飞, 蒙继华. 2011. 微波后向散射数据改进农作物光谱分类精度研究. 光谱学与光谱分析, 31(2): 483-487.

江晓波, 李爱农, 周万村. 2002. 3S 一体化技术支持下的西南地区冬小麦估产——以安宁河谷四县为例. 地理研究, 21(5): 585-592.

蒋旭东, 徐振宇, 娄径. 2001. 应用 CBERS-1 卫星数据进行安徽省北部冬小麦播种面积监测研究. 安徽地质, 11(4): 297-302.

李峰, 王昊, 秦泉, 赵红, 曹张驰. 2016. 基于 HJ-1 CCD 影像的玉米种植面积估算研究. 山东农业科学, 48(2): 138-142.

李亮, 舒宁, 龚龑. 2013. 考虑时空关系的遥感影像变化检测和变化类型识别. 武汉大学学报(信息科学版), 38(5): 533-537.

李苓苓, 潘耀忠, 张锦水, 宋国宝, 侯东. 2010. 支持向量机与分类后验概率空间变化向量分析法相结合的冬小麦种植面积测量方法. 农业工程学报, 26(9): 210-217.

李霞, 王飞, 徐德斌, 刘清旺. 2008. 基于混合像元分解提取大豆种植面积的应用探讨. 农业工程学报, 24(1): 213-217.

李鑫川, 徐新刚, 王纪华, 武洪峰, 金秀良, 李存军, 鲍艳松. 2013. 基于时间序列环境卫星影像的作物分类识别. 农业工程学报, 29(2): 169-176.

李颖, 陈秀万, 段红伟, 沈阳. 2010. 多源多时相遥感数据在冬小麦识别中的应用研究. 地理与地理信息科学, 26(4): 47-49.

李郁竹. 1997. 农作物气象卫星遥感监测和估产研究进展及前景探讨. 气象科技, (3): 29-35.

李正国, 唐华俊, 杨鹏, 吴文斌, 陈仲新, 周清波, 张莉, 邹金秋. 2012. 植被物候特征的遥感提取与农业应用综述. 中国农业资源与区划, 33(5): 20-28.

李志鹏, 李正国, 刘珍环, 吴文斌, 谭杰扬, 杨鹏. 2014. 基于中分辨 TM 数据的水稻提取方法对比研究. 中国农业资源与区划, 35(1): 27-33.

梁友嘉, 徐中民. 2013. 基于 SPOT-5 卫星影像的灌区作物识别. 草业科学, 30(2): 161-167.

林文鹏, 王长耀, 储德平, 牛铮, 钱永兰. 2006. 基于光谱特征分析的主要秋季作物类型提取研究. 农业工程学报, 22(9): 128-132.

林文鹏, 王长耀, 黄敬峰, 柳云龙, 赵敏, 刘冬燕, 高峻. 2008. 基于 MODIS 数据和模糊 ARTMAP 的冬小麦遥感识别方法. 农业工程学报, 24(3): 173-178.

刘海启. 1999. 欧盟 MARS 计划简介与我国农业遥感应用思路. 中国农业资源与区划, 20(3): 55-57.

刘吉凯, 钟仕全, 梁文海. 2015. 基于多时相 Landsat 8 OLI 影像的作物种植结构提取. 遥感技术与应用, 30(4): 775-783.

刘纪远. 1997. 国家资源环境遥感宏观调查与动态监测研究. 遥感学报, 1(3): 225-230.

刘佳, 王利民, 杨福刚, 杨玲波, 王小龙. 2015. 基于 HJ 时间序列数据的农作物种植面积估算. 农业工程学报, 31(3): 199-206.

刘珺, 田庆久. 2015. 夏玉米最佳时序谱段组合识别模式研究. 遥感信息, 2015(2): 105-110.

刘珺, 田庆久, 黄彦, 杜灵通. 2012. 利用多时相 HJ 卫星 CCD 遥感影像提取嘉祥县秋收作物. 遥感信息, (2): 67-70.

刘婷, 任银玲, 杨春华. 2001. "3S" 技术在河南省冬小麦遥感估产中的应用研究. 河南科学, 19(4): 429-432.

马丽. 2010. 基于流形学习算法的高光谱图像分类和异常检测. 华中科技大学博士研究生学位论文.

马丽, 顾晓鹤, 徐新刚, 黄文江, 贾建华. 2009. 地块数据支持下的玉米种植面积遥感测量方法. 农业工程学报, 25(8): 147-151.

马丽, 徐新刚, 贾建华, 黄文江, 刘良云, 程一沛. 2008. 利用多时相 TM 影像进行作物分类方法. 农业工程学报, (2): 191-195.

马丽, 徐新刚, 刘良云, 黄文江, 贾建华, 程一沛. 2008. 基于多时相 NDVI 及特征波段的作物分类研究. 遥感技术与应用, 23(5): 520-524.

马孟莉, 朱艳, 李文龙, 姚霞, 曹卫星, 田永超. 2012. 基于分层多端元混合像元分解的水稻面积信息提取. 农业工程学报, 28(2): 154-159.

马小丽. 2014. 基于机器学习的高光谱图像地物分类研究. 高光谱图像.

潘耀忠, 李乐, 张锦水, 梁顺林, 侯东. 2011. 基于典型物候特征的 MODIS-EVI 时间序列数据农作物种植面积提取方法——小区域冬小麦实验研究. 遥感学报,15(3): 578-594.

彭光雄, 宫阿都, 崔伟宏, 明涛, 陈锋锐. 2009. 多时相影像的典型区农作物识别分类方法对比研究. 地球信息科学学报,11(2): 225-230.

平跃鹏, 臧淑英. 2016. 基于 MODIS 时间序列及物候特征的农作物分类. 自然资源学报,31(3): 503-513.

齐腊, 刘良云, 赵春江, 王纪华, 王锦地. 2008. 基于遥感影像时间序列的冬小麦种植监测最佳时相选择研究. 遥感技术与应用,23(2): 154-160.

宋盼盼, 杜鑫, 吴良才, 王红岩, 李强子, 王娜. 2017. 基于光谱时间序列拟合的中国南方水稻遥感识别方法研究. 地球信息科学学报,19(1): 117-124.

苏荣瑞, 熊勤学, 耿一风, 刘凯文, 高华东, 金卫斌. 2013. 利用多时相 HJ-CCD 影像监测江汉平原南部地区棉花和中稻种植面积. 长江流域资源与环境,22(11): 1441-1448.

苏伟, 姜方方, 朱德海, 展郡鸽, 马鸿元, 张晓东. 2015. 基于决策树和混合像元分解的玉米种植面积提取方法. 农业机械学报,46(9): 289-295.

孙佩军, 杨�雯, 张锦水, 潘耀忠, 云雅. 2015. 图斑与变化向量分析相结合的秋粮作物遥感提取. 北京师范大学学报(自然科学版),51(1): 89-94.

覃泽林, 谢国雪, 李宇翔, 兰宗宝, 苏秋群, 谢福倩, 张家玫, 张秀龙. 2017. 多时相高分一号影像在丘陵地区大宗农作物提取中的应用. 南方农业学报,48(1): 181-188.

田野, 张清, 李希灿, 武彬, 郑玉彬. 2017. 基于多时相影像的棉花种植信息提取方法研究. 干旱区研究,34(2): 423-430.

童庆禧. 1994. 遥感科学技术进展. 地理学报,(1): 616-624.

屠星月, 赵冬玲. 2012. 多时相遥感影像农作物识别方法的分析. 测绘通报,(1): 380-383.

汪松, 王斌, 刘长征, 王思远. 2016. 利用 Landsat 时序 NDVI 数据进行新疆石河子垦区灌溉作物分类. 测绘通报,(9): 56-59.

王久玲, 黄进良, 王立辉, 胡砚霞, 韩鹏鹏, 黄维. 2014. 面向对象的多时相 HJ 星影像甘蔗识别方法. 农业工程学报,30(11): 145-151.

王俊淑, 江南, 张国明, 胡斌, 李杨, 吕恒. 2015. 高光谱遥感图像 DE-Self-Training 半监督分类算法. 农业机械学报,46(5): 239-244.

王堃, 顾晓鹤, 程耀东, 张竞成, 王慧芳, 齐迹. 2011. 基于变化向量分析的玉米收获期遥感监测. 农业工程学报,27(2): 180-186.

王利民, 刘佳, 杨玲波, 杨福刚, 滕飞, 王小龙. 2016. 基于 NDVI 加权指数的冬小麦种植面积遥感监测. 农业工程学报,32(17): 127-135.

王小攀. 2014. 基于图的高光谱遥感数据半监督分类算法研究. 中国地质大学硕士研究生学位论文.

吴炳方. 2004. 中国农情遥感速报系统. 遥感学报,8(6): 481-497.

吴炳方, 蒙继华, 李强子, 张飞飞, 杜鑫, 闫娜娜. 2010. "全球农情遥感速报系统(CropWatch)"新进展. 地球科学进展,25(10): 1013-1022.

吴见, 彭道黎. 2012. 基于空间信息的高光谱遥感植被分类技术. 农业工程学报, 28(5): 150-153.

吴黎, 张有智, 解文欢, 李岩, 关利民, 刘媛媛. 2013. 基于 TM 的混合分解模型提取水稻种植面积研究. 农机化研究, 35(2): 44-47.

夏俊士. 2013. 基于集成学习的高光谱遥感影像分类. 中国矿业大学博士研究生学位论文.

谢登峰, 张锦水, 潘耀忠, 孙佩军, 袁周米琪. 2015. Landsat 8 和 MODIS 融合构建高时空分辨率数据识别秋粮作物. 遥感学报, 19(5): 791-805.

熊勤学, 黄敬峰. 2009. 利用 NDVI 指数时序特征监测秋收作物种植面积. 农业工程学报, 25(1): 144-148.

徐卫霄. 2011. 高光谱影像集成学习分类及后处理技术研究. 解放军信息工程大学硕士生学位论文.

徐新刚, 李强子, 周万村, 吴炳方. 2008. 应用高分辨率遥感影像提取作物种植面积. 遥感技术与应用, 23(1): 17-23.

许文波, 张国平, 范锦龙, 钱永兰. 2007. 利用 MODIS 遥感数据监测冬小麦种植面积. 农业工程学报, 23(12): 144-149.

闫峰, 王艳姣, 武建军, 李春强. 2009. 基于 Ts-EVI 时间序列谱的冬小麦面积提取. 农业工程学报, 25(4): 135-140.

杨晓华, 黄敬峰. 2007. 概率神经网络的水稻种植面积遥感信息提取研究. 浙江大学学报(农业与生命科学版), 33(6): 691-698.

杨闫君, 占玉林, 田庆久, 顾行发, 余涛. 2016. 利用时序数据构建冬小麦识别矢量分析模型. 遥感信息, 31(5): 53-59.

杨闫君, 占玉林, 田庆久, 顾行发, 余涛, 王磊. 2015. 基于 GF-1/WFVNDVI 时间序列数据的作物分类. 农业工程学报, (24): 155-161.

姚成, 赵晋陵. 2015. 基于时序 HJ-CCD 影像的区域尺度水稻提取方法研究. 南京农业大学学报, 38(6): 1023-1029.

殷守敬, 吴传庆, 王桥, 马万栋, 朱利, 姚延娟, 王雪蕾, 吴迪. 2013. 多时相遥感影像变化检测方法研究进展综述. 光谱学与光谱分析, 33(12): 3339-3342.

尤慧, 高华东, 苏荣瑞, 刘凯文, 肖玮钰. 2016. 基于多时相中分辨率时间过程特征的江汉平原棉花种植面积变化监测. 地球信息科学学报, 18(8): 1141-1149.

于重重, 商利利, 谭励, 涂序彦, 杨扬, 王竞燕. 2013. 一种增强差异性的半监督协同分类算法. 电子学报, 41(1): 35-41.

俞军, Ranneby B. 2007. 基于多时相影像的农业作物非参数与概率分类. 遥感学报, 11(5): 748-755.

张晨光, 张燕. 2013. 半监督学习. 北京: 中国农业科学技术出版社.

张峰, 吴炳方, 刘成林, 罗治敏. 2004. 利用时序植被指数监测作物物候的方法研究. 农业工程学报, 20(1): 155-159.

张焕雪, 曹新, 李强子, 张淼, 郑新奇. 2015. 基于多时相环境星 NDVI 时间序列的农作物分类研究. 遥感技术与应用, 30(2): 304-311.

张健康, 程彦培, 张发旺, 岳德鹏, 郭晓晓, 董华, 王计平, 唐宏才. 2012. 基于多时相遥感影像的作物种植信息提取. 农业工程学报, 28(2): 134-141.

张明伟, 周清波, 陈仲新, 周勇, 刘佳, 宫攀. 2008. 基于 MODIS 时序数据分析的作物识别方法. 中国农业资源与区划, 29(1): 31-35.

张楠楠. 2012. 基于知识推理的农作物空间分布监测方法研究. 测绘与空间地理信息, 35(9): 69-73.

张细燕, 何隆华. 2015. 基于 SAR 与 Landsat TM 的小区域稻田的识别研究——以南京市江宁区为例. 遥感技术与应用, 30(1): 43-49.

张燕平. 2012. 机器学习理论与算法. 北京: 科学出版社.

赵良斌, 曹卫彬, 唐春华, 刘迎春. 2008. 新疆棉花遥感识别最佳时相的选择. 新疆农业科学, 45(4): 618-622.

赵天杰, 李新武, 张立新, 王芳. 2009. 双频多极化 SAR 数据与多光谱数据融合的作物识别. 地球信息科学学报, 11(1): 84-90.

赵喜为. 2012. 多光谱与全色图像的配准及变化检测技术研究. 北方工业大学硕士研究生学位论文.

赵英时. 2013. 遥感应用分析原理与方法. 北京: 科学出版社.

钟家强, 王润生. 2006. 基于线特征的多时相遥感图像变化检测. 国防科技大学学报, 28(5): 80-83.

钟仕全, 莫建飞, 陈燕丽, 李莉. 2010. 基于 HJ-1B 卫星遥感数据的水稻识别技术研究. 遥感技术与应用, 25(4): 464-468.

周静平, 李存军, 史磊刚, 史姝, 胡海棠, 淮贺举. 2016. 基于决策树和面向对象的作物分布信息遥感提取. 农业机械学报, 47(9): 318-326.

周清波. 2004. 国内外农情遥感现状与发展趋势. 中国农业资源与区划, 25(5): 9-14.

朱爽, 张锦水, 帅冠元, 喻秋艳. 2014. 通过软硬变化检测识别冬小麦. 遥感学报, 18(2): 476-496.

邹金秋, 陈佑启, Uchida S, 吴文斌, 许文波. 2007. 利用 Terra/MODIS 数据提取冬小麦面积及精度分析. 农业工程学报, 23(11): 195-200.

Adams J B, Sabol D E, Kapos V, Filho R A, Roberts D A, Smith M O, Gillespie A R. 1995. Classification of multispectral images based on fractions of endmembers: Application to land-cover change in the Brazilian Amazon. *Remote Sensing of Environment*, 52(2): 137-154.

Alcantara C, Kuemmerle T, Prishchepov A V, Radeloff V C. 2012. Mapping abandoned agriculture with multi-temporal MODIS satellite data. *Remote Sensing of Environment*, 124(2): 334-347.

Allen T R, Kupfer J A. 2000. Application of spherical statistics to change vector analysis of Landsat data: Southern appalachian spruce—fir forests. *Remote Sensing of Environment*, 74(3): 482-493.

Aplin P, Atkinson P M. 2001. Sub-pixel land cover mapping for per-field classification. *International Journal of Remote Sensing*, 22(14): 2853-2858.

Aplin P, Atkinson P M. 2004. Predicting missing field boundaries to increase per-field classification accuracy. *Photogrammetric Engineering & Remote Sensing*, 70(1): 141-149.

Aplin P, Atkinson P M, Curran P J. 1999. Fine spatial resolution simulated satellite sensor imagery for land cover mapping in the United Kingdom. *Remote Sensing of Environment*, 68(3): 206-216.

Ardila J P, Bijker W, Tolpekin V A, Stein A. 2012. Quantification of crown changes and change uncertainty of trees in an urban environment. *ISPRS Journal of Photogrammetry & Remote Sensing*, 74(1): 41-55.

Atkinson P M. 2005. Sub-pixel target mapping from soft-classified, remotely sensed imagery. *Photogrammetric Engineering & Remote Sensing*, 71(7): 839-846.

Author C P L C, Choi J. 2004. A hybrid approach to urban land use/cover mapping using Landsat 7 Enhanced Thematic Mapper Plus (ETM+) images. *International Journal of Remote Sensing*, 25 (14): 2687-2700.

Author D L C, Mausel P, Brondízio E, Moran E. 2004. Change detection techniques. *International Journal of Remote Sensing*, 25(12): 2365-2401.

Bahler D, Navarro L. 2000. Methods for combining heterogeneous sets of classiers. *Proceedings of the 17th National Conference on Artificial Intelligence*, Austin, Texas, USA.

Ban Y, Treitz P M, Howarth P J, Brisco B, Brown R J. 1995. Improving the accuracy of synthetic aperture radar analysis for agricultural crop classification. *Canadian Journal of Remote Sensing*, 21(2): 158-164.

Belkin, Mikhail, Niyogi, Partha, Sindhwani, Vikas. 2006. Manifold regularization: a geometric framework for learning from labeled and unlabeled examples. *Journal of Machine Learning Research*, 7(1): 2399-2434.

Bengio Y, Delalleau O, Le Roux N. 2006. Label propagation and quadratic criterion. *Semisupervised Learning*, 41(3):193-216.

Berger J O. 2002. Statistical decision theory and bayesian analysis.New York, USA: Springer, 83 (401): 266.

Blaes X, Vanhalle L, Defourny P. 2005. Efficiency of crop identification based on optical and SAR image time series. *Remote Sensing of Environment*, 96(3): 352-365.

Blum A, Mitchell T. 1998. Combining Labeled and Unlabeled Data with Co-Training. *Eleventh Conference on Computational Learning Theory*, *COLT 1998*, Madison, Wisconsin, USA. DBLP, 92-100.

Breiman L. 1996. Bagging predictors. *Machine Learning*, 24(2): 123-140.

Bruzzone L, Prieto D F. 2000a. A minimum-cost thresholding technique for unsupervised change detection. *International Journal of Remote Sensing*, 21(18): 3539-3544.

Bruzzone L, Prieto D F. 2000b. Automatic analysis of the difference image for unsupervised change detection. *IEEE Transactions on Geoscience & Remote Sensing*, 38(3): 1171-1182.

Bruzzone L, Serpico S B. 1997. Detection of changes in remotely-sensed images by the selective use of multi-spectral information. *International Journal of Remote Sensing*, 18(18): 3883-3888.

Burduk R. 2012. New AdaBoost algorithm based on interval-valued fuzzy sets. *Thirteenth International Conference on Intelligent Data Engineering and Automated Learning*, Natal, Brazil. Springer Berlin Heidelberg, 794-801.

Busetto L, Meroni M, Colombo R. 2008. Combining medium and coarse spatial resolution satellite data to improve the estimation of sub-pixel NDVI time series. *Remote Sensing of Environment*, 112 (1): 118-131.

Carlson A, Betteridge J, Wang R C, Hruschka E R, Mitchell T M. 2010. Coupled semi-supervised learning for information extraction. *The Third ACM International Conference on Web Search and Data Mining*. New York, USA. DBLP: 101-110.

Chu R, Wang M, Zeng X, Han L. 2012. A new diverse measure in ensemble learning using unlabeled data. *Fourth International Conference on Computational Intelligence, Communication Systems and Networks*, Phuket, Thailand. *IEEE*, 18-21.

Collins J B, Woodcock C E. 1994. Change detection using the Gramm-Schmidt transformation applied to mapping forest mortality. *Remote Sensing of Environment*, 50(3): 267-279.

Collins J B, Woodcock C E. 1996. An assessment of several linear change detection techniques for mapping forest mortality using multitemporal Landsat TM data. *Remote Sensing of Environment*, 56 (1): 66-77.

Conrad C, Fritsch S, Zeidler J, Rücker G, Dech S. 2010. Per-field irrigated crop classification in arid central asia using SPOT and ASTER data. *Remote Sensing*, 2(4): 1035-1056.

Conţiu Ş, Groza A. 2016. Improving remote sensing crop classification by argumentation-based conflict resolution in ensemble learning. *Expert Systems with Applications*, 64: 269-286.

Coppin P, Nackaerts K. 2001. Operational monitoring of green biomass change for forest management. *Photogrammetric Engineering & Remote Sensing*, 67(5): 603-611.

Cross A M, Dury S J, Mason D C. 1988. Segmentation of remotely-sensed images by a split-and-merge process+. *International Journal of Remote Sensing*, 9(8): 1329-1345.

Cushnie J L. 1987. The interactive effect of spatial resolution and degree of internal variability within land-cover types on classification accuracies. *International Journal of Remote Sensing*, 8(1): 15-29.

Debats S R, Luo D, Estes L D, Fuchs T J, Caylor K K. 2016. A generalized computer vision approach to mapping crop fields in heterogeneous agricultural landscapes. *Remote Sensing of Environment*, 179: 210-221.

Dietterich T G. 1997.Machine-learning research: Four current directions. *AI Magazine*, 18(4): 97-136.

Du P, Xia J, Zhang W, Tan K, Liu Y, Liu S. 2012. Multiple classifier system for remote sensing image classification: A review. *Sensors*, 12(4): 4764-4792.

Durgun Y, Gobin A, Ruben V D K, Tychon B. 2016. Crop area mapping using 100-m proba-V time series. *Remote Sensing*, 8(7): 585.

Ferreira M E, Ferreira L G, Sano E E, Shimabukuro Y E. 2007. Spectral linear mixture modelling approaches for land cover mapping of tropical savanna areas in Brazil. *International Journal of Remote Sensing*, 28(2): 413-429.

Fisher P, Arnot C, Wadsworth R, Wellens J. 2006. Detecting change in vague interpretations of landscapes. *Ecological Informatics*, 1(2): 163-178.

Foody G M, Doan H T X. 2006. Impacts of class spectral variability on soft classification prediction and implications for change detection. *IEEE International Conference on Geoscience and Remote Sensing Symposium*, *IGARSS* 2006, Denver, Colorado, USA. *IEEE*, 2072−2075.

Forkuor G, Conrad C, Thiel M, Landmann T, Barry B. 2015. Evaluating the sequential masking classification approach for improving crop discrimination in the Sudanian Savanna of west Africa. *Computers & Electronics in Agriculture*, 118: 380−389.

Freund Y, Schapire R E. 1996. Experiments with a new boosting algorithm. *Thirteenth International Conference on International Conference on Machine Learning*, Bari, Italy. organ Kaufmann Publishers Inc, 13: 148−156.

Fung G, Mangasarian O L. 2001. Semi-superyised support vector machines for unlabeled data classification. *Optimization Methods & Software*, 15(1): 29−44.

Gama P P D, Bernardini F C, Zadrozny B. 2013. RB: A new method for constructing multi-label classifiers based on random selection and bagging. *Learning and NonLinear Models*, 11 (1): 26−47.

Gopal S, Woodcock C. 1996. Remote sensing of forest change using artificial neural networks. *IEEE Transactions on Geoscience & Remote Sensing*, 34(2): 398−404.

Guerra F, Puig H, Chaume R. 1998. The forest-savanna dynamics from multi-date Landsat-TM data in Sierra Parima, Venezuela. *International Journal of Remote Sensing*, 19(11): 2061−2075.

Haldar D, Patnaik C. 2010. Synergistic use of multi-temporal Radarsat SAR and AWiFS data for Rabi rice identification. *Journal of the Indian Society of Remote Sensing*, 38(1): 153−160.

Hao P, Zhan Y, Wang L, Niu Z, Shakir M. 2015. Feature selection of time series MODIS data for early crop classification using random forest: A case study in kansas, USA. *Remote Sensing*, 7 (5): 5347−5369.

Hill R A. 1999. Image segmentation for humid tropical forest classification in Landsat TM data. *International Journal of Remote Sensing*, 20(5): 1039−1044.

Ho T K. 1998. The random subspace method for constructing decision forests. *IEEE Transactions on Pattern Analysis & Machine Intelligence*, 20(8): 832−844.

Hutchinson C F. 1982. Techniques for combining Landsat and ancillary data for digital classification improvement. *Photogrammetric Engineering & Remote Sensing*, 48(1): 123−130.

Irons J R, Markham B L, Nelson R F, Toll D L, Williams D L, Latty R S, Stauffer M L. 1985. The effects of spatial resolution on the classification of thematic mapper data. *International Journal of Remote Sensing*, 6(8): 1385−1403.

Janssen L L F, MN Jaarsma, L Etmvander. 1990. Integrating topographic data with remote sensing for land-cover classification. *Photogrammetric Engineering & Remote Sensing*, 56: 1503−1506.

Janssen L L F, Molenaar M. 1994. Terrain objects, their dynamics and their monitoring by the integration of GIS and remote sensing. *IEEE Transactions on Geoscience & Remote Sensing*, 4(3): 1717−1720.

Janssen L L F, Schoenmakers R P H M, Verwaal R G. 1993. Integrated segmentation and classification of high resolution satellite images. *Revista Chapingo Serie Ciencias Forestales Y Del Ambiente*, 14(5): 33–38.

Jensen J R, Lulla D K. 1996. Introductory digital image processing: A remote sensing perspective. *Geocarto International*, (1): 382–382.

Joachims T. 2003. Transductive Learning Via Spectral Graph Partitioning. *Twentieth International Conference on International Conference on Machine Learning*, Washington, DC, USA. AAAI Press: 290–297.

Jr C S, Barreto P. 2000. An alternative approach for detecting and monitoring selectively logged forests in the Amazon. *International Journal of Remote Sensing*, 21(1): 173–179.

Karnieli A. 1996. A review of mixture modeling techniques for sub-pixel land cover estimation. *Remote Sensing Reviews*, 13(3): 161–186.

Kennedy R E, Cohen W B, Schroeder T A. 2007. Trajectory-based change detection for automated characterization of forest disturbance dynamics. *Remote Sensing of Environment*, 110(3): 370–386.

Kuncheva L I, Whitaker C J. 2003. Measures of diversity in classifier ensembles and their relationship with the ensemble accuracy. *Machine Learning*, 51(2): 181–207.

Kussul N, Skakun S, Shelestov A, Kravchenko O, Kussul O. 2013. Crop classification in ukraing using satellite optical and SAR images.*Information Models and Analyses*, 2(2):118–122.

Kwarteng A Y, Jr P S C. 1998. Change detection study of kuwait city and environs using multi-temporal Landsat thematic mapper data. *International Journal of Remote Sensing*, 19(9): 1651–1662.

Li Q, Wang C, Zhang B, Lu L. 2015. Object-based crop classification with Landsat-MODIS enhanced time-series data. *Remote Sensing*, 7(12): 16091–16107.

Li Y, Xu L, Wang Y G, Xu X M. 2012.A New Diversity Measure for Classifier Fusion. *Multimedia and Signal Processing*. Berlin, Germany: Springer, 396–403.

Liu W, Wu E Y. 2005. Comparison of non-linear mixture models: Sub-pixel classification. *Remote Sensing of Environment*, 94(2): 145–154.

Lobell D B, Asner G P. 2004. Cropland distributions from temporal unmixing of MODIS data. *Remote Sensing of Environment*, 93(3): 412–422.

Lobo A, Chic O, Casterad A. 1996. Classification of mediterranean crops with multisensor data: Per-pixel versus per-object statistics and image segmentation. *International Journal of Remote Sensing*, 17(12): 2385–2400.

Löfström T, Johansson U, Boström H. 2008. On the Use of Accuracy and Diversity Measures for Evaluating and Selecting Ensembles of Classifiers. *Severnth International Conference on Machine Learning and Applications*, San Diego, California, USA. IEEE,127–132.

Lu D, Weng Q. 2004. Spectral mixture analysis of the urban landscape in indianapolis city with Landsat ETM+ imagery. *Photogrammetric Engineering & Remote Sensing*, 70(9): 1053–1062.

Luo W, Li H. 2011. Soft-change detection in optical satellite images. *IEEE Geoscience & Remote Sensing Letters*, 8(5): 879–883.

Maclin R, Opitz D. 1999. Popular ensemble methods: An empirical study. *Journal of Artificial Intelligence Research*, 11: 169–198.

Mallapragada P K, Jin R, Jain A K, Liu Y. 2009. SemiBoost: boosting for semi-supervised learning. *IEEE Transactions on Pattern Analysis & Machine Intelligence*, 31(11): 2000–2014.

Marais Sicre C, Inglada J, Fieuzal R, Baup F, Valero S, Cros J, Huc M, Demarez V. 2016. Early detection of summer crops using high spatial resolution optical image time series. *Remote Sensing*8 (7): 591.

Mattikalli N M. 1995. Integration of remotely sensed satellite images with a geographical information system. *Computers & Geosciences*, 21(8): 947–956.

Merz C J, St. Clair D C, Bond W E. 1992. SeMi-Supervised Adaptive Resonance Theory (SMART2). *International Joint Conference on Neural Networks*, Baltimore, Maryland, USA. IEEE, 3:851–856.

Muchoney D M, Haack B N. 1994. Change detection for monitoring forest defoliation. *Photogrammetric Engineering & Remote Sensing*, 60(10): 1243–1251.

Mulianga B, Bégué A, Clouvel P, Todoroff P. 2011. Mapping cropping practices of a sugarcane-based cropping system in kenya using remote sensing. *Remote Sensing*, 7(11): 14428–14444.

Munyati C. 2000. Wetland change detection on the Kafue flats, Zambia, by classification of a multitemporal remote sensing image dataset. *International Journal of Remote Sensing*, 21(9): 1787–1806.

Okamoto K, Kawashima H. 2016. Estimating total area of paddy fields in Heilongjiang, China, around 2000 using Landsat thematic mapper/enhanced thematic mapper plus data. *Remote Sensing Letters*, 7(6): 533–540.

Opitz D, Maclin R. 1999. Popular ensemble methods: An empirical study. *Journal of Artificial Intelligence Research*, 11:169–198.

Ozdogan M. 2010. The spatial distribution of crop types from MODIS data: Temporal unmixing using independent component analysis. *Remote Sensing of Environment*, 114(6): 1190–1204.

Pan Y, Hu T, Zhu X, Zhang J, Wang X. 2012. Mapping cropland distributions using a hard and soft classification model. *IEEE Transactions on Geoscience & Remote Sensing*, 50(11): 4301–4312.

Pedley M, Curran P. 1991. Per-field classification: an example using spot HRV imagery. *International Journal of Remote Sensing*, 12(11): 2181–2192.

Pena J, Gutiérrez P, Hervásmartínez C, Six J, Plant R, Lópezgranados F. 2014. Object-based image classification of summer crops with machine learning methods. *Remote Sensing*, 6(6): 5019–5041.

Petit C C, Lambin E F. 2001. Integration of multi-source remote sensing data for land cover change detection. *International Journal of Geographical Information Science*, 15(8): 785–803.

Qin Y, Xiao X, Dong J, Zhou Y, Zhu Z, Zhang G, Du G, Jin C, Kou W, Wang J. 2015. Mapping paddy rice planting area in cold temperate climate region through analysis of time series

Landsat 8 (OLI), Landsat 7 (ETM+) and MODIS imagery. *ISPRS Journal of Photogrammetry & Remote Sensing*, 105: 220-233.

Qiu B, Luo Y, Tang Z, Chen C, Lu D, Huang H, Chen Y, Chen N, Xu W. 2017. Winter wheat mapping combining variations before and after estimated heading dates. *ISPRS Journal of Photogrammetry & Remote Sensing*, 123: 35-46.

Quost B. 2011. *Classifier Fusion in the Dempster—Shafer Framework Using Optimized T-Norm Based Combination Rules*. Amsterdam, Holland: Elsevier Science Inc.

Ridd M K, Liu J. 1998. A comparison of four algorithms for change detection in an urban environment. *Remote Sensing of Environment*, 63(2): 95-100.

Roberts D A, Green R O, Adams J B. 1997. Temporal and spatial patterns in vegetation and atmospheric properties from AVIRIS. *Remote Sensing of Environment*, 62(3): 223-240.

Rosenberg C, Hebert M, Schneiderman H. 2005. Semi-Supervised Self-Training of Object Detection Models. *The Seventh IEEE Workshops on Application of Computer Vision. Breckenridge*, Colorado, USA. *IEEE Computer Society*, 1:29-36.

Schultz B, Immitzer M, Formaggio A, Sanches I, Luiz A, Atzberger C. 2015. Self-guided segmentation and classification of multi-temporal Landsat 8 images for crop type mapping in southeastern brazil. *Remote Sensing*, 7(11): 14482.

Shahshahani B M, Landgrebe D A. 1994. The effect of unlabeled samples in reducing the small sample size problem and mitigating the Hughes phenomenon. *IEEE Transactions on Geoscience & Remote Sensing*, 32(5): 1087-1095.

Shandley J, Franklin J, White T. 1996. Testing the Woodcock-Harward image segmentation algorithm in an area of southern California chaparral and woodland vegetation. *International Journal of Remote Sensing*, 17(5): 983-1004.

Siachalou S, Mallinis G, Tsakiristrati M. 2015. A hidden markov models approach for crop classification: linking crop phenology to time series of multi-sensor remote sensing data. *Remote Sensing*, 7(4): 3633-3650.

Singh A. 2010. Review article digital change detection techniques using remotely-sensed data. *International Journal of Remote Sensing*, 10(6): 989-1003.

Singha M, Wu B, Zhang M. 2016. An object-based paddy rice classification using multi-spectral data and crop phenology in Assam, Northeast India. *Remote Sensing*, 8(6): 479.

Smith G M, Fuller R M. 2001. An integrated approach to land cover classification: An example in the island of Jersey. *International Journal of Remote Sensing*, 22(16): 3123-3142.

Sollich P. Learning with Ensembles: How over-fitting can be useful. Advances in Neural *Information Processing Systems*, 1996, 8:190-196.

Somers B, Asner G P, Tits L, Coppin P. 2011. Endmember variability in spectral mixture analysis: A review. *Remote Sensing of Environment*, 115(7): 1603-1616.

Souza C H W D, Mercante E, Johann J A. 2015. Mapping and discrimination of soya bean and corn crops using spectro-temporal profiles of vegetation indices. *International Journal of Remote Sensing*, 36(7): 1809-1824.

Su B, Peng L, Ding X. 2011. SemiBoost-Based Arabic Character Recognition Method. *Document Recognition and Retrieval XVIII*, California, United States. *Proc. SPIE*, 7874:1-10.

Tabassian M, Ghaderi R, Ebrahimpour R. 2012. Combining complementary information sources in the Dempster – Shafer framework for solving classification problems with imperfect labels. *Knowledge-Based Systems*, 27(3): 92-102.

Tatsumi K, Yamashiki Y, Torres M A C, Taipe C L R. 2015. Crop classification of upland fields using random forest of time-series Landsat 7 ETM+ data. *Computers & Electronics in Agriculture*, 115: 171-179.

Townshend J R G, Justice C O. 1995. Spatial variability of images and the monitoring of changes in the Normalized Difference Vegetation Index. *International Journal of Remote Sensing*, 16(12): 2187-2195.

Tso B, Mather P M. 1999. Crop discrimination using multi-temporal SAR imagery. *International Journal of Remote Sensing*, 20(12): 2443-2460.

Turker M, Derenyi E. 2000. GIS Assisted change detection using remote sensing. *Geocarto International*, 15(1): 51-56.

Verma A K, Garg P K, Prasad K S H. 2017. Sugarcane crop identification from LISS IV data using ISODATA, MLC, and indices based decision tree approach. *Arabian Journal of Geosciences*, 10(1): 16.

Vieira M A, Formaggio A R, Rennó C D, Atzberger C, Aguiar D A, Mello M P. 2012. Object based image analysis and data mining applied to a remotely sensed landsat time-series to map sugarcane over large areas. *Remote Sensing of Environment*, 123(8): 553-562.

Wang C, Fan Q, Li Q, Soohoo W M, Lu L. 2017. Energy crop mapping with enhanced TM/MODIS time series in the BCAP agricultural lands. *ISPRS Journal of Photogrammetry & Remote Sensing*, 124: 133-143.

Wang J, Kumar S, Chang S F. 2012. Semi-supervised hashing for large-scale search. *IEEE Transactions on Pattern Analysis & Machine Intelligence*, 34(12): 2393.

Wang S, Yao X. 2012. Relationships between diversity of classification ensembles and single-class performance measures. *IEEE Transactions on Knowledge & Data Engineering*, 25(1): 206-219.

Wardlow B D, Egbert S L. 2008. Large-area crop mapping using time-series MODIS 250m NDVI data: An assessment for the U.S. Central Great Plains. *Remote Sensing of Environment*, 112(3): 1096-1116.

Wardlow B D, Egbert S L, Kastens J H. 2007. Analysis of time-series MODIS 250m vegetation index data for crop classification in the U.S. Central Great Plains. *Remote Sensing of Environment*, 108(3): 290-310.

Weston J, Ratle F, Mobahi H, Collobert R. 2012. *Deep Learning via Semi-supervised Embedding*. Berlin, Heidelberg, Germany: Springer.

Wit A J W D, Clevers J G P W. 2004. Efficiency and accuracy of per-field classification for operational crop mapping. *International Journal of Remote Sensing*, 25(20): 4091-4112.

Wolpert D H. 2002. *The Supervised Learning No-Free-Lunch Theorems. Soft Computing and Industry*. London, UK: Springer, 25-42.

Xiao X, Boles S, Frolking S, Li C, Babu J Y, Salas W, Iii B M. 2006. Mapping paddy rice agriculture in South and Southeast Asia using multi-temporal MODIS images. *Remote Sensing of Environment*, 100(1): 95-113.

Xiao X, Boles S, Liu J, Zhuang D, Frolking S, Li C, Salas W, Iii B M. 2005. Mapping paddy rice agriculture in southern China using multi-temporal MODIS images. *Remote Sensing of Environment*, 95(4): 480-492.

Yu G, Zhang G, Domeniconi C, Yu Z, You J. 2012. Semi-supervised classification based on random subspace dimensionality reduction. *Pattern Recognition*, 45(3): 1119-1135.

Zhang C, Ma Y Q, HC/Technik/Sonstiges. 2012. *Ensemble Machine Learning*. New York, US: Springer.

Zhang G, Xiao X, Dong J, Kou W, Jin C, Qin Y, Zhou Y, Wang J, Menarguez M A, Biradar C. 2015. Mapping paddy rice planting areas through time series analysis of MODIS land surface temperature and vegetation index data. *ISPRS Journal of Photogrammetry & Remote Sensing*, 106: 157-171.

Zhang J, Feng L, Yao F. 2014. Improved maize cultivated area estimation over a large scale combining MODIS-EVI time series data and crop phenological information. *ISPRS Journal of Photogrammetry & Remote Sensing*, 94(94): 102-113.

Zhang M L, Zhou Z H. 2009. Exploiting unlabeled data to enhance ensemble diversity. *Data Mining & Knowledge Discovery*, 26(1): 98-129.

Zhong L, Hu L, Yu L, Gong P, Biging G S. 2016. Automated mapping of soybean and corn using phenology. *ISPRS Journal of Photogrammetry & Remote Sensing*, 119: 151-164.

Zhou Z H. 2011. When Semi-supervised Learning Meets Ensemble Learning. *Frontiers of Electrical and Electronic Engineering in China*, 6(1):6-16.

Zhou Z, Huang J, Wang J, Zhang K, Kuang Z, Zhong S, Song X. 2015. Object-oriented classification of sugarcane using time-series middle-resolution remote sensing data based on AdaBoost. *PloS One*, 10(11): e0142069.

第 2 章

农作物识别精度的影响因素

2.1 引　言

　　作物识别精度的高低不仅依赖于分类器,还要看输入分类用以学习的样本数据。研究表明,不同分类器对同一样本有着不同的响应,相同的分类器对不同的样本也有着不同的响应(Mather, 2004),训练样本对分类精度的影响比分类技术对精度的影响还要大(Hixson et al., 1980)。训练样本的质量和数量都会对农作物最终识别结果产生重要的影响。高的分类精度,要求选用信息含量大、质量可靠、能满足分类器分类法则且可以很好地代表不同地物特征的样本数据,同时样本数量应该足够大,以保证通过学习过程得到的分类法则可以正确区分不同地物类型。此外,在实际分类过程中,样本数量的大小还与研究区中各个地物类别之间的分离度有关(Foody and Mathur, 2004),尤其在农作物识别中,很多同期作物表现出近似的光谱特征,分离度较低,加大了选取充足高质量训练样本的难度。还有一些研究表明,最佳波段组合、植被指数和纹理信息有助于提高分类精度。也有研究表明,过多的无用信息也会增加图像的不确定性和模糊性,降低图像分类精度。

　　究竟多大的样本量才足以描述不同作物类别的特性,或者区分各类别的界限以满足分类的需要;不同分类器或者学习规则对相同量的训练样本有何不同响应;不同样本下同种分类器的精度有何变化;仅靠分离度指标是否足够来衡量训练样本的质量;不同分类器是否有统一的训练样本质量评价标准;相对于同一个质量等级的训练样本来说,是否可以使得作物面积测量的位置精度和面积总量精度同时达到最高;最佳波段组合、纹理信息和植被指数信息这些手段是否一定可以提高作物识别的精度,不同分类器对不同特征信息组合的响应是否一致等,这些都是值得探讨的问题,也是目前研究甚少的问题。

遥感信息还有一个重要的基本特征,即多尺度。现有遥感数据的空间分辨率从亚米级到数十千米级,可以从多个空间尺度进行对地观测。不同空间分辨率遥感数据所包括的地表的详尽程度不同。同时,地表景观本身具有多尺度的层次组织结构。从遥感数据中提取不同尺度层次的景观特征的信息需要不同空间尺度(空间分辨率)的遥感数据。根据所研究的目标,选择合适的空间分辨率的遥感数据可以提高信息提取的精度,降低分析结果的不确定性。一般高空间分辨率的遥感数据含有更多的信息,但并不是空间分布率越高,信息提取的精度越高。就遥感数据土地覆被分类来说,分类精度和地表覆被类型单元的大小有关,过高的空间分辨率反而会降低分类精度。从这个意义上,研究尺度因子在遥感信息提取中的作用、尺度与分类精度的定性和定量关系,以便选择合适的空间分辨率的遥感数据,不但可以提高分类精度,而且可以排除选择数据时的盲目性,降低数据成本。因此,在多尺度遥感数据复合的保障体系下,根据测量时间、作物种类、遥感数据质量、野外样方数据质量以及业务推广的实际需要等因素,选择最佳尺度的遥感数据,充分发挥中高空间分辨率与低空间分辨率数据的各自优势,从而得到满足精度要求的农作物识别信息,就涉及尺度问题,尤其是尺度变化对农作物识别精度的影响问题。由于空间分辨率的增加可能同时引起类内光谱变异程度和边缘混合像元数目的变化,而这两者的变化对农作物提取精度的影响又是相互矛盾的,所以系统地评价它们随遥感数据空间分辨率的变化对农作物种植信息识别精度的综合影响是十分有必要的。

本章以冬小麦为例,利用中分辨率 TM 遥感影像,结合高分辨率遥感数据和野外实际调查数据,在构建标准训练样本库和检验样本库的基础上,探讨样本数量(第 2.2 节)、样本质量(第 2.3 节)和不同特征信息(第 2.4 节)对作物面积监测精度的影响;第 2.5 节针对大范围农作物种植识别中存在的不同空间分辨率遥感影像的获取能力、空间分辨率与测量精度之间相互制约的现实问题,利用 SPOT 5 卫星数据,以尺度变化对农作物种植信息遥感识别精度的影响分析为主线,从空间分辨率、空间幅度范围和农作物丰度三个方面来探讨农作物种植面积遥感测量中的尺度效应问题,为基于多尺度遥感数据复合的农作物种植信息识别与提取业务化运行提供理论和实验基础。

2.2　样本数量对识别精度的影响

2.2.1　研究背景

样本数量与遥感影像分类精度间的关系是一个极其复杂的问题,受研究区个性差异、数据质量差异、待分类地物类型种内和种间光谱差异等多种因素的影响,很难得到定量的结论或者规律。

目前,国内外有关样本数量对遥感影像分类精度的影响研究还很少,普遍接受的规律有两个:①利用最大似然法分类时要求每个类型的训练样本个数至少是本身数据维数(波段数)的 10~30 倍,才能够正确描述地物类型的均值和方差,这个结论在众多研究中被引用(James,1985;Jensen and Lulla,1986;Piper,1992;Pal and Mather,2003;Mather,2004),但实际上,该结论是基于染色体数据(Piper,1987;Piper,1992)和概率论(Hughes,1968)提出的,并非通过遥感数据本身测验得到(Thomas et al.,2005)。在处理遥感数据时,这个结论的适用性和推广性,一直未受到检验,直到 Thomas(2005)在澳大利亚东北部一个灌溉区内,将 2001—2002 年一个夏季作物生长季内的 17 景 ETM+遥感影像的 119 个波段进行随机组合,利用最大似然法进行简单分类,并对分类结果进行精度验证,结果表明,利用 30 倍波段数的训练样本分类得到的结果中有 95%的结果的精度和利用 2~4 倍波段数的训练样本分类得到的精度相当,所需样本数量和分类的复杂程度直接相关。②分类精度往往和样本数量成正比(Zhuang et al.,1994;Foody et al.,1995;Arora and Foody,1997;Pal and Mather,2003;Foody and Mathur,2004),但是由于时间、费用等各种因素的影响获取大量样本成本很高,实际分类中的样本数量都很可能比希望的小,从而导致了分类精度的降低(Bishop,1995;Tadjudin and Landgrebe,1999;Jackson and Landgrebe,2002)。基于遥感数据的研究也主要集中在神经元网络(Hepner et al.,1990;Foody et al.,1995;Foody and Arora,1997)。阎静等(2001)在利用神经元网络提取湖北省早稻种植面积时曾对不同样本点(10,30,50,100,300)下训练出的结果进行了比较,结果表明,样本点数为 30 时分类结果更接近客观实际,100 以上则误差现象严重。

另外,也有一些研究试图通过各种途径在保证不降低分类精度的前提下尽量减少分类所需的样本数量。例如,通过设计有效的分类样本采样方法(Campbell,1981;Webster et al.,1989;Atkinson,1991),利用特征选择和特征提取方法减少数据维数(Kuo and Landgrebe, 2002),利用非标识点(unlabeled)和半标识点(semi-labelled)或者非监督分类去指导训练样本的选择(与后文探讨的样本质量对分类精度影响相类似)(Huang, 2002; Jackson and Landgrebe, 2002)。

本节拟在不同样本量下,利用平行六面体、最小距离、马氏距离、最大似然、光谱角制图和支撑向量机[核函数选用径向基函数(radial basis function)]六种方法进行试验区遥感影像分类和小麦提取,分析不同样本数量、不同分类器与小麦提取精度之间的响应关系。

2.2.2　研究区与数据

2.2.2.1　研究区

研究区位于山东省滕州市的西北部($116°52'19''\sim117°02'23''$ E, $35°02'53''\sim35°11'09''$ N),是全国商品粮生产基地。地貌类型主要是平原,同时伴有少量山地。春季作物以小麦和大蒜为主。区内既有大面积连片种植的小麦区域,也有地块破碎种植结构复杂的套种区域(小麦和大蒜混种),这种典型的种植结构代表了我国平原地区小麦种植的基本情况,为本节的探讨研究提供了理想的试验条件。图 2.1 是研究区 SPOT 5 和 TM 真彩色合成影像(图中白框内是种植结构比较破碎的地区)。

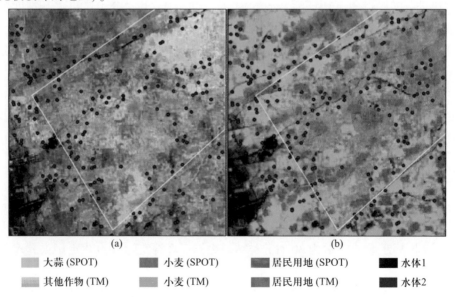

| 大蒜 (SPOT) | 小麦 (SPOT) | 居民用地 (SPOT) | 水体1 |
| 其他作物 (TM) | 小麦 (TM) | 居民用地 (TM) | 水体2 |

图 2.1　研究区假彩色合成影像:(a) SPOT 5 影像(4、3、2 波段组合);(b) TM 影像(7、4、3 波段组合)

2.2.2.2   数据及预处理

研究区数据(图2.1)包括 TM 影像(接收时间 2005 年 3 月 16 日,空间分辨率 30 m,510 行×510 列)、SPOT 5 影像(接收时间 2004 年 11 月 24 日,空间分辨率 10 m,1530 行×1530 列)以及野外实际调查数据(调查时间为 2005 年 4 月 6—17 日,共 213 个点,图 2.1 中红色的点即为 GPS 调查点)。

对 TM 和 SPOT 影像进行预处理,包括辐射校正、几何精校正,以及两期图像的配准,保证误差在一个像元之内,最终将投影类型转换为 UTM,WGS84。为了与遥感影像相一致,GPS 数据经检验后也转为同样的投影类型。11 月下旬,山东省小麦处于分蘖时期,大蒜处于苗期,光谱差异很容易区分(图 2.1a);3 月上旬,小麦返青,中旬起身,而大蒜此时已长成蒜苗,从 TM 影像上看,该时段蒜苗很多已经被收割(图 2.1b)。

2.2.2.3   标准样本库的提取

定量分析训练样本对冬小麦分类测量结果影响的核心是获得准确的、一定数量的标准样本数据集。野外调查的方法虽然可以保证训练样本的准确性,但很难达到本研究所需的样本数量。因此,本研究采取了在野外 GPS 和高分辨率影像(SPOT 10 m 分辨率)支持下,直接从 TM 图像上提取标准样本集的方法。同时,为了避免由于不同作物生长期带来的遥感时相上的地物类型差异,同一生长期作物长势不同带来的光谱差异,本研究采取以下步骤最终获得了所需的标准样本集数据。

① 结合野外 GPS,对 TM 和 SPOT 影像分别利用最大似然法进行分类。根据实际情况,将研究区分为小麦、裸地(包括居民用地、道路、休耕地等)、水体和其他作物四类。有关研究(Piper,1992;Mather,2004)表明,利用最大似然法分类时要求每个类型的训练样本个数至少是本身数据维数(波段数)的 10~30 倍,才能够正确描述地物类型的均值和方差,因此本文对各种地物类型分别选用了超过波段数 30 倍的样本数进行最大似然法分类,最后通过目视解译反复修正分类结果。

② 将 SPOT 10 m 分类结果合并成 30 m 分辨率的分类结果。合并原则:在合并的 9 个像元中类型最多且面积百分比大于 50% 的定义为合并后像元的类型。

③ 提取标准样本数据区

$$T = \{t_1, t_2, \cdots t_k\} \tag{2.1}$$

$$P = \{p_1, p_2, \cdots p_k\} \tag{2.2}$$

$$S = T \cap P \tag{2.3}$$

本研究设计了公式(2.1)~公式(2.3)的算法,最终获得了理想标准样本数据集。式中,T 表示 TM 分类结果的集合,P 表示 SPOT 分类的 30 m 空间分辨率合成结果的集合,k 表示分类的次数(即集合中元素的个数,为了保证样本数据的准确性,在实际操作,本研究分别对 TM 影像和 SPOT 影像进行了 10 次分类,即 k 取值为 10),S 为集合 T 和 P 的交集,表示最终的标准样本数据。

④ 对 S 进行反复目视纠正,剔除任何不能完全确定类型的像元,最终得到标准样本数据区图像。最终结果(163 752 个像元)占整幅 TM 影像研究区的 62.9%,其中小麦样本 75 648 个、其他作物 15 025 个、裸地 67 088 个、水体 5991 个。经检验地物类型与野外 GPS 点完全一致,只有漏分,没有错分。各地物训练样本在不同波段的均值和方差如表 2.1 所示,Jeffries-Matusita(J-M)距离和转换分离度如表 2.2 所示,从表中可以看出,训练样本的分离度很高,完全可以满足试验的要求。

表 2.1   训练样本统计特征表

波段	小麦		裸地		水土		其他作物	
	均值	方差	均值	方差	均值	方差	均值	方差
1	75.90	2.67	93.08	7.40	77.60	2.87	87.35	6.32
2	32.34	2.06	46.44	5.04	33.44	2.71	41.56	4.38
3	37.87	4.41	71.92	10.93	38.89	5.10	58.54	9.33
4	104.72	9.06	73.30	10.98	32.48	12.34	97.64	7.40
5	65.95	7.22	108.09	17.44	25.32	14.78	91.76	10.75
6	117.73	1.36	125.47	3.63	114.97	3.60	122.95	2.62
7	22.32	5.11	59.21	12.14	10.90	6.95	40.99	7.48

表 2.2   训练样本库 J-M 距离和转换分离度表

	J-M 距离				转换分离度			
	小麦	裸地	水体	其他作物	小麦	裸地	水体	其他作物
小麦	—	1.99	2.00	1.85	—	2.00	2.00	2.00
裸地	1.99	—	2.00	1.78	2.00	—	2.00	2.00
水体	2.00	2.00	—	2.00	2.00	2.00	—	2.00
其他作物	1.85	1.78	2.00	—	2.00	2.00	2.00	—

2.2.3   研究方法与技术路线

图 2.2 是本研究的技术流程图,主要包括三部分:①标准样本数据集的提取;②不同训练样本量下从 TM 影像提取冬小麦面积的方法;③结果分析和比较。标准样本数据集的提取参见第 2.2.2 节。

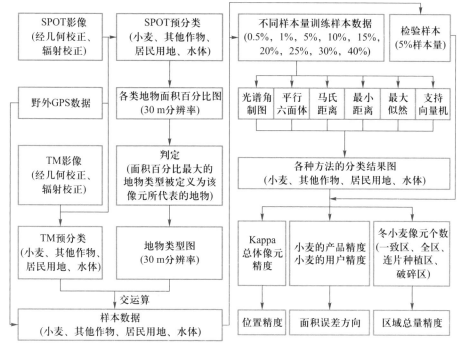

图 2.2 样本数量对小麦识别精度影响分析的技术路线图

2.2.3.1 不同训练样本量下从 TM 影像提取冬小麦面积的方法

基于标准样本数据集,同时考虑研究区内不同地物类型的面积差异,为了保证小面积的地物类型(如水体)也能够获得同样数量的样本数据,采用分层随机提取不同数量(0.25%,0.5%,1%,5%,10%,15%,20%,30%,40%)的样本数据作为训练样本,同时利用平行六面体、最小距离、马氏距离、最大似然、光谱角制图和支撑向量机(核函数选用径向基函数)六种方法对试验区 TM 遥感影像进行分类,类别包括小麦、水体、居民用地和其他作物四种。为分析随机误差,每个样本量下六种方法均做了十次试验,一共得到 480 幅分类结果图。图 2.3 是样本量为 40% 时,六种方法第一次试验结果的分类图。

同时为了统一误差分析标准,还随机抽取了一组 5% 的样本作为检验样本(在后面各种精度检验中同样也用这组样本),对上述 480 幅分类结果图进行了统一的误差分析。

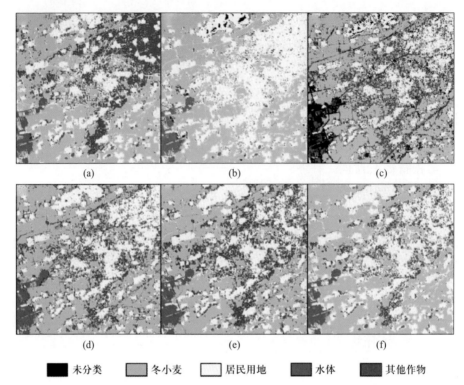

图 2.3   40%样本量下六种方法第一次试验的分类图：(a) 马氏距离；(b) 平行六面体；(c) 光谱角制图；(d) 最小距离；(e) 最大似然；(f) 支持向量机

2.2.3.2   评价分析指标确定

通常的遥感分类精度评价和检验方法是从绝对位置精度(像元精度)角度出发的，即评价分类结果的每个像元的精度，但用户和产业部门除了关心分类结果的位置精度外，有时还关心分类结果在一定自然或行政单元内的统计总量是否准确，即总量精度。为全面分析训练样本量对冬小麦提取方法的影响，选取了总体像元精度(overall accuracy, OA)、Kappa 系数(Kappa coefficient, Kappa)、小麦的产品精度(wheat produce accuracy, WPA)、小麦的用户精度(wheat user accuracy, WUA)、一定区域内识别出的小麦像元总数[即区域总量精度(wheat pixel, WP)]五个指标对不同样本量下、不同方法的测量结果进行比较和分析。其中，总体像元精度、Kappa 系数反映了小麦空间分布的准确程度；区域总量精度反映了一定区域内统计总量的绝对精度；产品精度反映出小麦漏分的程度(小麦识别为其他地物的程度)，用户精度可以反映出小麦错分的程度(其他地物识别为小麦的程度)，这两个指标的差值可以反映整个区域总量误差的方向和大小，既包含了空间位置信息，也包含了区域总量信息。具体精度评价结果见附表 1~6。

2.2.4 结果分析

2.2.4.1 位置精度比较分析

图 2.4 是根据六种方法在各个样本量下十次测量结果所作的总体像元精度和 Kappa 系数随样本量变化的曲线。

分析图 2.4，对同一种方法来说：①相同样本量下多次测量的像元精度和 Kappa 系数均存在不同程度的波动，只要达到一定程度的训练样本量（满足统计要求），其均值是相对稳定的，说明实际工作中常常用单次分类结果作为最终小麦提取的结果，存在不准确性和随机误差，最好用多次测量结果来抵消测量的像元误差。②随着样本量的增加，十次测量的像元精度和 Kappa 系数的极差值（最大值减去最小值）逐渐减小，说明样本量的增加可以减少单次分类引起的随机误差，使分类结果逐渐稳定。

对于不同方法来说：①在相同样本量下用同一套样本数据得到的像元精度和 Kappa 系数是不同的，总的来说，支持向量机法得到的小麦位置精度最高，其次是最大似然法和最小距离，平行六面体、马氏距离较差，而光谱角制图位置精度最差（像元精度仅有 80%，Kappa 系数仅为 0.70）。造成光谱角制图法精度最低的原因可能是该分类器采用光谱角（具有同样波长范围的两个光谱向量在光谱空间上所形成的夹角）作为衡量光谱向量相似性的指标（唐宏等，2005），该指标是一种全局性的描述指标，对局部特征变换不敏感，容易受训练样本光谱向量误差影响，最终光谱单元的选择直接影响分类结果的精度（吴剑等，2006）。尽管本研究标准训练样本库中的像元有很高的分离度，但是由于 TM 影像只有 7 个波段等原因可能使得标准样本库中的像元在光谱角上的差异比较小。另外，由于光谱角制图仅用待识别参考向量的角度信息而没有顾及向量的模，可能使得谱形相似而反射强度差异明显的地物被分为同一个类别（梁欣廉等，2004）。②在相同样本量下，十次测量像元精度波动程度也是不一样的，波动最小的也是支持向量机方法（样本量超过 5% 后，其像元精度可以稳定在 94% 以上，Kappa 系数 0.94 以上）。说明利用 SVM 进行小麦的识别和提取可以得到最高的位置精度，同时也具有最好的稳定性，如果将十次测量结果看作是不同作业员进行的分类操作，也可以说 SVM 受人为因素影响最小。③随着样本量的增加，SVM 的平均总体像元精度和 Kappa 系数都有增加的趋势，而其他五种方法的基本无变换，这是由于 SVM 和传统基于统计的分类方法对样本要求不同。最小距离分类器仅用到光谱均值、马氏距离和最大似然法，除均值以外还用到方差和协方差，平行六面体则是设定每个类别的光谱特征上限和下限值，而光谱角是计算具有同样波长范围的两个光谱向量在光谱空间上所形成

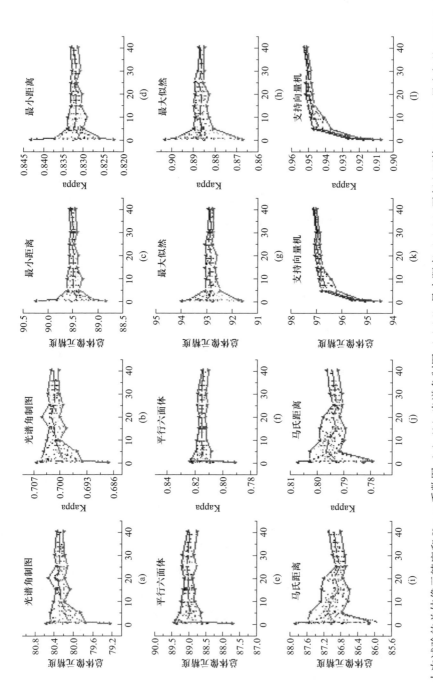

图 2.4 十次试验的总体像元精度和 Kappa 系数图：(a)(b) 光谱角制图；(c)(d) 最小距离；(e)(f) 平行六面体；(g)(h) 最大似然；(i)(j) 马氏距离；(k)(l) 支持向量机
横坐标均表示样本量，红、绿、蓝三条曲线分别表示十次测量结果的均值、最小值和最大值，其余曲线分别表示十次测量结果的精度值

的夹角。对于这些方法来说,当样本个数足以刻画整个影像像元 DN 值的分布规律或者能够区分不同地物类型光谱向量的角度特征后,样本数量的增加将对分类精度的提高影响不大,而 SVM 中对分类精度起影响的是支持向量的那部分像元,随着样本数量的增加,支持向量的那部分像元也必然随之增加。因此,随着总体样本量的增加,SVM 的平均总体像元精度和 Kappa 系数也在增加。

但高位置精度是否一定能够得到理想的总量精度,还需进一步从区域总量精度方面讨论。

2.2.4.2　区域总量精度分析

图 2.5 是根据六种方法在各个样本量下十次测量的结果作出的全区(whole area,WA)和破碎区(fragmentation zone,FZ)识别出的小麦像元个数(wheat pixel,WP)随样本量变化的曲线。

分析图 2.5,对同一种方法来说:①相同样本量下,十次测量出的小麦像元个数存在不同程度的波动,且破碎区小麦测量的面积波动大于全区,这说明在地块破碎、种植结构复杂的地方,单次测量会产生更大的随机误差。②随样本量的增加,全区和破碎区识别出的小麦像元个数的极差百分比(最大值与最小值之差再除以最大值,从图中最大最小两条曲线间的距离可以看出)逐渐减小,说明样本量的增加可以使小麦种植面积测量结果趋于稳定。

对不同方法来说:①相同样本量下,各种方法测量出的小麦像元的个数不一致。如在 40% 样本量下,全区十次测量的平均小麦像元个数 SVM 最大(99 533 个),光谱角制图最小(88 994 个),两者极差百分比达到了 10.7%;破碎区 SVM 仍为最大(36 106 个),最大似然最小(32 385 个),两者级差百分比达到 10.3%,此时最大似然全区识别出的小麦像元个数为 91 125 和 SVM 的级差百分比为 8.4%,这说明不同方法对同一地区小麦的识别能力不同,同种方法对于不同地区小麦的识别能力也是不一样的,种植结构复杂、地块破碎的地区,各种方法测量出的小麦差异会更大。②随着样本量的增加,SVM 测量出的全区和破碎区的小麦面积有下滑的趋势,而其他五种方法十次测量的均值基本不变。这种下滑的趋势,精度是提高了还是降低了,还要看第 2.2.4.3 节分类误差方向分析。

2.2.4.3　分类误差方向分析

表 2.3 是六种方法十次测量结果的小麦用户精度的均值和小麦产品精度的均值之差。均值之差用于反映小麦面积测量的误差方向,因为小麦的产品精度可以反映出小麦漏分的程度,用户精度可以反映出小麦和其他地物类型错分的程度,理论上当用户精度和产品精度相等时,识别出的小麦的总量接近于真实

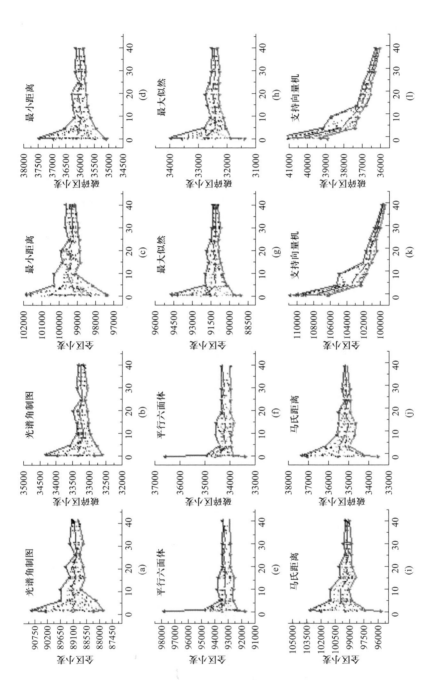

图 2.5 十次试验的全区和破碎区识别出的小麦像元数:(a)(b) 光谱角制图;(c)(d) 最小距离;(e)(f) 平行六面体;(g)(h) 最大似然;(i)(j) 马氏距离;(k)(l) 支持向量机

横坐标均为样本量,各条曲线的含义与图 2.4 一致

值,当用户精度>产品精度时,识别出的小麦总量大于真实值;反之,则小于真实值。图2.6是根据六种方法在各个样本量下的十次测量结果数值作出的小麦产品精度和小麦用户精度随样本量变化的折线图。

表2.3　不同样本量下各种方法的小麦产品精度和用户精度均值差

样本量 /%	均值差/%					
	光谱角制图	最小距离	平行六面体	最大似然	马氏距离	支持向量机
0.5	−7.78	−0.36	−2.16	−4.19	−3.21	4.91
1	−7.76	−0.38	−2.32	−3.82	−3.85	4.42
5	−7.8	−0.45	−2.54	−4.34	−3.43	2.85
10	−7.85	−0.47	−2.46	−4.24	−3.85	2.5
15	−7.82	−0.42	−2.47	−4.23	−4.13	2.18
20	−7.71	−0.33	−2.45	−4.1	−3.81	2.06
25	−7.85	−0.44	−2.38	−4.13	−4.09	1.95
30	−7.81	−0.39	−2.44	−4.24	−3.94	1.88
40	−7.77	−0.35	−2.37	−4.17	−3.86	1.58

　　分析图2.6,对同一种方法来说:①相同样本量下,十次测量的小麦产品精度和用户精度存在不同程度的波动,除SVM外,其他五种方法的小麦产品精度都要大于用户精度,这说明其他五种方法对小麦的种内光谱差异更敏感,样本质量的好坏对分类结果的影响更大。②随着样本量的增加,十次测量结果的小麦产品精度极差值和小麦用户精度极差值逐渐减小,说明样本量的增加可以使小麦识别的结果更加稳定;另外,小麦产品精度和用户精度的均值差随样本量的增加,符号保持不变,SVM在各样本量下的误差方向均为正,小麦面积识别多了,而其他五种方法都识别少了,说明样本量的增加不会改变小麦面积测量的误差方向。

　　对不同方法来说:①相同样本量下各种方法的小麦产品精度和用户精度是不一样的。其中小麦产品精度最高的是SVM方法,说明SVM方法基本没有漏分的情况,可以最大限度地识别出小麦像元,漏分最严重的是光谱角制图法;小麦用户精度最高的是最大似然法,说明最大似然法错分误差最小,有很少的非小麦像元被误分进来。而最小距离法的小麦产品精度和用户精度基本相等,它们的均值差接近于0(−0.47%～−0.35%),说明该方法漏分、错分的程度相当,尽管小麦的空间分布存在错误,但最终测量出的小麦面积与真实值是最接近的。样本量为40%时对应的均值差最小,此时十次测量的平均小麦像元个数为99 329,这个数值可以认为是最接近于真实值的,并且与SVM方法40%时像元

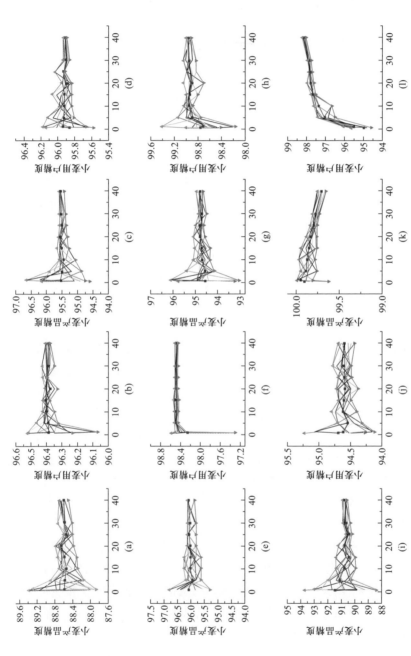

图 2.6 十次试验的小麦产品精度和小麦用户精度图:(a)(b) 光谱角制图;(c)(d) 最小距离;(e)(f) 平行六面体;(g)(h) 最大似然;(i)(j) 马氏距离;(k)(l) 支持向量机

横坐标为样本量,图中各曲线的含义和图 2.4 一致

个数 99 533 基本一致。②随着样本量的增加,SVM 方法的小麦产品精度和用户精度的均值差减小,这是因为随着样本量的增加,SVM 的用户精度逐渐增大,由错分引起的误差越来越少,而 SVM 的产品精度都在 99.6%以上,由漏分引起的误差基本不变,总的区域总量精度不断提高。所以第 2.2.3 节中 SVM 法测量出的全区和破碎区的小麦面积下滑的趋势是精度提高的表现。结合本节对 SVM 的分析可以看出,随着总体样本量的增加,支持向量的那部分训量样本的数量也在增加,SVM 法小麦测量的像元精度和区域总量精度都随之增加。

2.2.5 结论与讨论

本节结合高空间分辨率 SPOT 遥感数据和野外 GPS 数据,在构建标准训练样本和检验样本数据集的基础上,提取不同量的训练样本数据,分别利用平行六面体、最小距离、马氏距离、最大似然、光谱角制图和支持向量机六种方法对研究区 TM 影像分类,提取冬小麦。最后从位置精度和总量精度两个方面对各类方法测量的结果进行评价、比较和分析,得到了以下结论:

对于同种方法来说:①在相同样本量下,测量结果的像元精度和区域总量精度都存在一定程度的波动,且地块越破碎的地区,波动越大,说明实际工作中常常用单次分类结果作为最终小麦提取的结果,存在不准确性和随机误差,最好用多次测量结果来抵消测量误差;②随着样本量的增加,十次测量结果的波动减小,说明样本量的增加可以减少单次分类引起的随机误差,使分类结果逐渐稳定。

对不同方法来说:①在相同样本量下,各种方法测量出的全区和破碎区的小麦像元的个数不一致。不同方法对同一地区小麦的识别能力不同,同种方法对于不同地区小麦的识别能力也不同,种植结构复杂、地块破碎的地区,各种方法测量出的小麦面积总量差异会更大。但是通过比较小麦的产品精度和用户精度,可以得到各种方法面积测量的误差方向和大小,从而判定哪个结果更接近于真实值。②随着样本量的增加,各种方法由于对样本要求的不同,表现也不同。对于传统的分类方法来说,当样本个数足以刻画整个影像像元 DN 值的分布规律后,样本数量的增加对分类精度的提高影响逐渐减弱,而 SVM 法中对分类精度起影响的是支持向量的那部分像元,随着样本数量的增加,支持向量的那部分像元也随之增加,因此随着总体样本量的增加,SVM 的总体像元精度和区域精度都在增加。

通过以上的分析可以知道,在不同样本量下,SVM 法提取的小麦都具有最高的位置精度,随着样本量的增加,SVM 法提取的小麦区域面积精度不断提高,而且其十次测量结果的波动很小,在能够获取足够多的训练样本时,应该优先考虑利用 SVM 法测量小麦种植面积。

另外,本节只讨论了样本数量对分类精度的影响,而没有考虑样本质量的影响,在第 2.3 节中会进一步就样本质量对小麦种植面积测量的影响展开研究和讨论,未来也会在其他不同地貌类型和种植结构的典型作物区进行试验,测试本研究结论的适用性。

2.3   样本质量对识别精度的影响

2.3.1   研究背景

训练样本对识别结果的影响包括质量和数量两个方面。高的分类精度,要求有足够大的训练样本数据支持分类法则中判别函数的构建,但是从时间和经费投入来看,要获取大量的训练样本往往是不容易的和昂贵的(Jackson and Landgrebe,2001),很多的分类工作常常选用的样本数量小于满足一定精度要求实际所需的像元个数(Foody and Mathur, 2004),从而导致分类精度偏低(Tadjudin and Landgrebe, 1999;Jackson and Landgrebe, 2002)。

为了解决这个问题,一个可供选择的方案就是在有限的样本数量下尽量提高样本的质量,选择信息含量最大、对分类精度提高贡献最多的像元。类似的研究也有报道,吴健平和杨星卫(1996)从像元光谱信息和空间信息两个角度出发,通过计算像元亮度值与类型亮度值中心的距离,及每一像元与周围像元的方差值的大小来进行像元的纯化,指出训练样本经纯化后可以提高类间发散度、概率密度函数与高斯分布的拟合度及分类结果的精度。Chen 等(1996)以聚类分析(cluster analysis)为基础,设计一种样本数据浓缩的方法,从原始 2440 个样本数据中随机抽取 305 个训练样本,利用类别敏感性神经元网络分类法(class sensitivity neural network)进行了十次分类试验,其平均精度损失达到 19.4%,而利用样本数据浓缩法提取相同样本量的训练样本分类后的精度损失仅有 3.5%。郑明国等(2003)尝试了用 Majority 滤波进行训练样本的纯化,指出在提取某一类或者少数几类专题信息时,Majority 滤波是一种较好的训练区纯化方法,但是有时也会增大训练区与类别总体特征的差异。Lawrence 等(2004)针对决策树分类法中分类精度受训练样本影响大等问题,提出从训练样本数据集中提取随机样本,然后对随机样本进行类别误差的迭代分析,不断修正决策树以到达提高分类精度的目的。李滔等(2004)提出了利用 LBG 算法对训练样本进行预处理,然后再使用 SVM 进行训练的策略,并改进了 LBG 算法,通过分类试验表明,这种预处理方法能在保持学习精度的同时减小训练样本以及决策函数中支持向量机的规模,从而提高学习和分类的速度。黄鹃等(2004)基于正交试验法进行训练样本的选取,同时和随机选取的样本组合作为训练样本对神经网络进行训练的结果加以比较,结果显示,采用正交试验法选择的样本组合对网络训练的效果要明显优于随机样本组。Mingmin(2006)基于最近邻域(K-nearest neighbor)提出用半标识样本(semilabeled sample;最初未标识为训练样本的样本在分类的过程中被标识和确认为训练样本)去增加分类精度的方法,并通过试验证实了该方法可以提高分类图的精度和可靠性。

另外,选择质量好的样本,首先就有一个对样本质量的鉴定过程。对于样本质量的评价,目前主要是通过求解样本间的分离度来实现的(杜红艳等,2004)。分离度的指标主要包括欧氏光谱距离(Euclidean spectral distance)、分离度(divergence)(连石柱,1996)、转换分离度(transform divergence)(张治英等,2004)和 J-M 距离(Key et al.,2001;Koukoulas and Blackburn,2001;Niel et al.,2005)。通常认为,分离度(介于 0～2000)大于 1700 就能够区别开两个类别。也有研究表明,在某些情况下即使分离度较高,分类结果中也会存在很多错分和混分情况(张治英等,2004)。而且在地形复杂,地物斑块破碎,混合像元多的影像上很可能类别间的分离度本身就很低。另外,对于支持向量机这样的非参数分类方法,信息含量最高、对精度影响最大的是支持向量的那部分像元,而支持向量的像元往往是介于类别边界模糊地带的像元(Foody and Mathur,2004)。因此,仅靠分离度指标是否足够衡量训练样本的质量? 不同分类器是否有统一的训练样本质量评价指标? 同一个质量等级的训练样本,对小麦面积测量的位置精度和面积总量精度是否具有相同的响应关系? 这些问题都是在对农作物识别过程中值得深入探讨的问题,也是目前在该领域中研究甚少的问题。

针对上述问题,本节在第 2.2 节研究的基础上,在提取典型试验区的标准训练样本数据集基础上,分析了标准样本训练数据集的分离度特征,同时引入欧氏距离、马氏距离和纯度三个指标对训练样本数据进行质量评价和分等定级。然后将相同样本数量,但不同质量等级的训练样本输入最小距离、最大似然和支持向量机三种分类器中进行影像分类和冬小麦提取。通过对小麦识别结果的分析和比较,讨论了训练样本质量和不同分类器以及小麦识别结果的响应关系,为冬小麦种植面积测量进一步提供可以借鉴的理论和试验依据。

2.3.2 研究方法与技术路线

本节的研究区和数据源同第 2.2.2 节。图 2.7 是本研究的技术流程图,主要包括四个部分:①标准样本数据集的提取(参见第 2.2.2 节);②训练样本质量的分等定级;③不同质量训练样本下 TM 影像冬小麦面积提取;④结果分析和比较。

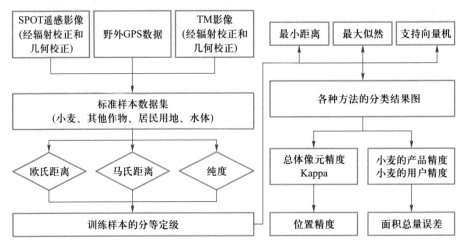

图 2.7   训练样本质量对分类精度影响研究技术路线图

2.3.2.1   训练样本质量的分等定级

为了定性研究样本质量和不同分类器之间的响应关系,本研究引入了欧氏距离、马氏距离和纯度三个指标对标准训练样本库中的训练样本进行分等定级,后文所谓的质量等级都是相对于此三个评价指标来说的。旨在定性研究样本质量和不同分类器之间的响应关系,有关质量等级和最后小麦识别结果的精度高低是否直接对应,则要通过试验来证明。

1) 欧氏距离

首先根据欧氏距离公式(2.4)计算出样本库中各个像元的欧氏距离;然后对计算出的距离进行标准化处理,使得距离分布在 0~1(此时值越小,说明样本的质量越好);考虑在同一播期、同一品种、统一水肥等管理条件,小麦训练样本的欧氏距离值越小,说明样本的质量越好,而当播期、品种、水肥等管理条件不同时,即使同样是小麦的样本,为了能够代表不同播期、品种、水肥等管理条件,也需要差异比较大的训练样本,也就是说欧氏距离要大一些,而不是值越小说明样本的质量越好。本研究区的范围并不算很大,而且属于同一辖区,作物品种比较单一,且样本均值计算时是将提取出的标准训练样本数据集全部带入计算,因此本试验中可以认为值越小,样本质量越好,最后定义等级一为 0~0.25,等级二为 0.25~0.5,等级三为 0.5~0.75,等级四为 0.75~1。

$$d(x, M_i) = \left[\sum_{k=1}^{n} (x_k - m_{ik})^2 \right]^{1/2} \tag{2.4}$$

式中,n 为波段数(维数);k 为某一特征波段;i 为某一聚类中心;M_i 为第 i 类样本均值(本研究中是在不同训练样本量下,将从 TM 影像提取冬小麦面积方法中的标准训练样本数据集全部带入计算得到的样本均值);M_{ik}为第i类中心第k波段的像素值;$d(x, M_i)$为像素点x到第i类中心M_i的距离(本研究为样本库中各个像元到标准样本均值的欧氏距离)。

2) 马氏距离

首先,根据马氏距离公式(2.5)计算出样本库中各个像元的马氏距离;然后,对计算出的距离进行标准化处理,使得距离分布在0~1(此时值越小,说明样本的质量越好);最后,定义等级一为0~0.25,等级二为0.25~0.5,等级三为0.5~0.75,等级四为0.75~1。

$$M = (X - M_c)T(Cov^{-1})(X - M_c) \qquad (2.5)$$

式中,c为某一个特定类别;X为像素的测量矢量;M_c为类型c的模板的平均矢量(这里也是在不同训练样本量下,将从TM影像提取冬小麦面积的方法中得到的标准训练样本数据集全部带入计算得到的平均矢量);T为转置函数;Cov为类型c的模板中像素的协方差矩阵;M为马氏距离(本研究为样本库中各个像元到标准样本均值矢量的马氏距离)。

3) 纯度

纯度(pure index)的概念是在高分辨率向低分辨率转化过程中得到的,衡量的是低分辨率影像某一像元空间位置内对应的高分辨率影像各类别所占的比例,得到的结果是一个百分比值,类似于混合像元分解中的丰度概念。研究中,首先,按照公式(2.6)计算出TM影像中各个像元对应高分辨SPOT影像像元的纯度值。为了减少和避免混合像元的干扰,这里只考虑纯度值大于50%以上的像元,此时值越大,说明样本质量越好。然后定义等级一为90%~100%,等级二为75%~90%,等级三为60%~75%,等级四为50%~60%。

$$P(l, c) = \left[N(h, c) \middle/ \sum_{c=1}^{j} N(h, c) \right] \times 100\% \qquad (2.6)$$

式中,$P(l, c)$为低分辨率影像上某一个特定类别的纯度;$N(h, c)$为低分辨率影像中一个像元大小内对应的高分辨率影像上类别为c的像元个数;c为某一个特定类别(共有$1, 2, \cdots, j$类)。

2.3.2.2   不同质量训练样本下 TM 影像小麦面积提取

根据样本质量等级的评价指标分等定级的结果,本研究中,对应每个质量评价指标的每个质量等级的训练样本,都分层随机抽取了2000个训练样本(每类500个样本,占总样本数的1.2%。由第2.2节样本数量对小麦测量的影响分析的实验结果可知,1%样本时精度已经开始逐渐趋于平稳。同时,考虑到经过质量分等定级后各个级别中的样本数量不一样,最少的为 538 个,为了保证在数量固定下进行质量的分析,因此,每类取 500 个样本。)分别进行最小距离、最大似然和支持向量机分类试验(为了进一步减少随机误差,每个实验进行了 5 次)。同时,为了更好地进行对比说明,试验中也在整个标准训练样本库中不分质量等级地随机抽取了 2000 个训练样本,利用上述三种方法进行影像分类和小麦识别。最后,随机抽取了一组 5%的样本作为检验样本,对以上所有分类结果进行了统一的精度评价和误差分析。

2.3.2.3　评价指标的选择

选择的评价指标与 2.2 中的类似,包括总体像元精度(overall accuracy, OA)、Kappa 系数(Kappa coefficient, Kappa)、小麦的产品精度(wheat produce accuracy, WPA)、小麦的用户精度(wheat user accuracy, WUA)四个指标对不同质量样本、不同方法的测量结果进行比较和分析。具体的精度评价结果见附表 7~8。

2.3.3　结果分析

2.3.3.1　位置精度比较分析

表 2.4 是最小距离、最大似然和支持向量机三种方法在不同质量等级训练样本下得到的像元总体精度,其中 1－4 指的是在整个标准样本库中不分质量等级抽取相同数量样本进行分类试验的结果。图 2.8 是根据试验结果作出的总体像元精度和 Kappa 系数在不同分类器、不同质量评价指标和质量等级下的变化图。

表 2.4　总体像元精度

质量等级	最小距离法			最大似然法			支持向量机法		
	欧氏距离	马氏距离	纯度	欧氏距离	马氏距离	纯度	欧氏距离	马氏距离	纯度
1	88.93	89.60	89.38	92.24	83.52	91.56	90.88	93.74	92.78
2	89.24	88.01	89.95	93.04	90.74	93.57	93.55	91.27	93.06
3	91.21	83.27	89.89	90.51	88.12	92.16	88.55	88.47	92.43
4	91.98	83.07	89.39	72.82	88.59	87.96	63.29	88.32	91.89
1－4		89.42			92.12			92.60	

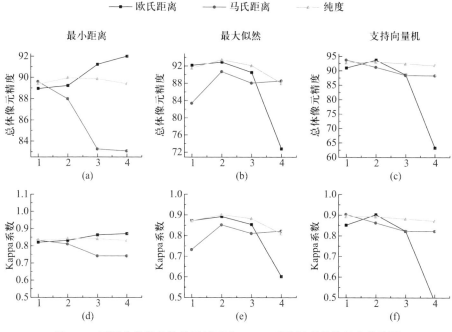

图 2.8　不同分类器总体像元精度和 Kappa 系数随质量等级变化的图

从表 2.4 和图 2.8 可以看出,在随机状态下选出同等数量的训练样本得到的总体像元精度和面积误差,不论运用何种分类器都是介于最高、最低像元精度和最大、最小面积误差之间的,这说明了相同样本量下质量不同的训练样本的确可以影响小麦识别的精度,而且①同一分类器对相同指标划分的不同质量等级的训练样本响应不同。如表 2.4 中,支持向量机法在利用欧氏距离划分的质量等级为 2 和 4 训练样本进行分类时,得到的总体像元精度分别为 93.6% 和 63.3%,相差高达 30.3%。②同一分类器对不同指标划分的不同质量等级的训练样本响应也不同。如图 2.8a 中,最小距离法在利用欧氏距离划分质量等级的总体精度曲线随质量等级的下降而上升,利用纯度指标划分质量等级的总体像元精度随质量等级的下降变化不大,而利用马氏距离划分质量等级的总体精度曲线随质量等级的下降而下降。③不同分类器对相同指标划分的同一质量等级的训练样本响应不同。例如,同样是利用欧氏距离测度的质量等级为 4 的训练样本进行训练,最小距离法得到的总体像元精度最高(92.0%),而最大似然法和支持向量机法得到的精度很低,分别为 72.8% 和 63.3%。④不同分类器对相同指标评价得到的不同质量等级的训练样本响应还是不同。从图 2.8a、b 和 c 中的黑色线条的走势可以明显看出,都是利用的欧氏距离进行的质量等级的划分,最小距离法的总体像元精度随着训练样本质量等级的下降不断提高;而最大似然和支持向量机法的总体像元精度随之不断降低。

2.3.3.2   面积误差分析与比较

表 2.5 是最小距离、最大似然和支持向量机三种方法在不同质量等级训练样本下得到的面积误差绝对值(用户精度减去产品精度的绝对值)表,其中 1 - 4 为不分质量等级抽取相同数量样本进行分类试验的结果。图 2.9 是根据试验结果作出的小麦用户精度、小麦产品精度以及面积误差绝对值在不同分类器、不同质量评价指标和质量等级下的变化图。

表 2.5   面 积 误 差

质量等级	最小距离法			最大似然法			支持向量机法		
	欧氏距离	马氏距离	纯度	欧氏距离	马氏距离	纯度	欧氏距离	马氏距离	纯度
1	0.63	1.10	0.74	2.75	20.49	5.66	2.37	1.61	0.70
2	0.21	1.01	1.58	4.31	6.35	1.57	0.62	1.71	0.90
3	2.42	1.78	1.61	0.43	1.07	0.70	0.15	0.77	0.18
4	3.27	5.51	6.14	31.71	4.46	4.01	2.48	3.53	3.92
1 - 4	0.69			5.67			2.20		

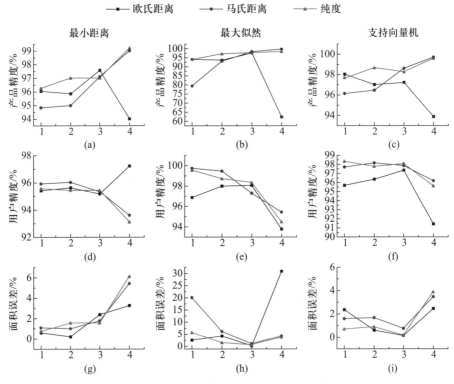

图 2.9   小麦的产品精度、用户精度和面积误差图

从表2.5和图2.9中可知,在随机状态下选出同等数量的训练样本得到的面积误差,不论运用何种分类器都是介于最大与最小面积误差之间的,这说明了相同样本量下质量不同的训练样本的确会对小麦识别的面积精度产生影响。同时,小麦提取的产品精度和用户精度对样本质量、不同分类器以及不同质量评价指标之间的响应关系和位置精度比较分析中,像元总体精度呈现出类似的特征,这里不再累述。另外,①小麦产品精度和用户精度随不同样本质量等级的变化趋势不一致。如图2.9a、d所示,最小距离分类的小麦用户精度中以马氏距离为样本质量的评价指标(红色线条)随质量等级的降低呈上升趋势,而小麦的产品精度中该指标随样本质量等级的降低呈下降趋势,黑色和绿色线条也有类似的情况。②最小面积误差对应的质量等级不一定是质量等级最高的训练样本。从表2.5和图2.9h、i可以看出,最大似然和支持向量机都是质量等级为3时的面积误差最小。③相同分类器,面积误差最小和总体像元精度最高所对应的训练样本的质量等级是不一样的。例如,最大似然和支持向量机总体像元精度最高时对应的训练样本的质量等级基本都为2(表2.4),而两种方法面积误差最小时对应的训练样本的质量等级均为3(表2.5)。

2.3.4　结论与讨论

本节结合高空间分辨率SPOT遥感数据和野外GPS数据,在构建标准训练样本数据集的基础上,引入欧氏距离、马氏距离和纯度作为样本质量的评价指标,利用这些指标对标准样本集中的样本进行了分等定级,然后对应不同级别的训练样本分别选择了相同数量(500个像元)的样本,分别利用最小距离、最大似然和支持向量机三种方法对研究区TM影像分类,提取冬小麦。最后从位置精度和面积误差两个方面对各方法测量的结果进行了评价、比较和分析,得到了以下结论:①同一分类器对相同指标划分的不同质量等级的训练样本响应不同,对不同指标划分的不同质量等级的训练样本响应也不同;②不同分类器对相同指标划分的同一质量等级的训练样本响应不同,对相同指标评价得到的不同质量等级的训练样本响应也不同;③相同分类器,面积误差最小和总体像元精度最高所对应的训练样本的质量等级是不一样的,且面积误差最小和总体像元精度最高所对应的训练样本的质量等级不一定是最高的。

本节中所谓样本质量的等级,是相对于质量评价标准(欧氏距离、马氏距离和纯度)来说的,质量等级的高低和最后分类结果精度的高低不对应似乎结论有些矛盾,其实不然,而是说明:①仅靠分离度来衡量样本的质量是不够的,实际中不存在一个统一的评价标准能满足所有分类器选择最佳样本的要求;②对于不同的分类器,样本质量好坏的评价标准应该是不同的,能得到最高精度的训练样本应该是最能刻画该分类器分类法则的样本,是能得到最高分类精度的训练样本,也是真正意义上的质量高的训练样本;③相同质量等级的训练样本不一定可以使小麦测量的面积精度和位置精度同时达到最高;④研究中利用欧氏距离、马氏距离和纯度三个指标对训练样本进行分等定级并不是最合适的质量评价标准,但足以说明训练样本质量评价标准因不同分类器而有所不同,对样本质量和分类器之间的响应关系研究起到一个抛砖引玉的作用。

2.4　数据特征对识别精度的影响

2.4.1　研究背景

遥感数据记录的是传感器限定波段范围内地物的反射或辐射特征(Hubert-Moy et al.,2001),任何自然界中的观测对象都与周围的环境存在互相依存互相制约的关系,任何像元反映出的光谱特征都受到多种因素的影响,"同谱异物"和"同物异谱"的现象时有发生,因此如何充分挖掘遥感数据信息,改善作物识别环境,一直是农作物遥感监测的重要工作。

目前,很多研究表明,纹理信息可以帮助提高遥感信息提取的精度和准确性(舒宁,1998;Lira and Maletti,2002;Montiel et al.,2005;Tso and Olsen,2005)。例如,安斌等(2002)的研究指出,在地物的反射光谱比较接近时,纹理信息对于正确区分不同的地物是很有用的。姜青香等(2003)采用纹理分析方法,通过确定熵的最佳阈值,将光谱易混淆的菜地和耕地分割开来,从而得到较好的分类结果。

也有研究表明,植被指数的定量测量可以表明植被活力,有助于增强遥感的解译能力,并已作为一种遥感手段被广泛应用于作物识别和作物预报等方面(田庆久和闵祥军,1998)。刘良云等(2002)利用可见光、近红外的植被指数和热红外遥感的两个温度波段信息,成功地对北京小汤山精准农业示范区内生长旺盛的小麦、稀疏小麦、池塘水体、水草、淤泥和裸露土壤6种地物进行了分类,指出利用植被指数和温度波段信息进行地物分类是可行的。国红(2003)将常用的10种植被指数用于内蒙古地区鄂托克前旗苦豆子分类,结果显示,植被指数图像的假彩色合成用于苦豆子分类,在分类精度上都大于原始各波段组合的假彩色合成图像。

多信息复合的确可以突出有用的专题信息,消除和抑止无关的信息,改善目标识别的图像环境(陈述彭,1990)。但是过多的无用信息也会增加图像的不确定性和模糊性。那么,在对农作物面积识别中,这些手段是否一定可以提高作物识别的精度,不同分类器对不同特征信息组合的响应是否一致等都是值得探讨的问题,也是目前研究甚少的问题。

为此,本研究将平均值(mean)、方差(variance)、均一性(homogeneity)、反差(contrast)、相异性(dissimilarity)、熵(entropy)、角二阶矩(angular second moment)、灰度相关(correlation)8 种纹理信息以及比值植被指数(RVI)、土壤调整植被指数(SAVI)、重归一化植被指数(RDVI)、归一化水指数(NDWI)、有效叶面积植被指数(SLAVI)5 种植被指数信息分别加入 TM 影像多光谱数据中,同时还进行了最佳波段的选择,利用最小距离(minimum distance,Min)、最大似然(maximum likelihood,MLC)和支持向量机(support vector machine,SVM)3 种方法进行分类提取小麦,研究不同特征信息对小麦测量精度的影响,以期解决以下几个问题:纹理信息和植被指数信息加入原始 TM 影像的 7 个波段进行分类是否一定可以提高小麦的测量精度,是否可以减少单次分类的误差和波动、加快收敛速度,各种特征信息对不同分类器的响应是否一致。

2.4.2   研究方法与技术路线

研究区和数据源同第 2.2.2 节。研究的技术流程如图 2.10 所示,整个过程主要包括四部分:①标准样本数据集的提取(参见第 2.2.2 节标准样本库提取的相关内容);②TM 影像不同特征信息提取;③不同特征信息组合下最小距离、最大似然和支持向量机 3 种方法的冬小麦提取;④结果比较与分析。

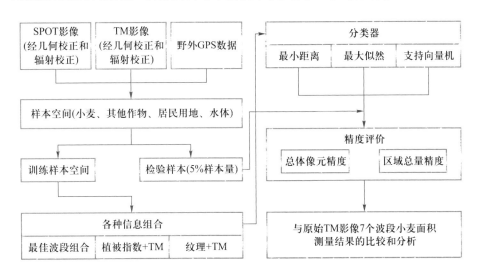

图 2.10   冬小麦面积测量技术流程图

2.4.2.1　特征信息的提取

1) 最佳波段组合的确定

最佳波段应该是信息含量大且类间可分性好的波段,为此本研究中分两步进行最佳波段的选择:①比较各波段组合的信息含量:对 TM 数据任意三个波段的 35 种组合分别计算了协方差矩阵值[式(2.7)](Piper,1992)和最佳波段指数(OIF)[式(2.8)](Sheffield,1985),并进行了排序。值越大,排序越靠前,表示该波段组合包含的信息越丰富,且波段间的相关性越低。②比较可分性:计算 4 种地物类型中任意两地物类型在各个波段组合内的离散度[式(2.9)]和 J-M 距离[式(2.10)和式(2.11)](陆灯盛等,1991)并求和,进行排序,值越大,表示该波段组合对这 4 种地物具有最好的可分性。综合两次的排序结果,综合排名处在第一位的是 TM 影像 5、4、3 波段组合。具体结果见附表 9。同时,得出了一致区内 4 种地物所有训练样本在 TM 影像的 7 个波段的空间分布情况(图 2.11)。从图中可以明显地看出,4 种地物在 7 个波段上的光谱特征普遍存在互相交叉重叠的情况,波段 5、波段 4 上小麦、水体和其他作物光谱差异相比其他波段来说是最大的,波段 1、2、3、7 对 4 种地物的区分能力相当,波段 6 最差。另外,相

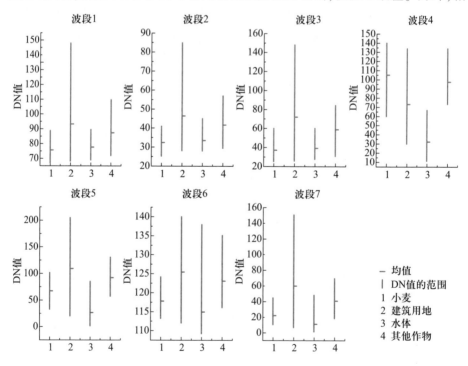

图 2.11　TM 影像各个波段 4 种地物的 DN 值的特征图

关研究表明(侯英雨和何延波,2001;罗音和舒宁,2002),3个可见光波段(即波段1、2、3)之间的相关性很高,信息彼此重叠很多,两个中红外波段(即第5、7波段)之间的相关性也很高。综上,本研究选择第3、4、5波段为最佳波段组合。

$$\boldsymbol{M}_s = \begin{vmatrix} S_{11}^2 & C_{12} & C_{13} \\ C_{21} & S_{22}^2 & C_{23} \\ C_{31} & C_{32} & S_{33}^2 \end{vmatrix} \qquad (2.7)$$

式中:$\boldsymbol{M}_s$为协方差矩阵,对角线元素S_{ij}^2为各波段的方差。

$$\mathrm{OIF} = \sum_{i=1}^{3} S_i \Big/ \sum_{j=1}^{3} |R_{ij}| \qquad (2.8)$$

式中:R_{ij}是i波段与j波段的相关系数,S_i是第i波段的标准差。OIF越大,3个波段间的相关系数越小,包含的信息越丰富。

$$D_{ij} = \frac{1}{2} t_r \left[\left(\sum_i - \sum_j \right) \left(\sum_i^{-1} - \sum_j^{-1} \right) \right] + \\ \frac{1}{2} t_r \left[\left(\sum_i^{-1} - \sum_j^{-1} \right) (u_i - u_j)(u_i - u_j)^{\mathrm{T}} \right] \qquad (2.9)$$

$$B_{ij} = \frac{1}{8} (u_i - u_j)^{\mathrm{T}} \left(\frac{\sum_i + \sum_j}{2} \right)^{-1} (u_i - u_j) + \frac{1}{2} \ln \left[\frac{\left| \frac{\sum_i + \sum_j}{2} \right|}{\left(\left| \sum_i \right| \left| \sum_j \right| \right)^{\frac{1}{2}}} \right] \qquad (2.10)$$

$$J_{ij} = 2 \left[1 - \exp(-B_{ij}) \right] \qquad (2.11)$$

式中:u_i、u_j分别是i、j类的DN值的均值矢量,$\sum_i$、$\sum_j$分别是在任意3个波段上的协方差矩阵,$\sum_i^{-1}$、$\sum_j^{-1}$分别是在任意3个波段上的协方差矩阵的逆,t_r为矩阵对角元素之和,D_{ij}为离散度,B_{ij}为B距离,J_{ij}为J-M距离。

2) 纹理信息提取

在目前的图像纹理特征计算方法中,Haralick等(2005)提出的灰度共生矩阵计算方法应用最为广泛(赵英时,2003)。灰度共生矩阵(空间灰度相关方法)通过对图像灰度级别之间联合条件概率密度$p(i,j/d,\theta)$的计算表示纹理特征。$p(i,j/d,\theta)$表示在给定空间距离d和方向θ时,灰度i为始点,出现灰度级为j的概率(Haralick,2005)。Haralick等(2005)一共定义了14种纹理特征的计算方法,本研究主要选用了平均值、方差、均一性、反差、相异性、熵、角二阶矩、灰度相关8种常用的方法来计算图像纹理特征(Zhang et al.,2003),在ENVI软件中以3×3窗口生成灰度共生矩阵,提取纹理信息。

3) 植被指数信息提取

目前,已发展起来的植被指数有上百个,每一个植被指数都有它对绿色植被的特定表达方式,但事实上有些只是对已有植被指数的变相重复,虽然针对特定应用的那个对象或者特定的数据计算结果稍好一点,但并不能作为植被指数做进一步的推广(罗亚等,2005)。为此,本节选用了应用范围最广,具有较强普适性的 6 种植被指数:归一化植被指数(NDVI)[式(2.12)]、比值植被指数(RVI)[式(2.13)]、土壤调整植被指数(SAVI)[式(2.14)]、重归一化植被指数(RDVI)[式(2.15)和式(2.16)]、归一化水指数(NDWI)[式(2.17)]、有效叶面积植被指数(SLAVI)[式(2.18)]进行研究。

$$NDVI = \frac{TM_4 - TM_3}{TM_4 + TM_3} \tag{2.12}$$

$$RVI = \frac{TM_3}{TM} \tag{2.13}$$

$$SAVI = \left(\frac{TM_4 - TM_3}{TM_4 + TM_3 + L}\right)(1+L) \tag{2.14}$$

$$DVI = TM_4 - TM_3 \tag{2.15}$$

$$RDVI = \sqrt{NDVI \times DVI} \tag{2.16}$$

$$NDWI = \frac{TM_5 - TM_4}{TM_5 + TM_4} \tag{2.17}$$

$$SLAVI = \frac{TM_4}{TM_3 + TM_5} \tag{2.18}$$

式中,TM_i 为 TM 的第 i 个波段;L 为调整系数,文中取 0.5;DVI 为差值植被指数。

2.4.2.2   不同特征信息组合下 TM 影像小麦提取

将提取出的各种纹理信息和植被指数信息依次分别加入 TM 影像的多光谱波段中,利用 IDL 程序在样本空间中分层随机抽取不同数量(0.5%,1%,10%,20%,30%,40%)的样本数据作为训练样本,同时利用最小距离、最大似然和支撑向量机(核函数为径向基函数)3 种方法对试验区不同特征信息组合下的 TM 遥感影像进行分类,类别包括小麦、水体、居民用地和其他作物 4 种。同时为了减少随机误差,每个样本量下做了 5 次试验,一共得到 450 幅分类图。

2.4.3   评价指标的选择

小麦识别精度的好坏应该从空间位置和面积总量两个角度出发。本研究在比较和分析各种信息组合对小麦识别精度影响时选用了总体精度(overall accuracy,OA)和样本区域内小麦面积总量精度(wheat area accuracy,WAA)[式(2.19)]两个指标,这里要特别强调的是,本研究中求解小麦面积总量精度时是在样本区内而非整个研究区内进行的,因为整个研究区内没有真实的小麦种植面积,而样本区内有提取出的可靠的小麦像元 75 648 个,可以视为真实值进行小麦面积精度的评价。

$$\mathrm{WAA} = 1 - \frac{|A_i - A_0|}{A_0} \times 100\% \tag{2.19}$$

式中,A_0 为样区内小麦的真实像元个数 75 648;A_i 为 TM 影像上提取出的小麦像元个数。

2.4.4   结果分析

2.4.4.1   精度比较

图 2.12a、c、e 是根据不同样本量下,最小距离、最大似然和支持向量机三种方法,在各种特征信息组合下分类得到的总体像元精度与仅利用 TM 原始影像分类得到的总体像元精度(表 2.6)之差作出的柱状图。图 2.12b、d、f 是根据不同样本量下,最小距离、最大似然和支持向量机三种方法,在各种特征信息组合下分类得到的小麦面积总量精度与仅利用 TM 原始影像分类得到的小麦面积总

表 2.6   TM 影像多光谱数据在不同分类方法和样本量下的总体像元精度和面积总量精度

(单位:%)

分类方法	样本量											
	0.5		1		10		20		10		40	
	OA	WAA	OA	WAA	OA	WAA	OA	WAA	OA	WAA	OA	WAA
最小距离	89.5	99.6	89.38	99.57	89.47	99.43	89.47	99.48	89.47	99.46	89.51	99.52
最大似然	92.75	96.11	92.94	96.58	92.88	96.21	92.82	96.29	92.84	96.19	92.87	96.26
支持向量机	94.72	95.04	95.42	95.6	96.73	97.59	96.93	98.12	96.94	98.39	97.04	98.62

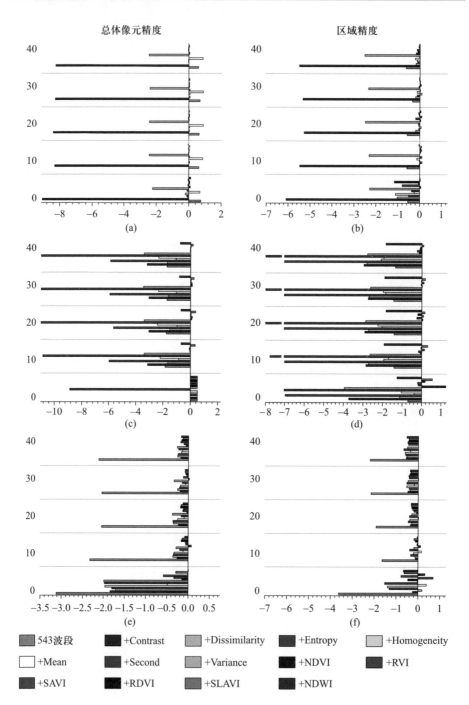

图 2.12　各特征信息组合与 TM 影像原始波段精度比较图：(a)(c) 最小距离法；(b)(d) 最大似然法；(e)(f) 支持向量机

量精度(表 2.6)之差作出的柱状图。图中,纵坐标表示不同样本量,横坐标为精度值。坐标左侧数据表示差值为负,说明该特征信息组合下 5 次试验结果的精度小于利用原始 TM 影像 7 个波段提取的波动;反之,则大。

从图 2.12 上可以直观看出,绝大多数柱状图都在纵坐标的左侧(即差值小于零),说明对于该试验区,在原始 TM 影像多光谱 7 个波段中加入各种纹理信息和植被指数信息不但没有提高小麦识别的精度,在多数情况下反而是降低了。

各种特征信息组合对不同分类器识别小麦的能力影响是不同的。例如,对于最小距离来说,TM 影像 5、4、3 波段组合可以提高最小距离分类的位置精度,但却降低了小麦测量的面积精度,而且在最大似然和支持向量机两种方法中,该波段组合的小麦位置精度和面积精度都降低了。再如,对三种分类器小麦测量影响最大的特征信息组合是不同的,对最小距离法、最大似然和支持向量机影响最大的特征信息组合分别是反差(contrast)、角二阶距(angular second moment)和 TM 影像 5、4、3 波段组合,降低的小麦位置精度分别是 9.09%、8.85% 和 3.12%,降低的小麦总量精度分别是 6.07%、13.81% 和 3.60%。

2.4.4.2 波动性比较

图 2.13a、c、d 是根据不同样本量下,最小距离、最大似然和支持向量机三种方法,在各种特征信息组合下分类得到的总体像元精度极差与仅利用 TM 原始影像分类得到的总体像元精度极差(表 2.7)之差作出的柱状图。图 2.13b、e、f 是根据不同样本量下,最小距离、最大似然和支持向量机三种方法,在各种特征信息组合下分类得到的面积精度极差百分比与仅利用 TM 原始影像分类得到的小麦面积精度极差百分比(表 2.7)之差作出的柱状图。图中,纵坐标表示不同样本量,横坐标为精度波动值。坐标左侧数据表示差值为负,说明该特征信息组合下五次试验结果的波动小于利用原始 TM 影像 7 个波段提取的波动;反之,则大于。

表 2.7　TM 影像多光谱数据在不同分类方法和样本量下的精度波动　(单位:%)

分类方法	样本量											
	1.5		1		10		20		10		40	
	D-OA	P-WAA	D-OA	P-WAA	D-OA	P-WAA	D-OA	P-WAA	D-OA	P-WAA	D-OA	P-WAA
最小距离	1.38	2.37	0.73	2.65	0.31	0.67	0.18	0.56	0.14	0.44	0.13	0.31
最大似然	2.39	2.33	1.91	2.98	0.42	0.73	0.43	0.58	0.19	0.34	0.16	0.22
支持向量机	0.61	1.81	0.43	1.43	0.47	1.11	0.25	0.44	0.125	0.21	0.11	0.17

注:D-OA 表示总体像元精度极差;P-WAA 表示面积精度极差。

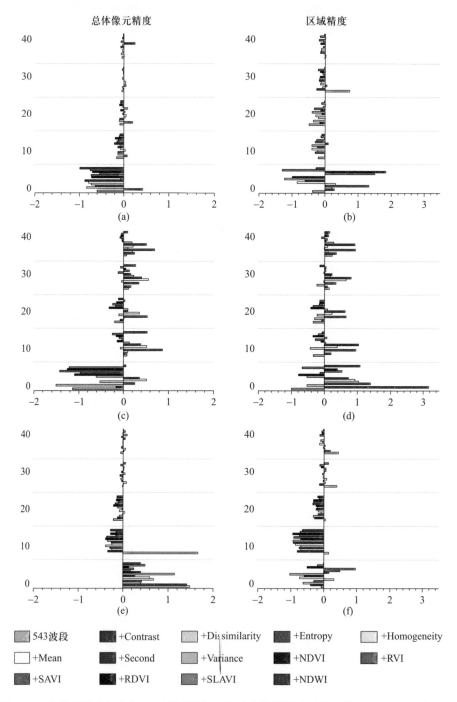

图 2.13 各特征信息组合与 TM 原始影像五次试验结果的波动性比较：(a)(b) 最小距离法；(c)(d) 最大似然法；(e)(f) 支持向量机

从图 2.13 上可以明显看出,各种特征信息的加入可以帮助改善最小距离法和支持向量机法(样本量>0.5%后)相同样本量下五次试验结果的波动,而且在样本量较小时,改善的更为明显。但是对于最大似然法来说,各种特征信息的加入没有减小原始 TM 影像 7 个波段试验时的波动,甚至有增加的趋势。

2.4.5 结论与讨论

本研究通过比较各种三波段组合的信息含量和可分性,选择了 TM 影像 5、4、3 波段作为最佳波段组合,又将平均值、方差、均一性、反差、相异性、熵、角二阶矩、灰度相关 8 种纹理信息以及比值植被指数、土壤调整植被指数、重归一化植被指数、植被液态水含量指数、有效叶面积植被指数 5 种植被指数信息分别加入 TM 原始影像 7 个波段数据中,利用最小距离、最大似然和支持向量机 3 种方法进行分类提取小麦,来探讨最佳波段选择、纹理以及植被指数对小麦种植面积测量精度的影响,试验结果表明:①总体上,该试验区内最佳波段 5、4、3 组合,纹理信息和植被指数信息的加入,对小麦面积测量精度的提高没有贡献,甚至有些特征信息的组合还会降低精度。②最佳波段 5、4、3 组合,纹理信息和植被指数信息与 TM 影像的 7 个波段的组合,可以帮助最小距离法和支持向量机法减少单次测量的波动。对于最大似然法没有减小波动,甚至还有增加的趋势。③同一个特征信息组合对不同的分类器影响是不同的,如 5、4、3 波段组合可以提高最小距离法的总体像元精度,但却降低了最大似然法和支持向量机法的总体像元精度。

尽管很多研究表明,纹理信息、植被指数信息的加入有利于提高分类的精度,但在本研究中这些信息的加入并没有提高小麦的识别精度,原因可能有如下两点:①本研究在研究区内主要包括小麦、裸地(包括居民用地、道路、休耕地等)、水体和其他作物四类。由于 TM 影像接收时蒜苗很多已经被收割,大多数表现为裸地或者是裸地和蒜苗的混合光谱,使得其他作物(大蒜)和裸地在该研究区中最难区分,要提高该研究区的分类精度,关键在于提高大蒜地块和裸地的分类精度。植被指数反映的是植被活力,对于植被覆盖度和植被生长差异大,或者是区分植被与非植被时,可以帮助提高解译效果,但是该研究区中被收割的蒜地植被覆盖度低、植被活力小且与裸地混合严重,因此植被指数的添加并不能帮助区分开裸地和收割了的蒜地。另外,在小麦和裸地过渡,小麦和蒜地过渡地带的小麦像元植被指数值可能低于小麦像元的平均植被指数值,而接近与纯净的蒜地像元的植被指数,反而增加了小麦像元错分为其他作物(大蒜)的概率,从而降低了总的分类精度。②纹理特征是细小物体在像片上大量地重复出现所形成的特征,它是大量个体的形状、大小、阴影、色调的综合反映(宋晓宇和单新建,2002)。当目标的光谱特征比较接近,但纹理特征不同时(如树林和田地),对区分目标可能会起到积极作用。而本研究区中,四种地物并没有明显的纹理特性,或者说是没有差异较大的纹理特征,因此纹理特征并不能帮助提高分类精度。同时,由于纹理信息的加入,可能产生一些干扰因素(如均值纹理会进一步模糊裸地和收割过的蒜地的差异,以及麦田和蒜地、麦田和裸地过渡区域的差异)从而降低了总体分类的精度。因此,在实际小麦面积测量的操作中,作业员不应该盲目地加入特征信息。

选用何种信息不仅与研究区本身的性质有关,还与使用的分类器有关,因此在作业前,尤其是对大范围小麦面积做测量工作时,应该对小区进行试验,看看各种特征信息在使用不同分类器时对小麦测量是否有贡献,从而选择最佳的分类器和特征信息组合。

2.5 数据尺度对识别精度的影响

2.5.1 研究背景

目前,遥感技术已形成多星种、多传感器、多分辨率共同发展的局面。遥感卫星包括陆地卫星、环境卫星、海洋卫星、气象卫星等,所获取的遥感信息具有从厘米级到千米级的多种尺度,如63 cm,1 m,3 m,4 m,5 m,10 m,20 m,30 m,60 m,120 m,150 m,180 m,250 m,500 m,1000 m等多种空间分辨率,这为大面积农作物种植面积遥感测量提供了有利的条件。因此,采用多尺度遥感数据源复合分析是进行大范围农作物种植信息遥感识别的一种常用方法。在不同尺度上(县市、地区、省)利用不同空间分辨率数据源进行农作物种植信息识别,这就涉及了遥感信息提取中的尺度问题。多尺度数据源必然会对农作物种植面积遥感测量精度产生影响。

从遥感数据中提取不同尺度层次的景观特征的信息需要不同空间尺度(空间分辨率)的遥感数据。对于农作物种植信息识别,选择合适的空间分辨率的遥感数据可以提高面积信息提取的精度和结果的可靠性、可用性。一般高空间分辨率的遥感数据含有更多的信息,但并不是空间分辨率越高,信息提取的精度越高。就遥感数据土地覆被分类来说,分类精度与地表覆被类型单元的大小有关,过高的空间分辨率反而会降低分类精度。因为遥感信息分类精度取决于混合像元数目与类别内部光谱变异这两个因子。空间分辨率的提高,对于大面积纹理均一的地物来说,混合像元数量减少,分类精度得以提高;而对于光谱空间异质性大的地物来说,类别内部的光谱响应变异增大,降低类别可分性,分类精度反而降低。农作物种信息提取是土地覆被分类的一种,只是这里所要分类的是特定的目标作物,而且农作物种植信息识别的区域总量精度往往是测量结果使用者即业务部门更为关心的。

从这个意义上,研究尺度因子(包括空间分辨率和空间范围)在农作物遥感识别中的作用,尺度与信息(如面积)提取精度(尤其是区域精度)的定性和定量关系,以便在不同的空间范围、种植制度及景观结构下选择合适的空间分辨率的遥感数据,不但可以保证测量精度,降低信息提取的不确定性,而且可以排除选择数据时的盲目性,解决数据可获取性的难题并且降低数据成本,为开展大范围农作物种植面积遥感测量业务化运行工作提供科学、可靠的依据和指导。

本研究利用SPOT 5卫星数据,以尺度变化对农作物种植面积遥感测量精度的影响分析为主线,从不同空间分辨率、不同空间范围、不同丰度以及不同景观空间结构等角度来系统分析农作物种植面积遥感测量中的尺度问题,主要包括尺度转换、尺度效应与尺度选择三个方面,以期获取尺度变化与大面积农作物测量精度,尤其是区域总量精度的相互关系和影响规律,为基于多尺度遥感数据复合的农作物种植面积测量业务化运行中的数据选择和精度保证问题提供理论与实验基础。

2.5.2   研究区与数据

2.5.2.1   研究区

研究区位于山东省济宁市境内,SPOT 5 284/279景影像基本覆盖了济宁市市辖区、兖州市、曲阜市、邹城市、微山县的大部分地区,范围约为60 km×60 km(图2.2)。该区域位于山东省西南部,地处鲁苏豫皖结合部,是华东与华北、山东半岛与中原地区的通道。气候条件优越,属暖温带大陆性季风气候区,四季分明,光照充足,年平均降水量597~820 mm,年平均气温为13.3°~14.1°,盛产小麦、玉米、稻谷、油菜、棉花和花生等。研究区冬小麦的物候特征见表2.8所示。

表 2.8   研究区小麦物候特征表

月份	10月			11月			12月			1月			2月			3月			4月			5月			6月		
	1	2	3	1	2	3	1	2	3	1	2	3	1	2	3	1	2	3	1	2	3	1	2	3	1	2	3
物候特征	播种	出苗		幼苗		分蘖				越冬					返青			拔节			抽穗			灌浆			成熟

注:表中主要资料来自中国种植业网:http://zzys.agri.gov.cn。

2.5.2.2 数据

本研究采用的 SPOT 5 多光谱影像时相为 2004 年 11 月 25 日,来自中国遥感卫星地面站(轨道 284/279;像元大小 10 m),该时相冬小麦处于分蘖状态,而其余绿色植被(包括草地、树木等)均处于枯萎状态,非常适合冬小麦提取。此外,在 SPOT 尺度冬小麦提取中,还采用了山东省 1∶10 万土地利用数据、1∶100 万植被数据、1∶25 万地形数据以及 2005 年 4 月的野外样方数据。野外样方数据主要有两部分:一部分为点,另一部分为面(样方)。其中,点包括纯的小麦、裸地、树林、菜地等,要求该种地块的面积较大,可以在影像上清楚识别,为后续室内小麦的识别与提取提供分类模板和参照,同时为最后的精度验证提供实测数据集。另外还有一些地面控制点,辅助几何纠正和点位漂移的控制。面主要是较为复杂的样方,在 GPS 测量的同时利用皮尺测出每个样方中非小麦地块的长宽,算出小麦和非小麦的面积比,这一部分主要为面积提取精度验证提供检验样本,同时大的地块也可以作为分类的模板。最后整理得到的样点数为 79 个,样方数为 29 个。所有空间数据投影类型均为 Albers 等积投影,中央经线为 105°,椭球体为 Krasovsk。

2.5.3 研究方法与技术路线

2.5.3.1 研究思路

整个研究的技术路线如图 2.14 所示,主要包括如下三部分:①SPOT 5 多光谱遥感影像上冬小麦的提取;②不同空间分辨率和不同范围下样本库的建立;③尺度变化对农作物测量精度的影响分析(包括不同空间分辨率、不同空间范围、不同农作物百分比三个方面)。

2.5.3.2 SPOT 5 多光谱影像上冬小麦的提取

在野外样方数据的支持下,采取计算机自动提取与人工目视解译修正相结合,通过非监督-人工聚类法、绿度识别法和生态分类法三种方法提取冬小麦种植面积及空间分布信息。结合 GPS 野外样本数据、2000 年 1∶10 万土地利用数据,对自动提取结果进行人工目视解译修正(图 2.15)。采用随机布点与野外实测样方相结合的方式,产生 500 个检验点,分别对三幅图像进行精度验证(表 2.9)。将精度最高的结果(绿度识别法的测量结果,总体像元精度 95.68%,Kappa 系数 0.89)作为研究区 SPOT 5 尺度冬小麦种植面积提取的最终结果。

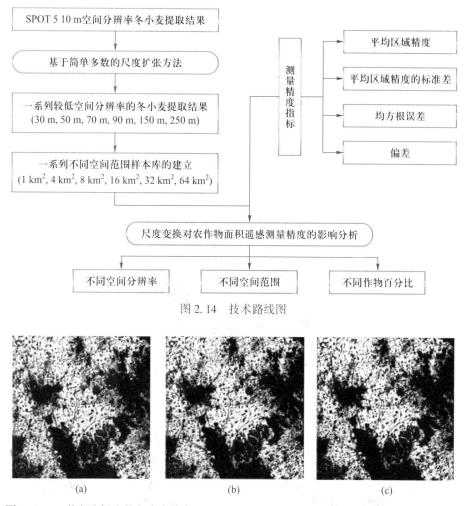

图 2.14 技术路线图

图 2.15 三种方法提取的冬小麦分布图:(a) 非监督–人工聚类;(b) 绿度识别法;(c) 生态分类法

表 2.9 SPOT 尺度的冬小麦四种提取结果精度表

方法	总体精度	Kappa 系数
非监督–人工聚类法	91.37%	0.81
绿度识别法	95.68%	0.89
生态分类法	93.45%	0.84

2.5.3.3 不同尺度样本库的建立

在本研究中,我们将 10 m 空间分辨率的 SPOT 5 多光谱遥感影像提取的冬小麦种植面积空间分布图(小麦和非小麦二值图)作为研究尺度效应的实验数据,以 10 m 尺度上提取的冬小麦面积测量结果为"准真值",不同尺度(空间分辨率)的提取结果通过将原始空间分辨率(10 m)的提取结果进行尺度扩展得到。尺度扩展的方法是先把 10 m 空间分辨率上的冬小麦提取结果重采样到较低的分辨率,每个像元的值为该像元所对应的 10 m 空间分辨率提取结果区域内冬小麦所占的面积百分比,然后对这些像元进行基于简单多数原则的再分类,即所有冬小麦面积百分比大于 50% 的像元被分作冬小麦,小于 50% 的为非冬小麦(图 2.16)。原始的 10 m 空间分辨率的数据被逐步扩展到 30 m、50 m、70 m、90 m、150 m 和 250 m,其中,30 m、50 m、70 m 和 250 m 分别对应农作物种植面积遥感测量中常用 TM、IRS-P6、CBERS IRMSS 和 MODIS 数据。

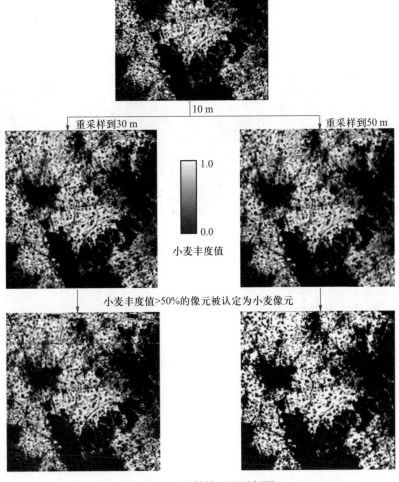

图 2.16   尺度转换过程示例图

很显然,这种处理过程并不同于传统的直接将不同空间分辨率数据的提取结果进行比较的方法。因为本研究的目的在于不同尺度(空间分辨率)对农作物种植面积遥感测量精度的影响分析,即农作物种植面积遥感测量精度的尺度效应分析,而传统的将不同空间分辨率数据的提取结果直接比较的方法无法区分由尺度变化导致的测量精度的变化和由分类识别方法本身导致的测量精度的影响,而且计算强度大。因此,本研究采用对高分辨率影像提取结果进行基于简单多数原则的集聚处理得到一系列较低分辨率的提取结果进行尺度效应分析,而不是直接对不同空间分辨率数据的提取结果进行分析。对于空间范围,整个研究区域范围即最大的空间范围,在具体问题研究中,按照不同的距离标准划分空间幅度,把整个研究区域划分为若干个子区域,将每个子区域作为一个研究样本。

2.5.3.4 不同空间范围的样本库的建立

为了在不同的空间范围下分析尺度变化对冬小麦测量精度的影响,我们考虑了一系列的空间范围,从 $1\ km^2$、$4\ km^2$、$8\ km^2$、$16\ km^2$、$32\ km^2$、$64\ km^2$ 到整个研究区,以系统地分析在不同空间范围下,空间分辨率变化($10\ m$、$30\ m$、$50\ m$、$70\ m$、$90\ m$、$150\ m$、$250\ m$)对冬小麦测量精度尤其是面积估算绝对误差和区域总量精度的影响。以 $1\ km^2$ 空间范围为例,具体做法是:将 $60\ km \times 60\ km$ 的研究区域均分成 3600 个 $1\ km^2$ 的样区形成统计样本库(图 2.17),计算每个样区原始的 $10\ m$ 空间分辨率下的冬小麦所占的百分比(准真值)和较低空间分辨率下冬小麦百分比,然后按照所定义的精度评价指标根据不同情况计算样本库的区域精度的平均值和标准差、均方根误差(RMSE)和偏差(bias),从绝对量、相对量以及空间结构等方面分析面积估算误差随尺度变化的情况。

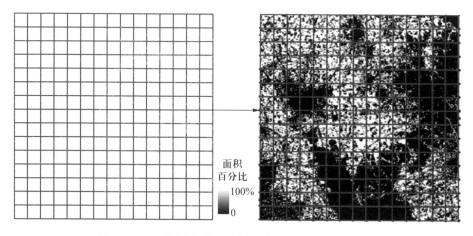

图 2.17   以不同空间范围为样区建立统计样本库示意图

2.5.3.5 精度评价指标建立

本研究采用区域精度、像元精度、均方根误差及偏差作为尺度变化(空间分辨率和空间范围)对冬小麦种植面积测量精度影响的评价指标。

1) 区域精度

以 SOPT 5 10 m 空间分辨率所提取的冬小麦种植面积总量(A_0)为基准值,将由尺度转换得到的某种较低分辨率(i)下的提取的冬小麦种植面积总量(A_i)与 A_0 进行对比,获取区域内总体面积提取精度(简称区域精度,K_{area}),计算公式见式(2.20)。

$$K_{area} = 1 - \frac{|A_i - A_0|}{A_0} \times 100\% \qquad (2.20)$$

2) 像元精度

对于每个像元的冬小麦种植面积提取结果的精度,可通过将较低分辨率的提取结果($\hat{V}_i$)和参考值(V_i,从 SOPT 5 10 m 空间分辨率提取的结果)进行逐像元比较,来确定每个像元提取的精度,再将整个研究区内所有像元的精度累加求均值,称为像元精度(K_{pixel}),计算公式见式(2.21)。

$$K_{pixel} = \frac{\sum_{j=1}^{N} 1 - |\hat{V}_i - V_i|}{N} \times 100\% \qquad (2.21)$$

3) 均方根误差和偏差

本研究还采用均方根误差(RMSE)和偏差(bias)来分析不同空间范围下的样本库的空间分辨率变化对区域面积估算误差的影响:

$$RMSE(s) = \sqrt{\sum_{i=1}^{n} (\hat{a}_i - a_i)^2 / n} \qquad (2.22)$$

$$bias(s) = \sum_{i=1}^{n} (\hat{a}_i - a_i) / n \qquad (2.23)$$

式中,s 表示某一空间范围(1 km²,4 km²,8 km²,16 km²,32 km²,64 km²),n 表示该空间范围的样区个数,$\hat{a}_i$ 和 a_i 分别表示第 i 个样区的较低分辨率的冬小麦所占百分比和 10 m 空间分辨率的冬小麦所占百分比。

2.5.4　结果分析

2.5.4.1　不同空间幅度范围下测量精度的尺度效应分析

首先,对整个研究区冬小麦提取结果的区域精度、像元精度(总体精度)和Kappa 系数随空间分辨率变化的情况进行分析,如图 2.18 和表 2.10 所示。

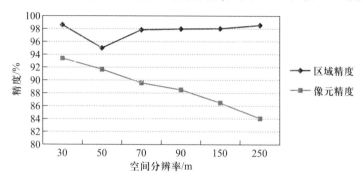

图 2.18　整个研究区的精度变化分析图

表 2.10　整个研究区的精度变化分析表

评价指标	空间分辨率/m					
/%	30	50	70	90	150	250
区域精度	98.40	94.92	97.75	97.88	97.85	98.47
像元精度	93.30	91.59	89.53	88.47	86.38	83.97
Kappa 系数	0.861	0.826	0.782	0.760	0.717	0.667

对整个研究区来说,像元精度(总体精度)和 Kappa 系数随空间分辨率的降低而降低,这是因为随着空间分辨率的降低,混合像元数目的增加使较低分辨率的提取结果与 10 m“准真值”类型相一致的概率降低,两幅图像的吻合度也降低,所以像元精度和 Kappa 系数都降低;而区域精度除在 50 m 空间分辨率处较低(94.92%)外,其余均稳定在较高的水平(97.5%以上),其中 250 m 空间分辨率时的区域精度最高(98.47%),从各空间分辨率的误差矩阵可以看出,这主要是因为在范围相对比较大的整个研究区内(3600 km²),小麦和非小麦“错入错出”的数量大致相当,使得面积估算的正负误差充分相互抵消,并且用于计算区域精度的面积基准值的基数本身也比较大,所以随空间分辨率降低,整个研究区的区域精度仍保持在较高的水平。值得注意的是,30 m 空间分辨率和 250 m 空间分辨率时区域精度具有很好的一致性且均保持较高的水

平,这也说明对于大范围的农作物种植面积测量(省、地区级),用较低空间分辨率遥感数据(如 250 m 的 MODIS)虽然由于存在不同程度的混合像元问题导致像元精度较低,但由于在较大的空间范围面积估算的正负误差可以充分地相互抵消,测量结果的区域总量精度仍可以保持较高的水平。区域精度最低值出现在 50 m 空间分辨率时,其原因将在后面的研究中探讨。

区域精度是相对于一定的空间范围而言的。为了在不同的空间范围下研究区域精度随分辨率变化的情况,本研究建立了由不同空间范围的样本所组成的一系列统计样本库。各统计样本库的区域精度平均值随不同空间分辨率和空间范围变化如图 2.19 和表 2.11 所示,可以看出,在不同的空间范围下,随着空间分辨率的降低,区域精度平均值都逐渐降低;在不同的空间分辨率下,随着空间范围的扩大,区域精度平均值都基本呈现递增的趋势,只是当空间范围扩展到 64 km² 时,30 m 空间、50 m 空间、70 m 空间分辨率的区域精度平均值略微降低。当空间分辨率为 30 m 时,不同样本库区域精度平均值均保持在 94% 以上,并随空间范围的扩大逐渐增大;而当空间分辨率降低到 250 m 时,区域精度平均值也降低到 70% 左右,当空间范围扩展到 64 km² 时,区域精度平均值升高到 80%。

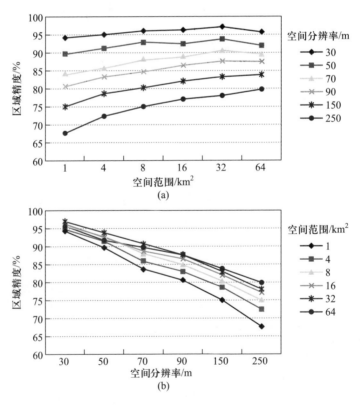

图 2.19　样本库区域精度平均值随不同空间分辨率和空间范围变化图

表 2.11   样本库区域精度平均值随不同空间分辨率和空间范围变化表

空间范围 /km^2	不同空间分辨率下区域精度平均值/%					
	30 m	50 m	70 m	90 m	150 m	250 m
1	94.0	89.6	83.7	80.6	75.0	67.7
4	94.9	91.2	85.8	83.1	78.4	72.5
8	95.9	92.8	87.8	84.7	80.3	75.1
16	96.2	92.3	88.6	86.4	82.0	77.2
32	97.0	93.8	90.5	87.6	83.1	78.0
64	95.6	91.8	89.5	87.4	83.8	79.8

样本库区域精度标准差随不同空间分辨率和空间范围变化如图 2.20 和表 2.12 所示,随着空间分辨率的降低,区域精度的标准差呈递增的趋势,表明样本库区域精度的变化幅度随空间分辨率的降低而增大。随空间范围的扩大,区域精度的标准差则呈现波动的趋势,即从 1 km^2 到 8 km^2 均呈现递减的趋势,从 16 km^2 到 64 km^2,除 250 m 空间分辨率外,其余均呈现出先降低再升高的趋势。

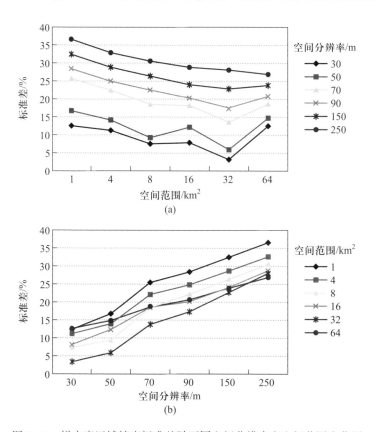

图 2.20   样本库区域精度标准差随不同空间分辨率和空间范围变化图

表 2.12   样本库区域精度标准差随不同空间分辨率和空间范围变化表

空间范围	不同空间分辨率下区域精度标准差/%					
/km²	30 m	50 m	70 m	90 m	150 m	250 m
1	12.5	16.9	25.5	28.5	32.5	36.5
4	11.4	14.1	22.4	25.0	28.9	32.8
8	7.5	9.3	18.5	22.4	26.5	30.5
16	8.1	12.4	18.4	20.3	24.2	28.9
32	3.4	5.9	13.8	17.4	22.9	28.1
64	12.6	14.8	18.8	20.8	23.9	27.1

从上面的分析可以得出,测量结果的区域精度由空间分辨率和空间范围两方面的因素决定:随着空间分辨率的降低,混合像元数目增加,面积估算误差逐渐增大,导致区域精度降低;而随着空间范围的扩大,面积估算的正负误差相互抵消,导致区域精度升高。

样本库均方根误差随不同空间分辨率和空间范围变化情况如图 2.21 和表2.13 所示。区域精度是从面积相对误差的角度来分析测量精度随空间分辨率

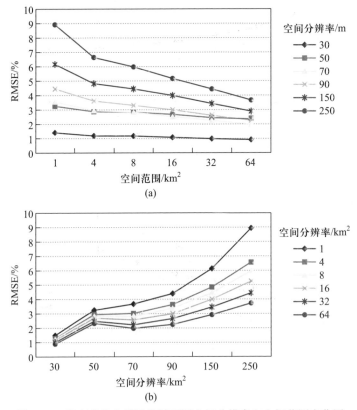

图 2.21   样本库均方根误差随不同空间分辨率和空间范围变化图

变化的情况,均方根误差则反映整个统计样本库的每个样区的冬小麦百分比与基准值之间偏离程度的平均水平。随着空间范围的扩大,不同分辨率下的均方根误差均呈递减的趋势,这反映出随着空间尺度的扩大,由于正负误差的相互抵消,面积估算误差会逐渐减小。当空间分辨率为 250 m 时,在 30 km² 空间范围下,均方根误差就降低到 5% 以下。随着空间分辨率的降低,不同空间范围下的均方根误差基本均呈现递增的趋势,只是在空间分辨率为 50 m 时有个较小的波峰。

表 2.13　样本库均方根误差随不同空间分辨率和空间范围变化表

空间范围 /km²	不同空间分辨率下均方根误差/%					
	30 m	50 m	70 m	90 m	150 m	250 m
1	1.45	3.25	3.63	4.40	6.15	8.90
4	1.25	2.89	3.00	3.58	4.83	6.60
8	1.19	2.79	2.81	3.33	4.46	5.96
16	1.11	2.66	2.54	3.00	3.99	5.20
32	1.00	2.46	2.22	2.62	3.41	4.43
64	0.91	2.30	1.95	2.25	2.91	3.68

样本库偏差随不同空间分辨率和空间范围变化情况如图 2.22 和表 2.14 所示。样本库偏差所反映的趋势与整个研究区的区域精度随分辨率降低所反映的趋势基本一致。随着空间范围的扩大,不同分辨率下的偏差基本保持不变,只是当空间范围大于 16 km² 时,偏差略微降低。空间分辨率为 50 m 时的偏差最大。

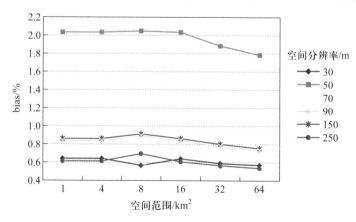

图 2.22　样本库偏差随不同空间分辨率和空间范围变化图

表 2.14　样本库偏差随不同空间分辨率和空间范围变化表

空间范围	不同空间分辨率下偏差/%					
/km²	30 m	50 m	70 m	90 m	150 m	250 m
1	0.64	2.02	0.90	0.84	0.86	0.61
4	0.64	2.02	0.90	0.84	0.86	0.61
8	0.56	2.04	0.94	0.89	0.91	0.69
16	0.64	2.02	0.90	0.84	0.86	0.61
32	0.59	1.88	0.83	0.78	0.80	0.57
64	0.56	1.78	0.79	0.73	0.75	0.54

2.5.4.2　不同农作物百分比下区域精度的尺度效应分析

对于相同空间范围下的样本,每个样本中农作物所占百分比是不同的,这也会对区域精度产生影响。为了进一步研究在不同空间范围下、不同的农作物种植密集程度下区域精度随空间分辨率变化的情况,我们还进行了不同冬小麦丰度即百分比下区域精度的尺度效应分析,具体做法是:针对每个空间范围下的样本库,计算每个样区所占的冬小麦百分比,按不同的百分比级将样本库划分成十个级别左右的统计样本子库,计算每个子库相对于 10 m 空间分辨率冬小麦提取结果(准真值)的区域精度平均值和标准差、均方根误差和偏差。各样本库(1 km²,4 km²,8 km²,16 km²,32 km²,64 km²)不同冬小麦百分比级下的区域精度平均值和标准差随分辨率变化情况如附表 10,图 2.23 所示;各样本库不同冬小麦百分比级下的均方根误差(RMSE)随空间分辨率变化情况如附表 11 和图 2.24 所示。

从图 2.23 中可以看出,不同空间范围样本库的区域精度平均值和标准差随作物百分比的增加呈现出相类似的变化曲线:在相同的百分比级下,空间分辨率越高,区域精度的平均值越高,标准差越低;随空间范围的扩大,相同情况下的区域精度平均值也逐渐增长,标准差逐渐减小(附表 11)。从作物百分比的增长来看,当作物百分比为 0~10% 时,各空间分辨率下的区域精度平均值均处于最低值,随着百分比的增加(0~40%),区域精度平均值呈现出较快的增长趋势,基本在 40%~50% 时达到最大值然后逐渐趋于稳定,且在不同空间分辨率下基本均稳定在 90% 以上,标准差稳定在 5% 以下,空间分辨率越高,区域精度的最大值越大。百分比增加到 40%~50% 时,不同空间分辨率的区域精度平均值的差异达到最小,且均保持在较高的水平(基本保持在 93% 以上);随着百分比继续增加,较高空间分辨率(30 m,50 m,70 m,90 m)下的区域精度平均值基本保持稳定,只是较低空间分辨率的区域精度平均值在较大的空间范围下略微降低,但仍基本保持在 90% 以上。

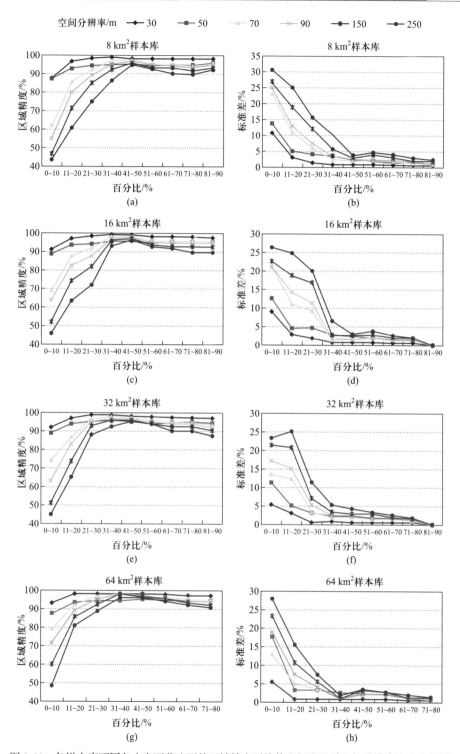

图 2.23　各样本库不同冬小麦百分比下的区域精度平均值和标准差随空间分辨率变化分析图

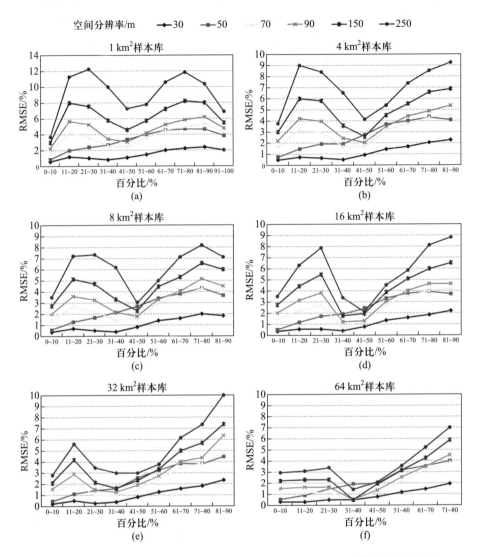

图 2.24 各样本库不同农作物百分比下的均方根误差随空间分辨率变化分析图

从不同空间分辨率来看,30 m 空间分辨率的区域精度平均值在作物百分比大于 10%时,即使在较小的空间范围,其值也可以稳定在 95%以上,标准差稳定在 5%以下,这说明 30 m 空间分辨率遥感数据(TM)尺度下进行农作物种植面积测量,无论是在较小的范围还是在较大的区域,无论是在农作物种植密集区还是较为稀疏区,其提取结果均可以保证较高的区域总量精度(95%以上)和像元绝对精度(93.3%);空间分辨率分别为 50 m、70 m、90 m 时,当作物百分比大于 30%,其区域精度平均值只稍低于 30 m 时的区域精度,但仍保持较高的水平(空间范围大于 4 km²时,值均保持在 94%以上),这说明在因为时相不能保证用 TM

数据的情况下,用空间分辨率稍低(大于 30 m 小于 150 m)的遥感影像进行大面积农作物种植面积测量,仍然可以保证较高的区域总量精度。当空间分辨率为 250 m 时,在作物百分比大于 40%的情况下,区域精度平均值保持在 90%左右,当空间范围大于 64 km²时,区域精度平均值可达到 90%以上,标准差稳定在 3%以下。这说明用 250 m 空间分辨率的 MODIS 数据进行较大范围且农作物种植较为密集(百分比大于 40%)区域的面积测量时仍可以保证一定的区域精度(90%左右),要想减少混合像元的影响,进一步提高测量精度以满足业务化推广的要求,需要进行混合像元分解的研究。

均方根误差(RMSE)常用来表示观测值或计算值与真实值之间的平均绝对误差。这里 RMSE 表示样本库中低分辨率样本的冬小麦百分比与 10 m 真值样本的百分比的总体平均绝对误差程度。图 2.24 反映了各样本库不同农作物百分比级下的均方根误差(RMSE)随分辨率变化情况。在不同的空间范围的样本库中,均方根误差均随分辨率的降低而升高。随着作物百分比的增长,除 50 m 空间分辨率外(随百分比增长一直呈现增长的趋势),其余均方根误差都呈现出波动的趋势,即当百分比从 0~10%增长到 31%~40%或 40%~50%时,均方根误差先增长后降低,在 31%~40%或 40%~50%时降到最低,然后随着百分比的升高,均方根误差又呈现出增长的趋势,直至达到最大值。这说明作物百分比较高或较低时,较低分辨率下的作物面积估算绝对误差都比较大。

各样本库不同农作物百分比级下的偏差(bias)随空间分辨率变化情况如附表 12 和图 2.25 所示。偏差随百分比的增加的变化趋势与均方根误差的变化趋势基本相似,与均方根误差不同的是,偏差可以表示出面积估算误差的正负方向,当百分比较低时(<50%),偏差的值基本为负,当百分比趋近于 50%时,偏差趋近于 0,然后随着百分比的增长(>50%),偏差变为正值并持续增长。空间分辨率越低,偏差的变化幅度越大;空间范围幅度越大,偏差的变化幅度越小。值得注意的是当空间分辨率为 50 m 时,偏差值基本为正值,并随百分比的增加而增加。这也可以解释为什么对整个研究区进行误差分析时,50 m 空间分辨率下的偏差值最大,区域精度也最低,因为其他空间分辨率在不同百分比下的正负面积估算误差可以相互抵消,而 50 m 空间分辨率下面积估算误差的方向基本为正,不存在正负误差相互抵消的情况,从而造成误差累积最大,精度最低。而至于为什么会在 50 m 空间分辨率时出现这种情况,这可能与农作物种植面积提取结果的景观空间结构有关。50 m 空间分辨率可能为该研究区农作物景观空间自相关性对尺度响应的一个敏感点。

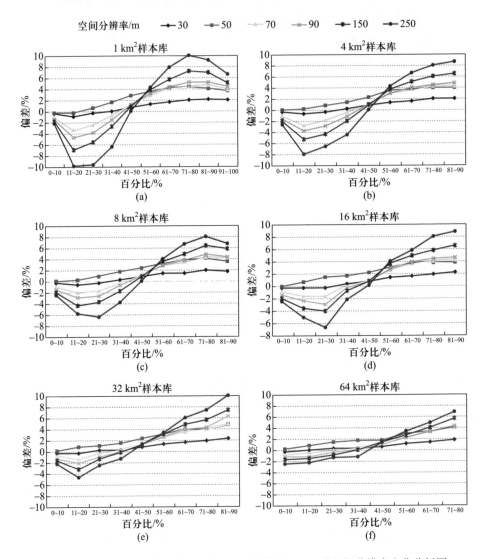

图 2.25　各样本库不同农作物百分比级下的偏差(bias)随空间分辨率变化分析图

2.5.4.3　综合分析

Arbia 等(1996)的研究表明,分类误差的大小随数据空间分辨率的降低而增大,但像元之间的空间依赖性可以部分中和分类误差的增加;空间分辨率对分类误差空间分布的影响主要在类别之间的边缘部分。由于空间分辨率的增加可能同时引起类内光谱变异程度和边缘混合像元数目的变化,而这两者的变化对分类精度的影响又是相互矛盾的,因此系统地评价它们随遥感数据空间分辨率的变化对分类精度的综合影响是必要的。

　　为了比较分析不同空间分辨率提取结果的信息转移过程,揭示 50 m 空间分辨率时测量精度出现异常情况的原因,对 30 m、50 m、70 m 三种分辨率的提取结果进行了比较分析(图 2.26)。表 2.15 为 10 m 与 30 m、10 m 与 50 m、10 m 与 70 m 影像间的冬小麦非冬小麦类型相互转化的数量统计表。

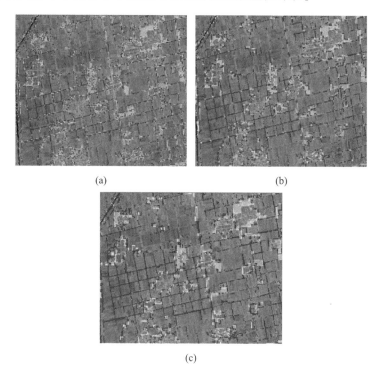

图 2.26　不同空间分辨率影像间的信息转移过程:(a) 30 m;(b) 50 m;(c) 70 m

表 2.15　不同空间分辨率类型转化的数量统计表

分辨率/m	与 10 m 空间分辨率相比的信息转移像元数			
	B	C	B+C	B-C
30	1 320 808	1 091 083	2 411 891	229 725
50	1 878 576	1 150 160	3 028 736	728 416
70	2 047 843	1 724 300	3 772 143	323 543

注:B 表示 10 m 空间分辨率转变到较低空间分辨率后由非小麦转化为小麦的像元数;C 表示 10 m 空间分辨率转变到较低空间分辨率后由小麦转化为非小麦的像元数。

　　从表 2.15 中可以看出,随空间分辨率的降低,类型发生转化的像元数逐渐增多(B,C,B+C 都随空间分辨率的降低而增多),B-C 表示由小麦转化为非小麦、非小麦转化为小麦两者相互抵消后像元数,它反映出空间分辨率的降低对面积估算精度的综合影响。空间分辨率为 50 m 时的 B-C 值远大于 30 m 和 70 m 时的 B-C 值,这就是 50 m 空间分辨率时出现异常情况的原因,即空间分辨率降低到 50 m 时引起类内光谱变异程度和边缘混合像元数目的变化的综合影响不像其他空间分辨率时那样可以相互抵消而保持均衡。

图 2.26 中的红色和黄色均代表类型发生变化的像元(红色对应表 2.15 中的 B,黄色对应表 2.15 中的 C),即在两个图像上属于不同的类型的像元,可以看出空间分辨率对分类误差空间分布的影响主要在类别之间的边缘部分:大片作物中的沟渠、小径、大车路、简易公路等线性地物在较低空间分辨率影像上不能被识别出,从而使被识别的作物中含有了非作物的成分,形成误差;同时,作物的边缘以及比较细碎的作物由于混合像元的原因在较低空间分辨率影像上被识别成了非作物。因此,在农作物种植面积遥感测量中,空间分辨率的变化对面积提取结果精度的影响是两个影响因子综合作用的结果。

2.5.5 结论与讨论

本研究利用 SPOT 5 卫星数据,运用空间统计分析方法和多种精度评价指标,从不同空间分辨率、不同空间幅度范围、不同农作物百分比三个方面系统研究了农作物种植面积遥感测量中的尺度效应问题,得到如下结论:①从不同空间分辨率来看,随空间分辨率的降低,混合像元数目增加,导致面积估算误差增大,平均区域精度降低。②从不同空间范围来看,监测区域的空间范围越大,面积估算的正负误差相互抵消越充分,测量结果的区域精度越高。③在一定的区域精度保证下,农作物百分比对低空间分辨率数据替代高空间分辨率数据有很重要的影响。当农作物百分比达到30%以上时,不同空间分辨率下的区域精度平均值基本可以稳定在 90% 以上,且分辨率越高,区域精度越高。百分比增加到 40%~50% 时,不同分辨率的区域精度平均值的差异达到最小,且均保持在较高的水平(基本保持在93%以上)。随着百分比继续增加,较高空间分辨率(30 m、50 m、70 m、90 m)下的区域精度平均值基本保持稳定,较低分辨率的区域精度平均值在较大的空间范围下略微降低,但仍基本保持在90%以上。

本研究所采用的一系列较低空间分辨率冬小麦提取结果,是由 10 m 空间分辨率的 SPOT 5 多光谱影像上的冬小麦提取结果基于简单多数原则的尺度扩展得到的,这样是为了避免引入分类方法本身的影响而单纯地分析尺度效应对测量精度的影响。这种处理过程与传统将不同空间分辨率数据的提取结果直接比较的方法存在一定的差异。在今后的研究中应尝试对这两种不同的方法进行比较分析,使得对尺度效应分析的结论更加符合实际情况。

本研究只选取了冬小麦作为典型研究对象,农作物提取结果也只分了目标作物和非目标作物两类,在今后的研究中,将考虑在更多的类别上对其他主要农作物进行更为细致和全面的尺度效应分析,为大面积农作物种植面积遥感测量业务化运行提供参考。

参 考 文 献

安斌, 陈书海, 陈华, 严卫东, 孙煜. 2002. 纹理特征在多光谱图像分类中的应用. 激光与红外, 32(3): 188-190.

陈述彭. 1990. 遥感地学分析. 北京: 测绘出版社.

杜红艳, 张洪岩, 张正祥. 2004. GIS 支持下的湿地遥感信息高精度分类方法研究. 遥感技术与应用, 19(4): 244-248.

国红. 2003. 内蒙古苦豆子 ETM 遥感信息提取的研究. 南京林业大学硕士研究生学位论文.

侯英雨, 何延波. 2001. 利用 TM 数据监测岩溶山区城市土地利用变化. 地理与地理信息科学, 17(3): 22-25.

黄鹂, 陈森发, 亓霞, 周振国. 2004. 基于正交试验法的神经网络优化设计. 系统管理学报, 13(3): 272-275.

姜青香, 刘慧平, 孔令彦. 2003. 纹理分析方法在 TM 图像信息提取中的应用. 遥感信息, (4): 24-27.

李滔, 王俊普, 吴秀清, 张邵一. 2004. 基于改进的 LBG 算法的 SVM 学习策略. 复旦学报(自然科学版), 43(5): 789-792.

连石柱. 1996. 基于分离度的图像特征提取与识别方法. 中国图象图形学报, 1(3): 196-200.

梁欣廉, 李海涛, 张继贤. 2004. 未辐射校正高光谱数据应用于分类的可行性分析——应用光谱角制图法. 测绘科学, 29(4): 37-39.

刘良云, 张兵, 郑兰芬, 童庆禧, 刘银年, 薛永祺, 杨敏华, 赵春江. 2002. 利用温度和植被指数进行地物分类和土壤水分反演. 红外与毫米波学报, 21(4): 269-273.

陆灯盛, 游先祥, 崔赛华. 1991. TM 图像的信息量分析及特征信息提取的研究. 遥感学报, 1991(4): 267-274.

罗亚, 徐建华, 岳文泽. 2005. 基于遥感影像的植被指数研究方法述评. 生态科学, 24(1): 75-79.

罗音, 舒宁. 2002. 基于信息量确定遥感图像主要波段的方法. 城市勘测, (4): 28-32.

舒宁. 1998. 卫星遥感影像纹理分析与分形分维方法. 武汉大学学报(信息科学版), 23(4): 370-373.

宋晓宇, 单新建. 2002. 高分辨率卫星影像在城市建筑物识别中的初步应用. 遥感信息, (1): 27-31.

唐宏, 杜培军, 方涛, 施鹏飞. 2005. 光谱角制图模型的误差源分析与改进算法. 光谱学与光谱分析, 25(8): 1180-1183.

田庆久, 闵祥军. 1998. 植被指数研究进展. 地球科学进展, 13(4): 327-333.

吴剑, 何挺, 程朋根. 2006. 基于 Hyperion 高光谱数据的土地退化制图研究——以陕西省横山县为例. 地理科学进展, 25(2): 131-138.

吴健平, 杨星卫. 1996. 用 NOAA/AVHRR 数据估算上海地区水稻种植面积. 应用气象学报, (2): 190-194.

阎静, 王汶, 李湘阁. 2001. 利用神经网络方法提取水稻种植面积——以湖北省双季早稻为例. 遥感学报, 5(3): 227-230.

张治英, 徐德忠, 周云, 孙志东, 张波, 周晓农, 刘士军, 龚自立. 2004. 不同特征遥感图像在江滩钉螺孳生地监测中的应用. 西安交通大学学报(医学版), 25(3): 304-306.

赵英时. 2003. 遥感应用分析原理与方法. 北京: 科学出版社.

郑明国, 秦明周. 2003. 利用众数滤波对监督分类训练样本纯化的研究. 信阳师范学院学报(自然科学版), 16(3): 309-313.

Arbia G, Benedetti R, Espa G. 1996. Effects of the MAUP on image classification. *Journal of Bacteriology*, 182(1): 221-224.

Arora M K, Foody G M. 1997. Log-linear modelling for the evaluation of the variables affecting the accuracy of probabilistic, fuzzy and neural network classifications. *International Journal of Remote Sensing*, 18(4): 785-798.

Atkinson P M. 1991. Optimal ground-based sampling for remote sensing investigations: estimating the regional meant. *International Journal of Remote Sensing*, 12(3): 559-567.

Bishop C M. 1995. Neural networks for pattern recognition. *Agricultural Engineering International the Cigr Journal of Scientific Research & Development Manuscript Pm*, 12(5): 1235-1242.

Campbell J B. 1981. Spatial correlation effects upon accuracy of supervised classification of land cover. *Photogrammetric Engineering & Remote Sensing*, 30(2): 313-329.

Chen C H, Jóźwik A. 1996. A sample set condensation algorithm for the class sensitive artificial neural network. *Pattern Recognition Letters*, 17(8): 819-823.

Chi M, Bruzzone L. 2006. An ensemble-driven k-NN approach to ill-posed classification problems. *Pattern Recognition Letters*, 27(4): 301-307.

Foody G M, Arora M K. 1997. An evaluation of some factors affecting the accuracy of classification by an artificial neural network. *International Journal of Remote Sensing*, 18(4): 799-810.

Foody G M, Mathur A. 2004. A relative evaluation of multiclass image classification by support vector machines. *IEEE Transactions on Geoscience & Remote Sensing*, 42(6): 1335-1343.

Foody G M, Mathur A. 2004. Toward intelligent training of supervised image classifications: directing training data acquisition for SVM classification. *Remote Sensing of Environment*, 93(1-2): 107-117.

Foody G M, Mcculloch M B, Yates W B. 1995. The effect of training set size and composition on artificial neural network classification. *International Journal of Remote Sensing*, 16(9): 1707-1723.

Haralick R M. 2005. Statistical and structural approaches to texture. *Proceedings of the IEEE*, 67(5): 786-804.

Hepner G F, Logan T, Ritter N, Bryant N. 1990. Artificial neural network classification using a minimal training set: comparison to conventional supervised classification. *Photogrammetric Engineering & Remote Sensing*, 56(14): e207-e222.

Hixson M, Scholz D, Fuhs N, Akiyama T. 1980. Evaluation of several schemes for classification of remotely sensed data. *Photogrammetric Engineering & Remote Sensing*, 46(12): 1547-1553.

Huang K. 2002. The use of a newly developed algorithm of divisive hierarchical clustering for remote sensing image analysis. *International Journal of Remote Sensing*, 23(16): 3149-3168.

Hubert-Moy L, Cotonnec A, Du L L, Chardin A, Perez P. 2001. A comparison of parametric classification procedures of remotely sensed data applied on different landscape units. *Remote Sensing of Environment*, 75(2): 174-187.

Hughes G F. 1968. On the mean accuracy of statistical pattern recognizers. *IEEE Trans. Inf*, 14 (1): 55-63.

Jackson Q, Landgrebe D A. 2001. A self-improving classifier design for high-dimensional data analysis with a limited training data set. *IEEE Transactions on Geoscience & Remote Sensing*, 39 (12): 2664-2679.

Jackson Q, Landgrebe D A. 2002. An adaptive method for combined covariance estimation and classification. *IEEE Transactions on Geoscience & Remote Sensing*, 40(5): 1082-1087.

James M. 1985. *Classification Algorithms*. New York, USA: John Wiley and Sons.

Jensen J R, Lulla D K, 1986. Introductory digital image processing: A remote sensing perspective. *Geocarto International*, 2(1): 65.

Key T, Warner T A, Mcgraw J B, Fajvan M A. 2001. A comparison of multispectral and multitemporal information in high spatial resolution imagery for classification of individual tree species in a temperate hardwood forest. *Remote Sensing of Environment*, 75(1): 100-112.

Koukoulas S, Blackburn G A. 2001. Introducing new indices for accuracy evaluation of classified images representing semi-natural woodland environments. *Photogrammetric Engineering & Remote Sensing*, 67(4): 499-510.

Kuo B C, Landgrebe D A. 2002. A covariance estimator for small sample size classification problems and its application to feature extraction. *IEEE Transactions on Geoscience & Remote Sensing*, 40 (4): 814-819.

Lawrence R, Bunn A, Powell S, Zambon M. 2004. Classification of remotely sensed imagery using stochastic gradient boosting as a refinement of classification tree analysis. *Remote Sensing of Environment*, 90(3): 331-336.

Lira J, Maletti G. 2002. A supervised contextual classifier based on a region-growth algorithm. *Computers & Geosciences*, 28(8): 951-959.

Mather P M. 2005. Computer processing of remotely-sensed images: An introduction, 3rd Edition, 27(4): 392-394.

Montiel E, Aguado A S, Nixon M S. 2005. Texture classification via conditional histograms. *Pattern Recognition Letters*, 26(11): 1740-1751.

Pal M, Mather P M. 2003. An assessment of the effectiveness of decision tree methods for land cover classification. *Remote Sensing of Environment*, 86(4): 554-565.

Piper J. 1987. The effect of zero feature correlation assumption on maximum likelihood based classification of chromosomes. *Signal Processing*, 12(1): 49-57.

Piper J. 1992. Variability and bias in experimentally measured classifier error rates. *Pattern Recognition Letters*, 13(10): 685-692.

Sheffield C. 1985. Selecting Band Combinations from Multi Spectral Data. *Photogrammetric Engineering & Remote Sensing*, 51(6): 681-687.

Tadjudin S, Landgrebe D A. 1999. Covariance estimation with limited training samples. *IEEE Transactions on Geoscience & Remote Sensing*, 37(4): 2113-2118.

Thomas G, Niel V, Mcvicar T R, Datt B. 2005. On the relationship between training sample size and data dimensionality: Monte Carlo analysis of broadband multi-temporal classification. *Remote Sensing of Environment*, 98(4): 468-480.

Tso B, Olsen R C. 2005. A contextual classification scheme based on MRF model with improved parameter estimation and multiscale fuzzy line process. *Remote Sensing of Environment*, 97(1): 127-136.

Webster R, Curran P J, Munden J W. 1989. Spatial correlation in reflected radiation from the ground and its implications for sampling and mapping by ground-based radiometry. *Remote Sensing of Environment*, 29(1): 67-78.

Zhang Q, Wang J, Gong P, Shi P. 2003. Study of urban spatial patterns from SPOT panchromatic imagery using textural analysis. *International Journal of Remote Sensing*, 24(21): 4137-4160.

Zhuang X, Engel B A, Lozano-carcia D F, Fernandez R N, Johannsen C J. 1994. Optimization of training data required for neuro-classification. *International Journal of Remote Sensing*, 15(16): 3271-3277.

第3章

基于可见光遥感影像的作物类型识别

3.1 引　言

可见光遥感影像是目前基于遥感作物识别的主要数据源,按照数据空间分辨率不同,可以分为高、中和低三类,其中高分辨率数据主要指空间分辨率小于10 m 的多光谱卫星数据,比较常用的卫星有 QuickBird、WorldView、GeoEye、IKONOS、RapidEye、Pleiades、SOPT 6/7、IRS-P6(LISS4)、资源三号、高分二号、高分一号(2 m、8 m)等。高分辨率卫星数据价格较贵,通常用于小区域的作物识别。中分辨率数据主要指空间分辨率在 10~100 m 的多光谱卫星数据,比较常用的卫星有美国 Landsat 卫星系列、法国 SOPT 1~5、IRS-P6(LISS3 和 AWIFS),中国环境与灾害监测预报小卫星星座 A、B 星(HJ-1A/1B 星)、高分一号(16 m)等。中分辨率卫星数据价格低廉、覆盖范围大,重访周期普遍高于高分辨率卫星。低分辨率数据主要指空间分辨率在 250 m 以上的遥感卫星数据,比较常用的卫星有美国气象卫星 NOAA/AVHRR、MODIS Terra/Aqua、欧盟的 ENVISAT-MERIS、法国的 SPOT-VEGETATION 和中国风云系列卫星等。低分辨率遥感卫星重访周期短、覆盖范围广,大部分数据都可以免费获取,为遥感应用研究提供了有效的数据保障。低分辨率遥感数据已被广泛应用于全球、洲际、国家等大尺度对地观测、农业遥感、植被遥感等领域的研究。

按识别所用的可见光遥感数据的时相,可以分为基于单时相、基于多时相和基于时序序列数据三大类。基于单时相遥感影像的作物识别是利用作物生长季关键期的单期遥感影像,采用不同的分类方法,如 ISODATA 非监督分类(Okamoto and Kawashima,2016)、最大似然(梁友嘉和徐中民,2013)、支持向量机(郭燕等,2015)、混合像元分解(李霞等,2008;马孟莉等,2012)、决策树分类(曹卫彬等,2004;钟仕全等,2010)、回归树算法(CART)(黄健熙等,2015)、神经网络分类和面向对象的分类(李志鹏等,2014)等进行识别。由于同期作物存在光谱相混的问题,即"异物同谱",作物识别结果存在大量的混分现象,难以保证识别精度。基于多时相遥感影像的作物识别利用作物生长季里面的若干期遥感图像,采用诸如直接分类法(彭光雄等,2009)、变化检测法(李苓苓等,2010;朱爽等,2014;孙佩军等,2015)、分层掩模处理法(丁美花等,2012)和决策树(Marais Sicre et al,2016;田野等,2017)等来识别目标作物。基于时序序列数据的作物识别一般选择作物整个生育期内固定或准固定时间间隔(旬、月或数据重访周期)的高时间分辨率影像序列提取的时序曲线(如 NDVI)进行作物识别,所使用的方法包括直接分类法(Lobell and Asner,2004)、分层掩模处理法(Xiao et al.,2006;Zhang et al.,2015;刘珺和田庆久,2015)、建立决策规则的分类方法(Wardlow and Egbert,2008;刘佳等,2015;Zhong et al.,2016)和特征曲线匹配(Zhang et al.,2014;宋盼盼等,2017)等。相较于基于单时相数据的识别,基于多时相和基于时序序列数据的识别,除了利用作物的光谱特征外,还充分利用作物的物候信息,在一定程度上克服了"异物同谱"和"同物异谱"的现象。

本章分别介绍基于单时相、基于多时相和基于时序序列数据的作物识别研究案例,在基于单时相数据的作物识别中涉及了基于亚像元的软分类(第 3.2.1节)、软硬结合的分类(第 3.2.2 节)、基于单目标分类器的分类(第 3.2.3 节)和基于集成学习的分类(第 3.2.4 节);在基于多时相数据的作物识别中涉及了基于变化检测方法的分类(第 3.3.1 节~第 3.3.3 节)和综合应用时空特征的分类(第 3.3.4 节);在基于时序序列数据的作物识别中涉及了基于时间序列相似性的分类(第 3.4.1 节)以及综合应用光谱和物候特征的分类(第 3.4.2 节~第 3.4.4 节)。

3.2   基于单时相数据的作物识别

3.2.1   基于变端元混合像元分解的冬小麦提取

3.2.1.1   研究背景

利用遥感影像进行土地利用覆盖监测时,混合像元现象不可避免,尤其是中分辨率遥感影像中混合像元问题十分严重(许文波等,2007;李霞等,2008;胡健波等,2009)。通过一定的方法计算出混合像元典型地物的组成比例,可解决混合像元问题,提高定性和定量遥感测量精度,在农作物种植面积监测中有着重要的应用价值(邹金秋等,2007;武永利等,2009)。混合像元分解是提取植被覆盖度的主要方法(田静等,2004),其测量结果为各种地物的丰度,其模型可归结为5类(Karnieli,1996):线性模型、概率模型、几何光学模型、随机几何模型和模糊分析模型。

线性混合像元分解(linear spectral unmixing,LSU)模型因其简单实用而被广泛应用(Chabrillat et al.,2000;李慧等,2005),特别是在图像波段数目较少、光谱分辨率不高的情况下(丛浩等,2006)。在像元分解中,用传统的 LSU 模型从图像上选取所有端元进行分解,但实际上大多数图像区域或混合像元只是由特定几种端元组成。许多学者采用可变的端元模式(Bateson et al.,1998;Asner and Heidebrecht,2002;Song,2005)以提高测量精度,如 Roberts(1998)提出了多端元混合像元分析(multiple endmember spectral mixture analysis,MESMA)方法,将各种地物的光谱值组成一系列的候选模型(candidate model),用每个候选模型分别对图像进行分解,通过比较均方根误差(RMS)来确定何种模型入选,有效地提高了分解精度;但在全区范围内选择候选模型,采用穷举方法确定端元,计算量较大,影响其应用效果。丛浩等(2006)提出了基于混合像元的光谱响应特征和地物分布的集聚性来实现端元可变的方法,可以保证光谱矢量最接近的端元入选并参与运算,并考虑到地物分布的聚集性,计算以像元为中心的 3×3 像元模板内的像元的端元加权和,通过设定阈值确定入选端元;但由于遥感影像光谱的不确定性,3×3 像元模板并不一定适合。

本研究针对 LSU 的不足,提出变端元线性混合像元分解(dynamic endmember LSU,DELSU)方法。以冬小麦为研究目标,根据地物分布具有一定空间聚集性的特征,采用基于格网的 DELSU,以格网为单元利用局部端元类型和数目进行变端元方式的混合像元分解,消除混合像元分解端元数目"过剩"造成的影响;分析格网大小对测量精度的影响,以实现在最优格网尺寸下进行变端元线性混合像元分解,提高测量精度。

3.2.1.2 研究区和数据

研究区位于北京市通州区东北部与河北省的交界处。该区地势平坦,主要地物类型为冬小麦、裸地、建筑用地和水体。该区农业发达,冬小麦一般在 4 月进入抽穗期,其光谱特征明显地从土壤背景中突显出来,有利于进行冬小麦种植面积遥感估测。

本研究从 123/032 的 Landsat TM 影像(获取时间为 2006 年 4 月 7 号,覆盖范围为 10 km×10 km,空间分辨率为 30 m,含有 6 个波段)上选取质量较好、无云的子区作为研究区(图 3.1a)。利用与研究区范围相同、时相相近的 QuickBird 多光谱影像(获取时间为 2006 年 5 月 2 号,空间分辨率为 2.4 m)验证本研究方法的实验结果(图 3.1b)。由图 3.1 可见,4 种地物特征明显,能够清晰获得冬小麦的分布信息。

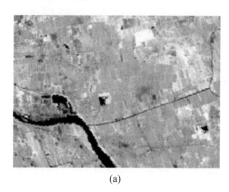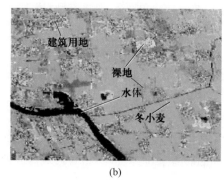

(a)   (b)

图 3.1   研究区:(a) TM 影像;(b) QuickBird 影像

3.2.1.3   研究方法和技术路线

1) 变端元线性混合像元分解模型

(1) LSU 模型

LSU 模型是混合像元分解常用方法,该模型假设像元的辐射值(或反射率)可以表示成像元内各端元的光谱特征及其所占面积百分比的线性函数(Roberts et al.,1997;Piwowar et al.,1998),模型定义为

$$R_b = \sum_{i=1}^{N} f_i R_{ib} + e_b \tag{3.1}$$

式中,R_b 为被处理像元在第 b 波段的反射率;N 为端元数目;f_i 为端元 i 的面积组成百分比;R_{ib} 为端元 i 在第 b 波段的反射率;e_b 为该像元在第 b 波段的分解残差。其中

$$f = (S^T S)^{-1} S^T R \tag{3.2}$$

式中,S 是 m 行×n 列的矩阵,其中 n 列对应 n 个端元的光谱矢量;f 是 n 行×1 列的矩阵,其中 n 列对应列是 n 个端元在混合像元 R 中的百分含量。考虑到 f_i 非负约束的复杂性,本研究采用简化方法将 f_i 中的负值归零并对其余 f_i 简单地线性压缩使其重新归一化。

（2）DELSU 模型

在 LSU 中常遇见的情况是：整幅图像中存在若干类型的端元，但作为某一个混合像元，其端元的组成类型是特定的。LSU 采用图像上所有端元进行混合像元分解，即 S 不变，这容易造成端元分解过剩，导致分解精度降低。在图 3.2 中，分别标示出了冬小麦、水体、建筑用地和裸地 4 种地物类型。混合像元多存在于不同地物覆盖类型的边界处（如图 3.2 中 A、B、C 和 D 处）。LSU 在分解图 3.2 的像元时，采用全区端元进行分解，如像元 A 仅由建筑用地和冬小麦组成，而 LSU 却要采用 4 种端元分解，于是就产生了端元过剩的问题。

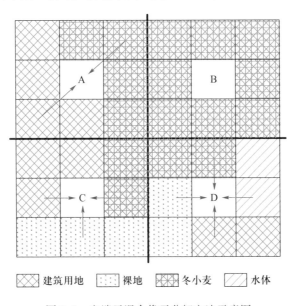

图 3.2　变端元混合像元分解方法示意图

为此，本研究提出 DELSU 模型，采用格网的形式将图像分成若干个子区，在每个子区内确定端元的类型和数目（根据参考图像的分类结果确定）。分解原则：若格网内的分类结果中仅含一种地物类型，则不进行线性分解，直接赋值为1，其他类型赋值为 0；若格网内分类结果类型为 n 种，则确定端元数目为 n，用其含有的端元类型组成端元矩阵 S_N，并用 S_N 对混合像元进行线性分解（N 为图像上总的地物类型个数）。于是式（3.2）变为

$$f = (S_n^{\mathrm{T}} S_n)^{-1} S_n^{\mathrm{T}} R \quad (1 \leqslant n \leqslant N) \tag{3.3}$$

这样能有效去除不相关端元，如图 3.2 中像元 A 所处的 3×3 格网中只含有冬小麦和建筑用地两种地物类型，因而像元 A 用冬小麦和建筑用地两种端元组成的矩阵 S_2 进行线性分解；同理，像元 B 直接赋值为冬小麦；像元 C 用冬小麦、

裸地和建筑用地 3 种端元组成的矩阵 S_3 进行分解;像元 D 则用冬小麦、裸地、建筑用地和水体 4 种端元组成的矩阵 S_4 进行分解。

2）流程设计

实验流程主要包括图像处理、端元选取、监督分类、DELSU 和结果分析(图 3.3)。

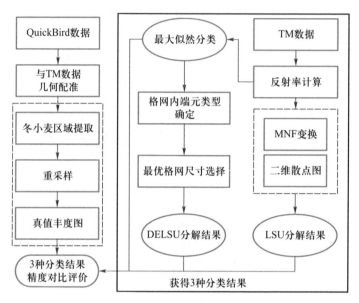

图 3.3 实验技术流程

（1）数据预处理

首先,将传感器获得的辐射亮度 DN 值转换为反射率值(刘建贵等,1999;韦玉春和黄家柱,2006),得到反射率值的 TM 图像,并对其进行大气辐射校正和几何校正。将处理后的 TM 图像与 QuickBird 图像进行几何配准,误差控制在一个像元之内。对 QuickBird 图像进行人机交互解译,并将解译结果数字化,得到研究区冬小麦分布的矢量地块数据;将矢量地块数据转化成与 TM 数据相同空间分辨率的丰度图,用作真值对最大似然分类、LSU 和 DELSU 方法进行精度评价。

（2）端元选择

端元选择是本研究的关键所在,包括端元值和端元类型的确定。端元值通过在整个图像中选择纯净端元并计算其各波段的反射率得到;端元类型则通过监督分类、根据格网内统计分类结果确定。

（3）端元值的确定

最小噪声分离（minimum noise fraction, MNF）变换是对高光谱遥感图像进行降维的有效方法，目的是将噪声与有用信息分离（杨可明等，2006）。利用 MNF 变换对 TM 图像进行去噪处理；对图像经 MNF 变换后生成的二维散点图（图 3.4a）进行分析，确定最终要选择的端元。选取散点图犄角处的点，在 TM 图像上分别为冬小麦、建筑用地、亮裸地和水体。经过对实验数据所覆盖地物类型（图 3.1a）的光谱特征分析，原始图像的亮裸地覆盖范围较小，在图像上手动选择较暗处的裸地作为端元之一，并命名为裸地；最终选择冬小麦、建筑用地、裸地和水体 4 种典型地物作为端元类型（Ridd，1995），获得 TM 的 6 个波段图像上每种端元组分的反射率（图 3.4b）。

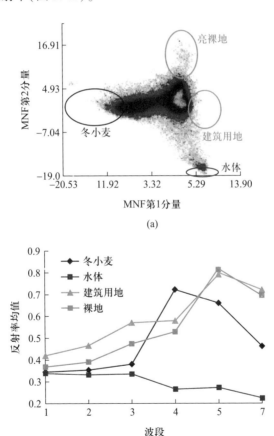

图 3.4　端元光谱反射率：(a) MNF 图像第 1、2 波段二维散点图；(b) 端元组分在 TM 各波段图像上的反射率均值

由图 3.4b 可以看出,冬小麦与其他 3 种端元的反射率分离性较好,可供较高精度地提取冬小麦的种植面积;建筑用地和裸地在 5、7 波段的反射率值有交叉,这会在一定程度上造成 2 类地物的提取误差,但均与冬小麦有较大的分离性,对冬小麦提取丰度的影响不大,故上述端元选择较合理。

(4) 端元类型的确定

端元类型的确定是通过在格网内统计最大似然分类结果得到的,监督分类结果对端元选择的正确性有很大影响,因此必须将监督分类结果与真值数据进行比较,对分类精度进行评价。

针对分类结果,采用随机评价方法,用分层随机(stratified random)抽样方法在研究区布置 256 个随机点(刘咏梅等,2004)。以 QuickBird 数据为参考,确定每个样本点的真实地类(分类误差矩阵见表 3.1)。由表 3.1 可以看出,研究目标冬小麦的分类精度达到 91%(70/78),比较理想;建筑用地和裸地的反射率较接近,从而导致这两类地物的错分率偏高,但是总分类精度达到了 88%,精度较高。总之,用最大似然分类的结果作为窗口内端元类型的选择依据是可行的。

表 3.1　最大似然分类误差矩阵

		分类图像				合计
		冬小麦	水体	建筑用地	裸地	
参考图像	冬小麦	70	1	6	1	78
	水体	0	10	0	0	10
	建筑用地	1	1	45	2	49
	裸地	6	0	12	101	119
	合计	77	12	63	104	256
总分类精度 = 88%,Kappa = 0.83						

(5) 最优格网尺寸分析

DELSU 模式是在每个格网内确定端元的类型和数目,显然,格网大小对保证端元类型和数目的正确性有重要的作用。

由于通过地面实际测量得到混合像元的比例非常困难,本研究采用 QuickBird 图像分类结果作为真值与 TM 图像分类结果进行比较。采用均方根误差(RMSE)作为精度评价指标,其定义为

$$\text{RMSE} = \sqrt{\frac{1}{n} \sum_{i=1}^{n} [x(i) - y(i)]^2} \qquad (3.4)$$

式中,$x(i)$ 为 TM 图像单个像元中冬小麦所占比例;$y(i)$ 为与 TM 图像对应空间分辨率的 QuickBird 图像单个像元中冬小麦所占比例;n 为 TM 图像中像元的总数。RMSE 值越小,表示与真值越接近,说明混合像元分解精度越高。

为有效地进行精度评价,将评价区域划分为 4 种情况:全区、冬小麦区、冬小麦纯净区和冬小麦混合区。其中,全区为整个研究区,其余 3 种情况是以 QuickBird 图像目视解译得到的冬小麦丰度图为参考标准,定义从 QuickBird 图像提取的冬小麦丰度图中不等于 0 的地区为冬小麦区,其中 0~100% 的地区为冬小麦混合区,等于 100% 的地区为冬小麦纯净区。

鉴于本研究的研究目标是冬小麦,由于地物在空间分布上表现出一定的聚集性以及遥感本身的不确定性,分别选取 3×3、5×5、7×7、9×9 和 11×11 像元大小的格网划分研究区;当格网尺寸大于 11×11 像元时,多数格网内端元数目为 4 种,格网过大设置就失去了意义。采用以上几种格网在全区、冬小麦区、冬小麦纯净区和冬小麦混合区进行冬小麦面积提取,其 RMSE 如表 3.2 所示。图 3.5a~d 分别为 QuickBird 图像及其 3×3、5×5、7×7 像元格网分类结果的局部放大图。

表 3.2　不同尺寸格网的 RMSE

统计结果	格网尺寸/(像元×像元)				
	3×3	5×5	7×7	9×9	11×11
全区	0.22	0.20	0.22	0.23	0.25
冬小麦区	0.33	0.31	0.33	0.33	0.34
冬小麦纯净区	0.19	0.25	0.30	0.32	0.33
冬小麦混合区	0.41	0.36	0.35	0.34	0.34

分析图 3.5 和表 3.2 可以看出:①冬小麦纯净区的 RMSE 值随格网尺寸的变大逐渐升高。这是由于格网变大后,格网内部的端元类型变多,纯净的像元被分解,使精度降低(图 3.5a 中 A 处明显为纯净的冬小麦区,而图 3.5d 中 A 处却被分解)。②冬小麦混合区的 RMSE 值与格网尺寸没有明显的比例关系,这是由于网格过大或过小均会对混合区分类精度造成影响;其中 3×3 格网的 RMSE 值最高,原因是格网选择过小,最大似然分类结果在格网内部以含有一种地物的情况居多,导致混合像元不被分解,而被当作纯净像元处理(如图 3.5a 中 B 处明显为道路,而图 3.5b 中 B 处却被分类为冬小麦)。由此可知,格网尺寸过大会导致端元数目选择"过剩",而尺寸过小又会出现混合像元不被分解的情况,因此选择最优格网尺寸十分必要。

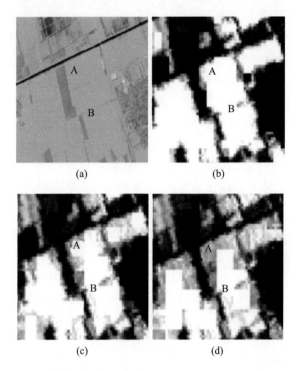

图 3.5　冬小麦空间分布局部放大图：(a) QuickBird 图像；(b) 3×3 格网；(c) 5×5 格网；(d) 7×7 格网

3.2.1.4　结果分析

1）精度分析

　　以 5×5 像元为格网，采用以下 3 种方法对研究区 TM 图像进行分类：①最大似然方法；②LSU；③DELSU。分别在全区、冬小麦区、冬小麦纯净区和冬小麦混合区进行冬小麦面积提取，并进行不同分类方法的精度比较（表 3.3）。

表 3.3　不同分类方法的 RMSE 值

统计结果	最大似然分类	LSU	DELSU
全区	0.25	0.27	0.20
冬小麦区	0.38	0.37	0.31
冬小麦纯净区	0.09	0.40	0.25
冬小麦混合区	0.50	0.32	0.36

从表3.3可以看出,①DELSU 在全区规模上的测量精度高于最大似然分类和 LSU;②DELSU 在冬小麦区的测量精度高于最大似然分类和 LSU;③DELSU在冬小麦纯净区的测量精度明显高于 LSU;④DELSU 在冬小麦混合区的测量精度优于最大似然分类方法;⑤DELSU 在冬小麦混合区的测量精度要略低于 LSU,主要原因是监督分类的误分现象而导致在格网内选择端元类型和数目时出现误选的现象。但是在端元选择正确地方(如图3.5c)的冬小麦面积提取精度比 LSU 精度高。故用此方法进行冬小麦面积测量会取得比较好的结果。

2)空间分布特征分析

下面从空间分布特征方面,评价 LSU 和 DELSU 分类结果(图3.6 和图3.7)。

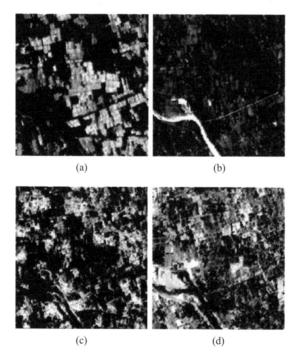

图3.6 LSU 分类结果:(a) 冬小麦;(b) 水体;(c) 建筑用地;(d) 裸地

从图3.6 和图3.7 中可以清晰地看出,DELSU 的分类结果图像上不含该类端元的区域值为0,但是 LSU 的分类结果几乎覆盖整个图像,明显受到端元过剩的影响。图3.6b 表现尤为明显,在 QuickBird 图像(图3.1a)上可看出,水体的覆盖范围很小,但是在 LSU 的分类结果图像上却存在大范围不为0的区域,这显然与实际情况不符。另外,对于主成分图像上近似认为是纯净像元的区域

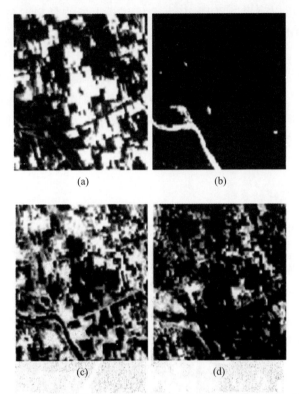

图 3.7   DELSU 分类结果：(a) 冬小麦；(b) 水体；(c) 建筑用地；(d) 裸地

（如纯净的冬小麦和水体部分）在图 3.7 上的亮度明显高于图 3.6,而边缘带混合像元被分解,这正好与图像特征相符合。

图 3.8 为冬小麦区局部放大图。从图 3.8 中的 A 区可以看出,最大似然分类方法扩大了冬小麦的光谱信息,道路被误分为冬小麦,扩大了冬小麦面积的提取结果;而 DELSU 和 LSU 进行混合像元分解可以体现道路的光谱特征。B 区为长势好且大面积分布的冬小麦生长区,从 QuickBird 图像可看出,该区冬小麦丰度为 100%;LSU 对所有像元进行无区别分解,在该区得到冬小麦丰度在 40% ~ 80%,显然与实际情况不符;DELSU 在局部确定端元,因其内部只有一种端元,该区提取结果为 100%,与实际相符。此方法在该区域吸收了大片种植特征,从而在一定程度上抵制了光谱不稳定性对混合像元分解造成的影响,分解结果与最大似然分类方法相同。C 区为冬小麦零星分布区域,直接计算 C 区冬小麦真值平均丰度为 0.10,DELSU 对此区的提取丰度是 0.12,LSU 为 0.06,显然 DELSU 精度高于 LSU,这是因为此区的最大似然分类结果中只有冬小麦和裸地 2 种地物,DELSU 用这 2 种端元进行线性分解,有效去除了不相干端元的影响,提高了冬小麦提取精度。

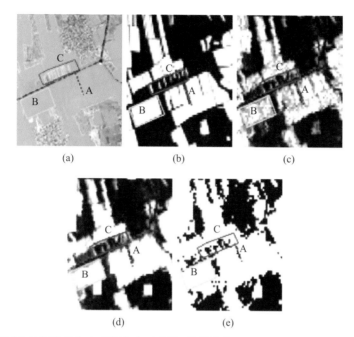

图 3.8 不同方法提取的冬小麦区分布对比图(局部放大):(a) QuickBird 图像;(b) 真值丰度图;(c) LSU 分类;(d) DELSU 分类;(e) 最大似然分类

由空间分布特征可以看出,DELSU 在混合区的冬小麦提取精度大于最大似然分类,在纯净区的提取精度优于 LSU,在端元提取准确的情况下混合区提取精度也优于 LSU 分类结果。因此,DELSU 兼顾了传统分类方法的优点,既能够使冬小麦纯净区在一定程度上避免光谱不稳定的影响,又能够在冬小麦混合区利用光谱的混合特性进行分解,达到了提高冬小麦面积测量精度的目的。

3.2.1.5 结论和讨论

本研究提出的 DELSU,利用端元在空间分布上具有一定的形状和聚集性的特点,动态调整端元矩阵,有效地去除了不相干端元,提高了冬小麦种植面积测量的精度。该方法不但适合冬小麦,对其他地物类型的提取也有一定的借鉴意义。

从全区覆盖来看,DELSU 优化了冬小麦面积测量结果。与冬小麦真值丰度图相比,DELSU 的 RMSE = 0.20,优于最大似然分类(RMSE = 0.25)和 LSU(RMSE = 0.27)。

DELSU 综合了传统分类方法的优点,在不同的区域采用不同的分类方法,提高了测量精度。DELUS 在冬小麦混合区的提取精度(RMSE = 0.36)优于最大似然分类(RMSE = 0.50);在冬小麦纯净区的提取精度(RMSE = 0.25)优于 LSU

(RMSE＝0.40);在端元选择准确的情况下对冬小麦混合区的提取精度也优于LSU;DELSU对冬小麦区的提取精度(RMSE＝0.31)优于最大似然分类(RMSE＝0.38)和LSU(RMSE＝0.37)。

本研究方法仅是利用变端元进行混合像元分解的一种尝试,仍存在一些问题有待进一步深入探讨:①本研究只解决了端元类型和数目的选择问题,但是全区共用一套平均端元光谱值进行线性分解,还不能有效地解决格网内部的"同物异谱"问题;②最大似然分类的结果作为窗口内端元选择的依据,其测量精度受监督分类结果的影响较大;③以格网为单元确定端元类型和数目的方法会导致各网格结果的不连续问题,今后的研究中可考虑从以研究像元为中心的周围像元中获得端元类型和数目的方法来解决此类问题。

3.2.2　软硬分类相结合农作物制图研究

3.2.2.1　研究背景

虽然目前各种软/硬分类方法在土地覆盖分类中应用广泛,分类算法推陈出新,分类精度不断获得提高,但是受到遥感数据质量(如空间分辨率等)、地物分布特征(如空间异质性等)因素影响,软/硬分类方法还是存在不同的优缺点。

硬分类方法主要存在以下方面的缺陷:一是遥感影像自身的随机不确定性。它的形成原因主要是由于自然现象自身存在的不稳定性,造成遥感成像过程中的随机不确定性。因为地表是一个相对复杂、宏观有序、微观混乱的地理综合体,所以在客观世界中,即使属于同一类型的地物,各个不同个体之间的光谱特征也只可能是相似或十分相似,而不可能是完全相同。这种不确定性在遥感影像光谱特征中反映为"同物异谱"现象和"异物同谱"现象,即相同的地物可能具有不同的光谱,不同的地物可能具有相同的光谱。二是遥感影像分类过程中引起的模糊不确定性。由于遥感影像是由一定大小、面积的栅格像元构成的,因此无论遥感卫星的空间分辨率达到多高,栅格图像如何细化,一个像元所覆盖的地理特征或地理现象可能不只是一种地物类型而是多种地物类型共同作用的结果,其具体表现为"混合像元"现象,即一个像元内可能包含多种地物(刘艳芳等,2009)。如果单纯使用硬分类方法,给图像中的每一个像元分配一种"硬"分类结果,势必带来分类误差。当然,如果该地区主要由纯净像元构成,则硬分类方法无疑具有很好的优势,硬分类方法的优点主要是:在纯净区域提取精度高,提取快速简单。

软分类方法主要有以下方面的缺陷：一是端元选择问题。端元（endmember）是指在遥感影像中组成混合像元的多种单一光谱的土地覆盖类型。在混合像元分解过程中，端元的选择非常重要，因其直接影响混合像元的分解精度。如果端元选择的数量太少，不能包含研究区的主要土地覆盖类型，就会把漏掉的类型错分为其他土地覆盖类型；如果端元选择的数量太多，端元之间的相关性就会增强，容易把相关性强的端元组分混淆，影响分解模型的精度和普及范围；另外，端元的大小也会对分类精度造成较大的影响。因此，要获得理想的分解结果，端元选择的问题无法避免。二是端元的代表性问题。在分解过程中，即使选择了合适的端元集合，但是由于每个像元内的地物组成类别往往不同（有的像元仅由两种端元组成，有的则由多种端元组成），如果对于图像中的所有像元使用同一套端元集合，势必会影响混合像元分解的精度，尤其对于纯净像元，在分解过程中也会被当作混合像元进行分解。软分类方法的优点主要是：在混合区域能够提取出某一像元内的类别组成百分比，有效解决混合像元问题（Franke et al.，2009）。针对上述问题，本研究将硬分类方法和软分类方法融合在一起，结合各自的优势，来提高作物识别的精度。

3.2.2.2　研究区和数据

研究区选择北京市通州区。通州区绝大部分耕地上种植的农作物是冬小麦（11—12月播种，次年5—6月收获）。由于通州区是属于都市型农业区，当地政府大力发展现代型农业，因此其种植结构明显比我国其他的农区破碎，冬小麦经常与果园里的树木、人工蔬菜大棚、灌木和草混种在一起，这些给遥感分类带来了很大的困难。研究所用数据包括SPOT 2和QuickBird，其中QuickBird用于生成模拟数据和检验真值（图3.9和图3.10）。

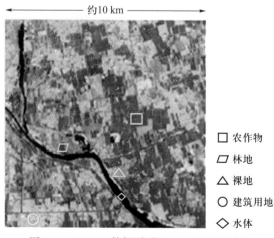

图3.9　SPOT 2数据说明（3，2，1波段组合）

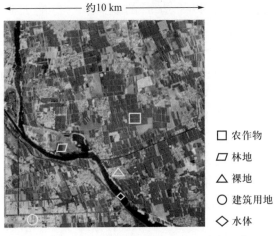

图 3. 10   QuickBird 数据说明(4,1,2 波段组合)

3. 2. 2. 3   研究方法和技术路线

1) 软硬分类的理论基础

传统的硬分类模型(hard classification model,HCM)是将图像中每个像元根据其光谱特征,并结合事先指定的训练样本集,按照某种规则或算法划分为不同的类别。一般简化后的硬分类过程可以表达为

$$\mu_G : s \rightarrow 0, \text{or } 1 \tag{3.5}$$

式中,μ_G 表示硬分类算法的判别函数;$S = \{s\}$ 表示由所有像元组成的像元集,即待分图像;s 表示 S 中的元素,即待分像元。公式(3.5)表示为通过判别函数 μ_G,将图像中的待分像元 s 分为 0 或者 1,0 代表待分像元 s 不隶属于指定地物类别,1 代表待分像元 s 隶属于指定地物类别。

公式(3.5)中判别函数 μ_G 输出的结果是 0 或者 1,如果 μ_G 输出的是介于 0~1 的数,且该数值能够代表待分像元 s 隶属于某一地物类别的百分比,则一般简化后的软分类过程可以表达为

$$\mu_G : s \rightarrow [0, 1] \tag{3.6}$$

显然,这种分类模型与待分像元 s 必须为 0 或者 1 的硬分类模型存在着明显的不同。软分类模型(soft classification model,SCM)更适合于处理位于模糊边界的像元,这些像元在实际应用中广泛存在。

图 3.11 介绍了硬分类模型的概念,待分像元 s 通过判别函数 μ_G 计算后输出 0 或 1 值,也就是说,它不允许各种地物类别之间有任何交集,例如,待分像元 s 要么属于 c1,要么属于 c2(Tso and Mather,2009)。

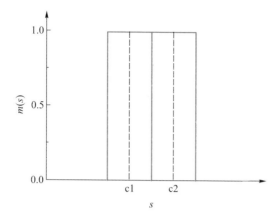

图 3.11 硬分类概念图

然而,对于软分类模型,不同的分类集群(如 c1 和 c2)可以分享同一个待分像元 s,每一个待分像元 s 归属于不同分类集群的隶属度将以适当的百分比表示。软分类模型的概念图如图 3.12 所示。

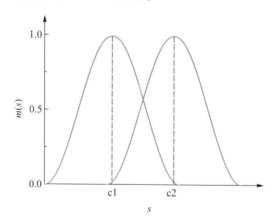

图 3.12 软分类概念图

假如 $\mu_G(s)$ 表示待分像元 s 隶属于特定地物类别的面积百分比,则图像中所有像元集 S 中对应地物类别的面积 G 可表达为

$$G = \sum_i \mu_G(s_i) \tag{3.7}$$

对于连续的情况,则可表达为

$$G = \int_0^1 \mu_G(s)\,\mathrm{d}_s \tag{3.8}$$

　　如前所述,软分类模型在地物混合区可以提供更高的精度,但是在纯净区则精度较低;硬分类模型在纯净区可以提供准确的精度,但是在混合区精度较差。为了解决这些问题,本研究提出了一种软硬分类模型(hard and soft classification model,HSCM),该模型针对地物分布特征以及不同分类方法的优缺点,通过更加近似的模拟地物自然分布情况,从而达到提高分类精度的目的,软硬分类概念图如图3.13所示。

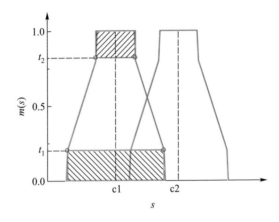

图3.13　软硬分类概念图

　　此处,我们以某特定地物类型为例(其他地物类型与其类似)模拟其在自然环境中的分布情况,一般可分为三个部分:RA(非目标地物区域)、BA(目标地物混合区域)、CA(纯净地物区域)。因此,整幅图像中的耕地面积 G 与待分像元集 S 之间的比例关系可以用公式(3.9)描述:

$$G = \begin{cases} \mu_G : s \to [0] & (\mu_G(s) < t_1) \\ \int_{t_1}^{t_2} \mu_G(s)\,\mathrm{d}_s & t_1 < \mu_G(s) < t_2 \\ \mu_G : s \to [1] & (\mu_G(s) > t_2) \end{cases} \qquad (3.9)$$

式中,t_1 和 t_2 表示三种地物分布类型的阈值分割点。公式(3.9)含义的具体表示:当 $\mu_G(s)$ 小于 t_1 时,表示 RA 地物分布类型,适合采用硬分类方法;当 $\mu_G(s)$ 大于 t_2 时,表示 CA 地物分布类型,同样适合采用硬分类方法;当 $\mu_G(s)$ 介于 t_1 和 t_2 之间时,表示 BA 地物分布类型,适合采用软分类方法。显然,t_1 和 t_2 的设置对于提高分类精度至关重要。软硬分类框架地物面积模拟图如图3.14所示。

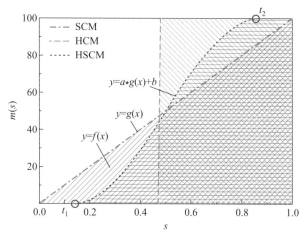

图 3.14 软硬分类框架地物面积模拟图

图中 SCM 表示软分类方法, HCM 表示硬分类方法, HSCM 表示软硬分类方法。图中各自线条下方区域面积即代表特定地物类型在图像中的面积

2）软硬分类的流程

软硬分类结合的流程主要包括以下步骤：①选择合适的软硬分类模型；②划分目标地物分布区域；③联合软硬分类结果。

（1）选择软硬分类模型

软硬分类模型本身对于硬分类模型和软分类模型并没有严格意义上的限制，理论上选择任何硬分类模型或者软分类模型都是适用的，只要满足硬分类模型和软分类模型自身的适用条件即可。本研究选取 SVM（核函数：RBF）作为硬分类模型，SVM 的基本扩展算法（线性核函数）作为软分类模型。

（2）划分目标地物分布区域

目标地物在图像中的分布情况可以分为三种：纯净区域（CA）、混合区域（BA）和非目标地物区域（RA）。划分目标地物分布区域的关键是能够找到合适的阈值，用于区分目标地物的分布情况。软硬分类结合的统一框架本身对于阈值的设置方法没有要求，用户可以根据图像的特征以及先验知识，手动输入合适的阈值。本研究提出了一种利用 SVM 的分类结果图像与规则图像的自动阈值算法，通过计算机自动计算阈值 t_1 和 t_2，区域划分规则定义如下：如果规则图像中的像元值小于 t_2，则认为该像元为非目标地物区域；如果大于 t_1，则认为该像元是目标地物纯净区域；如果介于 t_1 和 t_2 之间，则认为该像元是目标地物混合区域。自适应阈值计算的目的是得到 t_1、t_2 的值。目标地物分布区域划分流程如图 3.15 所示。

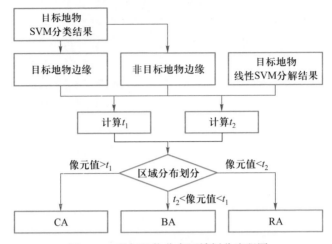

图 3.15   目标地物分布区域划分流程图

具体计算步骤如下:

① 目标地物的 SVM 初步分类,获取硬分类结果图像(hard classification result,HCR)和规则图像(soft classification result,SCR)。其中,图像 HCR:目标地物 0-1 值图像,0 值代表非目标地物,1 值代表目标地物;图像 SCR:目标地物规则图像,像元值代表该像元归属目标地物的概率。

$$W_{center} = 1$$
$$\sum_{i=1}^{9} w_i \neq 9 \tag{3.10}$$

$$W_{central} = 0$$
$$\sum_{i=1}^{9} w_i \neq 0 \tag{3.11}$$

式中,W_{center} 表示窗口的中心像元;W_i 表示 3×3 窗口中的第 i 个像元。

② 计算阈值 t_1 和 t_2。以 3×3 窗口遍历图像 HCR,如果第 i 个像元($i=1,2,3,\cdots,n$;n 为图像 HCR 的总像元个数)满足公式(3.10),则认为 i 像元是目标地物的边缘 E_i,遍历完成后,记录所有 E_i 的位置信息,根据公式(3.12)计算图像 SCR 中对应位置 E_i 的像元均值,即 t_1;如果第 j 个像元满足公式(3.11),则认为 j 像元是非目标地物的边缘 E'_j,遍历完成后,记录所有 E'_j 的位置信息,根据公式(3.13)计算图像 SCR 中对应位置 E'_j 的像元均值,即 t_2。

$$t_1 = \sum_{i=0}^{n} E_i / n \tag{3.12}$$

$$t_2 = \sum_{j=0}^{m} E'_j / m \tag{3.13}$$

式中,i 表示目标地物边缘像元集合的序号;E_i 表示第 i 个像元对应的图像 SCR 中的像元值;n 代表目标地物边缘像元的个数;j 表示非目标地物边缘像元集合的序号;E'_j 表示第 j 个像元对应的图像 SCR 中的像元值;m 代表非目标地物边缘像元的个数(胡潭高等,2011)。t_1 和 t_2 的计算过程如图 3.16 所示。

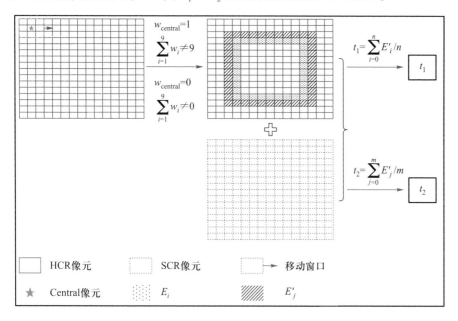

图 3.16　阈值 t_1 和 t_2 的计算示意图

根据遥感图像的成像原理,混合像元一般分布在目标地物与其他地物的边界地区(Verhoeye and De Wulf,2002),因此利用本方法能够快速准确地划分目标地物分布区域。当然,还有很多方法可以用来确定阈值,例如,结合景观破碎度指标、边缘提取算子等,阈值的设置越合理,软硬分类模型的精度就会越高,在今后的研究中,如何提高阈值设置的准确性和代表性是研究方向之一。

(3) 联合软硬分类结果

根据图 3.16 所示,计算得到阈值 t_1 和 t_2,利用公式(3.14),将软硬分类结果联合起来生成最终的软硬分类图。

$$\begin{aligned} \text{SCR}_i > t_1,\ \text{SCR}_i = 1 \\ \text{SCR}_i < t_2,\text{SCR}_i = 0 \end{aligned} \tag{3.14}$$

软硬分类结果联合后如图 3.17 所示,根据阈值计算后,将图像划分为目标地物纯净区域(CA)、目标地物混合区域(BA)和非目标地物纯净区域(RA),CA

和 RA 继承了硬分类结果,BA 继承了软分类结果,通过此种方式更好地模拟了真实土地覆盖情况,提高了制图精度。

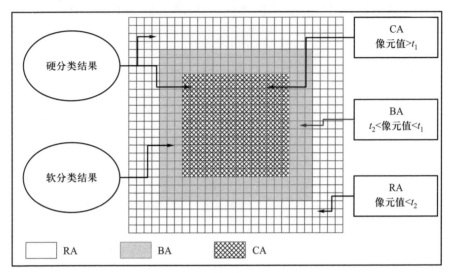

图 3.17 软硬分类结果示意图

3）实验设计

本研究设计了两个实验用于验证软硬分类模型:一个是基于模拟数据的实验;另一个是以真实卫星数据为基础。实验流程如图 3.18 所示。

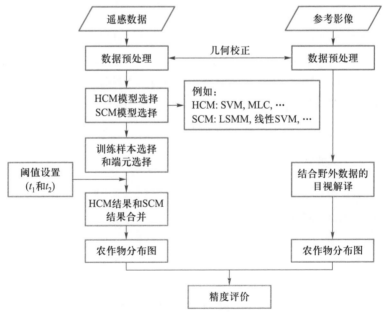

图 3.18 农作物制图案例技术路线

主要包含以下几个步骤:①数据标准化处理;②选择合适的硬分类模型和软分类模型;③选择合适的训练样本和端元;④利用自动计算阈值的方法划分农作物分布区域;⑤应用 HSCM 获得农作物分类结果;⑥精度评价,为了更好地比较新方法的准确性和可靠性,我们将其与 HCM 的分类结果和 SCM 的分类结果进行了比较。

(1)数据标准化处理

为了减少由于空间错位所带来的误差,我们对所有实验数据进行了几何精校正。没有对图像进行其他预处理(如大气校正),因此,分类过程中直接使用图像的 DN 值(Foody et al.,2006)。

此外,我们还利用 QuickBird 数据模拟了一个低分辨率的数据,主要用于抵消几何校正带来的误差,更好地检验软硬分类模型的精度。模拟方法如下:首先,从 QuickBird 图像中裁切出 4000 × 4000 大小的图像(空间分辨率为 2.4 m);然后,对裁切后的图像进行聚合(aggregated)运算,原始图像的每 10 像元× 10 像元变成新图像的一个新像元;最后,得到一幅新的低空间分辨率影像(空间分辨率:24 m)。模拟图像与原始图像的对比如图 3.19 所示。

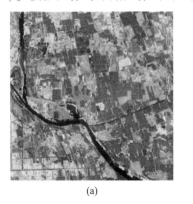 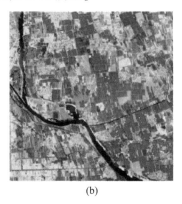

(a)   (b)

图 3.19　模拟图像与原始图像的对比图:(a) 原始图像 ;(b) 模拟图像

(2)硬分类模型和软分类模型选择

在硬分类模型和软分类模型的选择上,如上所述,硬分类方法我们选择 SVM 分类(核函数:RBF),软分类方法我们选择线性 SVM 的基本扩展模型。

(3)硬分类模型的训练样本选择

以往的研究已经发现,一般分类器的分类精度与训练样本数呈正相关,即训练样本数对分类器的分类精度非常重要。Foody 等指出,通常情况下 $10\sim30\,p$ 的训练样本数量是用于训练分类器的最低限度,其中 p 是图像的波段数(Foody and Mathur,2006;Foody,2007;Mathur and Foody,2008;Mathys et al.,2009)。本研究中我们选择 30 p 的训练样本。

除了训练样本的数量,选择方法也是影像训练样本质量的又一因素。在本次实验中,我们以野外实测信息为基础,在图像上选择训练样本,并且对训练样本集采用两种指标进行分析:转换分离度(transformed divergence,TD)和 Jeffries-Matusita(J-M)距离。这两个指数通过将分类过程中所有的波段联合起来统计得到两个类别之间的距离,是一种常用的检验指标。这两个指数的上下界是相同的,分别是 0.00 和 2.00。当指数值为 2.00 时,代表这两个类别之间的分离度非常好;相反,当指数值为 0.00 时,则代表这两个类别之间没有分离度(Song,2005;Shanmugam et al.,2006)。本实验选取的地物类型有农作物、林地、裸地、建筑用地和水。

(4)软分类模型的端元选择

Tompkins 等指出,端元的选择对于混合模型非常重要(Tompkins et al.,1997;Dennison and Roberts,2003;Chang and Plaza,2006)。端元一般可以用直接从图像上选择、野外或者实验室实际测量光谱以及模拟虚拟的端元等方法获得。在标准的线性分解模型过程中,一般会选择一定数量的端元(通常包括 2~5 种)来对整景影像进行分解(Bannari et al.,2006)。在本实验中,通过人工方法,结合野外实测信息从图像中直接选择,其建立过程与训练样本的选择保持一致。

(5)软硬分类模型应用

输入模拟数据、训练样本和端元,运行软硬分类模型,得到最终的农作物分类结果。具体参数设置如表 3.4 所示。

表 3.4　软硬分类模型过程参数说明

实验过程	过程参数	模拟实验	真实实验
输入	输入数据	模拟数据、训练样本及端元	真实数据、训练样本及端元
	类型数目	5 种(农作物、林地、裸地、建筑用地、水体)	5 种(农作物、林地、裸地、建筑用地、水体)
中间	t_1	0.107	0.146
	t_2	0.739	0.825
输出	输出结果	目标地物硬分类结果	目标地物硬分类结果
		目标地物软分类结果	目标地物软分类结果
		目标地物软硬分类结果	目标地物软硬分类结果

（6）精度评价

遥感分类结果精度评价的一种方法是利用高分辨率图像的分类结果作为真值,经过重采样后得到低分辨率(与目标图像分辨率一致)的分类结果,用这一结果对目标图像的分类结果进行评价。本实验中,对 QuickBird 数据进行手工数字化得到农作物的分类结果,然后将其进行重采样成 20 m 和 24 m 两种尺度的农作物面积百分比结果图。这些丰度图像是按照聚合的方法重新采样得到的,即新像元的值是对应窗口内所有像元的平均值。为了更好地评价分类精度,我们将空间尺度的概念引入进来,即在评价过程中从单个像元尺度(如 20m×20m)扩大到整个地区。在每一个空间尺度上,分别计算目标图像中的农作物总面积和重采样后 QuickBird 图像的分类结果(代表真值),将两者进行比较。例如,在 10 像元×10 像元尺度上,整幅图像被分割成许多 10 像元×10 像元的子区,计算每个子区内农作物总面积。在实验中引入空间尺度的主要原因是:①没有对 SPOT 卫星图像和 QuickBird 卫星图像之间的几何误差进行评估,这种误差可能会对精度评价结果的准确性带来潜在的负面影响;②单个像元的传感器测量信号往往会受到周围土地覆盖类别的影响;③尽管有来自 20 m×20 m 分辨率的结果数据,但是没有真实的知识告诉我们评价农作物丰度的时候采用哪种空间尺度是最优的。通过改变不同的空间尺度(控制窗口大小)我们可以推测出估算精度与抽样单位大小之间的影响。另外,通过窗口大小的改变可以测试对农作物丰度估算结果的信心(Powell et al.,2007;Beekhuizen and Clarke,2010)。

本实验中采用以下 4 个统计指标来估计分类精度:均方根误差(root mean square error,RMSE)、平均绝对误差(mean absolute error,MAE)、面积估计的偏差(bias of the area estimate, bias)、决定系数(coefficient of determination,R^2)。MAE 是指模拟值与测量值之间的绝对偏差。bias 是指误差的平均值,用于指示过高或过低估计。RMSE 一个估计偏差与方差相结合的表达形式。估计值与真值之间的 R^2 反映了在该空间尺度下分类能够准确获取农作物面积的能力。本实验在进行模型评估时,从 1×1 尺度一直到 10×10 尺度(Berberoglu and Akin,2009)。

$$\text{RMSE}(s) = \sqrt{\sum_{i=1}^{n} (\hat{a}_i - a_i)^2 / n} \qquad (3.15)$$

$$\text{MAE}(s) = \sum_{i=1}^{n} |\hat{a}_i - a_i| / n \qquad (3.16)$$

$$\text{bias}(s) = \sum_{i=1}^{n} (\hat{a}_i - a_i) / n \qquad (3.17)$$

$$R^2 = \frac{\text{cov}(a, \hat{a})^2}{\text{var}(a) \text{var}(\hat{a})} \qquad (3.18)$$

式中,s 代表空间尺度(窗口大小);n 代表整幅图像中子区的个数;$\hat{a}_i$ 和 a_i 分别代表第 i 个子区中农作物面积的估计值和真实值;$\mathrm{cov}(a,\hat{a})^2$ 代表农作物面积真实值和估计值之间的协方差;$\mathrm{var}(a)$ 和 $\mathrm{var}(\hat{a})$ 分别代表农作物面积真实值和估计值之间的方差。

3.2.2.4　结果分析

1) 模拟实验

根据本研究所提出的方法,我们分别利用软硬分类模型、硬分类模型和软分类模型对 QuickBird 模拟图像进行农作物信息提取,分类结果如图 3.20 所示。三种模型均采用同一套训练样本数据集(表 3.5)并采用相同的真值数据(该数据主要从高分辨率 QuickBird 数据结合野外实测信息以及人工数字化得到)。

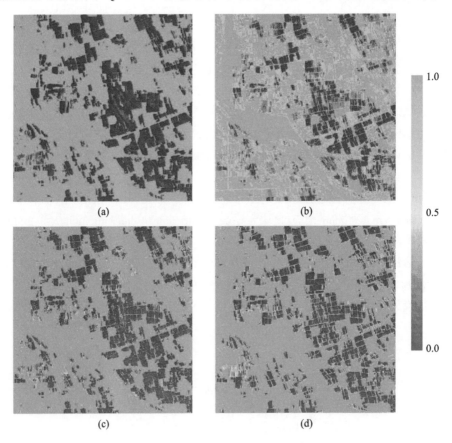

图 3.20　模拟实验的农作物分类结果图:(a) 硬分类模型提取结果;(b) 软分类模型提取结果;(c) 软硬分类模型提取结果;(d) 人工数字化提取结果(参考数据)

表 3.5   模拟实验中训练样本的 J-M 距离和转换分离度

类型*	像元	J-M 距离					转换分离度				
		1	2	3	4	5	1	2	3	4	5
1	120	—	1.65	2.00	2.00	2.00	—	1.77	2.00	2.00	2.00
2	120	1.65	—	2.00	2.00	2.00	1.77	—	2.00	2.00	2.00
3	120	2.00	2.00	—	1.91	2.00	2.00	2.00	—	1.99	2.00
4	120	2.00	2.00	1.91	—	2.00	2.00	2.00	1.99	—	2.00
5	120	2.00	2.00	2.00	2.00	—	2.00	2.00	2.00	2.00	—

* 1—农作物,2—林地,3—裸地,4—建筑用地,5—水体。

三种模型(HSCM、HCM、SCM)利用模拟结果得到的分类值与参考值在不同窗口大小下(从 1×1 到 10×10)的关系如图 3.21 所示。总体上看,软硬分类模型得到的农作物面积信息在所有窗口大小下,都是拥有最低的 RMSE、MAE 和 bias

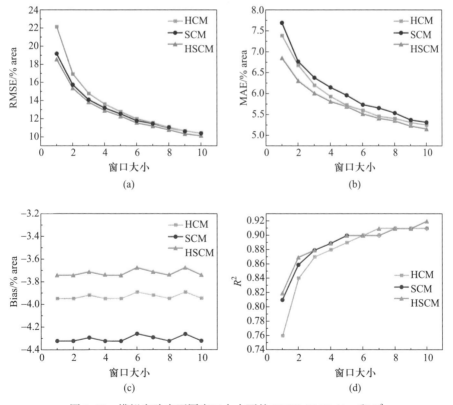

图 3.21   模拟实验中不同窗口大小下的 RMSE、MAE、bias 和 R^2

值,并且 R^2 最高。例如,HCM、SCM 和 HSCM 的 RMSE 值范围分别为 22.07 ~ 10.43、19.16 ~ 10.43 和 18.49 ~ 10.18;bias 值大约分别在 -3.95、-4.32 和 -3.74;R^2 的范围分别为 0.76~0.91、0.81~0.91 和 0.82~0.92。因此,从模拟实验结果来看,HSCM 比 HCM 和 SCM 都要好。另外,从图 3.21 中我们可以看出, 随着窗口大小的不断增大,R^2 越来越大,RMSE、MAE 和 bias 越来越小,这说明单个像元之间的错分和漏分现象随着空间尺度的增加而相互抵消了。

2) 真实实验

类似于模拟实验,我们分别利用软硬分类模型、硬分类模型和软分类模型对 SPOT 2 图像进行农作物信息提取,分类结果如图 3.22 所示,训练样本数据集如表 3.6 所示。

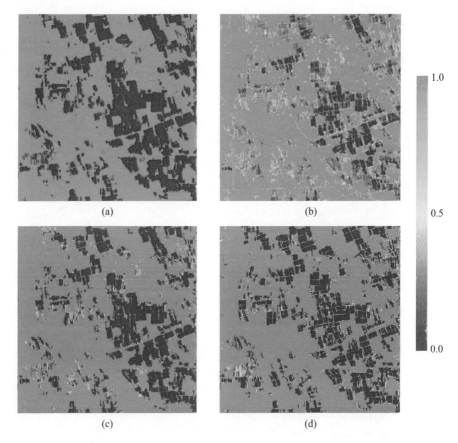

图 3.22   真实实验的农作物分类结果图:(a) 硬分类模型提取结果;(b) 软分类模型提取结果;(c) 软硬分类模型提取结果;(d) 人工数字化提取结果(参考数据)

表 3.6 真实实验中训练样本的 J-M 距离和转换分离度

类型*	像元	J-M 距离					转换分离度				
		1	2	3	4	5	1	2	3	4	5
1	120	—	1.91	2.00	2.00	2.00	—	1.97	2.00	2.00	2.00
2	120	1.91	—	1.78	1.92	2.00	1.97	—	1.82	1.96	2.00
3	120	2.00	1.78	—	1.27	2.00	2.00	1.82	—	1.31	2.00
4	120	2.00	1.92	1.27	—	2.00	2.00	1.96	1.31	—	2.00
5	120	2.00	2.00	2.00	2.00	—	2.00	2.00	2.00	2.00	—

* 1—农作物,2—林地,3—裸地,4—建筑用地,5—水体。

  三种模型(HSCM、HCM、SCM)利用真实数据得到的分类值与参考值在不同窗口大小下(从 1×1 到 10×10)的关系如图 3.23 所示。总体上看,软硬分类模型得到的农作物面积信息在所有窗口大小情况下,都拥有最低的 RMSE、MAE 和 bias 值,并且 R^2 最高。例如,HCM、SCM 和 HSCM 的 RMSE 值范围分别为 26.61~11.31、24.07~11.34 和 23.3~10.92;bias 值大约分别为 −4.13,−4.32 和

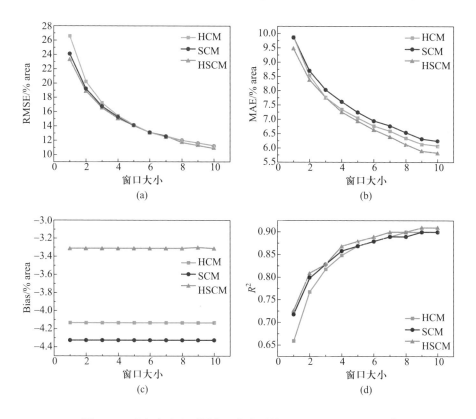

图 3.23 真实实验中不同窗口大小下的 RMSE、MAE、bias 和 R^2

−3.31;R^2的范围分别为 0.66~0.90、0.72~0.90 和 0.73~0.91。因此,从真实实验结果来看,HSCM 也比 HCM 和 SCM 更好。

3) 细节比较

在本实验中,我们使用一个指定大小的窗口,而不是以单个像元为单位,来确保精度评价过程中的准确性。采用这种方法有两个好处:首先,如上所述它可以降低几何校正误差的影响,尽管不能完全避免;第二,通过聚合的方法,可以减少周围像元对于单个像元光谱信息的影响(Townshend et al.,2000;Powell et al.,2007)。

软硬分类模型除了在 RMSE、MAE、bias 和 R^2 指标上有很好的表现外,在其他细节上也有很多优点。首先,软硬分类模型能够自动定义农作物纯净和混合像元。许多混合像元一般都产生在不同地物类型的交界处,即边界像元更有可能会是混合像元,这些因素正是影响土地覆盖分类精度的主要原因(Dean and Smith,2003)。因此,如何定义纯净和混合区域,对于解决上述问题至关重要。本研究提出了一种自动区分农作物纯净区域和混合区域的方法,这种方法也同样适用于土地覆盖分类。其次,软硬分类模型得到的分类结果与地物真实分布更加接近,详细的比较如图 3.24 所示。

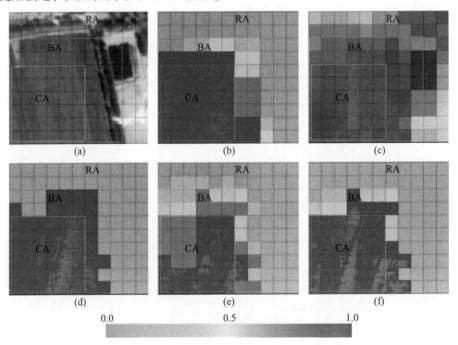

图 3.24　核心区与混合区分类效果比较:(a) QuickBird 影像的细节展示(波段组合:4,1,2);(b) 人工数字化结果展示(作为参考结果);(c) SPOT2 图像的细节展示(波段组合:3,2,1);(d) 硬分类模型分类结果展示;(e) 软分类模型分类结果展示;(f) 软硬分类模型分类结果展示

从图中可见,硬分类模型在 BA 区域将所有像元都定义为 0 或者 1,这样的做法由于大量混合像元的存在而导致误差。软分类模型在 BA 区域能够正确地表达地物的丰度,但是它在 CA 区域可能会导致少分,而在 RA 区域可能会导致多分。软硬分类模型则能够解决这些问题。在 BA 区域的混合像元能够以丰度的形式给予面积信息,而在 CA 和 RA 区域则会给出是或者不是的判断。因此,软硬分类模型能够更好地表达地物真实分布信息。

3.2.2.5 结论和讨论

本研究以农作物为目标,设计了模拟数据和真实数据为基础的两个实验,对软硬分类模型进行验证。SVM 方法和线性 SVM 基本扩展方法分别作为硬分类模型和软分类模型,并且应用自动计算阈值的方法来划分纯净区域和混合区域。选择北京市通州区作为研究区,并以 RMSE、MAE、bias 和 R^2 作为统计指标,在不同空间尺度下进行了精度评价,并与硬分类模型和软分类模型进行了比较。结果表明,在不同窗口大小情况下,两种实验的软硬分类模型都比硬分类模型和软分类模型提取结果拥有更低的 RMSE、MAE 和 bias 值,并且 R^2 最高。

本研究通过构建软硬分类结合的方法,提高了作物制图精度,但在研究中仍存在一些不足之处,有待改进:①目标地物分布区域划分算法中,对初次分类结果依赖性很大,如果初次分类结果精度不够理想,则会导致目标地物分布区域不准确,影响软硬分类模型的精度。②训练样本和端元选择的好坏是影响传统的硬分类模型和软分类模型的关键,本研究主要采用目视解译的方法,结合野外实测或者高分辨率遥感图像信息,存在费时费力且代表性不强的问题。③软硬分类框架建立在已有的硬分类模型和软分类模型基础之上,虽然能够有效改进土地覆盖制图精度,但是仍然受到传统的硬分类模型和软分类模型应用中的一些限制(如异物同谱和同物异谱等问题),不能从本质上解决单纯依靠光谱信息进行分类所带来的问题。

为了进一步完善软硬分类统一框架,提高土地覆盖制图精度,针对当前研究中存在的问题,今后的研究工作拟侧重以下几个方面:①目标地物分布区域划分多角度探索。目标地物分布区域划分的好坏,对软硬分类框架至关重要,而分布区域的核心是找出混合像元,因此通过研究混合像元的分布机理,引入多种指标(如景观指标和时序分析等),更加合理地确定混合区域,减少对初次分类结果的依赖(胡潭高等,2010)。②提高端元选择效率和代表性。传统的软分类方法在分类过程中往往对全图采用统一的端元进行混合像元分解,但是其中的许多像元可能只是由某两种或三种左右的地物混合而成,采用全部端元必定会带来误差,因此有必要引入端元可变的方法改进软硬分类框架。③探讨不同软硬分类模型组合的应用研究。本研究中采用的硬分类模型和软分类模型主要是以支持向量机为例,今后可以尝试其他分类模型的组合,比较不同组合之间的分类效果。

3.2.3   SVDD 单目标分类器的作物识别研究

3.2.3.1   研究背景

当研究目标为单类地物时,采用传统的监督分类方法不仅要包含感兴趣地物,还需要包含其他不感兴趣地物,造成了样本的冗余,同时也增加了采集地面样本的工作量(Foody et al.,2006)。为此,面向单目标分类的研究不断出现(Manevitz and Yousef,2001;Hempstalk et al.,2008)。单类分类针对单一的土地覆盖类型,利用感兴趣地物的样本就能准确地识别出该类地物的分布信息,表现出比传统多类分类器更优的特性(Sanchez-Hernandez et al.,2007)。

单类分类一般可用于类别样本数目不平衡的分类问题(冯爱民和陈松灿,2008)。例如,当研究目标为生态系统的物种分布时,优势物种的数量较多,样本容易获取。然而,稀有物种数量较少,难以获取足够多的样本用于分类。目前,单类分类模型根据其原理可划分为两类:基于统计和基于支持域的方法。前者包括高斯模型、高斯混合模型和 Parzen 窗估计等(Bishop,1995;Sain et al.,1999;Yeung and Chow,2002),该类模型通过参数化或非参数化方法来估计训练样本的密度模型并设置密度阈值,小于该阈值的被认为是异常值(Tax,2001)。该类方法的缺点在于,在高维有限样本的情况下,由于密度估计不能真实地反映出地物的光谱特征,很难准确地估计出目标类数据的稀疏区域(潘志松等,2009)。与统计方法不同,基于支持域的方法主要通过对目标数据进行学习,围绕样本形成封闭的边界。其中,Tax 和 Duin(2004)提出的支持向量数据描述(Support Vector Data Description,SVDD)利用核函数把样本空间映射到核空间,在核空间找到一个能包含所有样本的超球,球面上的样本点则为 SVDD 求得的支持向量,如图 3.25 所示。当判别时,若测试样本位于超球内,就认为是目标类数据;否则,认为是异常值。Munoz-Mari 等(2007)对高光谱以及多传感器影像针对多种单类分类器进行对比分析,结果表明,SVDD 的分类精度最高,普适性强。近年来,SVDD 方法已在土地覆盖信息提取中得到了初步应用,并取得较好的预期效果(Foody and Mathur,2006;Sanchez-Hernandez et al.,2007;Bovolo et al.,2010)。Foody 等(2006)首次将 SVDD 应用于土地覆盖信息提取,针对单目标进行 SVDD 和 SVM 分类,结果表明,只利用单目标地物样本时,SVDD 也能够达到与 SVM 等效的分类精度,从而达到降低样本输入数量的目的；Sanchez-hernandez 等（2007）利用 SVDD 方法对 Landsat ETM+影像进行分类，准确地提取出沼泽地；Bovolo 等（2010）基于贝叶斯方法对变化向量分析影像采用阈值进行采样，将变化类的样本输入到 SVDD 中进行分类，结果表明，该方法准确地提取出变化的区域。因此，即使使用单一的分析信息，SVDD 也能达到与多类分类等效的精度，并能够有效地减少样本量。

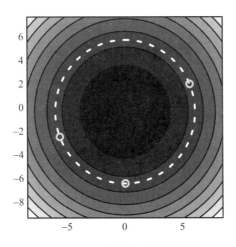

图 3.25　训练样本形成的超球

虽然 SVDD 能够有效地应用于遥感影像分类，但在异质性强的区域分类精度仍然较低，这主要是因为遥感影像中地物光谱存在变异性。例如，植被在红外波段的光谱依赖于树叶特征和覆盖度，土壤的组分、颗粒大小和含水量也会对光谱产生很大的影响（Wu，2004）。已有研究一般选择纯净像元作为训练样本，而纯净像元一般分布在地物光谱范围的中心区域（Brown et al.，2000）。对于多目标分类器而言，划分类型采用光谱特征的相对规则，这种采样方案对分类结果影响不大。但从图 3.25 可知，仅由中心区域像元形成的超球很难有效地描述目标地物的整体分布，容易拒绝目标类数据，不能够满足 SVDD 分类器的原理要求，也无法保证较高的分类精度。目前的研究忽略了这一点，仍按照传统面向多类分类器进行样本的选择，致使 SVDD 分类器性能难以发挥。

为此，本研究根据 SVDD 分类器的特点，以冬小麦为目标作物，基于地表真实数据构建训练样本集合，分析不同空间特征的样本对 SVDD 分类的影响，并提出优化样本选择方案，解决地物光谱的变异性对 SVDD 分类器产生的影响，以达到提高 SVDD 分类精度的目的。

3.2.3.2　研究区和数据

研究区位于北京市通州区的东北部,地理坐标为 39°1′N~39°4′N、116°2′E~116°8′E,面积为 40 km²,土地覆盖类型主要为农田、树木、村庄、道路和水体错落在中间(图 3.26)。研究区耕地地块较为破碎,冬小麦经常与树木、灌丛以及草地混合,这增加了遥感分类的难度。

在本实验中,选用 QuickBird 数据(空间分辨率 2.4 m,获取时间为 2006 年 5月 2 日)多光谱影像数据进行土地覆盖信息的提取,该数据质量良好,从 QuickBird 图像上能够清晰地分辨出各种土地覆盖类型。本研究以冬小麦为研究目标,对 QuickBird 影像进行目视解译获取小麦的分布范围作为真值数据,既能提供先验知识用于构建训练样本集合进行多次模拟实验,还能提供检验样本进行精度评价。

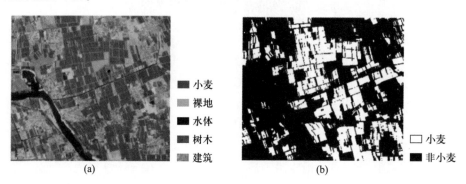

图 3.26　研究区:(a) QuickBird 数据(波段组合 4,3,2);(b) 目视解译结果

3.2.3.3　研究方法和技术路线

1) SVDD 分类器原理

Tax 等在统计学习理论与结构风险最小化原则基础上提出 SVDD 算法,该算法的基本思想是寻求一个容积最小的超球体,使被描述的对象尽可能地包含在球内,将非目标样本点尽可能地排除在球外(Tax and Duin,2004)。其基本原理为假设目标类样本为 $\{x \mid x_i \in \mathrm{R}^d, i=1,2,\cdots,N\}$,超球的中心和半径为 a 和 r,优化问题则可表示为

$$\min F(a,r) = r^2 \tag{3.19}$$

约束条件为

$$\|x_i - a\| \leqslant r^2, \forall i \tag{3.20}$$

考虑到异常值可能存在于训练样本中,x_i 与 a 的距离不用严格小于 r^2。但是距离越大,惩罚值越大。因此,引入松弛因子 ξ_i 和惩罚参数 C,式(3.19)和式(3.20)则分别转化为

$$\min F(\boldsymbol{a},\boldsymbol{r}) = r^2 + C\sum_i \xi_i \qquad (3.21)$$

约束条件为

$$\|\boldsymbol{x}_i - \boldsymbol{a}\| \leqslant r^2 + \xi_i, \xi_i > 0, \forall i \qquad (3.22)$$

式中,$\xi_i > 0$,惩罚参数 C 控制错分样本的惩罚程度。将该二次优化问题转化为拉格朗日极值问题:

$$\max L(\boldsymbol{r},\boldsymbol{a},\alpha_i,\gamma_i,\xi_i) =$$
$$\boldsymbol{r}^2 + C\sum_i \xi_i - \sum_i \alpha_i \cdot \left\{ \boldsymbol{r}^2 + \xi_i - (\|\boldsymbol{x}_i\|^2 - 2\boldsymbol{a}\cdot\boldsymbol{x}_i + \|\boldsymbol{a}\|^2) - \sum_i \gamma_i\xi_i \right\}$$
$$(3.23)$$

式中,α_i,γ_i,ξ_i 为拉格朗日系数。

式(3.23)最终转换为

$$\max L = \sum_i \alpha_i(\boldsymbol{x}_i\boldsymbol{x}_j) - \sum_{i,j} \alpha_i\alpha_j(\boldsymbol{x}_i\boldsymbol{x}_j) \qquad (3.24)$$

式中,$0 \leqslant \alpha_i \leqslant C, \sum_i \alpha_i = 1$

根据训练样本是否处于超球的内外,相应的 α_i 会满足以下三个条件:

- 当 $\boldsymbol{x}_i$ 在超球体内部,$\alpha_i = 0$;
- 当 $\boldsymbol{x}_i$ 落在超球面上,$0 < \alpha_i < C$;
- 当 $\boldsymbol{x}_i$ 落在超球体外部,$\alpha_i = C$。

由图 3.25 知,多数样本数据的 α 都为零,不会影响超球体积,属于无效样本。只有少数 $\alpha > 0$ 的 $\boldsymbol{x}_i$ 才会用于数据描述,这些样本数据位于超球边界附近,被称为支持向量。

判断一个新样本点 z 是否属于目标样本,只需看点 z 到超球体中心的距离是否小于半径 $\boldsymbol{r}$,即

$$\|\boldsymbol{z} - \boldsymbol{a}\| = (\boldsymbol{z}\cdot\boldsymbol{z}) - 2\sum_i \alpha_i(\boldsymbol{z}\cdot\boldsymbol{x}_i) + \sum_{i,j} \alpha_i\alpha_j(\boldsymbol{x}_i\cdot\boldsymbol{x}_j) \leqslant r^2 \qquad (3.25)$$

若式(3.25)成立,则 z 属于目标样本;否则,z 为非目标样本。

基于 SVDD 的原理和已有研究(Sanchez-Hernandez et al.,2007),形成超球最有效的训练样本主要位于目标类光谱分布的边缘。因此,本研究将结合光谱空间与遥感影像的特点选出边缘像元,从而提高 SVDD 分类精度。

以两类为例,假设遥感影像中光谱空间如图 3.27 所示,类 A(三角形)为目标地物,类 B(圆形)为其他地物。分析目标类 A,主要由三个部分组成:①中心区域,主要由大多数该类隶属度为 1 的纯净像元构成(Brown et al.,2000);②与类 B 相邻的混合区域,主要由混合像元(空心三角形)构成;③远离类 B 的极端区域,主要由少数纯净像元(粉色三角形)构成。基于此,对于 SVDD 分类器,已有研究选择的纯净像元一般处于类 A 中心区域,由纯净像元形成的超球(虚线)容易将该类边缘区域的像元错分为其他类,说明该区域的样本不适合用于 SVDD 分类。而由混合区域与极端区域内的边缘像元构成的超球(实线)能够有效地包含目标地物,符合 SVDD 分类器原理。

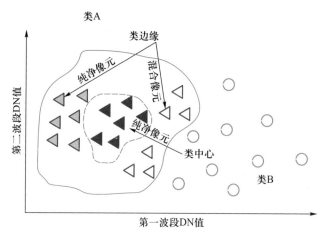

图 3.27   SVDD 分类

2)技术路线

本研究技术路线主要包括数据预处理、训练样本集合构建、SVDD 分类以及结果分析,具体流程如图 3.28 所示。

(1)数据预处理

对于 QuickBird 数据,主要是从图像上进行土地覆盖信息的提取。为了避免图像配准产生的分类误差(Pan et al.,2012),本研究在 ENVI 中将 QuickBird 影像求取平均值聚合到 20 m 分辨率,得到模拟图像。同理,将小麦目视解译结果以相同的方式聚合到 20 m 分辨率,得到小麦真值的丰度影像。为了对 SVDD 硬分类结果进行精度检验,根据多数规则对小麦丰度影像进行分类,其中,丰度大于 50% 的像元被定义为"小麦",而丰度小于 50% 的像元被定义为"非小麦"。将该分类结果作为训练样本库,用于构建不同空间特征的样本集合。

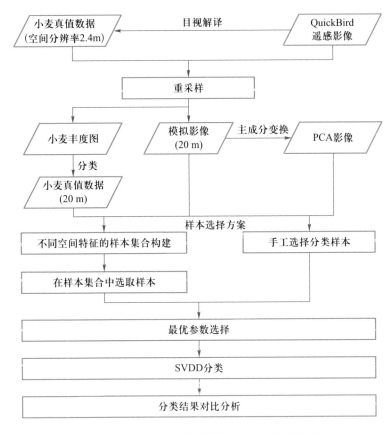

图 3.28 不同空间特征样本的 SVDD 分类流程

（2）构建训练样本集

样本空间特征是影响 SVDD 分类的关键因素，本研究根据光谱范围对训练样本库进行划分，生成不同空间特征的训练样本集合。遥感中地物的光谱特征一般呈正态分布，典型、纯净的像元主要分布在峰值（中心）附近。因此本研究基于训练样本库将模拟图像中的小麦按照光谱（U）的均值加减方差法划分：

$$C_{n,i} = m_i \pm n \times \sigma_i \quad i = 1,2,3,4 \tag{3.26}$$

$$C_n = \sum_{i=1}^{4} \cap C_{n,i} \tag{3.27}$$

$$M_n = \overline{C_n} \tag{3.28}$$

式中，m_i 和 σ_i 分别代表第 i 波段小麦的光谱平均值以及方差；$C_{n,i}$ 为第 i 波段所对应的样本光谱平均值±n 倍光谱方差的光谱取值范围；C_n 为 4 个波段 $C_{n,i}$ 的交集,定义为中心区域;M_n 为 C_n 的补集,定义为边缘区域。为分析不同的 n 值对分类精度的影响,本研究中的 n 取值范围为 $[0.5,1.5]$,步长为 0.1。

图 3.29 展示了二维划分情景,(m_1,m_2) 为光谱中心,σ_1 和 σ_2 分别为每个波段的光谱方差,C_j、C_k 分别为 n 值为 j、k 时的中心区域,M_k 为 C_k 的补集区域(灰色区域)。由图可知,$C_j \subset C_k, \forall j<k$。那么,当 $n=k$ 时,C_j 中的像元对超球的大小没有影响,属于无效样本。为了避免无效样本对分类样本选择产生影响,对 $\{C_n\}$ 进行相邻项相减,得到不同空间特征的样本集 $\{T_n\}$:

$$T_i = C_{i+0.1} - C_i, i = 0.5, 0.6, \cdots, 1.4 \qquad (3.29)$$

那么,$U = C_{0.5} \cup \sum_{n=0.5}^{1.4} T_n \cup M_{1.5}, T_i \cap T_j = \varnothing, \forall j \ne k, T_j \cap (C_{0.5} \cup M_{1.5}) = \varnothing, \forall j$。可见,随着 j 的增大,T_j(斜线区域)逐渐逼近小麦光谱范围的边缘。

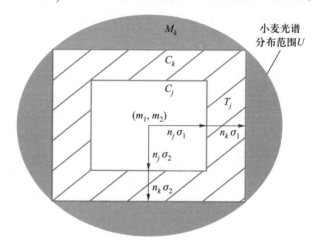

图 3.29   样本集合构建(二维)

(3) 分类样本选择

训练样本的数量对分类精度有着重要的影响,根据传统采样方式,输入分类器样本为 $10 \sim 30\,p$ 像元,p 代表分类遥感影像的波段数目(Piper,1992)。本研究采用 $30\,p$ 的像元进行分类,样本数量为 120 个。分类样本选择采用两种采样方案:①为分析样本空间特征对 SVDD 分类精度的影响,在训练样本集合中随机选择分类样本;②考虑到在实际应用中无法获取先验样本集合,因此需要手工选择分类样本进行 SVDD 分类,符合 SVDD 分类器的分类原理。

采样方案一:根据已有研究,在 $C_{0.5}$ 中随机选择 120 个纯净像元作为分类样本,定义为中心样本集合;分别在 $T_{0.5}$ 到 $T_{1.4}$ 以及 $M_{1.5}$ 中随机选择 120 个像元作为分类样本,定义为不同 n 值时的边缘样本集合。

采样方案二:分类样本包括中心和边缘样本集合。按照已有研究的样本选择方式(Sanchez-Hernandez et al.,2007),通过目视判定的方式选择出120个纯净小麦像元构成中心样本集合。分析图3.30a可发现,小麦处于光谱特征空间的边缘区域,其边缘像元包含两个部分:靠近树木的混合像元以及处于极端位置的纯净像元(以下简称极端像元)。Foody 等(2006)通过选取小麦地块边界的混合像元作为分类样本进行 SVM 分类达到较高精度,说明地块边界像元处于地物光谱特征的边缘,由其构建的超平面位于最优超平面附近。另外,利用 PCA 影像可以准确地选取极端像元(Lu and Weng,2006)。主成分分析是利用"降维"的思想,在损失很少信息的前提下把多个指标转化为少数综合指标的多元统计方法,通常把转化生成的综合指标称为主成分。Jolliffe(2005)指出,将数据降维到两个主成分,散点图能反映数据真实的分布。在 ENVI 4. 8 中对模拟图像进行主成分变换,选择 PC1、PC2 描绘散点图,如图 3. 30c 所示。类似于图 3. 30a,散点图呈三角形分布,其中,小麦的极端像元位于散点图的一个角。本研究分别从小麦地块边缘(图 3. 30b)以及 PCA 散点图中选取 60 个小麦像元后进行合并,作为 SVDD 边缘样本的集合。

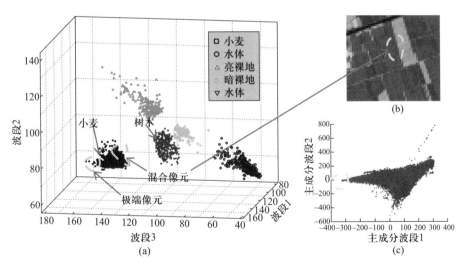

图 3.30　(a) 五种地物类型的光谱散点图以及对应的边缘像元;(b) 小麦地块附近的混合像元;(c) 小麦地块 PCA 散点图中的极端像元

(4) 图像分类

SVDD 分类由 Tax 和 Duin(2004)提供的数据描述 MATLAB 工具箱(DD_tools)完成。在 SVDD 分类器中需要定义两个参数:惩罚因子 C 和核宽度 s。其中,参数 C 表示目标样本被拒绝的比例,取值范围为 $(0,1)$,一般不超过 0.4。C 值控制超球半径的大小,若 C 值较高,超球较小,目标地物的拒绝率增加;若 C 值较低,超球较大,异常值的接受率增加;而核宽度 s 控制超球的紧实度,取值范围为 $(0,+\infty)$,若 s 值较小,支撑向量的数目较多,造成过度拟合(overfitting);若 s 值较大,支撑向量的数目则较少,造成欠拟合(underfitting)。研究表明,当 s 值大于 15 时,s 值的增加对超球的影响不大。

根据上述 C、s 对超球的影响,合适的参数是构建理想超球的关键因素之一,直接影响 SVDD 分类精度。已有研究首先构建一系列的参数范围,训练样本基于每个参数构建超球,然后对检验样本分类,搜索出分类精度最高的参数,定为最优参数(Sanchez-Hernandez et al.,2007;Sakla et al.,2011)。考虑到样本空间特征对超球的影响,本研究从不同空间特征的样本集中分别随机选择 120 个像元作为参数样本,采用一系列的 C 和 s(C = 0.001,0.01,0.04,0.07,0.1,0.3,0.5,s = 0.1,0.3,0.5,0.7,0.9,1,5,20)进行 SVDD 分类,将分类精度最高的参数确定为最优参数。同理,按照同样的方法确定手工选择样本的最优参数将以上两种采样方案选出的训练样本采用最优参数进行 SVDD 分类,提取出小麦的分类结果。

(5) 精度评价

误差矩阵是用来进行精度评价的一种标准格式(Foody,2002),可以计算出 Kappa 系数、总体分类精度(OA)、用户精度(UA)、生产者精度(PA)等参数。利用检验样本集对所有的 SVDD 分类结果计算误差矩阵,由于 Kappa 与 OA 在表达分类精度时有等效的效果,本研究只对比分析 SVDD 分类结果的后三种分类精度。

3.2.3.4 结果分析

1) 参数对 SVDD 分类精度的影响分析

QuickBird 图像第 3、4 波段能够反映出小麦的主要信息(Tucker,1979),将其用于分析参数、样本空间特征对 SVDD 分类精度的影响。以 $M_{1.5}$ 为例,图 3.31 表示 C、s 与超球形状的关系。其中,图 3.31a 表示 s 恒定为 0.7 时,不同的 C 值对超球的影响,图 3.31b 表示 C 值恒定为 0.1 时,不同的 s 值对超球的影响。分析图 3.31a 可知,随着 C 值的增大,超球半径逐渐减小,导致小麦的错分率增大。从图 3.31b 可以看出,当 s 取值为 0.1 或 0.3 时,超球主要分布在边缘区域,中心区域的小麦被分为其他类。随着 s 值的增大,超球紧实度降低,能够较好地反映小麦的光谱特征。当 C 超过 0.9 以后,s 值的变化对超球

形状的影响不大。分析表明,合适的参数对提高 SVDD 分类精度有重要的
影响。

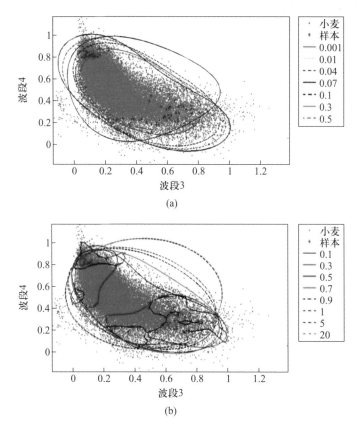

图 3.31 C 和 s 对超球形状的影响:(a) s 恒定为 0.7;(b) C 恒定为 0.1

以 $M_{1.5}$ 为例,图 3.32 分别表示了 C、s 与分类精度的关系。从总体趋势
看,随着 C 值逐渐增大或 s 值逐渐减小,生产者精度逐渐降低而用户精度逐渐
提高,这与 SVDD 原理是一致的。从局部趋势看,C 值的变化对三种分类精度
的影响都较小,且影响趋势一致。而 s 值的变化对分类精度的影响较大,且具
有较大的波动性。例如,以 C 值恒定为 0.1 为例,当 s 值从 0.3 增加到 0.5
时,生产者精度、用户精度分别提高了 68.20%、19.66%,结合图 3.32b 可见,
这是由于 s 值的变化导致超球接受大量中心区域像元并拒绝少数边缘区域小
麦像元,同时也拒绝了边缘区域的其他地物。当 C 取值为 0.07 及 s 取值为 1
时,总精度达到最高,为 95.01%,定义为最优参数,将其用于不同空间特征样
本的 SVDD 分类。

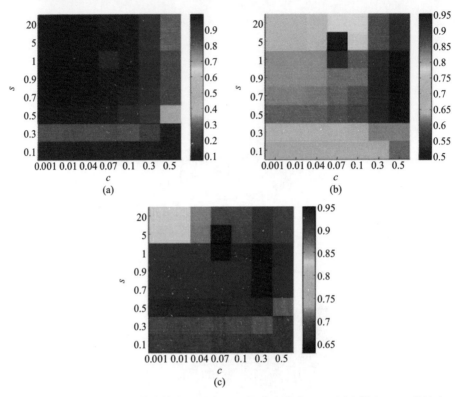

图 3.32 C 和 s 对 SVDD 分类精度的影响:(a) 生产者精度;(b) 用户精度;(c) 总精度

2) 样本空间特征对最优参数以及 SVDD 分类精度的影响分析

按照上述的最优参数选择方法,确定不同空间特征样本集合的最优参数以及对应的最高总精度,如表 3.7 所示。可以看出,当 $n \leqslant 1.0$ 时,样本集的最优参数 C、s 均分别为 0.01、20,且总精度持续增长,这说明当样本处于地物中心区域时,即使超球比较宽松,也不容易包含其他地物;当 $n > 1.0$ 时,不同集合最优参数的 s 值逐渐减小,这是因为当样本区域光谱边缘时,超球应该比较紧实,从而拒绝其他地物。

表 3.7   样本空间特征与最优参数的关系

样本集	最优参数(C/s)	最高总精度/%	样本集	最优参数(C/s)	最高总精度/%
$C_{0.5}$	0.01/20	71.25	$T_{1.0}$	0.01/20	88.60
$T_{0.5}$	0.01/20	75.54	$T_{1.1}$	0.01/5	90.98
$T_{0.6}$	0.01/20	79.05	$T_{1.2}$	0.01/5	92.16
$T_{0.7}$	0.01/20	81.43	$T_{1.3}$	0.01/1	92.92
$T_{0.8}$	0.01/20	85.66	$T_{1.4}$	0.01/1	93.51
$T_{0.9}$	0.01/20	86.84	$M_{1.5}$	0.07/1	95.01

　　分析 SVDD 分类器的原理发现,样本空间分布是影响超球、分类精度的关键因素。图 3.33 和图 3.34 分别表示了样本空间特征与超球以及 SVDD 分类精度的关系,可以看出:①随着 n 值逐渐增大,样本从中心向边缘逐渐扩散,超球也逐渐增大,包含的小麦像元也越来越多;②由于 $M_{1.5}$ 中的参数样本分类结果的用户精度为 92.04%,说明样本根据最优参数形成的超球不至于过大而接受大量其他地物。因此,当 n 为 1.4 时,超球所包含的基本为小麦像元,用户精度均在 98% 以上,在保证用户精度的情况下提高了生产者精度。

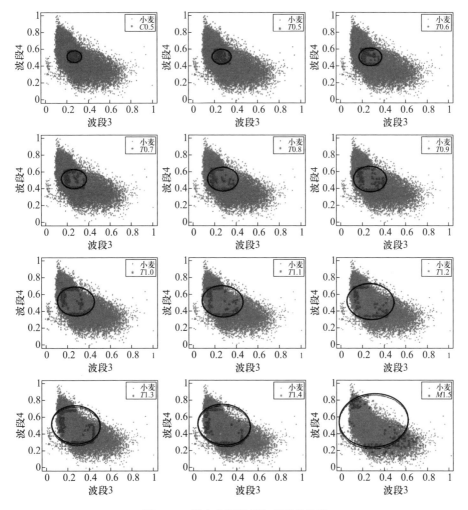

图 3.33　样本空间特征与超球的关系

　　从图 3.34 可以看出,相同空间特征下多次测量的分类精度均存在不同程度的波动,说明单次分类结果存在不确定性和随机性,所以采用多次分类结果来抵消测量的分类误差。随着 n 值的增加,总精度逐渐提高,当 n 值为 1.4 时,总精

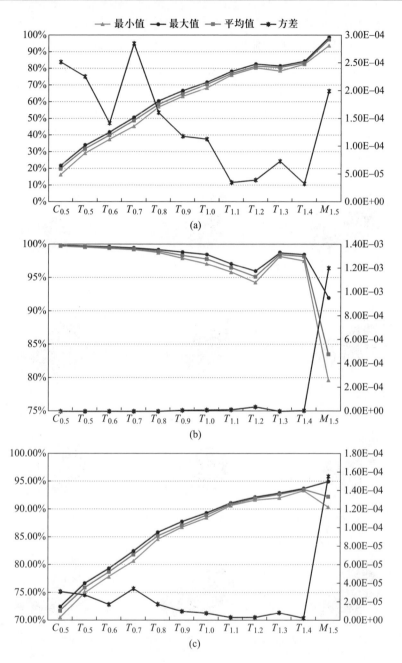

图 3.34   样本空间特征与分类精度的关系:(a) 生产者精度;(b) 用户精度;(c) 总精度

度平均值达到最高,为 93.20%。随后总精度呈波动性下降,用户精度平均值降
到 83.50%。这是由于最外层的样本接近小麦真实分布的边界,超球内混入其他
地物的像元。

3) 真实实验对比分析

在真实实验中,无法提供真值数据用于最优参数的选择。因此,本研究目视随机选取 200 个小麦像元和 200 个其他地物像元作为检验样本,按照结果分析第一部分中的最优参数选择方法,确定中心和边缘样本集的最优参数(C, s)分别为(0.04,1)和(0.04,5)。图 3.35 表达中心和边缘样本集的在最优参数下的影像分类结果,并对结果进行了精度检验,结果见表 3.8。可以看出:①中心像元集分类结果的生产者精度只有 45.15%,识别出的像元主要处于地块中心,而大部分的像元被分为其他类。在已有研究中,目标地物的光谱比较稳定,即使利用中心像元进行 SVDD 分类也能达到较高的分类精度,然而本研究 QuickBird 影像中小麦地物的光谱变异性较强,单纯依靠中心像元参与 SVDD 分类是难以准确地提取出小麦的分布信息;②边缘像元集的分类精度有明显的提升($Z = 156.12$),生产者精度和总精度分别为 95.81% 和 92.71%,表明了利用边缘样本集进行 SVDD 分类才能提高目标地物的识别精度。由图 3.35c 可知,边缘像元集分类结果仍然漏分了少数纯净的小麦像元,而且还存在将树木错分为小麦的情况,这是由于训练样本在该参数下没有完整地包络小麦光谱的分布范围。

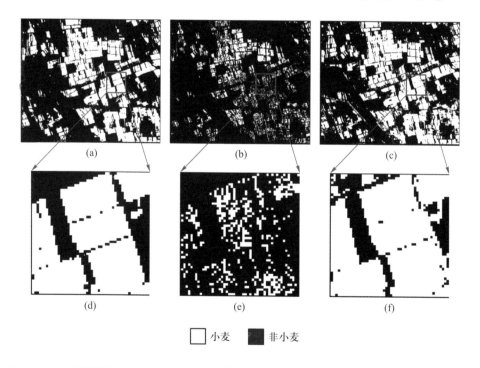

图 3.35　小麦真值分布(a)、中心(b)和边缘(c)样本集 SVDD 分类结果,(d)~(f)分别为(a)~(c)的细节图像

表 3.8　中心与边缘样本集分类精度

样本集	分类结果	地表真值数据		合计	用户精度
		小麦	其他		
中心 样本集	小麦	16 479	88	16 567	99.47%
	其他	20 020	66 421	86 441	
	合计	36 499	66 509	103 008	
	生产者精度	45.15%			
	总精度	80.48%			
边缘 样本集	小麦	34 969	5972	40 941	85.41%
	其他	1530	60 537	62 067	
	合计	36 499	66 509	103 008	
	生产者精度	95.81%			
	总精度	92.71%			

在精度检验的基础上,为强调不同分类结果差异的显著性,本研究采用 McNemar 检验来对比分类结果(Foody,2004)。该检验基于标准的正态检验统计:

$$Z = \frac{f_{12} - f_{21}}{\sqrt{f_{12} + f_{21}}} \tag{3.30}$$

式中,f_{ij} 表示 2×2 混淆矩阵中第 i 行,第 j 列的数据,f_{12} 或 f_{21} 表示某一个分类结果中正确分类而另一个分类结果中错分的像元数。若 $|Z| > 1.96$,那么两者的分类精度在 95% 置信度上有着显著性的差异。

3.2.3.5　结论和讨论

SVDD 在单类地物提取中得到初步的应用,但利用纯净像元形成的超球很难完整地描述地物的光谱特征。本研究基于 QuickBird 重采样影像和地表真实数据,本研究根据光谱均值加减 n 倍方差的方式将小麦划分为不同的样本集合,参数优化后通过模拟和真实实验建立样本空间特征与 SVDD 分类精度的关系。分析得出以下结论:

首先,随着 C 值逐渐增大或 s 值逐渐减小,超球会逐渐减小,生产者精度逐渐降低而用户精度逐渐提高,这与 SVDD 原理是一致的。另外,C 值的变化对 SVDD 的分类精度的影响都较小,且影响趋势一致。而 s 值的变化对分类精度的影响较大,且具有较大的波动性。

其次,样本空间特征是影响 SVDD 分类精度的关键因素,随着样本从中心向边缘逐渐扩散,分类总精度逐渐提高,并在 $n = 1.4$ 时达到最高,为 93.56%。

当 n 取值为 1.5 时,样本接近小麦真实分布的边界,形成的超球容易包含其他地物的像元,导致分类精度呈波动性下降。在真实实验中,中心样本集合 SVDD 分类结果的总精度为 80.48%,生产者精度只有 45.15%,说明单纯依靠中心像元参与 SVDD 分类是难以准确地提取出小麦的分布信息。而边缘样本的分类精度有明显的提升(Z = 156.12),总精度和生产者精度分别达到了 92.71% 和 95.81%,表明了利用边缘样本集进行 SVDD 分类才能提高目标地物的识别精度。

今后需要在以下两个方面进行深入的研究:其一,在地物光谱分布的边界均匀地选择分类样本,构成最优的超球描述地物的光谱空间特征,提高 SVDD 的分类精度;其二,C 和 s 是影响 SVDD 分类精度的关键,因此需要重点解决参数优化选择的问题。

3.2.4   基于集成学习的农作物识别研究

3.2.4.1   研究背景

集成学习是机器学习领域中一种较为重要的学习范式,该方法旨在利用多个学习器综合判断预测结果来提升学习器的性能。最早由 Dasarathy 和 Sheela (1979)共同提出,他们研究用两个或者多个分类器来分解特征空间,奠定了集成学习的基本理论。Hansen 和 Salamon(1990)通过研究揭示了集成学习方法对于改善人工神经网络算法有一定的见解,提出一个重要结论,即集成学习器性能超过单学习器的重要条件为:①单学习器准确;②各个单学习器间存在合理差异。另外,Schapire(1990)关于 Boosting 方法的文章突出了集成学习的优点和可行性,也为机器学习的发展带来重要意义。2005—2015 年期间,集成学习领域的文献非常多,但是集成学习的理论进展还是非常缓慢,还没有形成统一的定义。对于集成学习,在学术界有狭义和广义两种界定。狭义定义指出,集成学习通常运用多种同质性学习器针对某个问题执行学习。这里所说的"同质性"指的就是所有学习器均可归为一种类型,例如,均采用决策树,或者均采用线性判别分析等。广义定义没有这种限制,不必非要用同种学习器,多种不同类型的学习器来处理同一问题同样也是可行的,也属于集成学习。广义概念下的集成学习能够让很多在名称上有所差异,但归其本质还是非常接近的一些分支都可以归并到集成学习的范畴之中,如多分类器系统、多专家系统、基于委员会的学习等学术分支都可以归并于广义的集成学习框架之中。因此,广义定义使得集成学习涵盖的范畴越来越大。

在作物识别中,也有研究者采用集成学习的方法减少单分类器泛化性能差、选择分类器主观性强等问题(Du et al.,2012),但总体来说相关研究不多。为探究不同集成学习方法在单时相与多时相影像分类中的表现,本研究以辽宁省阜新市欧力营村为研究区,以玉米和棉花为目标作物,基于 2016 年 7 月 8 日国产 GF-1 卫星遥感数据,开展了基于单时相影像的集成分类,对比分析三种基学习器(最邻近算法、决策树、线性判别器),以及三种基学习器同质性集成和异质性集成学习的分类结果,为基于集成学习策略的作物识别提供方法借鉴。

3.2.4.2   研究区和数据

欧力营村所在的阜新市位于辽宁西北部丘陵区域,位于 121°01′E ~ 122°56′E、41°41′N ~ 42°56′N,属于辽宁省下辖的地级市,处于东北平原玉米黄金种植带。阜新市地势由西南向东北,呈由高到低延伸,境内为北温带大陆季风气候,四季分明,光照充足、雨热同季但降水量偏少,正常年份全年降水量一般在 450~520 mm,平均无霜期约为 154 天,太阳辐射和光照条件是全省最好的地区之一,年平均日照时数为 2673.7 小时,平均日照百分率为 62%。昼夜温差大,阜新年平均日较差 13℃,较大的温差为农作物干物质积累创造了有利条件,农产品的品质优良。空气湿度小,空气平均相对湿度为 57%,最低湿度 45%,干燥的气候环境有利于抑制病虫害的发生,为发展林果业、特色种植业及畜禽养殖业提供了得天独厚的条件。阜新工业化程度相对较低,污染程度轻,适合发展绿色有机食品生产。水质优良,水资源无工业污染。土质自然,阜新位于科尔沁沙漠南缘,土壤 pH 值平均为 7.5~7.7,无污染,适宜生产安全绿色农产品,粮食作物方面适宜种植玉米、大豆、花生等耐旱性较好的农作物,因此以大宗农作物为主,辅以高粱、谷子、薯类等粮食农作物,没有水稻种植,主要作物的物候见表 3.9。

表 3.9   阜新地区主要农作物物候表

月份	旬	玉米	大豆	花生
4	上旬			
	中旬			
	下旬	播种		播种
5	上旬	播种出苗	播种出苗	出苗三叶
	中旬	播种三叶	播种出苗	三叶
	下旬	出苗七叶	出苗	
6	上旬	三叶七叶		三叶开花
	中旬	七叶	三叶	
	下旬	七叶拔节	旁枝	

续表

月份	旬	玉米	大豆	花生
7	上旬	拔节	旁枝	
	中旬	拔节抽雄	旁枝开花	
	下旬	抽雄	开花结荚	开花
8	上旬			
	中旬	抽雄乳熟	结荚	
	下旬			
9	上旬	乳熟		开花成熟
	中旬	乳熟成熟	结荚成熟	成熟
10	上旬	成熟收获		
	中旬			
	下旬			

表 3.10 为本研究所用到的主要数据,其中 GF-1 影像(图 3.36)为分类方法的测试数据,空间分辨率为 16 m,获取时间为 2016 年 7 月 8 日。土地利用数据用于分类前初步提取耕地范围。人工解译的地类图斑则用于分类器的训练与测试。行政边界用来裁剪研究区范围。

表 3.10   数   据   表

数据类型	获取时间	精度/m	用途
GF-1 卫星图像	2016 年 7 月 8 日	16 m	分类测试
土地利用数据	2010 年	30 m	提取耕地范围
人工解译地类图斑	—	2 m	训练样本和真值
行政边界	—	—	裁剪研究区

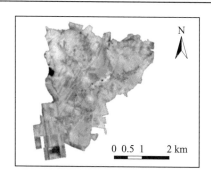

图 3.36   研究区 GF-1 卫星图像

3.2.4.3   研究方法和技术路线

本研究中涉及的集成学习相关技术流程如图 3.37 所示,主要包括数据预处理、分类实验和分类结果评价。

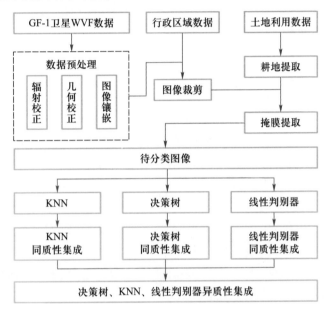

图 3.37   研究方案

1) 数据预处理

GF-1 卫星图像的预处理包括辐射定标、FLAASH 大气校正、几何校正、图像裁剪与镶嵌、人工解译地类图斑栅格化。其中人工解译地类图斑栅格化先将人工解译地类图斑栅格化成 2 m 分辨率,再按面积占优法进行升尺度,转化为 16 m 分辨率,用以与待分类图像分辨率保持一致。人工解译地类图斑一方面作为地面验证真值,另一方面作为训练样本的采集来源。

2) 分类实验

选取 KNN、决策树、线性判别器为基学习器,分别利用基学习器、同质性集成学习器以及异质性集成学习器对待分类影像进行分类。考虑样本量对分类精度的影响,同时为了避免单次分类产生的随机误差,本研究在不同样本量下进行重复实验。样本量分别设置为 10、50、100、500、1000、1500 和 2000。相同样本量下分类实验分别进行 30 次。

3）精度评价

经过遥感信息提取得到的分类图在使用之前,必须经过客观可靠的精度评价。本研究采用总体精度[式(3.31)]来反映正确分类的目标作物的总量精度,用 30 次分类实验的总体精度均值反映分类精度的整体水平,用总体精度的变异系数来反映分类精度的稳定性。

$$P = \frac{N_r}{N} \times 100\% \tag{3.31}$$

式中,P 为总体精度,N_r 为正确分类的目标作物的像元个数,N 为目标作物的总像元个数。

3.2.4.4　结果分析

1）基分类器分类结果

单独分析三种基分类器的分类效果,将决策树(Decision Tree)、KNN、线性判别器(Discriminate)三种基学习器的精度和变异系数可视化表达,见图 3.38。

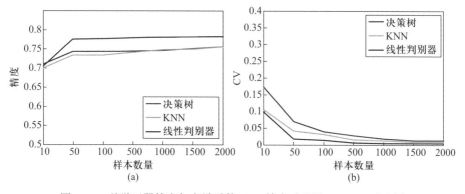

图 3.38　基学习器精度与变异系数:(a) 精度对比图;(b) CV 对比图

从图中可以很容易发现,Discriminate 在三种方法中精度最高,Decision Tree 和 KNN 方法精度相当,且均小于 Discriminate 方法。结合上表,三种方法在样本量为 10 时的精度接近于 70.0%,随着样本量的增多,三种基学习器精度均有提升,样本量为 50 时,Discriminate 精度提升至 77.6%,Decision Tree 精度提升至 74.3%,KNN 提升至 73.4%。样本量大于 50 后,通过增加样本数量对三种基学习器精度的提升效果递减,样本等于 2000 时,Discriminate 精度稳定在 78.0%,Decision Tree 和 KNN 精度稳定在 75.0%左右。

三种方法的变异系数随着样本量的增加都有所下降,Discriminate 的变异系数在三种方法中最小,Decision Tree 方法的变异系数最大。在样本量为 10～50 时,三种方法的变异系数快速下降;在样本量为 50～1500 时,三种方法变异系数缓慢下降;样本量大于 1500 后,变异系数趋于平稳。这说明增加样本量可以减少三种基学习器精度的随机性。

2) 同质性集成学习结果

为对比三种基学习器与同质性集成学习器性能,绘制了三种基学习器与其对应的同质性学习器的精度对比图和变异系数对比图。从图 3.39 中可以发现,同质性学习器和基学习器类似,随着样本量的增加,精度会优于其基学习器,变异系数有所下降。

对于 Decision Tree 方法来说,样本量小于 50 时,同质性集成学习器的精度低于基学习器精度;而样本量超过 50 后,前者精度超过后者;在样本量为 2000 时,同质性集成学习器精度高出基学习器 3.6%。除了样本量为 50 和 100 时,同质性集成学习器变异系数小于基学习器,其他情况下,同质性集成学习器变异系数大于基学习器。这说明同质性集成对 Decision Tree 方法有较好的提升效果,但是精度稳定性下降。

对于 KNN 方法来说,样本量小于 100 时,同质性集成学习器的精度低于基学习器精度;而样本量大于 100 后,同质性集成学习器精度随着样本增加会有所提升;在样本量为 500 时,最高精度达到 78.3%,而此时精度高于其基学习器 4.2%。随后,继续增加样本,其精度会有所下降,但始终高于 KNN 基学习器精度。除了样本量为 500 时,同质性集成学习器变异系数小于基学习器,其他情况下,同质性集成学习器变异系数大于基学习器。这说明同质性集成对 KNN 方法有较好的提升效果,但是精度稳定性也有所下降。

对于 Discriminate 方法,样本量小于 50 时,同质性集成学习器的精度低于基学习器精度;样本量大于 50 后,前者和后者精度相同。变系数方面,样本量小于 50 时,同质性集成学习器变异系数大于基学习器;样本量大于 50 后,两者一致。这说明同质性集成对 Discriminate 方法在精度提升和稳定性方面没有帮助。

综上,在大样本量的情况下,同质性集成学习对精度低且变异系数大的基学习器(Decision Tree 和 KNN)有较好的提升效果,但同时会增加精度的不稳定性,而对精度较高且变异系数较小的基学习器(Discriminate)没有提升效果。

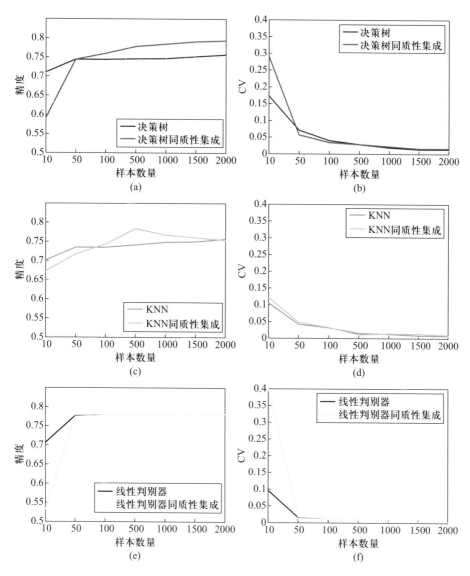

图 3.39 同质性集成学习器精度与变异系数

3）异质性集成结果

将三种同质性集成结果与异质性集成结果进行对比，见图 3.40。当样本量小于 50 时，三种同质性集成方法和异质性集成方法精度均小于三种基学习器的精度。而当样本量大于 100 时，异质性集成学习器精度明显高于其他三类同质性集成学习器精度。样本量为 2000 时，异质性集成学习器精度高于同质性集成 Decision Tree、同质性集成 KNN、同质性集成 Discriminate 精度 1.1%、4.9%、2%。

在变异系数方面,当样本量小于 50 时,同质性集成 Decision Tree、同质性集成 Discriminate 和异质性集成方法均远远大于基学习器变异系数。当样本量大于 50 时,同质性集成 Discriminate 的变异系数最小,异质性集成方法的变异系数次之。

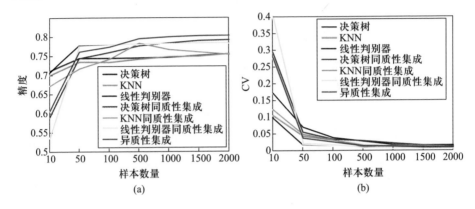

图 3.40　异质性集成学习器精度与变异系数

3.2.4.5　结论和讨论

基于单时相遥感影像,对比分析了 Decision Tree、KNN、Discriminate 三种基学习器、其同质性集成学习器以及将三种同质性集成学习器进行组合的异质性集成学习器的精度与变异系数,发现:①在三种基学习器中,Discriminate 基学习器分类精度最高,变异系数最小。②对于同质性集成学习器而言,当样本量小于50 时,同质性集成 KNN 和同质性集成 Decision Tree 能提高基学习器 KNN 和 Decision Tree 的精度,但其变异系数也会增加,集成的方法会导致学习器稳定性下降。而同质性集成 Discriminate 对于基学习器 Discriminate 没有提升作用。这说明集成学习在精度水平较低且精度稳定性也较差的基学习器上更能体现集成学习的优势。③对比基学习器、同质性集成学习器、异质性集成学习器,当样本量大于 100 时,异质性集成学习器精度明显高于其他三类同质性集成学习器精度。

本研究对比分析了同质性集成学习器和异质性集成学习器的差异,但是在未来的研究中,仍然存在一些问题值得深入的探讨:①进一步探讨不同集成学习器参数对遥感分类的影像。为设计合理的对比试验,本研究严格控制了集成学习器的相关参数(集成学习器个数与最大迭代次数)来探讨不同方法对遥感分类的影像,这样有利于探讨某一种参数下,集成学习器的差异,但是集成学习器的不同参数对于分类精度仍存在较大的作用。因此,有必要进一步研究不同的集成参数对遥感分类的影响。②对比分析集成学习器的基学习器类型对集成学习的影响。已有一些研究表明,集成学习对部分不稳定的分类方法的提升效果更好,而对稳定的分类器作用不大,分析基于哪些基学习器进行集成学习对提高影像分类精度更为有利也是有意义的方向。

3.3　基于多时相数据的作物识别

3.3.1　支持向量机与分类后验概率空间变化向量分析法结合的冬小麦识别方法

3.3.1.1　研究背景

利用单期关键期影像进行作物种植面积监测,作物提取精度直接取决于分类精度,而"同物异谱"和"异物同谱"现象的存在造成大量错分、漏分现象,测量精度难以保障(Stefanov et al.,2001;徐新刚等,2008)。与自然植被相比,除光谱差异以外,不同农作物都具有各自典型的物候特征(张峰等,2004;张明伟等,2008),这种剧烈的季相变化特征与自然植被的有序变化形成了巨大的反差,利用多时相遥感影像进行监测可以降低"同物异谱"和"异物同谱"现象,提高测量精度(Badhwar,1984;Conese and Maselli,1991),已成为目前农作物种植面积遥感测量的重要方法之一,如植被指数变化监测法(Lenney et al.,1996;Wardlow et al.,2007)、主成分分析法(Byrne et al.,1980;Panigrahy and Sharma,1997)等。已有的研究表明,利用多时相遥感影像进行变化监测主要有 3 种方法。①像元直接比较法(Johnson and Kasischke,1998):对地物变化比较敏感,可以避免图像分类所产生的误差,但无法得到变化方向信息,且对辐射校正要求很高。目前对各种噪声干扰(如传感器参数、物候差异等)产生的辐射差异的校正方法并不成熟,只能通过选择同一传感器、同一季相数据来减少噪声(陈晋等,2001),导致像元直接比较法被局限在年际变化的研究上。同时,不成熟的辐射校正导致大量伪变化,变化与不变化的象元值产生大量重叠,致使阈值确定困难。陈晋等(2001)提出双窗口变步长阈值搜寻方法,从一定程度上解决了目视判断阈值所带来的效率问题与经验影响问题,提高了阈值确定的客观性,但并没有讨论阈值的敏感性对动态变化监测的影响。②分类后比较法:对辐射校正的要求较低,适用于不同传感器和不同季相数据的比较,并且可以确定类型变化的方向(何春阳等,2001)。但是多时相分类过程产生误差累积,严重影响了测量精度(Singh,2010)。Lichtenegger 等提出将多时相数据集合成一个多波段数据集进行分类,避免了分类误差累积,但样本敏感性、类别划分复杂性增加,并且会产生大量低隶属度像元,单图像分类精度降低。③混合法:综合了像元直接比较法和分类后比较法各自的优点,正成为目前研究的热点之一,并有了一些成功的案例。Jensen(1993)在监测湿地变化、何春阳(2001)在监测土地利用变化时,均利用像元直接比较法监测变化像元,再对多时相数据进行分类确定变化类型,研究结果表明,该方法综合了像元直接比较法对变化敏感和分类后比较法可以得到变化类型信息的优点,提取精度优于传统方法;Chen 等(2008)先对多时相数据进行分类,再对分类后验概率向量进行像元比较监测,通过变化向量的强度判定是否为变化像元,降低了多次分类带来的误差累积现象。

目前,虽然混合法得到较好的应用,但仍存在一些问题有待解决:①阈值的敏感性没有进行深入研究,阈值的微小变化对变化和非变化像元数量的影响很大;②目前的研究重点关注地物类型的变化,对植被长势变化没有进行深入的研究探索,不太适合植被季节动态变化监测,尤其是季节性变化强烈的农作物监测;③多应用在土地利用/覆盖的年际变化监测上,但在季相变化监测方面的潜力没有得到重视。

针对以上问题,本研究提出基于支持向量机二分法的分类后验概率空间变化向量分析法(post-classification changed vector analysis,PCVA),利用多期中分辨率影像进行典型试验区冬小麦种植面积测量,采用混合动态监测方法,通过归并相似类别隶属度降低单图像分类误差和多次分类误差累积现象,保证作物种植面积测量的总量和像元精度,并通过频度直方图两极化降低阈值敏感性,使得变化阈值的取值更加客观,减少人为因素的干扰。

3.3.1.2　研究区和数据

研究区位于北京市通州区西南部,与大兴区接壤,面积为 12.9 km×10.6 km(图 3.41)。该区属中纬度温带大陆性季风气候区,地形较为平坦,农业较为发达,城市化发展迅速,土地利用类型多样,是北京市主要农作物种植区之一。冬小麦是该区的主要越冬作物。

研究中使用的遥感数据主要是根据冬小麦物候特征选择的多时相环境减灾小卫星 CCD 影像数据和 2006 年 9 月至 2007 年 9 月 MODIS 归一化植被指数(normalized difference vegetation index,NDVI)产品数据,如表 3.11 所示。环境减灾小卫星数据均经过严格的几何精校正和辐射校正,为保证试验所用遥感影像之间几何误差最小,使用几何精校正后的 2009 年 4 月 1 日影像为基准影像,分别对其余 3 期影像进行几何精校正。

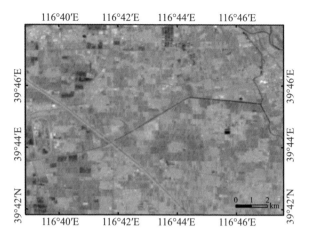

图 3.41 研究区域

表 3.11 遥感图像数据详表

成像时间	空间分辨率/m	卫星/传感器	波段频谱	用途	预处理
2008 年10 月 10 日	30	HJ-1B/CCD2	多光谱	冬小麦种植面积信息提取	几何精校正、辐射校正
2008 年10 月 26 日	30	HJ-1B/CCD2	多光谱	冬小麦种植面积信息提取	几何精校正、辐射校正
2008 年11 月 15 日	30	HJ-1B/CCD1	多光谱	冬小麦种植面积信息提取	几何精校正、辐射校正
2009 年4 月 01 日	30	HJ-1A/CCD2	多光谱	冬小麦种植面积信息提取	几何精校正、辐射校正
2006 年 9 月—2007 年 9 月	250	MODIS	NDVI 产品	研究区典型地物NDVI 曲线分析	无

3. 3. 1. 3 研究方法和技术路线

通过 SVM 二分法,在分类后植被/非植被隶属度空间进行变化向量计算,定义播种期到分蘖期/返青拔节期变化强度大且植被隶属度上升的像元为冬小麦像元,计算冬小麦种植情况。技术流程如图 3.42 所示。

图 3.42 技术流程图

1) SVM 二分法

样本类别的划分和样本量的大小对监督分类结果具有直接影响,模糊分类方法提供像元从属于各类别的隶属度代替类别结果,有利于保持分类结果的稳定性和下一步计算。SVM 是 Vapnik 等提出的较为完善的基于小样本的理论体系,它利用最优超平面理论来实现经验风险最小化和最佳置信度,在小样本条件下,SVM 分类器能够提高样本的稳定性。

"同物异谱"和"异物同谱"现象一直是遥感地物识别的难点之一。在模糊分类中,几种地类之间光谱曲线相似程度越高,越容易导致像元对这几个类别的隶属度离散化。这种现象在绿色植被之间、裸地和乡村居民地之间的判别上非常明显,通常会夸大地物的变化造成"伪变化",这种误差累积现象严重影响了测量总体精度,是分类后比较法误差的主要来源之一。

对遥感影像进行光谱细分转化为包含 m 种植被、n 种非植被的 $m+n$ 维后验概率空间,I_v 为植被类隶属度,I_{nv} 为非植被类隶属度,设某像元 α 在后验概率空间上的向量为 I_α,则

$$I_a = \begin{cases} \sum_{i=1}^{m} I_{vi} \\ \sum_{j=1}^{n} I_{nvj} \end{cases} \tag{3.32}$$

由此转换为植被/非植被二分量后验概率空间。

对地物光谱进行细分,然后将光谱曲线相似的类别进行合并,压缩成植被/非植被这两种光谱曲线截然不同的类型,很大程度上减弱了隶属度离散化程度,使得分类误差的主要来源调整到了类别的选择和纯像元的判别上,从而极大地降低了分类误差累积,也降低了样本选择经验对分类结果的影响,对结果的客观性有很大的增强作用。

2) PCVA 法

分类后验概率空间变化向量是描述从时相 1 到时相 2 变化的方向和大小的矢量,矢量空间是像元从属于各地类的隶属度空间。如图 3.43 所示,设时相 t_1、t_2 图像的同名像元在 k 维类别空间中的隶属度矢量分别为 $G=(g_1,g_2,\cdots,g_k)$ 和 $H=(h_1,h_2,\cdots,h_k)$,其中

$$\begin{cases} \sum_{i=1}^{k} g_i = 1 \\ \sum_{i=1}^{k} h_i = 1 \end{cases} \tag{3.33}$$

则变化向量 ΔG 为

$$\Delta G = \begin{pmatrix} g_1 - h_1 \\ g_2 - h_2 \\ g_3 - h_3 \\ \vdots \\ g_n - h_n \end{pmatrix} \qquad (3.34)$$

ΔG 包含了 t_1 到 t_2 中所有变化信息,变化强度由 $\|\Delta G\|$ 决定

$$\|\Delta G\| = \sqrt{(g_1 - h_1)^2 + (g_2 - h_2)^2 + \cdots + (g_n - h_n)^2} \qquad (3.35)$$

按照变化强度 $\|\Delta G\|$ 的定义,可知 $\|\Delta G\|$ 值越大,变化的可能性越大。通过设定 $\|\Delta G\|$ 的阈值,定义变化强度大于这个阈值的像元为变化的像元,变化的类型则可以由 ΔG 的指向确定。

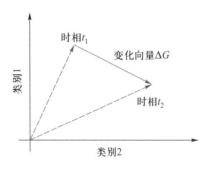

图 3.43　变化向量

3)　变化强度阈值选取和变化方向确定

判定变化/非变化阈值一直是变化监测方法的难点。理想状态下,变化强度有一个临界阈值,变化与不变化像元通过这个阈值分割完成。现实情况下,由于大气、传感器等因素的影响,临界阈值并不是某一个固定值,而表现为一个阈值段,在这个阈值段范围内,变化和不变化像元混杂,阈值的任意取值都会造成变化像元的误判,因此,阈值的取值需满足误判误差最小。

变化强度由 $\|\Delta G\|$ 决定,其物理含义为矢量在两幅影像上长度差的绝对值。将光谱波段空间转换为分类后验概率空间,合并光谱曲线相似的类别形成植被/非植被二维空间,然后进行变化向量计算。分类样本的细分和纯像元的选择,将使得各种纯类别地物隶属度集中,光谱曲线相似的类别隶属度合并将扩大像元在植被/非植被上的隶属度差异,变化强度频度直方图曲线中间取值部分频度将被压低,阈值取值稳定性将大大增加。

选择典型样本区,利用野外资料与人工目视相结合的方法,取误判误差最小的变化强度值为变化/不变化阈值。

得到的变化像元有两种:在播种期-分蘖期/拔节期由裸地变化到植被的变化像元或相反。由冬小麦物候变化规律可知,冬小麦像元变化特征符合第一种情况。因此,定义冬小麦像元的变化方向符合:

$$I_{vl} - I_{vj} < 0 \tag{3.36}$$

式中,I_v 为像元植被分量;l 为播种期;j 为分蘖期/拔节期。

3.3.1.4   结果分析

1) 研究区冬小麦信息提取

根据研究区地物光谱特征和影像特征,对研究区播种期(T_1、T_2)和分蘖期/拔节期(T_3、T_4)影像分别进行 SVM 分类,将研究区 T_1 影像分为 2 类植被、1 类水域、1 类城镇及 4 类裸地共 8 大类,将 T_2 影像分为 2 类植被、1 类水域、1 类城镇及 3 类裸地共 7 大类,将 T_3 影像分为 2 类植被、1 类水域、1 类城镇及 3 类裸地共 7 大类,将 T_4 影像分为 2 类植被、1 类水域、1 类城镇及 3 类裸地共 7 大类,并对相似类别进行归并,分别得到 T_1、T_2、T_3、T_4 植被/非植被分量。

通过样本判读,确定 T_1-T_3 变化强度阈值为 0.55,T_2-T_3 变化强度阈值为 0.7;T_1-T_4 变化强度阈值为 0.6,T_2-T_4 变化强度阈值为 0.65。

冬小麦变化方向符合:

$$\begin{cases} I_{v1} - I_{v3} < 0 \\ I_{v2} - I_{v3} < 0 \end{cases} \quad 或 \quad \begin{cases} I_{v1} - I_{v4} < 0 \\ I_{v2} - I_{v4} < 0 \end{cases} \tag{3.37}$$

式中,I_{v1} 为像元 T_1 期植被分量;I_{v2} 为像元 T_2 期植被分量;I_{v3} 为像元 T_3 期植被分量;I_{v4} 为像元 T_4 期植被分量。

研究发现,播种期-拔节期冬小麦提取结果完全包含播种期-分蘖期冬小麦提取结果。对比遥感影像发现,冬小麦在拔节期影像上的特征与分蘖期相似并优于后者,因此,本研究以播种期-拔节期冬小麦提取结果作为最终结果进行结果分析。

2) 测量结果总体精度分析

对 T_1-T_4/T_2-T_4 影像对提取结果进行叠加分析,如图 3.44 所示,两组影像对的提取结果大部分重叠,对比原始影像发现,T_1-T_4 影像对提取的是在 2008 年 10 月 10 日处于播种期的冬小麦;T_2-T_4 影像对提取出的冬小麦则包括两个部分:一部分是在 10 月 26 日处于播种期的冬小麦,另一部分在 10 月 10 日前播种,10 月 26 日长势较差的冬小麦也得到了体现。这表明,本方法不仅可以进行裸地→植被的变化检测,并且对植被长势差异敏感,可以进行弱植被→强植被的变化监测。

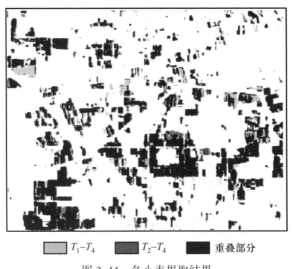

T_1–T_4 T_2–T_4 重叠部分

图 3.44 冬小麦提取结果

为比较本方法与常规分类后比较方法的区别,采用同样的分类体系和分类器对 3 个时相影像进行分类,根据作物物候特征,定义 T_1 或 T_2 影像上的裸地与 T_4 影像上的植被的交集为小麦,将测量提取结果与本方法进行比较,结果如图 3.45 所示。随机选取 250 个样本点,通过野外资料和目视经验判读相结合的方法,得到样本点参考值,分别计算这两种方法的混淆矩阵,结果如表 3.12 所示。

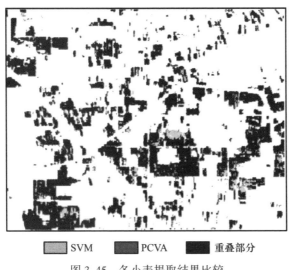

SVM   PCVA   重叠部分

图 3.45 冬小麦提取结果比较

表 3.12   精度评价表

提取方法		参考值		总体精度	Kappa 系数
		小麦	非小麦		
PCVA	小麦	79	6	0.956	0.901
	非小麦	5	160		
SVM	小麦	66	4	0.912	0.794
	非小麦	18	162		

由图 3.45 可知,两种方法提取的结果在面积总量和整体空间分布上类似,其中 SVM 法得到的面积总量略小,空间分布相对比较破碎,两种方法得到的结果在少数地块上有较大的差异。由表 3.12 可知,两种分类方法总精度都达到了90%以上,表明两种方法均能得到较好的提取结果,其中,PCVA 法与 SVM 法相比,总体精度略高,冬小麦漏分现象大大减少,生产者精度得到了提高;两种方法的 Kappa 系数分别为 0.901 和 0.794,PCVA 法的 Kappa 系数提高幅度很大,表明 PCVA 法像元精度大大提高,更能体现真实的冬小麦空间分布。

3)阈值稳定性分析

为比较阈值稳定性,使用常规 NDVI 曲线与 PCVA 法的频度直方图进行对比分析。如图 3.46 所示,PCVA 法频度曲线取值范围为 $[0, 1.4]$;NDVI 频度曲线取值范围为 $[-1, 1]$,NDVI 频度曲线很不稳定,阈值的微小变化对像元提取数量有很大影响;而在 $T_1 - T_4$、$T_2 - T_4$ 的变化向量计算中,均出现了频度在植被/非植被概率空间两极分化现象,中间部分的频度曲线被极大地压低摊平,两个直方图中间部分的频度均被压缩到 0.15% 以下,这就意味着,取值每变化 0.01,增加(或减少)的变化像元不超过总像元数的 0.3%,这表明阈值的变化对于测量结果影响很小,变化强度阈值取值的人为主观影响降低,阈值段的稳定度增加,阈值取值误差大大减小。

4)典型区域分析

由表 3.12 可知,相对于 SVM 法,PCVA 法漏分误差大大降低。对比原始影像,选择 A、B、C、D 4 个典型区域进行细节比较,如图 3.47 所示。其中,AB 点对代表 2 个结果细微差异典型区,CD 点对代表 2 个结果大面积差异典型区。

从原始影像上看,AB 点对由于土壤湿度的影响,个别像元光谱出现变异,这种同物异谱的现象造成了错判误差。对比这两种方法的提取结果发现,这种错判大部分出现在光谱变异的个别像元上,但这种"椒盐"现象并不明显;CD 点对

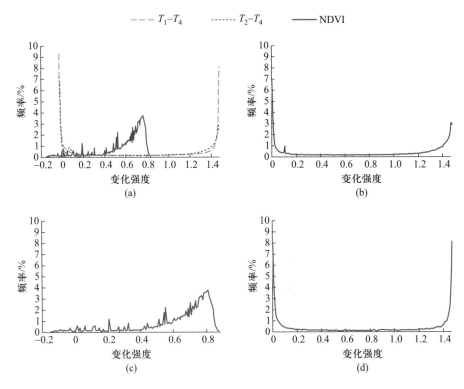

图 3.46　频度直方图比较:(a) 频度直方图比较总图;(b) T_2-T_4;(c) NDVI;(d) T_1-T_4

在 T_2 影像上裸地与居民地建设用地光谱上产生了混淆,使得 SVM 法出现了大面积的漏判,提取结果十分破碎,而 PCVA 法通过二分法将像元非植被隶属度合并,消除了非植被类别之间的错判,然后结合隶属度向量分析弥补了这两处的漏分缺陷,使得生产者精度大大提高。

3.3.1.5　结论和讨论

本研究利用基于 SVM 二分法和 PCVA 法对研究区进行 2009 年冬小麦种植面积测量,得到了较为满意的精度。试验结果表明:

(1) PCVA 法和 SVM 分类后直接比较法提取冬小麦结果的面积总量和整体空间分布类似,定量比较发现,PCVA 法测量结果总体精度和 Kappa 系数远高于 SVM 分类后直接比较方法,同时,相较于 SVM 法,PCVA 法漏分误差降低,生产者精度得到了很大的提高。

(2) PCVA 法的频度直方图两极化现象使得取值部分频度被压低摊平,阈值敏感性降低,减小了阈值判断误差,变化阈值取值更为客观,一定程度上解决了阈值难以设定的问题。

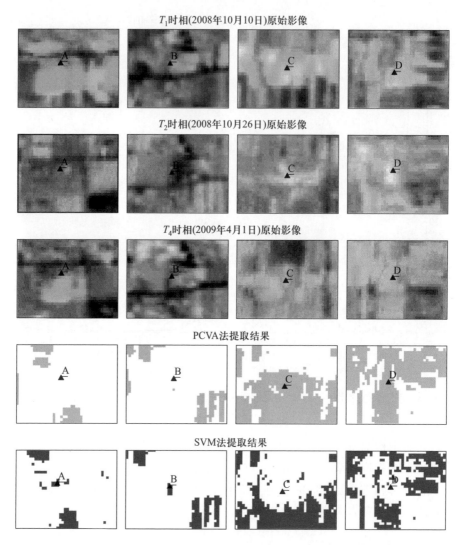

图 3.47 典型区域提取结果比较

ABCD 代表 4 个独立点位上的冬小麦地块

（3）SVM 分类、同类别隶属度合并和变化向量分析的结合增强了对植被光谱差异的敏感性，能够监测不同季相上植被的长势变化，进而提高了农作物种植面积遥感监测的精度，同时对其他农作物种植面积测量提供了新的途径。

本方法在以下方面还需要进行进一步研究：本方法对影像关键期的依赖很大，同时要求关键期内作物具有与其他地物不同的变化特征，在今后的研究中，可以探索在有其他同期作物混杂的情况下的改进方法；本方法对传感器和遥感数据源没有限制，可以扩展其在不同传感器、不同遥感数据源上的应用。

3.3.2　通过软硬变化检测识别冬小麦

3.3.2.1　研究背景

多期遥感影像上离散变化(像元内完全发生变化)与连续变化(像元内部分发生变化)是共存的(Verbesselt et al.,2010),单独采用软/硬土地覆盖变化检测都会给作物识别结果带来误差。针对以上问题,本研究综合软、硬变化检测方法各自的优势,针对短时间尺度的农作物识别提出了一种两者相结合的作物识别方法——软硬变化遥感检测作物识别方法(soft and hard land use/cover detection method,SHLUCD),以达到对离散变化区(即纯净像元区,包括完全转换成作物的突变区域和非作物区域)和连续变化区(即过渡区,混合像元区,是部分转化为作物的区域)进行准确识别。选择北京市的一个区域作为研究区,以冬小麦为研究对象,在分析冬小麦物候特征的基础上确定变化状态,综合差值和扩展支持向量机方法(extended support vector machine,ESVM)实现SHLUCD方法,对区域内的冬小麦进行检测识别,并对该方法的识别结果进行精度验证,验证SHLUCD的适用性。

3.3.2.2　研究区和数据

研究区位于北京市朝阳区、大兴区、通州区三区交界处,覆盖范围为 15 km×14 km。该地区冬小麦、蔬菜与果树交错生长,地块破碎,种植结构复杂,给冬小麦遥感识别带来了困难(胡潭高等,2010)。在遥感影像上,大片、地块破碎小麦呈现纯净、混合像元现象共存现象,适合本研究的开展。冬小麦生长周期从 10 月上旬开始,到次年 6 月下旬结束,整个生长阶段包括播种、出苗、分蘖、越冬、返青、起身、拔节、灌浆和成熟(表 3.13)(李苓苓等,2010)。

表 3.13　北京地区冬小麦物候特征表

月份	3			4			5			6			10			11			12 – 2
	上	中	下	上	中	下	上	中	下	上	中	下	上	中	下	上	中	下	
物候	返青		起身		拔节		抽穗		开花		乳熟		播种		出苗		分蘖		越冬

根据研究区冬小麦物候特征,选用 2011 年 10 月 6 日(播种期,T1)和 2012 年 4 月 16 日(拔节期,T2)两期 HJ-1 号卫星影像数据(像元分辨率 30 m),质量较好,无云。影像由 4 个波段组成,分别为蓝光波段(0.43~0.52 μm)、绿光波段

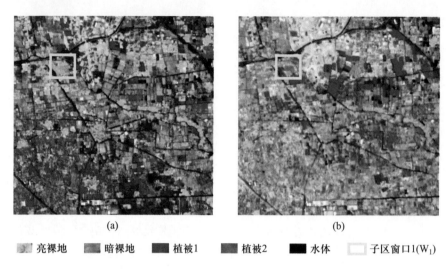

图 3.48　研究区及数据:(a) 播种期 HJ-1/CCD 影像;(b) 拔节期 HJ-1/CCD 影像

(0.52~0.60 μm)、红光波段(0.63~0.69 μm)和近红外波段(0.76~0.9 μm)。HJ-1 卫星数据均经过严格的几何精校正和辐射校正。以 2010 年高分辨率的航空像片数据为参考影像(高斯克吕格投影,坐标系为北京 54),利用二次多项式和双线性内插法,对 2012 年 4 月 16 日影像进行精校正,经重新选点检验,确定误差在一个像元内。进一步以 2012 年 4 月 16 日影像为基准影像,对 2011 年 10 月 6 日影像进行几何校正,相对配准误差控制在 0.5 个像元内。应用一次线性回归形式对两期遥感影像进行相对辐射校正(Yang et al.,2003)。此外,以 2010 年航片数据作为底图,结合两期中分遥感影像和地面调查数据,目视解译出实验区内冬小麦的空间分布作为真值(图 3.48b),提供构建训练样本的先验知识和进行实验结果的精度验证。

3.3.2.3　研究方法和技术路线

本研究引用变化向量分析结合扩展支持向量机 ESVM 实现 SHLUCD,进行冬小麦的遥感识别。图像差值方法通过计算两期遥感影像得到对应地物光谱的差值向量,准确地描述出从 T1 时期(图 3.48c)到 T2 时期(图 3.48d)光谱变化的方向和程度,该方法在基于变化向量分析(change vector analysis,CVA)的土地覆盖变化检测中得到广泛的应用(Bovolo and Bruzzone,2006)。ESVM 是在传统支持向量机(support vector machine,SVM)基础上改进的一种软硬结合的光谱空间划分方法(Wang and Jia,2009),能够将变化程度信息经过软硬光谱空间的划分,实现多期影像的变化检测,识别出冬小麦的丰度信息,具体流程见图 3.49 所示。

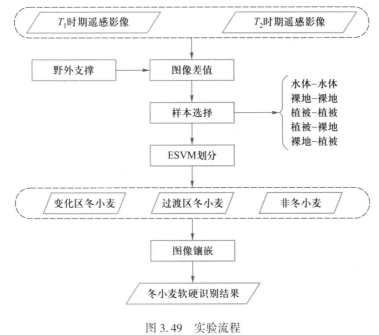

图 3.49　实验流程

1) 差值图像计算

针对两期 HJ-1 卫星遥感影像逐波段进行差值运算[式(3.38)],得到 4 个波段的差值图像,最后将新生成的四个差值波段组合成四波段的变化向量图像(图 3.50)。该图像可结合原始图像判别光谱变化的状态信息(即变化方向),并能够在一定程度上反映冬小麦的变化程度。

$$DN' = DN_{T2} - DN_{T1} \tag{3.38}$$

式中,DN_{T2} 表示 T2 时期遥感影像各波段的 DN 值;DN_{T1} 表示 T1 时期遥感影像各波段的 DN 值。

根据地物的光谱特征(赵英时,2013),结合差值遥感影像(图 3.50),分析地物在不同波段光谱特征差异及其在差值图像中的表现特性:①水体,由于水体在蓝光、红光、近红外波段呈现出低反射率的光谱特性,因此差值图像上灰色线状或灰色块状地物为水体。②裸地-裸地与植被-植被,在不同时期均为同一类的地物,在不同时期影像各波段所呈现出的光谱反射率差异不大,在差值图像上以灰色调显示的地物对应为两期影像中同时为裸地或植被的区域。因此,在差值影像这两种地物与上述水体光谱相仿,即未发生变化的地物。③植被-裸地,对于环境卫星遥感影像,裸地在绿光和红光波段中反射率总体高于植被,而在近红外波段小于植被,因此对于 T1 到 T2 时期由植被转变为裸地的区域而言,两期影

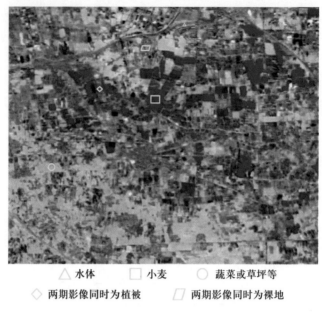

△ 水体　　　□ 小麦　　　○ 蔬菜或草坪等
◇ 两期影像同时为植被　　　▢ 两期影像同时为裸地

图 3.50　研究区差值图像
R:G:B 波段组合:近红外差值波段,红光差值波段,绿光差值波段

像的差值在红光和绿光波段为正值,且红光波段差值会更高,近红外波段差值为
负值。根据本研究的差值图像显示组合可知,该区域地物在差值图像中以蓝绿
色色调显示,一般对应蔬菜或草坪等。④裸地–植被,由于裸地和植被在近红外
波段上的反射率差异较大,而在其他波段差异较小,因此差值图像上以红色色调
表示的区域对应 T1 到 T2 时期由裸地转变成植被,结合该区域的作物物候特征
确定该区域为冬小麦。上述不同地物的光谱变化特征详见表 3.14。

表 3.14　地物变化样本选择

判断地物类型	变化类型	T1 时期影像特征	T2 时期影像特征	差值图像
非冬小麦	水体—>水体			
	裸地—>裸地			
	植被—>植被			
	植被—>裸地			
冬小麦	裸地—>植被			

注:RGB 组合波段为 4,3,2。差值影像 RGB 波段组合为近红外差值波段,红光差值波段,绿光差值
波段。

2) 变化样本选择

已有研究表明,分类过程中训练样本数量与分类精度正相关,每类地物的训练样本数量应在 10~30 p,其中 p 代表影像的波段数(Mathur and Foody,2008)。本研究每类训练样本数量设定为 30 p,即每一类变化地物训练样本数量均为 120 个像元。

利用研究区内两期遥感影像及其差值图像进行对比分析,整个区域从 T1 到 T2 时期光谱变化特征确定为 5 类:水体—>水体;裸地—>裸地;植被—>植被;植被—>裸地;裸地—>植被。表 3.14 表明了不同地物在两期影像和差值影像上的光谱特征。

3) 冬小麦识别

SVM 是一种基于统计学习理论的非参数分类器(Vapnik,1995),广泛应用于图像分割和图像分类(Cao et al.,2009)。该方法通过边缘像元确定最优超平面,对输入的向量进行划分,能够保证即使在小样本量的情况下也可以得到较好的识别结果(Mantero et al.,2005;张锦水等,2010)。ESVM 是 SVM 在遥感识别应用中的扩展,在实际的划分过程中所有波段变化程度向量参与其中,可在 SVM 方法的基础上解决由于系统噪声所造成的相对纯净像元间的光谱变化,识别结果为纯净、混合像元识别结果的复合,因此本研究引用 ESVM 特性,实现 SHLUCD 冬小麦的遥感识别。

图 3.51 为二维平面上利用多时相进行冬小麦和其他地物的划分过程,以 1、2 变化向量波段示例,用 ESVM 方法实现 SHLUCD 冬小麦遥感识别。其中,支

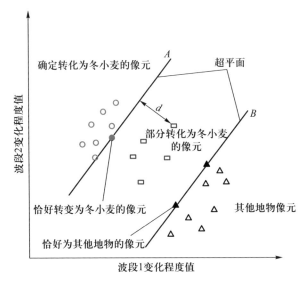

图 3.51　基于 ESVM 软硬变化检测识别冬小麦示意图

持向量是由处于恰好过渡状态的像元向量所构成,而这些像元被称为"刚好转化为冬小麦的像元"和"刚好为其他地物的像元",也就是支持向量。两条穿过支持向量的超平面将图像向量空间划分为三个部分:超平面 A 之上表示完全转化为冬小麦的区域;超平面 B 之下表示其他地物区域;A、B 之间表示部分转变为冬小麦的区域。两个超平面之间的距离为 1,部分转化为冬小麦的像元与超平面 A 的垂直距离(图 3.51 中的距离 d)表示冬小麦的丰度值,也就是软变化检测识别出的冬小麦。ESVM 的判别式如式(3.39)所示。

A 代表确定转化为冬小麦与部分转化为冬小麦区域之间的超平面;B 代表其他地物与部分转化为冬小麦之间的超平面;d 表示部分转化为冬小麦的像元到超平面 A 的垂直距离,即冬小麦丰度。

$$\begin{cases} \beta_x(A) = 1, \beta_x(B) = 0; & f(x) \geqslant 1, x \in A \\ \beta_x(A) = 0, \beta_x(B) = 1; & f(x) \leqslant -1, x \in B \\ \beta_x(A) = \frac{1}{2}(f(x)+1), \beta_x(B) = \frac{1}{2}(1-f(x)) & -1 < f(x) < 1, x \in \{A,B\} \end{cases}$$

$$(3.39)$$

式中,$f(x)$ 为转换的丰度值,$\beta_x(A)$ 表示冬小麦的丰度值,$\beta_x(B)$ 表示非作物的丰度值;A、B 分别代表作物和非作物类型。

为了与传统方法进行比较,本研究以 SVM 分类器为基础,选用径向基函数(Radical Basis Function,RBF)和线性学习机(Linear)为核函数进行 SVM 的硬划分和分解,其中线性核函数 SVM 分解过程等同于线性分解模型(Pan et al., 2012;Zhu et al.,2012),对冬小麦进行硬变化检测识别和软变化检测识别,输入样本集合与本研究的 ESVM 方法相同。

4) 精度评价

为验证三种变化检测方法的识别精度,将研究区冬小麦真值分布图的空间分辨率聚合到 30 m,检验三种方法划分结果的精度。本研究采用三个精度评价指标:均方根误差(RMSE)、面积估计偏差(bias)和决定系数(R^2)(Pan et al., 2012)。RMSE 是对估计量的偏差和方差的综合衡量指标,偏差是误差的均值,用来检验实验结果与真实值相比高估或低估的程度,R^2 能够表现出特定空间尺度下各类方法反映作物空间格局的能力。在不同尺度窗口下进行精度评价,可以一定程度上消除图像之间配准误差对精度评价的影响(Pan et al.,2011;Pan et al.,2012)。本研究采用不同尺度窗口对三种冬小麦识别结果进行精度评价,窗口设置为 1×1 至 5×5 像元窗口。

均方根误差、面积估计偏差、决定系数的计算公式定如下:

$$RMSE(s) = \sqrt{\sum_{i=1}^{n} \frac{(\hat{a} - a_i)^2}{n}} \tag{3.40}$$

$$bias(s) = \sum_{i=1}^{n} \frac{(\hat{a}_i - a_i)}{n} \tag{3.41}$$

$$R^2 = \frac{\mathrm{cov}\,(\hat{a}, a)^2}{\mathrm{var}(a)\,\mathrm{var}(\hat{a})} \tag{3.42}$$

式中,s 代表窗口大小,n 为研究区中的像元数,$\hat{a}_i$ 和 a_i 分别代表真值和实验结果中第 i 个像元冬小麦的丰度值,$\mathrm{cov}\,(\hat{a}, a)^2$ 是真值与实验结果中冬小麦丰度的协方差,$\mathrm{var}(a)$ 和 $\mathrm{var}(\hat{a})$ 分别代表实验结果与真值的总体方差。

3.3.2.4　结果分析

对比三种方法的识别结果与真实冬小麦可知,整体上,三种识别方法提取出的冬小麦范围与真实冬小麦分布基本相同(图3.52),均表现出较好的识别结果。HLUCD 方法将识别结果表现为冬小麦和非冬小麦两种地物,过渡区的微弱冬小麦信息被忽略(图3.52b)。SLUCD 方法判别的结果是以[0,100%]的连续丰度值表示冬小麦的识别结果,可表现出过渡区域冬小麦的细节信息,但在识别结果中存在许多噪声点。表现在两个方面:其一,在纯净的非冬小麦区域识别出一定的冬小麦丰度,这些值均接近于 0(图3.52c 子区窗口 W2);其二,在纯净的冬小麦区域冬小麦识别结果应为 100%,但在 SLUCD 识别结果中一般接近于 100%,尤其是对于大片的冬小麦种植区域,识别结果不像HLUCD 方法冬小麦结果为 100%。SHLUCD 的识别结果能够将整个区域划分为三个部分:确定转化为冬小麦的区域(白色区域,丰度值为 100%)、部分转化为冬小麦的区域(以(0,100%)的灰色色阶表示冬小麦丰度)、其他地物区(黑色区域,丰度值为 0)。从结果来看,SHLUCD 在冬小麦过渡区(混合像元)是 SLUCD 结果,在冬小麦离散变化区域(纯净像元)是 HLUCD 结果,综合了两者优势解决遥感影像纯净、混合变化区域共存的问题,能够更加准确地识别出离散变化、连续变化区域的冬小麦,符合遥感影像反映出的冬小麦分布情况。

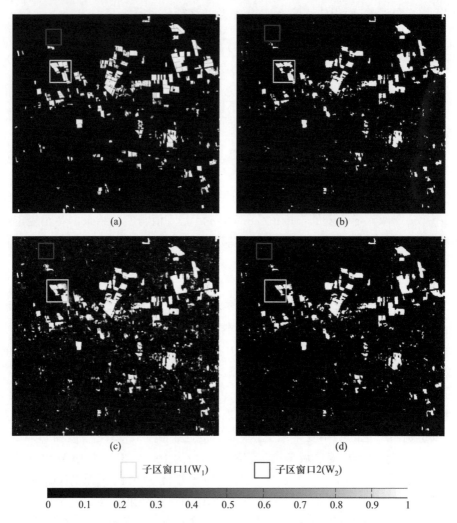

图 3.52   不同方法冬小麦识别结果分布图：(a) 真实冬小麦分布图；(b) HLUCD 冬小麦识别结果；(c) SLUCD 冬小麦识别结果；(d) SHLUCD 冬小麦识别结果

1）精度评估

图 3.53 表明，整体上，SHLUCD 识别结果表现出最高的识别精度。SHLUCD、HLUCD、SLUCD 的 RMSE 在各窗口下的取值范围分别为 0.14~0.07、0.15~0.07、0.16~0.08；偏差的大致取值分别为 -0.0008、-0.007、0.014；R^2 取值范围分别为 0.68~0.86、0.62~0.86、0.60~0.86。因此，SHLUCD 方法较其他两种方法对冬小麦识别表现出较高精度和较好稳定性。随着窗口尺寸的增加，三种方法的 R^2 值均增加，而 RMSE 和 bias 值降低，这说明随着像元尺度的增加，

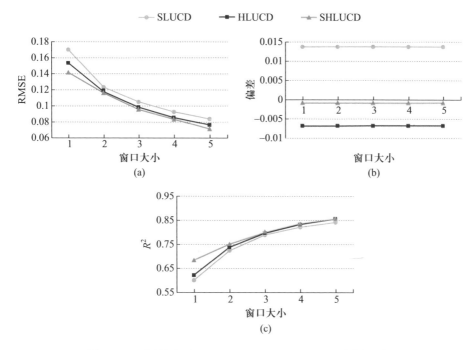

图 3.53　不同尺度下 HLUCD、SLUCD、SHLUCD 识别精度比较

窗口内冬小麦像元产生错入错出现象一定程度上抵消了分类误差和配准偏差产生的影响,这与已有的研究结论是相一致的(Pan et al.,2011;Pan et al.,2012)。

　　根据真值数据(图 3.52a)将研究区进行划分,分别为冬小麦突变区域(即冬小麦丰度 100%)、冬小麦渐变区域(即混合冬小麦区域)、非冬小麦区域(即冬小麦为 0%),并分析评价三个区域中各方法识别作物的精度(表 3.15)。

　　表 3.15 表明,在非小麦区和冬小麦突变区(离散变化区),HLUCD 的识别精度最高,SHLUCD 与其接近,SLUCD 精度最低且较其他两种方法相差较大,主要是因为 SLUCD 对光谱比较敏感,容易将一些地物误分成冬小麦,而 SHLUCD 继承了 HLUCD 特性,对光谱的微弱变化不敏感;在冬小麦丰度渐变区,SLUCD 识别精度最高,SHLUCD 与其接近,HLUCD 对目标结果进行二值划分,对含有比较低丰度的冬小麦会忽略,而对于高丰度的冬小麦取值为 100%,造成 HLUCD 的识别错误,具有 SLUCD 特性的 SHLUCD 可以避免这一点。SHLUCD 方法总体识别精度高于单独使用任何一种软、硬变化检测的方法,因此对于遥感影像上土地覆盖变化的离散变化、连续变化共存现象具有很好的灵活性和适用性。

表 3.15　分区域精度评价

区域	方法	*RMSE*	*bias*
非冬小麦区	HLUCD	0.07	0.0052
	SLUCD	0.10	0.0200
	SHLUCD	0.08	0.0085
冬小麦渐变区	HLUCD	0.50	-0.1031
	SLUCD	0.44	0.0095
	SHLUCD	0.46	-0.0583
冬小麦突变区	HLUCD	0.29	-0.1180
	SLUCD	0.41	-0.1650
	SHLUCD	0.32	-0.1405

2) 空间分布对比分析

从图 3.52 可以看出,三种变化检测方法识别出冬小麦的整体结果与真值均较为一致。为更加清晰地分析本研究方法的优势,选择一个子区(图 3.52a~d 子区窗口 W1)进行三种方法的对比分析,可以得出:对于 HLUCD 方法(图 3.54d),在典型冬小麦区域识别效果好,而在地块边缘过渡区(图 3.54d 黄框周围区域),即冬小麦混合像元区,由于冬小麦丰度偏不同,被硬性划分为冬小麦和非冬小麦区,造成冬小麦的错分、漏分;对于 SLUCD 方法(图 3.54e),地块边缘过渡区域识别结果较符合实际情况,较 HLUCD 方法表现出较好的优势,但由于光谱的不稳定性因素,在典型非冬小麦区域的冬小麦识别过程中识别结果非 100%,造成混入误差。如在典型的非冬小麦区域(图 3.54e 红色框内部),识别结果为具有一定丰度的冬小麦,范围约 0~20% 像元。这主要是因为光谱的不稳定性,导致不含有冬小麦的像元被分解出一定丰度的冬小麦,这是利用分解方法进行软变化检测不可回避的困难(Brown et al.,2000)。然而对于典型的完全转为冬小麦的区域中(图 3.54c 白色识别结果),冬小麦丰度为 100%,但实际的识别结果丰度一般在 90% 到 100% 之间,这也是硬变化检测存在的问题(Pan et al.,2012)。

与上述两种方法相比,SHLUCD(图 3.54f)能够更加准确地提取出离散变化区和连续变化区的冬小麦。离散变化区的冬小麦分布范围和识别结果与 HLUCD 结果相似,消除了 SLUCD 方法导致其他地物的混入,能够准确地提取出离散变化区域的冬小麦,丰度取值为 100%;连续变化区识别结果与 SLUCD 结果基本相同,能够较好地识别出边缘过渡区域(混合像元区)的冬小麦信息。相对于 SLUCD 方法,基于 ESVM 超平面光谱空间的划分,SHLUCD 方法仍然会舍弃一部分低丰度的冬小麦像元,这会对小麦地块的边缘像元造成一定的影响。综

上分析,SHLUCD 综合集成了软、硬变化检测方法各自的优势,充分利用作物的
物候特征,能够更加有效地识别出作物的空间分布。

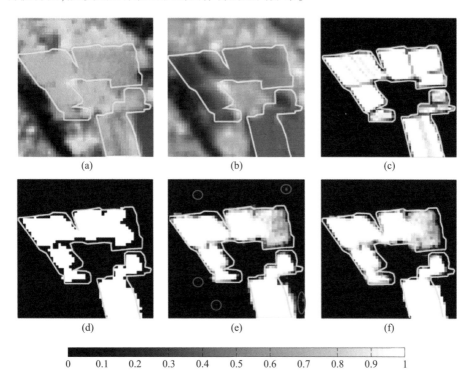

图 3.54 子区窗口(W₁)冬小麦分布图:(a)(b)为子区窗口(W₁)HJ-1/CCD 影像(RGB 组合波
段为 4,3,2),获取日期分别为 2011 年 10 月 6 日和 2012 年 4 月 16;(c) 真实冬小麦分布图;
(d) HLUCD 冬小麦识别结果;(e) SLUCD 冬小麦识别结果;(f) SHLUCD 冬小麦识别结果
黄框表示真实冬小麦分布范围

3.3.2.5 结论和讨论

1) 结论

综合软、硬变化检测方法各自优势,本研究提出了软硬变化检测的冬小麦识
别方法(SHLUCD),并通过图像遥感差值和 ESVM 方法,实现了基于软硬变检测
的冬小麦识别。得到如下结论:

(1) 精度验证表明,较 HLUCD 和 SLUCD 方法,在不同窗口尺度下,
SHLUCD 识别结果整体表现出最低的 RMSE 和偏差,以及最高的 R^2(RMSE 范围
为 0.14~0.07,偏差为 -0.0008,R^2 为 0.68~0.86),因而显示出较高的冬小麦识
别精度和稳定性。

（2）三个划分区域（冬小麦突变区域、冬小麦渐变区域、非小麦区域）的精度验证表明，SHLUCD 在冬小麦突变区和非小麦区域识别精度接近 HLUCD，在冬小麦渐变区域识别精度接近 SLUCD，在实际的应用中可适应不同景观分布特征，整体精度高于单独使用 HLUCD 或 SLUCD。

（3）本研究提出的 SHLUCD 方法可根据土地覆盖变化定义目标作物状态，将研究区划分为离散变化区和连续变化区。离散变化区可通过土地覆盖状态变化来识别作物，识别结果与 HLUCD 等同；连续变化区可通过变化程度来反映冬小麦丰度，识别结果与 SLUCD 基本等同，综合 HLUCD 和 SLUCD 各自的优势，识别结果与作物实际分布状况更加符合。该方法为其他不同种植景观、不同作物的遥感识别打下良好的实验基础。

2）讨论

（1）本研究通过软硬变化检测方法提取出了研究区冬小麦种植面积信息，并以高分目视解译结果作为真值验证了该方法的识别效果。本次试验研究区仅选取了一块北京市规整和破碎相混合的冬小麦区域进行了试验，SHLUCD 需要应用到更大的、种植结构更为复杂的区域和其他物候作物品种进行实验，以验证该方法对于不同作物景观特征、不同作物的适用性。

（2）SHLUCD 是一种概念性的模型，在实现的过程中可通过不同的模型方法实现土地覆盖变化程度的计算和转换，而不同的实现方法会对识别结果造成一定的影响，因此需要进一步研究不同的软硬变化实现方法的适用性。

（3）本研究中直接假设在确定土地变化状态（即地物类型）的基础上，土地变化程度与区域内作物的丰度相对应，但地物变化概率与地物丰度之间的定量关系仍需要在今后的研究中进一步的深入和证明。

（4）为一定程度上消除配准误差对精度评价的影响，本研究采取不同尺度窗口对不同方法进行了验证。但由于中分辨率影像之间的配准也是影响到变化检测识别精度的重要因素，因此在今后的研究中还需进一步考虑中分辨率影像几何配准对作物识别结果影响。

3.3.3　图斑与变化向量分析相结合的秋粮作物遥感提取

3.3.3.1　研究背景

我国农作物种植面积大，种植结构复杂，地块比较破碎，普遍存在"同物异谱"和"异物同谱"现象（周巍和余新华，2013）。采用传统的基于像元的识别方法会造成严重的"椒盐现象"(李小江等,2013)。同时,复杂的光谱降低了分类识别的精度,难以满足实际需求(李小江等,2013)。随着遥感技术的迅速发展,高分辨率遥感影像能够在米级、亚米级上更加准确地描述地物的尺寸、形状等地表纹理特征及作物分布的细节信息(张秀英等,2009),这对于作物识别提供了很好的研究方向。

面向对象方法能够综合考虑像元光谱信息、纹理特征及地表物体空间结构与联系,能够减小传统基于像元的分类方法存在的椒盐误差的问题,提高分类精度(别强等,2014)。面向对象的方法是高分辨率遥感影像应用的重要方向(Burnett and Blaschke,2003;Liu et al.,2012)。已有研究将该方法应用于作物识别,取得了较好的效果(Geneletti and Gorte,2003;Zhou and Troy,2008;Frohn et al.,2009;Li et al.,2010;陈燕丽等,2011)。采用面向对象方法利用高分辨率遥感影像提取图斑,能够有效地消除传统像元分类的"椒盐问题"。但是秋粮作物种植结构复杂,同期作物难以保证划分出"纯净"的图斑,会造成同一图斑内不同作物的混入,导致识别精度降低。

本研究针对上述问题,利用面向对象方法对高分辨率遥感影像提取地物图斑,综合考虑归一化植被指数提取植被图斑。区分纯净、混合图斑,然后利用变化向量图像进行秋粮作物的纯净、混合图斑的标定,提取作物分布。

3.3.3.2 研究区和数据

研究区为河北省衡水市深州市(县级市)(图 3.55),地处河北省东南部,衡水市西北部(115°33′12″E,38°0′3″N),总面积 1252 km²,辖 18 个乡镇区和 1 个省级经济开发区,465 个行政村,人口 57 万人,耕地 140 万亩[①]。主要作物为玉米、棉花、景观树。气候属暖温带半干旱区季风气候,大陆性气候特点显著,光资源充足,四季分明,雨热同期。年降水量 486 mm,适合北方粮经作物生长。

本研究所用的数据主要包括遥感数据和外业样本数据。遥感数据选取高分一号(GF-1)卫星中、高分辨率遥感数据,获取时间为 2014 年 6 月 27 日和 8 月 7 日。其中,PMS 传感器的多光谱高分辨率是 8 m,全色高分辨率是 2 m,重访周期为 4 天;WVF 传感器的多光谱中分辨率是 16 m。外业样本数据的调查是通过在研究区随机抽取 700 个点,利用 GPS 导航对各点地物类型进行实地调查并记录采样点的属性。其中,玉米样本 281 个、棉花样本 125 个、景观树样本 107 个、非植被样本 187 个。采样点用于分类及分类结果精度检验与评价。

---

① 1 亩 ≈ 666.7 m²。

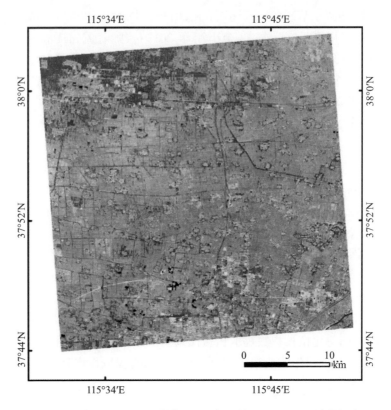

图 3.55　研究区 GF-1 卫星影像(2014 年 6 月 27 日,4、3、1 波段组合)

3.3.3.3　研究方法和技术路线

　　研究充分结合中分辨率遥感影像传感器观测范围广、重访周期短、可方便获取大面积长时期连续的遥感影像数据的特点和高分辨率遥感影像目标物形状清晰可见及影像上地物景观的结构、形状、纹理和细节等信息都非常突出的特点对目标作物进行遥感识别。以作物的物候期特征为基础,通过对高分辨率遥感影像的植被图斑划分和基于中分辨率遥感影像作物的多时相影像分类结果相结合,采用变化向量分析的方法,最终提取研究区的作物分布,并进行作物提取精度检验。研究主要包括影像预处理、植被图斑提取、变化向量分析、基于像元的变化向量分类、面向对象与变化向量分析相结合的分类、分类结果精度评价与分析。技术路线见图 3.56 所示。

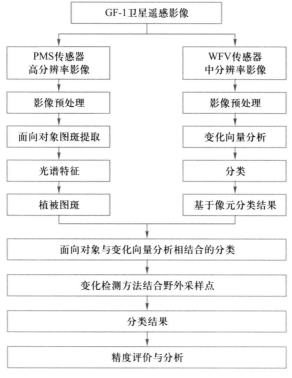

图 3.56　技术路线

1) 数据预处理

数据预处理包括正射校正、图像融合、几何校正和投影转换。高分一号的
PMS 相机可以获取包括 8 m 多光谱图像和 2 m 全色图像。其中,8 m 的多光谱
包括蓝、绿、红、近红外 4 个波段。根据高分一号数据文件,选用 ENVI Generic
RPC 和 RSM 模块进行正射校正。针对高分一号的 PMS 相机 8 m 多光谱图像和
2 m 全色图像正射校正结果,利用 ENVI 5.0 的 Gram-Schmidt Pan Sharpen-ing 模
块进行图像融合。图像融合结果为 2 m 分辨率的高分数据,用于图斑分割与提
取。通过图像融合获取高分辨率的多光谱影像数据,用于准确提取植被图斑。
对高分一号中、高分辨率影像结合 QuickBird 多光谱影像进行几何精校正,满足
误差小于 0.5 个像元。数据投影统一转换为 WGS1984_UTM_50N。

2) 影像分割

利用 ENVI 的 Feature Extraction 模块进行图斑提取。该模块基于影像空间
以及影像光谱特征(即面向对象),从高分辨率全色或者多光谱数据中提取信
息。实验选取植被光谱信息丰富的 2014 年 8 月 7 日的 2 m 和 8 m 融合的高分

辨率数据进行影像分割。通过目视分析影像分割效果,最终选取分割尺度为30,合并尺度为70,提取了图斑。

3)植被图斑提取

NDVI能够充分地检测植被的生长状态、植被覆盖度,在一定程度上消除辐射误差,很好地表达遥感影像的植被信息。本研究选取NDVI提取属于植被的图斑。选取玉米和棉花均生长旺盛的2014年8月7日高分一号2 m/8 m融合数据,提取高分影像植被区域NDVI[式(3.43)]。

$$NDVI = (NIR - R)/(NIR + R) \qquad (3.43)$$

式中,NIR值近红外波段,R指红波段。

利用面向对象提取的图斑对高分一号NDVI数据进行统计,以图斑下覆盖的所有像元的NDVI平均值为该图斑的NDVI值,获得各图斑的NDVI数据。根据野外采样点数据,判定本实验中植被图斑的阈值为0.04。根据阈值提取出属于植被的图斑,并利用ArcGIS将其按照面积最优方法转为矢量数据。图3.57选取研究区局部分别表示GF-1影像、NDVI计算结果及植被图斑提取结果。

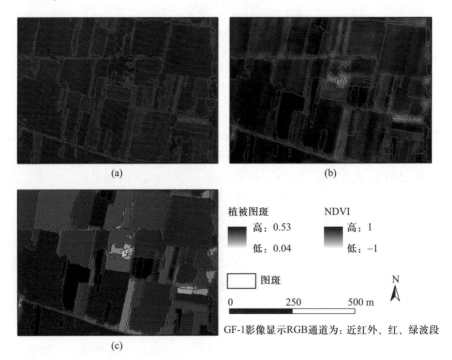

图3.57   植被图斑局部图:(a) GF-1卫星影像;(b) NDVI;(c) 植被图斑

4) 基于向量分析的影像分类

变化向量法(change vector, CVA)表达两个时相的光谱变化向量,包含了两幅图像中所有的变化信息(陈晋等,2001)。它不像分类后比较法那样需要多次分类,不会出现误差累积造成的不合理变化类型,能够准确地识别作物变化信息进行作物分类。

实验利用高分一号 WFV 传感器 16 m 分辨率影像数据两景(获取时间分别为 2014 年 6 月 27 日和 8 月 7 日),求取四个波段的变化向量,根据四个波段合成变化向量影像。根据植被图斑矢量图对变化向量影像图统计各波段的值,形成以植被图斑为单元的变化向量影像。选取基于统计学习和结构风险最小化理论的分类器——支持向量机(Cortes and Vapnik,1995)。该分类器可以使类间间隔最大化,保证分类精度(Huang et al.,2002)。以野外采样点为训练样本,对变化向量影像进行分类。根据研究区实际情况,分类体系定义为玉米、棉花、景观树和非植被。局部分类结果见图 3.58 所示。

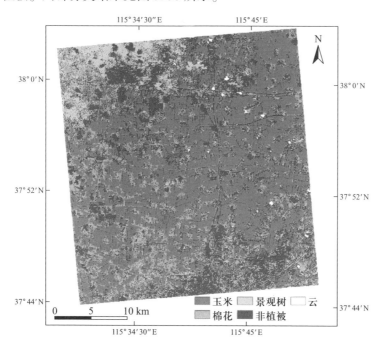

图 3.58 研究区分类结果

5) 图斑类型标定

由于研究区玉米和棉花的物候特征和光谱特征难以区分,本研究将面向对象方法与变化向量分析法相结合进行分析提取。其中植被图斑包含纯净图斑和混合图斑两种。纯净图斑中某一类作物占图斑面积80%以上,则该作物类型定义为图斑的作物类型。混合图斑指的是图3.59中基于像元变化向量影像分类图中在一个完整的图斑中出现多个类别,且各类所占面积低于80%。该类图斑作物类型定义为变化向量影像分类结果。研究区内的棉花种植具有少量并且破碎的特点,需要结合中分辨率的基于像元的变化向量分类结果标定混合图斑作物类型。根据实验区玉米、棉花和树的物候特征及在影像上的光谱特征,树与前两者物候特征明显不同,容易区分。混合图斑继承中分辨率分类结果,最终提取了玉米与棉花。非植被区域根据基于像元的变化向量分类图提取。在局部分类结果图3.59中,将基于像元的变化向量影像分类结果与图斑矢量叠加可以看出,有一部分图斑是混合图斑。对这些混合图斑进行面积统计,可以判断出一部分图斑为棉花,另一部分为玉米。在最终的分类结果中较好地区分出玉米和棉花。

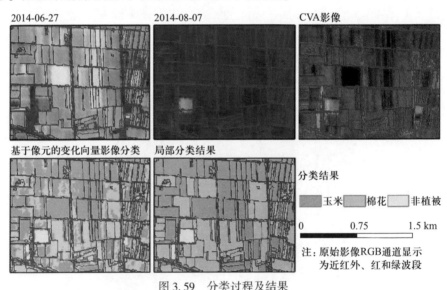

图3.59   分类过程及结果

3.3.3.4   结果分析

1) 分类结果

将图3.59分类结果与原始影像对比可以看出,采用面向对象技术获取地块单元,以此单元进行作物提取比较准确。特别是对于分类器分类产生的"椒盐现象"和混合作物的区分效果较好。图3.58中深绿色代表研究区的大宗作物玉米,除在研究区西北角和东南角小面积区域没有分布外,其余区域都有种植,覆盖面积最大。浅蓝色为景观树,主要分布在研究区西北角,在其他区域少量混作在玉米中,覆盖面积较小。浅绿色为棉花,与景观树的分布情况大致相似,但是在玉米中混作的棉花比景观树多。通过与野外采样结果对比,实验区景观树大

多数为树苗,因此在混作于玉米和棉花中时会导致一定程度的错分。白色斑块
为影像上少量的有云覆盖的区域,这也会导致分类识别精度降低。紫色区域为
非植被区域,覆盖面积较小。

2) 精度评价与分析

根据野外采样点结果,采用混淆矩阵进行精度评价(表 3.16)。结果表明,
研究区分类结果总体精度达到 93.6%。玉米识别精度较高,用户精度 95.4%,制
图精度 96.1%,漏分误差 3.9%;棉花用户精度为 86.8%,制图精度为 84.0%;景
观树用户精度为 89.9%,制图精度为 91.6%;非植被的用户精度为 97.3%,制图
精度为 97.3%。从混淆矩阵看出,玉米主要被错分为棉花导致了制图精度降低。
主要原因是棉花少量混作于玉米中,玉米提取时光谱复杂程度高,在两种作物边
界处区分难度大。玉米中混入了少量景观树,相比棉花来说,景观树混作在玉米
中的情况较少,因此发生错分的可能性比较小。玉米中有少量非植被类混入,主
要原因是部分采样点邻近植被区域,在植被与非植被区域交界处遥感影像在不
同分辨率情况下,像元可能覆盖了植被和非植被,分类时将这类像元分为植被导
致了错误的产生。另一个原因可能是非植被区域本身混有少量的与玉米同期的
其他植被,如杂草和小树等,这些地区被分为植被的可能性比较大。

表 3.16 精 度 评 价

采样结果		分类结果				制图精度/%
		玉米	棉花	景观树	非植被	
	玉米	269	8	1	3	95.7
	棉花	9	105	9	2	84.0
	景观树	3	5	98	1	91.6
	非植被	1	3	1	182	97.3
用户精度/%		95.4	86.8	89.9	96.8	
总体精度/%				93.6		

棉花的分类结果中玉米和景观树都有混入(分类结果中棉花分正确 105 个点,
混入玉米 8 个点,景观树 5 个点),主要原因是棉花在景观树和玉米中混作都比较
多,但种植面积总数小,在它与玉米和景观树的交界处由于光谱的互相影响,容易
发生错分的情况。对于非植被的混入,原因与玉米分类结果的原因相同。

景观树的分类结果中以棉花少量混入为主,主要原因是在研究区西北角景
观树比较集中种植的区域,混作了非常破碎并且少量的棉花。非植被的分类结
果中其他三类均有少量混入,原因是非植被区域与植被区域在光谱特征上有着
明显的区别,在分类识别时不易造成错分。

3.3.3.5 结论和讨论

本研究基于面向对象技术,综合变化向量分析与植被指数,构建提取农作物的方法。采用面向对象与变化向量分析的方法充分地利用了面向对象的优势,较好地提取大宗作物。通过本研究实验得出以下结论:

(1)采用面向对象技术结合光谱信息提取地物的纹理信息,构建以地块为基础的识别单元进行作物提取是可行且有效的。在此识别单元的基础上加入植被指数和植被变化向量信息,能够较好地提取作物信息。研究区作物识别总体精度较好,达到了93.6%。各类别用户精度均在86.0%以上,制图精度均在84.0%以上。

(2)实验区的种植结构对于作物提取精度产生一定的影响。一方面,棉花种植少量并且比较破碎,与玉米、景观树混作情况较多,提取结果中棉花与玉米相混错误较多。其用户精度为86.8%,制图精度为84.0%。另一方面,实验区种植有一定量的景观树,混作于田间。这造成了景观树与其他两类作物相混,降低了作物识别精度。

(3)结合面向对象技术以图斑为基础进行农作物提取能够有效地减少"椒盐现象",提高作物提取精度。以图斑为基本单元的作物提取方法,很好地解决了传统基于像元的分类中由于光谱异质性造成的"椒盐现象",提高了农作物提取精度。

3.3.4 构建时空融合模型进行水稻遥感识别

3.3.4.1 研究背景

水稻是全球重要的粮食资源,其种植面积约占全球作物种植面积的11%(Maclean et al.,2002)。及时、准确地监测水稻种植面积和生长情况不仅对于水资源管理和温室气体排放估算至关重要(Xiao et al.,2002),而且对于制定粮食政策、社会稳定及经济发展也具有重要的意义(邬明权等,2010;黄敬峰等,2013)。

水稻遥感分类识别主要包含两大类方法:单时相遥感影像识别和多时相变化检测。单时相遥感影像识别方法主要是通过水稻关键生长期的单期影像的地物光谱信息计算相关指标进行水稻提取。例如,通过计算叶面积指数(leaf area index,LAI)和构建植被指数生物量反演模型进行水稻监测(李卫国和李花,2010)。由于同期种植作物(玉米、大豆、棉花等)较多,种植结构复杂,多种作物易与水稻相混,造成单一时期遥感影像上存在"异物同谱"的现象,对于水稻识别影响很大。多时相变化检测方法能够充分利用多期遥感影像有效刻画地物在不同时期的表现特征,被广泛应用于土地利用与土地覆盖分类、景观变化检测、作物遥感识别等方面(Lu et al.,2004;Singh,2010)。对于作物遥感识别而言,变化检测手段能够充分利用作物不同生长期的物候特征在遥感影像上呈现出显著的光谱差异进行作物的识别(俞军和 Ranneby,2007;Zhu et al.,2014)。目前,多时相变化检测识别方法主要有代数法(algebra)、转换法(transformation)、分类法(classification)和高级模型法(advanced model)等(Lu et al.,2004)。代数法和转换法都存在难以确定合适阈值进行分类的问题。分类法需要事先获取合适的训练样本输入检测模块(Liu and Peijun,2011)。大量高质量的训练样本对于分类至关重要,但是往往难以获得。因此,这类方法的分类结果精度难以保证,最后导致遥感识别的不确定性和误差较大。高级模型法通过建模将影像的反射率转换为一定的生物物理参数进行变化信息的获取。它除了在建模方面存在较大难度外,对于影像质量的要求也比较高。这些已有的变化检测分类方法基于影像光谱信息进行计算,影像上"云污染"(cloud contamination)问题(Cheng et al.,2014)会导致变化检测分类识别不确定性和误差增大,加之"云污染"的普遍存在性,致使这些方法的应用受到一定的限制。另外,多期影像配准误差也是一个不容忽视的因素,它会造成"伪"变化信息,导致识别结果中存在"椒盐现象",降低了识别精度。

已有研究表明,两个普遍存在的问题是影响变化检测水稻识别精度的关键:第一是对影像质量的要求较为苛刻,一般需要无云图像才能够进行准确识别。变化检测需要获取水稻生长关键期的遥感影像,但水稻生长处于云雨天气较多的夏秋季,很难保证获得无云的遥感影像。这种"云污染"现象导致地物光谱信息缺失或受到不同程度的影响,限制了变化检测方法进行水稻遥感识别的适用性。分析遥感影像"云污染"的特点可以发现,其多以"团簇"状分布,不同时期云在遥感影像的位置是随机的。因此可以提出一个假设:从时间维度上,对于一个像元总会找到在至少一个时期没有受到"云污染"的影响,这是本研究利用多期影像进行水稻识别的基础。第二是"椒盐"(salt and pepper)现象(Bischof et al.,1992)。有三种情况会导致"椒盐"现象产生:①作物的混种;②各期影像之间存在位置误差(Shi and Hao,2013),相对位置的偏差导致多期影像分类结果像元位置存在偏差,产生变化检测的误差累积,降低识别精度;③多时相分类结果的变化检测方法存在影像分类误差。不同时相的作物光谱差异以及光谱复杂程度不同,造成单期影像分类不准确,导致"椒盐"现象产生。有可能为变化检测提供错误的类别信息,导致像元识别误差累积,影响了像元变化方向的确定。解决后两种情况造成的"椒盐"现象成为提高作物遥感识别精度的关键问题。

为解决上述问题,本研究提出时空融合模型(temporal-spatial-fusion model,TSFM)进行水稻的遥感识别,分别在空间维度基于像元光谱信息定义像元空间归属度、时间维度上基于多期影像在同一像元空间位置定义空间归属度的均值作为该位置像元的时空归属度。利用 TSFM 进行水稻的提取,旨在降低"云污染"及配准误差对水稻遥感识别的影响。

3.3.4.2   研究区和数据

1) 研究区概况

研究区位于辽宁省西部的盘锦市市辖区、盘山县、大洼县内,总面积约为 2882.1 km² (121°3′E~122°8′E,40°0′N~40°6′N)(图 3.60),处于中纬度地区,属于温带大陆性季风气候区。水稻种植区域地势平缓,地块较为规整。境内雨热同季,日照丰富,积温较高,春秋季短,四季分明,是水稻的主要产区。该地区水稻 4 月上旬播种,5 月上旬出苗,6 月至 9 月上旬水稻返青、分蘖、抽穗、乳熟,9 月中下旬至 10 月上旬为成熟收获期。云覆盖在水稻生长期间经常出现。

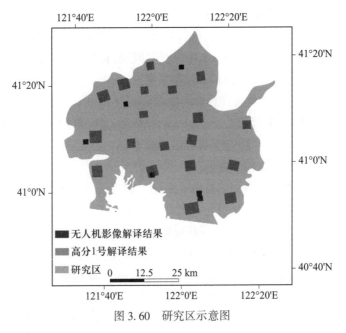

图 3.60   研究区示意图

2) 研究数据与预处理

研究所用的数据与标准化处理如下:

(1) Landsat 8 数据:共获取 6 期 Landsat 8 影像(空间分辨率 30 m),数据投影坐标系为 UTM-WGS84 Zone 51N。具体数据内容见表 3.17。在一期影像上大气具有均一性,对影像分类影响不大,因此不需要进行大气校正(Kawata et al.,1990;Song et al.,2001)。Landsat 8 影像做过基于地形数据的几何精校正,因此可直接用于本研究。

表 3.17 遥感实验数据

数据类型	Landsat 8					
传感器	OLI（Operational Land Imager）					
行列号	120/31					
获取时间	2013 年 5 月 23 日	2013 年 6 月 8 日	2013 年 7 月 26 日	2013 年 8 月 11 日	2013 年 9 月 12 日	2013 年 9 月 28 日
水稻生长期	播种期	拔节期	灌浆期	灌浆期	灌浆期	收获期
数据质量	无云	无云	少量云	少量云	少量云	大量云
"云污染"区域分析	—	—	集中在研究区中部；少量集中于西南部	集中在研究区西南部；零星分布在研究区东侧	集中在研究区中部	集中在研究区东南一侧

（2）高分辨率样方：为检验 TSFM 的准确性和适用性，利用无人机影像和高分一号 8 m 多光谱影像评价该模型的水稻识别精度。两种验证数据以 Landsat 8 影像数据为基准进行相对几何校正，误差低于 0.5 个 TM 像元。①无人机航拍影像，2013 年 8 月 10 日—12 日在研究区内拍摄 6 个无人机样方，分辨率为 10 cm，面积约 20.8 km²（图 3.60）。②2013 年 8 月 10 日高分一号 8 m 多光谱影像。为补充无人机样方数据量，利用 2013 年 8 月 10 日高分一号 8 m 多光谱影像采样获取 19 个样方，总面积约 232.9 km²（图 3.60）。为保证高分辨率样方目视解译精度，在样方区域进行了地面调查，获取 738 个地面采样点及其对应的地物类型。

对无人机样方和高分一号影像样方进行目视解译。以地物类型面积占优的准则将解译样方转为 30 米分辨率的栅格数据。样方栅格数据重分类后的地物类型为水稻（152 846 个像元）、非水稻（129 018 个像元）。

3.3.4.3 研究方法和技术路线

1）水稻时空融合模型

图 3.61 是在水稻生长季过程中，TSFM 实现的示意过程。TSFM 选取水稻不同生长期的遥感影像作为数据源，分别对各期影像进行分类，得到水稻各期内影像的分类结果（图 3.61 中播种期 I、拔节期 II、灌浆期 III 和收获期 IV）。在空间尺度上设定一定尺寸窗口计算空间归属度（图 3.61 中窗口所示），计算窗口内水稻像元出现的比例，赋值给中心像元，作为其空间归属度，图 3.61 中 P_{ij}^1、P_{ij}^2、P_{ij}^3、P_{ij}^4 为对应生长期的像元空间归属度。在时间尺度上，以相同空间位置处像元归属度的均值作为该位置处的像元时空归属度。具体实现流程如图 3.62 所示。

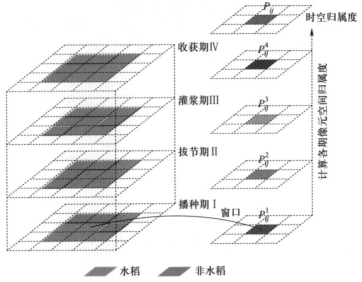

图 3.61 TSFM 实现示意图

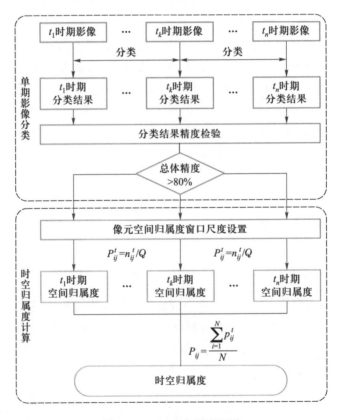

图 3.62 TSFM 实现流程图

（1）单期影像分类

获取水稻关键生长期的时间序列影像数据,对影像进行分类,提取水稻,检验分类精度达到80%以上。针对每一期影像,"云污染"像元定义为云及云阴影所覆盖的像元。其中,水体和阴影的光谱信息难以从光谱上区分开,两者在分类的时候被划分为一类。

（2）水稻时空归属度定义

空间维度的像元归属度定义为:窗口内单期影像分类结果图中属于水稻的像元的总个数 n_{ij}^t 与窗口内所有像元的总个数 Q 的比值(其中 $Q = m \times m$, m 为窗口大小)。这里"云污染"像元作为无效值不参与归属度的运算。水稻空间归属度计算过程如下:

在第 t 期影像上,建立 $m \times m$ 像元窗口,遍历整幅分类专题图像,统计搜索窗口内属于水稻的像元个数 n_{ij}^t,则中心像元 (i,j) 水稻空间归属度为 P_{ij}^t [式(3.44)]。遍历整幅图像,获得各期影像潜在水稻像元空间归属度。

$$P_{ij}^t = n_{ij}^t / Q (t = 1, 2, \cdots, L) \tag{3.44}$$

式中,t 为第 t 期遥感影像;i 为遥感影像第 i 行的像元;j 为遥感影像上的第 j 列像元;P_{ij}^t 为第 t 期影像中像元 (i,j) 的空间归属度;n_{ij}^t 为第 t 期影像上像元 (i,j) 为中心像元时窗口内属于水稻的像元个数;Q 为窗口内像元总个数;L 为第 L 期影像(其中不包含被"云污染"的影像)。

时间维度的像元时空归属度定义为:时间序列影像上同一空间位置处像元 (i,j) 空间归属度的均值。

求取同一空间位置处的像元空间归属度的均值[式(3.45)],若第 t 期影像上像元 (i,j) 被"云污染",则其不参与时空归属度的计算。

$$P_{ij} = \frac{\sum_{i=1}^{N} p_{ij}^t}{N} \tag{3.45}$$

式中,P_{ij} 为时空归属度;N 为像元 (i,j) 参与计算的影像数量。

2）实验流程

实验分为单期影像分类和模型分类两部分,如图3.63所示。

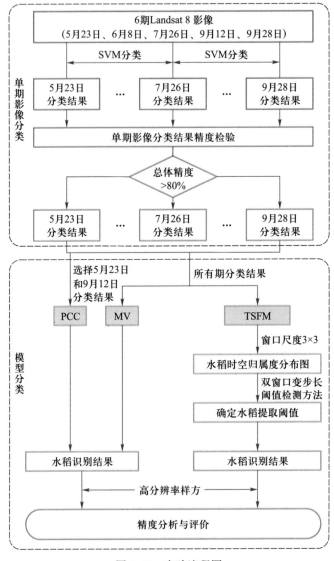

图 3.63   实验流程图

（1）单期影像分类

　　针对 6 期影像进行 SVM 分类，识别各类地物信息。野外调查的地面采样点用于 SVM 分类，无人机和高分一号高分辨率样方解译结果用于分类结果精度评价。由于水体和阴影的光谱信息比较接近，划分为一类；考虑到水稻在整个生长季有泡田期存在，可以有效地区分开两种不同的作物，因此在生长季的时候，可以将不同的绿色植物定义为一类。总体的分类体系定义为水稻、芦苇、水体、云、居民地、裸地、树和其他植被。不同时期影像因作物生长情况不同分类体系会有所差异。采用 SVM 分类方法进行影像初步分类,结果见表 3.18,采用混淆矩阵方法对各期影像分类结果进行精度评价。保证每期影像分类总体精度达到 80%以上。

表 3.18　影像分类体系

时相	5 月 23 日	6 月 8 日	7 月 26 日	8 月 11 日	9 月 12 日	9 月 28 日
水稻	—	—	√	√	√	√
树	√	√	√	√	√	√
水体(混有水田)	√	√	—	—	—	—
水体(混有云的阴影)	—	—	√	√	√	√
居民地	√	√	√	√	√	√
裸地	√	√	√	√	√	√
云	—	—	√	√	√	√
芦苇	√	√	√	√	√	√
其他	√	√	√	√	√	√

注:√表示分类结果中有该类别,—表示没有该类别。

（2）时空融合模型

根据公式(3.45)计算得到水稻像元的时空归属度分布图(图 3.64)。为直观表达 TSFM 模型在"云污染"严重区域的时空归属度计算过程及结果,选取图 3.64 红框内"云污染"较严重区域进行分析。图 3.65 为云污染区域每一时期像

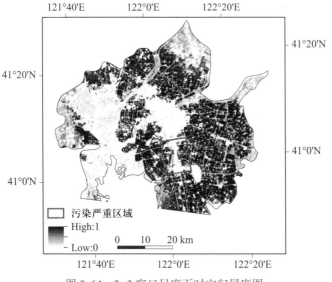

图 3.64　3×3 窗口尺度下时空归属度图

元空间归属度以及最终生成的水稻时空归属度图,其中各景影像右侧的图(灰度图)为该期影像对应计算出的水稻像元空间归属度图。从图中可以看出,9月12日影像受到云的污染,云下像元归属于水稻的可能性基本为0,该值将不参与TSFM水稻时空归属度的计算;从9月12日的像元空间归属度图可以看出,在"云污染"区域地物信息损失严重。3×3窗口尺度下像元时空归属度结果中不同地块的边界区分的较好。关于"云污染"对水稻识别的精度及效果将在结果分析的"子区域对比分析"中详细阐述。

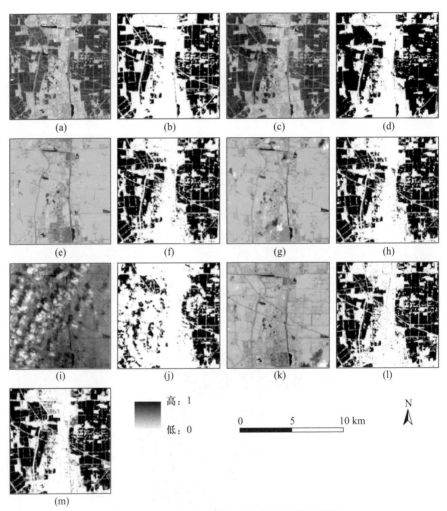

图3.65 3×3窗口下时空融合模型计算过程图

图(a)(c)(e)(g)(i)(k)分别为2015年5月23日、6月28日、7月26日、8月11日、9月12日和9月28日Landsat 8 OLI影像;图(b)(d)(f)(h)(j)(l)分别为(a)(c)(e)(g)(i)(k)对应的3×3窗口大小下水稻空间归属度;图(m)为3×3窗口大小下最终得到的时空归属度图;影像显示RGB通道分别对应Landsat 8 OLI影像SWIRI、NIR、RED三个波段

（3）水稻的提取

为了能够准确提取水稻,本研究选择双窗口变步长阈值搜寻方法确定水稻提取阈值。该方法的基本假设是:如果包含不同变化类型的典型变化训练样区,确定某一阈值使得变化检测精度达到最大,则该阈值在整景图像上也可能使检测精度达到最高(陈晋等,2001)。在本研究中,阈值为 0.68 时,检测精度达到最高(95.06%),因此水稻时空归属度阈值为 0.68。表 3.19 为双窗口变步长阈值搜寻计算过程,包括阈值搜寻范围、步长及对应整景图像的检测精度。

表 3.19　TSFM 在 3×3 窗口尺度下双窗口变步长阈值搜寻

阈值范围 0.9~0,步长 0.1		阈值范围 0.8~0.6,步长 0.02		阈值范围 0.7~0.65,步长 0.01	
阈值	检测成功率	阈值	检测成功率	阈值	检测成功率
0.90	69.41	0.80	85.52	0.70	94.55
0.80	85.52	0.78	87.64	0.69	95.04
0.70	94.55	0.76	89.03	0.68	95.06
0.60	92.10	0.74	90.29	0.67	95.02
0.50	86.42	0.72	91.88	0.66	94.22
0.40	83.18	0.70	94.55	—	—
0.30	81.47	0.68	95.06	—	—
0.20	80.22	0.66	94.22	—	—
0.10	70.41	0.64	93.58	—	—
0	68.33	0.62	93.03	—	—
—	—	0.60	92.10	—	—

考虑到水稻的生长初期(泡田积水仍存在),稻田与水体难以从影像上区分。因此影像初步分类结果中,水体像元实际上包含水稻。在计算空间归属度时为了不丢失水稻信息,将生长初期的影像分类结果中水体作为目标像元水稻。生长初期过后,水稻与水体易区分,计算水稻空间归属度时水体将不再是目标像元,此时水体像元归属于水稻的概率为 0。按照 TSFM 计算方法,对这些像元空间归属度求均值,得到其为水稻的时空归属度值为 1。这与实际情况不符。对此,需要剔除分类结果中混入的水体像元。具体方法:以水体为目标类采用TSFM 计算像元属于水体的时空归属度为 100% 的像元可确定为水体。然后提取水体的空间分布范围,在分类结果中剔除水体像元,获得水稻的空间分布(图3.66)。

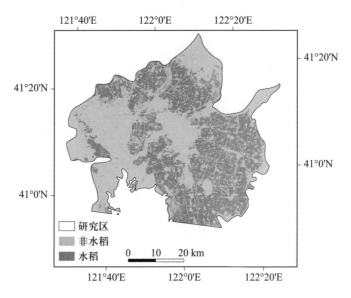

图 3.66   TSFM 3×3 窗口尺度下水稻识别结果

3.3.4.4   结果分析

1)精度评价

为验证 TSFM 的适用性,选取分类后比较变化检测法(post-classification comparison, PCC)(Singh, 2010)和多数投票法(majority voting, MV)(Lam and Suen, 1997;吴春花等, 2012)进行比较分析。根据实地调研的结果,该地区水田种植作物类型为水稻,没有出现物候特征变化信息与其相同的作物。PCC 方法根据水稻的物候特征,选取 5 月 23 日和 9 月 12 日两期 Landsat 8 OLI 影像进行 PCC 变化检测,提取水稻的分布。其中,5 月 23 日像元识别为水体,9 月 12 日对应像元类别为植被,则可以确定像元类型为水稻。MV 方法通过对单期影像分类结果进行投票,确定像元归属类别,提取水稻。实验 6 期影像分类结果均参与水稻提取,"云污染"区域在投票时被认定为非水稻。5 月 23 日和 6 月 8 日的影像水田认为是水稻种植区域,其他 4 期植被区域被认定为水稻。当出现多个类别投票结果相同时,随机选择一个结果作为最终结果(吴春花等, 2012)。以无人机和高分一号影像解译的水稻为参考值,构建混淆矩阵,对 TSFM、PCC 和 MV 三种方法进行精度评价,评价结果见表 3.20。

表 3.20　试 验 结 果

	用户精度/%	制图精度/%	总体精度/%
TSFM	93.4	83.5	87.9
PCC	91.4	71.2	78.6
MV	90.1	82.1	85.7

TSFM 分类结果的用户精度、制图精度、总体精度较 PCC 方法分别提高 2.0%、12.3% 和 9.3%，较 MV 法分别提高了 2.3%、1.4% 和 2.2%。TSFM 对于水稻的识别精度达到较高的准确率，制图精度比 PCC 提高了 12.3%。相对于 MV 结果，TSFM 总体精度较好，主要原因可能是在投票过程中多个类别投票结果相同时，采用了随机选择的方式确定作物类型，降低了识别精度；另外，MV 对于单期分类的误差和由于配准造成的误差的处理效果可能比 TSFM 差。TSFM 用户精度和制图精度均高于 MV，说明 TSFM 采用对时间维度上归属度求均值能够一定程度上降低分类的不确定性。总的来说，TSFM 分类方法能够充分利用时间维度和空间维度的信息，有效地避免"云污染"影响，同时一定程度上消除单期影像分类误差对结果的影响，保证水稻识别精度。而 PCC 影像受"云污染"影响严重，难以保证有效的光谱信息进行水稻识别，同时单期影像分类存在的误差也会影响其识别精度。另外，在水稻生长初期影像分类结果水体与阴影没有区分开，如果泡田期的水稻被阴影覆盖，在生长期过后这些区域被"云污染"，则 PCC 方法不能获得有效的水稻生长变化信息，从而降低 PCC 水稻识别精度。

2) 子区对比分析

为了进一步分析 TSFM 在"云污染"区域的分类效果，对 6 期影像上的"云污染"区域进行矢量化，测算各期影像被污染的水稻面积。单期影像"云污染"情况见表 3.21。由表 3.21 可知，9 月 28 日影像受"云污染"最严重，面积约占研究区总面积的 45%，其余 3 期影像受污染面积占研究区总面积的比例在 9% 以下。利用该矢量化结果，分别对 TSFM 3×3 窗口尺度下 PCC 及 MV 的分类结果进行裁剪，获得对应的"云污染"区域的分类结果。

针对各类型分别随机选取 100 个点进行目视判定，计算分类精度。结果表明，在"云污染"区域，TSFM 3×3 窗口尺度下分类结果的总体精度、用户精度、制图精度分别为 95.0%、92.0% 和 92.4%（PCC 对应精度分别为 83.5%、95.0% 和 77.2%；MV 对应精度分别为 87.0%、88.4% 和 83.6%）。TSFM 识别水稻的制图精度比 PCC 提高了 15.2%，比 MV 提高了 8.8%。原因是 PCC 和 MV 除了受到

表 3.21　单期遥感影像"云污染"情况

	日期(年-月-日)					
	2013-05-23	2013-06-08	2013-07-26	2013-08-11	2013-09-12	2013-09-28
"云污染"面积/km²	0	0	106.3	233.4	77.9	1297.3
"云污染"面积比例/%	0	0	3.7	8.1	2.7	45.0
"云污染"区域主要地物类型	—	—	芦苇、水稻、非植被	水稻、非植被	芦苇、水稻、非植被	水稻、非植被

光谱异质性的影响,更主要是受到"云污染"的严重影响。TSFM 充分利用时间、空间维度上的像元类别变化信息,对污染区域水稻分布情况进行了较准确的预测,很好地避免了影像被"云污染"导致单期影像上分类结果不准确的问题。

图 3.67 表明,局部区域 PCC 和 MV 分类结果中存在"椒盐"现象,TSFM 不同窗口尺度下,一定程度上解决了该问题。图 3.68 所示为另外选取的 5 月 23 日和 7 月 26 日两期影像上局部区域的单期分类结果和最终 3×3 窗口尺度下的水稻识别结果。图中"红圈"标记为单期 SVM 分类结果中的"椒盐"。这类"椒盐"是由于光谱异质性导致的。由图 3.68 可以看出,TSFM 在 3×3 窗口尺度下的分类结果中"椒盐"现象明显减少。通过 TSFM 将这种混入的错误减少,降低了分类识别的不确定性,能够提高水稻的识别精度。但是,在种植结构复杂、地块破碎的区域,TSFM 会存在将真实混作的少量其他作物作为"椒盐"处理,使得主要作物的遥感识别和面积估算精度会降低。而由于分类不确定性造成的"椒盐"采用 TSFM 处理,会使得主要作物识别精度提高。两者综合对于总体的分类识别精度效果难以确定。这也是 TSFM 的一个局限性。

PCC 方法中两景影像光谱异质性不同,各期影像基于像元的分类结果存在"椒盐"现象。采用 PCC 这种识别方法,错误(或误差)会进一步累积,导致最终分类结果"椒盐"现象的增多。MV 分类不确定性增大,也会导致"椒盐"现象。TSFM 建立像元空间归属度的计算窗口,该窗口通过邻域像元类别信息计算中心像元的空间归属度,降低光谱异质性对中心像元类别判定的影响。同时,在时间维度计算像元时空归属度,进一步降低了"椒盐"引起的水稻提取的不确定性。这两种因素是模型能够将"椒盐"现象减少的主要原因。则 PCC 方法不能获得有效的水稻生长变化信息,从而降低 PCC 水稻识别精度。

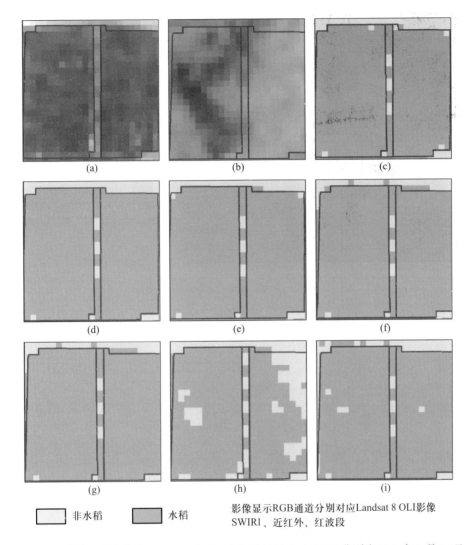

图 3.67 "椒盐"现象处理 TSFM、PCC、MV 方法结果对比：(a)(b)分别为 2015 年 5 月 23 日和 9 月 12 日 Landsat 8 OLI 影像；(c)(d)(e)(f)(g)分别为窗口大小为 3×3、5×5、7×7、9×9、11×11 的分类结果；(h)为 PCC 分类结果；(i)为 MV 分类结果

3) 窗口尺度对分类结果影响分析

为分析 TSFM 窗口尺度对分类结果的影响，实验进一步设置窗口尺度为 5×5、7×7、9×9、11×11，获取对应尺度下的水稻时空归属度图。并根据双窗口变步长的阈值确定方法计算提取水稻阈值(图 3.69)，识别水稻与非水稻类。

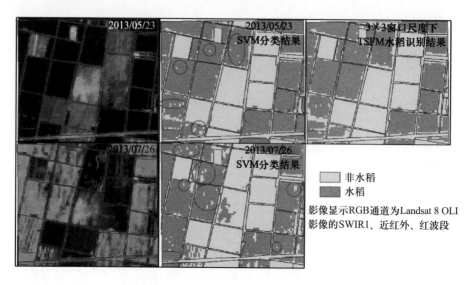

图 3.68   TSFM"椒盐"现象处理效果

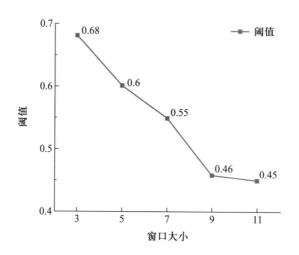

图 3.69   窗口尺度变化对阈值影响

（1）TSFM 窗口尺度对分类精度的影响分析

在不同窗口尺度下,TSFM 用户精度呈先降低后稳定的趋势,表明水稻被分正确的比率先逐渐降低再趋于稳定。制图精度呈先升高再稳定的变化趋势,表明被正确分为水稻的像元数占地表真实水稻类的比率升高。总体精度呈现逐渐上升的趋势(表 3.22)。图 3.70 中窗口达到 9×9 或 11×11 时,用户精度与制图精度趋于稳定,并且总体精度达到了 89.0%以上,表明在该实验区选择这两种尺度的窗口进行分类较为适宜。

表 3.22　不同窗口尺度下 TSFM 分类精度

分类精度	窗口尺度				
	3×3	5×5	7×7	9×9	11×11
用户精度/%	93.4	94.5	94.1	93.1	92.9
制图精度/%	83.5	83.7	84.5	86.5	86.4
总体精度/%	87.9	88.7	88.8	89.3	89.1

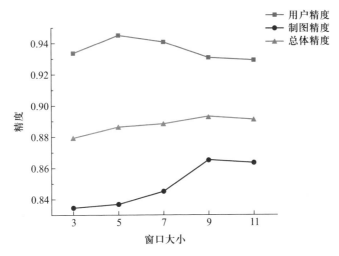

图 3.70　TSFM 模型分类精度随窗口尺度变化趋势

（2）TSFM 不同窗口尺度下"云污染"区域水稻识别精度分析

为分析 TSFM 不同窗口尺度在"云污染"区域的分类精度,实验根据上述"云污染"区域矢量化结果,分别裁剪了不同窗口尺度下的分类结果,获得了对应"云污染"区域的识别结果。采用 ENVI 5.0 软件中混淆矩阵方法,各类别分别随机选取 100 个点进行目视判定,计算分类精度,结果见表 3.23。结果表明,TSFM 各窗口尺度下的总体精度均高于 92.0%(PCC 为 83.2%,MV 为 87.0%),用户精度均高于 92.0%(PCC 为 95.0%,MV 为 88.4%),制图精度均高于91.0%(PCC 为 77.2%,MV 为 83.6%)。PCC 和 MV 识别水稻的制图精度比TSFM 至少降低了 14.0% 和 7.6%。为直观表达"云污染"区域的分类效果,实验选取图 3.71 所示局部区域对比 TSFM 与 PCC、MV 识别水稻的结果。从图 3.71可以看出,PCC 在"云污染"区域对水稻的识别效果非常差,相应的 MV 比 PCC识别效果好。从 MV 识别结果中"红圈"标记的区域,可以明显看到在非水稻区域错分的情况增多。TSFM 总体上分类效果比 PCC 和 MV 好。

表 3.23　"云污染"区域水稻的分类精度

分类精度	窗口尺度						
	3×3	5×5	7×7	9×9	11×11	PCC	MV
用户精度/%	92.0	93.0	93.0	93.0	93.9	95.0	88.4
制图精度/%	92.4	93.9	94.9	91.2	92.1	77.2	83.6
总体精度/%	95.0	93.5	94.0	92.0	93.5	83.5	87.0

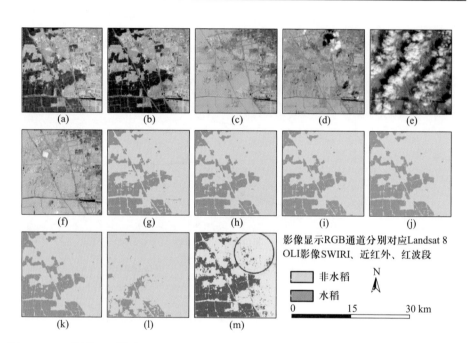

图 3.71　"云污染"区域处理 TSFM、PCC 及 MV 结果对比:(a)(b)(c)(d)(e)(f)分别为 2015 年 5 月 23 日、6 月 28 日、7 月 26 日、8 月 11 日、9 月 12 日和 9 月 28 日 Landsat 8 OLI 影像;(g)(h)(i)(j)(k)分别为窗口大小为 3×3、5×5、7×7、9×9、11×11 的分类结果;(l)PCC 分类结果;(m)MV 分类结果

(3) TSFM 在不同景观空间破碎特征下的适用性探讨

景观空间破碎特征指景观被分割的破碎程度(Griffiths and Mather,2000),不同破碎特征下地物光谱互相影响程度不同(如异物同谱或同谱异物),分类的效果也会受到很大的影响。本实验目视判读确定景观空间破碎程度,选取了研究区内景观规整区域(图 3.72)与景观破碎区域(图 3.73),采用 TSFM 的分类识别结果进行分析。分析图 3.72 中不同窗口尺度下的分类结果与原始影像的差异程度可知,景观斑块破碎程度较小的这些区域,分类效果较好。结合原始影像

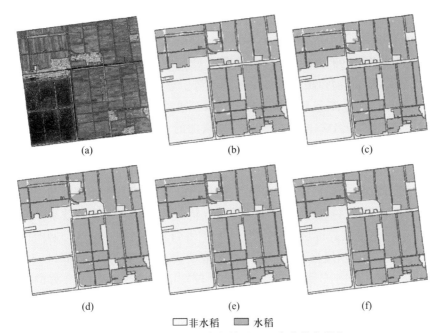

🔲非水稻 ■ 水稻

图 3.72　试验选取的景观规整区域 TSFM 分类结果:(a)高分辨率影像;(b)(c)(d)(e)(f)
分别为窗口大小为 3×3、5×5、7×7、9×9、11×11 的分类结果

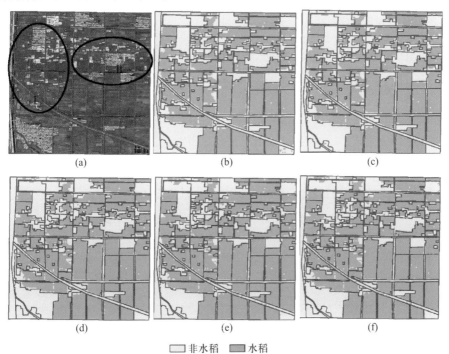

🔲非水稻 ■ 水稻

图 3.73　试验选取的景观破碎区域 TSFM 分类结果:(a)高分辨率影像;(b)(c)(d)(e)(f)
分别为窗口大小为 3×3、5×5、7×7、9×9、11×11 的分类结果

分析图 3.73 不同窗口尺度下的分类结果可知,景观斑块过于破碎区域(图 3.73 中标注的区域 Ⅰ、Ⅱ)分类结果差异较大。从分类精度来看,TSFM 在景观规整区域,用户精度在 93.5%~95.5%,随窗口尺度增大呈下降趋势。制图精度在 93.5%~97.0%,随窗口尺度增加呈上升趋势。总体精度均达到了 93.5%以上,随窗口尺度增加呈先上升后下降趋势。景观破碎区域用户精度在 91%~95%,制图精度在 86%~91%,两者随窗口尺度增加的变化趋势与景观规整区域的相同。总体精度则在 88%~89%,呈先下降再平缓上升的趋势。分析图 3.74a 可知,景观规整区域在窗口尺度为 5×5 时用户精度与制图精度几乎相同,都接近 95.0%,总体精度达到了 94.0%以上。在其他窗口尺度下,制图精度与用户精度差异较大,表明窗口尺度为 5×5 时,景观规整区域分类达到较好效果。分析图 3.74b 可知,景观破碎区域窗口大小为 9×9 和 11×11 时用户精度和制图精度都接近 91.0%,总体精度接近 89.0%。结果表明,窗口尺度为 9×9 和 11×11 时景观破碎区域水稻识别分类错入错出都达到较稳定的状态,获得了较好的分类效果。从 TSFM 模型水稻识别总体的结果来看,随着搜索窗口的增大,对分类总体的精度的提高是有益的。而对于景观破碎区域,为了保证破碎区域地物边界附近像元分类更加准确,需要增加窗口尺度来增加邻域像元的信息,减少空间光谱异质性来进行判断。因此 TSFM 在对景观破碎区域分类时,窗口尺度应当大于景观规整区域较为适宜。

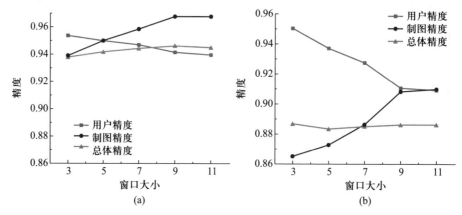

图 3.74 实验选取的景观规整区域(a)和景观破碎区域(b)分类精度

3.3.4.5 结论和讨论

本研究针对水稻遥感识别时存在的问题,提出 TSFM 进行水稻遥感识别,保证水稻的识别精度,消除"云污染"的影响,一定程度上解决"椒盐"现象造成误差的问题。得到如下结论:

（1）TSFM 进行水稻遥感识别是可行且有效的。该模型可以充分利用中心像元的邻域像元及相邻时相同空间位置上像元的信息判定中心像元的类别。从实验结果看，采用该模型进行水稻遥感分类识别的精度较高。TSFM 在窗口尺度为 3×3 时水稻识别用户精度、制图精度和总体精度分别比 PCC 对应精度高 2.0%、12.3% 和 9.3%，比 MV 分别高出 2.3%、1.4% 和 2.2%。随着窗口尺度从 3×3 改变至 11×11，TSFM 水稻识别在窗口尺度为 11×11 时用户精度最低（92.9%），窗口尺度为 3×3 时，制图精度（83.5%）和总体精度（87.9）达到最低值。但是比 PCC 用户精度、制图精度和总体精度分别高出了 1.5%、11.5% 和 9.3%；比 MV 高出 2.8%、1.4% 和 2.2%。TSFM 进行水稻遥感识别具有一定的优势。

（2）TSFM 在水稻遥感识别时较好地避免了"云污染"和"椒盐"现象的误差累积问题。在"云污染"区域水稻识别总体精度均达到了 92.0% 以上。用户精度和制图精度均分别在 92.0% 和 91.0% 以上。水稻的制图精度比 PCC 和 MV 分别至少提高了 14.0% 和 7.6%。从 TSFM 识别结果看，一定程度上降低了"椒盐"现象的出现。因此，TSFM 能够在保证识别精度的前提下，有效避免"云污染"和"椒盐"现象。

（3）TSFM 不同窗口尺度在景观特征规整区域和特破碎区域下的适用性不同。不同景观特征下，作物空间分布异质性存在差异。TSFM 不同窗口尺度，受空间异质性影响不同。因而在不同景观特征下的分类识别精度不同。根据实验结果，建议在景观特征破碎区域采用较大的窗口尺度，在景观规整区域采用较小的窗口尺度。

本研究仍存在一些问题有待进一步解决：

（1）TSFM 在种植结构比较复杂、地块比较破碎的南方，对于"椒盐"代表少量混作作物的情况还需要进一步分析。另外，如何定量化地表达景观空间特征或田块空间特征与 TSFM 的作物识别精度的关系也需继续探讨。

（2）TSFM 在进行多目标识别时，不同类作物边界处像元的归属问题需进一步探讨。另外，需要深入研究多目标作物识别时的不确定性。

（3）本研究中影像"云污染"的范围仅限于云及云的阴影覆盖的区域。但是该区域小于云的实际影响范围。因此，提高云和阴影的检测精度是下一步研究的重点。另外，需进一步探讨如何准确区分水体和阴影，提高水稻识别的精度。

3.4　基于时间序列数据的作物识别

3.4.1　基于相似性分析的中低分辨率复合水稻种植面积测量法

3.4.1.1　研究背景

大范围水稻的面积监测上常用多尺度遥感复合提取的方法。在目前所用的多尺度复合的识别方法中,支持向量机(SVM)具有一定的优势。支持向量机方法是建立在统计学习理论的 VC 维理论和结构风险最小原理基础上的,具有良好的理论基础,它在学习速度、自适应能力、特征空间高维不限制、可表达性等方面具有明显优势,在遥感影像空间特征提取方面有很高的应用价值,可以获得较高的分类精度(骆剑承等,2002;赵书河等,2003)。其原理是根据有限的样本信息在模型的复杂性(即对特定训练样本的学习精度)和学习能力(即无错误地识别任意样本的能力)之间寻求最佳折衷,以期获得最好的推广能力(Zhu and Dan,2002)。该方法的主要优点有:①专门针对有限样本的情况,其目标是得到现有信息下的最优解而不仅是样本数趋于无穷大的最优值;②算法最终将转化成为一个二次型寻优问题,从理论上说,得到的将是全局最优点,解决了在神经网络方法中无法避免的局部极值问题;③算法将实际问题通过非线性变换转换到高维的特征空间(feature space),在高维空间中构造线性判别函数来实现原空间中的非线性判别函数,该特殊性质能保证机器有较好的推广能力,同时它巧妙地解决了维数问题,其算法复杂程度与样本维数无关(祁亨年,2004)。顾晓鹤等(2007)应用 SVM 方法以 TM 数据为样本对 MODIS 数据进行了冬小麦的种植面积提取,研究结果表明,对大面积冬小麦种植面积测量可以达到较高的精度。

针对大范围水稻种植面积提取的精度较低的问题。本研究利用 SPOT 5 数据的提取结果作为训练样本和检验样本,构建水稻种植结构的相似性指数,然后根据图像相似性进行样本选取,获取高质量的训练样本,通过支持向量机模型,从 MODIS EVI 时间序列数据提取水稻种植面积,并验证这种基于图像相似的样本选取方法的稳定性,为利用中低分辨率复合进行大面积水稻种植面积测量奠定一定的方法基础。

3.4.1.2 研究区和数据

1) 研究区

研究区位于江苏省邳州市(117°38′E~118°22′E,34°04′N~34°43′N),区内西北部以旱地为主,并有小块的水田,东部则以水田为主,西南部则以旱地和水田的间作形式耕作,这样由大片水稻种植区、混合水稻种植区和大片旱地作物区所构成的种植分异特征,为进行水稻种植面积提取试验提供了理想的试验条件(图3.75)。

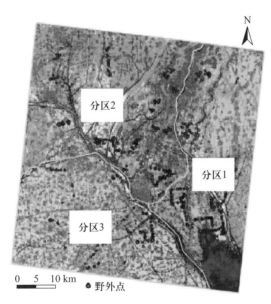

图 3.75 研究区位置及野外调查样点空间分布

分区 1 为大片水稻种植区;分区 2 为大片旱地作物区;分区 3 为水稻种植混合区

2) 数据及预处理

(1) 遥感数据

根据研究区水稻种植的物候历(表 3.24),本研究选取了水稻典型物候期的2006 年 8 月 17 日的 SPOT 5 多光谱影像和全色影像,另外选取了研究区的时间序列的 MODIS EVI 数据(表 3.25),3 组数据进行了严格的几何配准,最终将这些数据都转换为统一的 Albers 等积投影类型。

表 3.24 研究区水稻物候历(中稻)

物候期	播种	出苗	育秧	移栽	返青	分蘖	孕穗	抽穗	乳熟	成熟
日期 (日/月)	1/4~ 20/4	21/4~ 30/4	1/5~ 10/5	10/6~ 20/6	21/6~ 30/6	1/7~ 20/7	21/7~ 10/8	11/8~ 30/8	1/9~ 10/9	11/9~ 20/9

表 3.25 2006 年 MODIS EVI 时间序列数据

日期(月/日)	5/25	6/10	6/26	7/12	7/28	8/13	8/28	9/13	9/29	10/15	10/31
数据情况	较好	较好	云多	云多	较好	较好	较好	较好	较好	较好	较好

(2) 野外数据

2006 年 8 月底,对研究区进行了大规模野外调查。4 个调查小组共进行了 4 天野外测量工作,在增进遥感解译先验知识的同时,一共获得了 944 个野外样本,其中交通沿线大地块样本 424 个,典型地块详查样本 420 个。如图 3.75 所示,野外调查点均匀分布于整景 SPOT 5 影像中,因此具有较好的代表性。

3.4.1.3 研究方法和技术路线

1) SPOT 5 影像的水稻识别

高质量的训练样本是低分辨率时间序列数据混合像元分解的必要前提。为此,本研究以 SPOT 5 多光谱影像(10 m)为基础,结合 SPOT 5 多光谱与全色融合影像(2.5 m),采用非监督聚类与目视修正相结合的方法,提取 SPOT 5 尺度的水稻种植分布范围,具体处理流程见图 3.76。

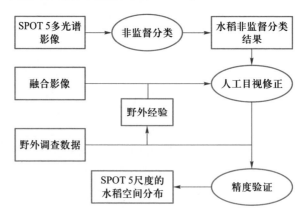

图 3.76 SPOT 5 影像水稻种植面积提取

采用野外测量数据对SPOT 5尺度的水稻识别结果进行转移矩阵分析,精度可达97%以上,如图3.77研究区所示。这个结果作为MODIS EVI进行水稻种植面积提取的样本数据和检验数据。

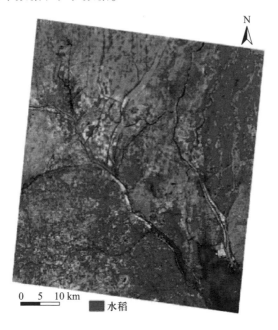

图3.77 研究区SPOT 5尺度的水稻识别结果

2) 基于相似性样本的中低复合水稻种植面积测量过程与分析

MODIS EVI时间序列数据能有效地反映水稻生长规律。一般来说,具有相同生长规律的水稻像元,其EVI时间序列曲线是相似的。基于生长特征曲线相似的理论,利用MODIS EVI时间序列数据构建了一套基于相似性分析的中低复合水稻种植面积提取方法,总体技术流程如图3.78所示。

(1) 水稻标准生长曲线的获取

首先根据野外调查数据,选取多个较为典型的水稻种植样点,即水稻纯像元,然后从MODIS EVI时间序列数据中获取每个水稻纯像元的时间序列变化曲线,并取多个样点的平均值作为标准的水稻生长曲线。本研究主要在野外调查样点的支持下,首先从SPOT影像中读取得到10个较大面积的水稻种植点,然后将这10个样点在MODIS EVI数据的时间序列曲线逐一获取,最后取10条曲线的平均,作为最终的标准水稻生长曲线,如图3.79所示。

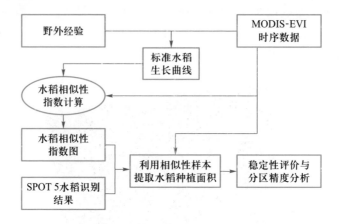

图 3.78　基于相似分析的中低复合水稻种植面积提取技术流程

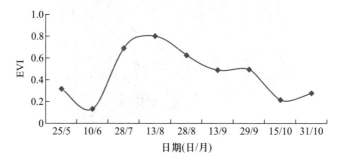

图 3.79　MODIS EVI 时间序列的标准水稻生长曲线

（2）研究区水稻相似性指数计算

利用水稻相似性公式,计算出整个研究区的水稻相似性指数:

$$S_{\text{index}} = \sum_{i=1}^{n} \left| P'_i - P_i \right| \tag{3.46}$$

式中,S_{index} 为构建的相似性指数,P'_i 为 MODIS 像元中 i 时段对应的像元值,P_i 为水稻的标准生长曲线中对应 i 时段的像元值。通过公式可以推断,越是偏向于水稻的种植区域,该相似性指数就越小,反之越大。图 3.80 所示即为整个研究区的水稻相似性指数图。通过与研究区的 SPOT 5 多光谱影像对比分析发现,该指数在整个研究区内部表现良好,即在水稻种植面积较大的东北部地区相似性指数均较小,在南部地区相似性指数中等,在西北部地区相似性指数较大,这刚好与研究区内部的水稻种植结构是完全对应的,说明这种相似性指数可以有效地在 MODIS EVI 影像上表现出水稻的种植结构特征。

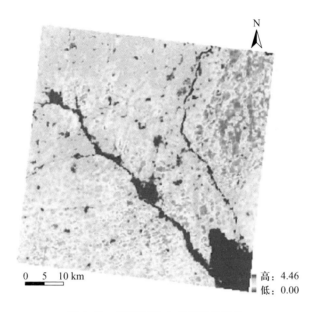

图 3.80　研究区的水稻相似性指数

（3）影像分区相似性分析

以公式（3.46）计算获得的相似性指数图为参考，通过 SVM 混合像元分解模型，从真实的 SPOT 影像提取结果中生成训练样本，对 MODIS 时间序列影像进行水稻种植面积提取，同时利用公式（3.47）计算样本图像的相似性指数图像与整个相似性图像之间的相似性，并分析图像相似性与提取结果像元精度之间的相关关系。

$$S'_{\text{index}} = \sum_{i=1}^{n} \left| P'_{iL} - P_{iL} \right| \tag{3.47}$$

式中，S'_{index} 为构建的图像相似性指数，P'_{iL} 为图像中对应 i 段出现水稻像元的频率，P_{iL} 为整个研究区域对应 i 段出现像元的频率。

为了验证基于相似性分析的样本提取方法的可靠性，首先在整个研究区设置了 25 块 10 km×10 km 的样块（图 3.81a），计算其与整幅图像之间的相似性指数，然后再利用与这 25 块对应的 SPOT 影像提取结果为样本从 MODIS EVI 时间序列数据中提取水稻的种植面积，并分析 25 个样本与大图像之间的相似性指数与提取结果的像元精度之间的关系（图 3.81b），通过像元精度和图像相似性指数之间的变化曲线发现，当图像相似性指数降低，即图像相似性升高时，利用所对应的中等分辨率结果作为样本从 MODIS EVI 时间序列提取水稻种植面积的精度越高，说明利用图像相似性的方式选取样本具有一定的可行性。

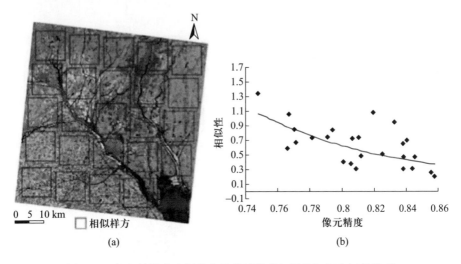

图 3.81   相似性样本空间分布及像元精度与图像相似之间的关系

3.4.1.4   结果分析

1) 相似样本与随机样本测量稳定性分析

选取不同比例的完全相似的中等分辨率水稻样本对 MODIS EVI 水稻进行提取,以分析该方法的稳定性。在图像完全相似的情况下,选取样本量从 10%,20%,…,90%的 9 个不同样本量,每个样本量选取 10 组样本以检验结果的稳定性。

图 3.82 即为相似样本与随机样本时的总量精度、像元精度与样本量之间的变化规律。通过分析总量精度和像元精度变化曲线可发现,利用图像相似的方法选取的样本在总量精度上与随机抽选样本的平均值基本一致,但是稳定性略好一些,像元精度同样均值相差较小,但是稳定度利用相似性选取样本的方法较好。这说明利用图像相似的方法选取样本有助于提高中低分辨率复合水稻种植面积的测量稳定性。从样本获取的角度看,基于相似性分析的样本提取方式具有更强的目的性,有利于发挥样本的代表性。

2) 不同种植结构分区的相似样本测量精度分析

为了进一步分析基于相似性样本的水稻种植面积测量精度,本研究根据研究区内的种植面积结构差异性分成水稻片状区、水旱混种区和旱地片状区(图3.75),分别对 10%,20%,…,90%的 9 个不同样本量的测量结果进行总量精度和像元精度分析,每个样本量采用 10 组样本取平均值的方法。

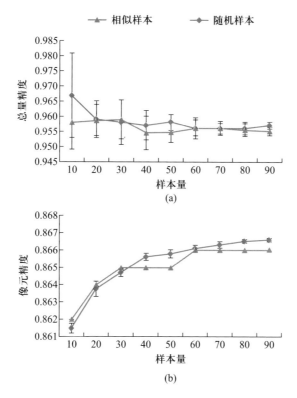

图 3.82　不同样本量下相似样本与随机样本测量结果的总量精度和像元精度

　　图 3.83 是 10 次相似样本测量结果在不同种植结构分区内的总量精度、像元精度与样本量之间的变化规律。通过分析总量精度和像元精度变化曲线可发现,基于相似性样本的水稻种植面积测量方法在不同种植结构分区内有着相似的总量精度与像元精度变化规律;3 个分区内总量精度随着样本量的增加有所降低,但标准差逐渐减小,像元精度随着样本的增加而逐步上升,说明基于相似样本的水稻种植面积测量方法适用于不同的种植结构;从总体看上,总量精度与像元精度在大片水稻种植区最高,大片旱地作物区次之,水稻种植混合区最低,说明相似样本方法最适用于大片水稻种植区,而对于存在较多混淆作物的水稻种植混合区则精度稍低;由于混合区的总量精度与像元精度的最低值分别为 0.953 与 0.88,说明该方法同样能在水稻种植混合区得到较好的测量结果。

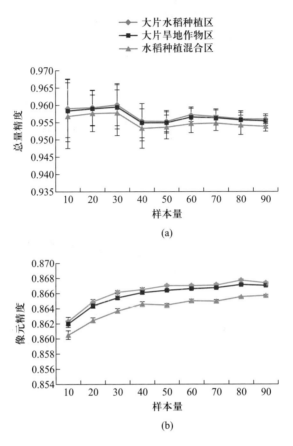

图 3.83　不同种植结构分区的相似样本测量结果的总量精度和像元精度

3.4.1.5　结论和讨论

本研究以 SPOT 5 数据的水稻识别结果作为样本,构建图像相似性指数,通过支持向量机混合像元分解模型,对 MODIS EVI 时间序列数据进行水稻的种植面积测量。基于相似样本的水稻种植面积测量方法,能充分发挥 MODIS 长时间序列优势,在不同种植结构分区内有着相似的总量精度与像元精度变化规律,均能获得较高的测量精度,可以作为替代随机选取样本的方法之一。

(1) 在野外样点数据的支持下,从 MODIS EVI 时间序列数据中构建的水稻种植相似性指数可以有效地获取水稻在整个研究区的空间分布情况,即在水稻种植面积较大的东北部地区相似性指数均较小,在南部地区相似性指数中等,在西北部地区相似性指数较大,与研究区内部的水稻种植结构是完全对应的。

(2) 利用图像相似性选取训练样本,能有效地提高 MODIS EVI 数据的水稻种植面积的测量精度,精度变化规律为:当图像相似性指数越小,即图像相似性越高,从 MODIS EVI 数据提取的水稻种植面积也越准确。

(3)通过与随机样本测量结果对比分析表明,基于相似样本的测量方法有着更高的稳定性。利用图像相似的方法选取的样本在总量精度上与随机抽选样本的平均值基本一致,但是标准差略高。

(4)该方法在不同种植结构分区内有着相似的总量精度与像元精度变化规律,均能获得较高的测量精度。总量精度随着样本量的增加有所降低,但标准差逐渐减小,像元精度随着样本的增加而逐步上升,说明基于相似样本的水稻种植面积测量方法适用于不同的种植结构区域。

本研究尚存在一些不足之处,有待于在今后的研究中加以改进。首先,本研究采用一景 SPOT 5 数据所覆盖区域作为方法试验区,要实现该测量方法的业务化推广,有必要在更大的试验区内进行稳定性分析和精度验证;其次,本研究采用 SPOT 5 数据生成训练样本,由于水稻生长周期较短,难以及时获取合适时相的中高分辨率数据,拟在下一步研究中,引进统计抽样理论,建立对地抽样方法体系,通过野外大样方详查数据替代中高分辨率数据,作为相似性样本对低分辨率时间序列数据进行混合像元分解,从而获取水稻种植面积。

3.4.2   基于典型物候特征的 MODIS-EVI 时间序列数据冬小麦种植面积提取方法

3.4.2.1   研究背景

充分发挥多尺度遥感数据优势,采用中低空间分辨率遥感数据结合的测量方法是大范围农作物种植面积测量的主要趋势(Langley et al.,2001;Lobell and Asner,2004;Wessels et al.,2004;顾晓鹤等,2007)。

低分辨率遥感影像由于受空间分辨率的限制,在农作物种植面积识别中的主要方法是利用可获得的部分中高分辨率影像作为样本对其进行混合像元分解。这种方法的优点表现在两个方面:其一是充分利用了低分辨率、中高分辨率遥感影像各自的优点;其二是充分考虑了大范围农作物种植面积监测中遥感数据获取能力的限制。根据低分辨率数据利用方式和程度,以低分辨率影像为主,辅以部分中高分辨率样区影像提取作物种植面积的方法可分为两大类。第一类,利用样区中高分辨率影像(或野外样方)提供混合像元分解中的纯净端元,然后选择作物关键期单景或多景低分辨数据,利用低分辨数据的光谱特性进行混合像元分解(Langley et al.,2001;Ballantine et al.,2005;Busetto et al.,2008)。这类方法恰恰抛弃了低分辨数据优于中高分辨率数据表达完整农作物生长期植被指数随时间变化的时序特征,因此,在种植结构相对单一的地区较为有效,在种植结构复杂的地区很难获得理想的结果。第二类,利用样区中高分辨率影像识别结果作为样本,然后利用低分辨率完整的植被指数时间序列影像建立半定量或回归模型进行农作物面积识别(顾晓鹤等,2007;Potapov et al.,2008)。这类方法的优点十分明显,充分利用了不同时空分辨率遥感影像各自的优势。但在不同农作物生长季中,作物独特的关键物候期是其区别于其他作物或自然植被的重要依据之一,如何突出这种关键物候特性,抑制其他非关键物候特性,获得更加理想的农作物种植面积信息的方法有待进行深入研究。

本研究充分利用 MODIS 植被指数时间序列影像在物候识别上的优势,针对上述的问题,以北京市通州区及周边区域为实验区,以冬小麦为研究对象,在分析冬小麦物候特征对其种植面积识别影响的基础上,构造冬小麦特征物候期植被指数与种植面积的定量函数关系,通过样区 TM 影像求解关键参数,对研究区冬小麦种植面积进行识别和精度分析,以期对农作物种植面积测量提供新的途径。

3.4.2.2 研究区和数据

1) 研究区

本研究选取北京市通州区及其周边的典型冬小麦种植区为研究区,包含北京通州区及其以东的河北境内部分区域,地理坐标为 $39°35'N \sim 39°59'N$,$116°30'E \sim 117°1'E$,区域大小为 45 km×45 km(包含 180×180 MODIS 像元)。该研究区主要的土地覆盖类型包括冬小麦、林地、草地、玉米和城镇用地。冬小麦作为主要越冬作物,其生长周期从 10 月上旬开始,经历播种、出苗、分蘖、越冬、返青、起身、拔节、灌浆和成熟整个生长周期,到次年 6 月中旬结束[1]。冬小麦作为该区的主要农作物,中部和东部有大片冬小麦集中种植,局部零散分布,具有典型复杂破碎的种植结构特征(图 3.84)。

2) 数据集与预处理

(1) EVI 时间序列数据集

全球 MOD13Q1 是 MODIS16 天合成的 250 m L3 数据产品,该数据产品已经过大气校正、辐射校正和拼接等预处理,包含 NDVI、EVI、红、蓝、近红、中红、VI 质量文件等 12 层数据[2]。本研究选取该数据中的 EVI 产品构建 EVI 时间序列数据集。根据研究区冬小麦的物候特征,本研究选取了整个生长季 EVI 时间序

---

① http://zzys.agri.gov.cn/。
② 获取网址为 https://wist.echo.nasa.gov/api/。

MODIS(20070423) TM(20061203) TM(20070426)

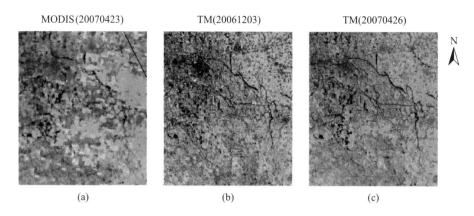

(a) (b) (c)

图 3.84 研究区示意图:(a) 2007 年 4 月 23 日 MODIS V005 假彩色合成影像(波段组合:3/2/1);(b) 2006 年 12 月 3 日 TM 假彩色合成影像(波段组合:7/4/3);(c) 2007 年 4 月 26 日 TM 影像(波段组合:7/4/3)

列影像 18 景,时间为 2006 年 9 月 30 日—2007 年 6 月 26 日,条带号为 h26v05 和 h27v05。

影像拼接后,为了消除 EVI 产品的云污染和其他影响,对原始影像进行 Savitzky-Golay 插值滤波处理(Chen et al.,2004),再对影像进行投影转换,转换后的投影为 Albers 等面积投影,WGS84 坐标系,最后裁剪出研究区范围,得到研究区的 EVI 时间序列数据集。

(2) Landsat TM 数据

根据研究区天气状况、影像质量以及冬小麦物候特征,选取了冬小麦关键生长期的 2006 年 12 月 3 日(冬小麦分蘖期)和 2007 年 4 月 26 日(冬小麦抽穗期)两景 Landsat TM 影像提取冬小麦种植面积,影像空间分辨率为 30 m。两景影像均经过辐射校正、几何校正和投影变换后,裁剪出研究区范围,得到与研究区 MODIS EVI 时间序列数据集相同投影、相同地理坐标系、相同地理范围的 TM 数据集。

(3) 野外样本数据集

在研究区范围内,选用 2006 年 11 月野外测量工作获取的 180 个野外典型地块详查样本,具体涉及纯小麦、裸地、树林、草地、蔬菜等地物类型,为室内解译提供先验知识和检验样本。野外样本数据主要为地块详查面数据,在 ArcGIS 软件支持下生成与遥感影像完全匹配的野外样本数据集。

3.4.2.3   研究方法和技术路线

1) 冬小麦物候特征分析与农作物面积指数模型定义

（1）冬小麦物候特征与季相变化分析

选用研究区冬小麦一个完整生长季的 MODIS EVI 时序数据对同期典型地物 EVI 曲线进行分析，如图 3.85 所示。生长周期内冬小麦 EVI 曲线具有两个明显的彼此独立的生长峰，与其他地物曲线截然不同，是从时序特征上区分冬小麦与其他地物的根本依据。

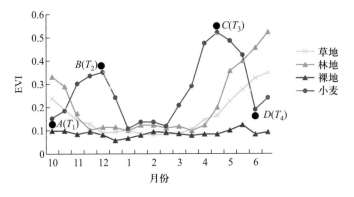

图 3.85   几种典型地物的 EVI 曲线

从图 3.85 可以看出，在冬小麦的一个完整物候期内有 4 个关键物候期，与其他植被（包括其他作物）有明显的区别，称为关键物候期。第一，播种期（A 点的 T_1 时段）：表现为裸地信息；第二，第一波峰期（B 点的 T_2 时段）：表现为典型植被信息；第三，第二波峰期（C 点的 T_3 时段）：表现为强植被信息；第四，收割期（D 点的 T_4 时段）：表现为裸地信息。利用这 4 个关键物候期的特征植被指数的组合，完全可以区分冬小麦与其他同期植被。对于单峰的其他作物而言，T_2 和 T_3 时段表现为同一个强植被波峰期。

（2）农作物面积指数的概念

农作物面积种植指数：陆地表面任一单位面积中特定时段所含某种特定农作物面积的百分比，称为该种农作物种植面积指数（crop proportion index，Pan-CPI）。

农作物面积种植指数模型：图 3.86 是基于农作物（冬小麦）物候特征的农作物种植面积指数概念模型图，A、B、C、D 为图 3.85 所示的 4 个关键物候期（对于其他单峰作物而言,B 与 C 相同,表现为同一个波峰期)。从图 3.86 可以看出,在任一单位面积内的纯冬小麦区域中(对遥感图像而言,表现为不同尺度大小的像元,以下简称"像元"),无论混入裸地或其他植被,都会导致 4 个关键期的植被指数数值的变化。在生长期(T_1 到 T_2)和收获期(T_3 到 T_4)两个关键物候阶段,纯冬小麦像元中混入裸地或者其他植被,都会导致图 3.86 标准冬小麦曲线的两个斜率的降低,即 A 点到 B 点、C 点到 D 点的斜率下降。因此,任一像元中冬小麦种植面积的比例与两个斜率存在显著的正相关关系。如果将 T_1 到 T_2、T_3 到 T_4 两个物候时段都看成单位时间,则农作物种植面积指数模型(Pan-CPI 模型)用 4 个关键物候期对应的植被指数表示的函数为

$$\text{Pan-CPI} = F((A \times T_1 + B \times T_2),(C \times T_3 + D \times T_4),E) \qquad (3.48)$$

式中,T_1、T_2、T_3、T_4 为 4 个关键物候期对应的植被指数,A、B、C、D 是斜率调整系数,E 为残差系数。如果将式(3.48)简化为线性关系,则 *Pan-CPI* 模型可表示为

$$\text{Pan-CPI} = A \times T_1 + B \times T_2 + C \times T_3 + D \times T_4 + E \qquad (3.49)$$

式中,$A<0$,$D<0$,$B>0$,$C>0$。

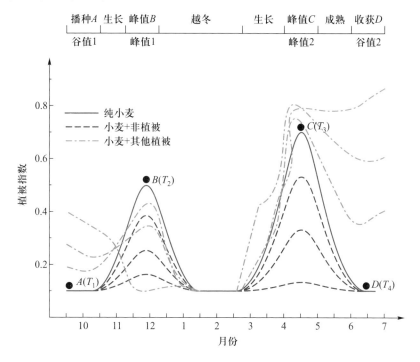

图 3.86　农作物种植面积指数概念模型图

从理论上而言,当且当 $T_2-T_1 \leqslant 0$ 或 $T_3-T_4 \leqslant 0$ 时,

$$\text{Pan-CPI} = 0 \qquad\qquad (3.50)$$

对于单峰作物而言,只存在 3 个关键期(T_1:播种期,T_2:峰值期,T_3:收获期),则式(3.49)可简化为

$$\text{Pan-CPI} = A' \times T_1 + B' \times T_2 + C' \times T_3 + E' \qquad (3.51)$$

式中,$A'<0$,$C'<0$,$B'>0$。

2) 基于 Pan-CPI 模型的冬小麦种植面积测量

基于 Pan-CPI 模型的冬小麦种植面积测量的技术流程如图 3.87 所示,主要包括:①TM 冬小麦种植面积提取;②MODIS 典型特征期影像合成;③多元回归相关分析选择最优窗口;④回归分析建立 Pan-CPI 模型及 MODIS 冬小麦种植面积提取。

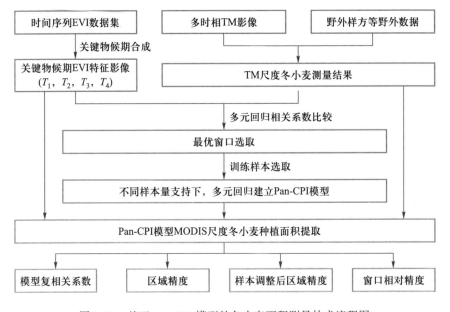

图 3.87 基于 Pan-CPI 模型的冬小麦面积测量技术流程图

(1) TM 冬小麦种植面积提取

根据研究区冬小麦的物候特征和光谱特征,利用多时相 TM 数据,采用最大似然和决策树相结合的方法提取冬小麦种植面积信息(Colstoun et al.,2003),并对明显的错分区域进行目视解译修正,得到基于中分辨率遥感影像的冬小麦种

植结果。并利用 180 个野外样点,验证识别结果,其中冬小麦总体精度达到 93.6%,可以满足作为 MODIS 提取的样本数据和结果验证数据的要求。为了使 TM 识别结果与 MODIS 影像之间的空间相匹配,本研究将 TM 识别结果的空间分辨率重采样为 250 m,并将其像元值表示为冬小麦丰度值(Lobell and Asner, 2004)。

(2) MODIS 典型物候期影像合成

根据研究区冬小麦种植的典型物候期时间特征,采用最小/最大值合成的方法,将 MODIS 时间序列数据集的 EVI 图像合成为 4 个典型特征期影像,分别为播种期最小值(T_1)、第一波峰最大值(T_2)、第二波峰最大值(T_3)、收获期最小值(T_4)。对本研究区:

$$
\begin{aligned}
T_1 &= \min(\mathrm{EVI}_1, \mathrm{EVI}_2) \\
T_2 &= \max(\mathrm{EVI}_3, \mathrm{EVI}_4, \mathrm{EVI}_5) \\
T_3 &= \max(\mathrm{EVI}_{13}, \mathrm{EVI}_{14}, \mathrm{EVI}_{15}) \\
T_4 &= \min(\mathrm{EVI}_{17}, \mathrm{EVI}_{18})
\end{aligned}
\tag{3.52}
$$

式中,EVI_i 依次为 2006 年 9 月 30 日至 2007 年 6 月 26 日 18 景 EVI。

(3) 最优窗口选取

考虑 TM 与 MODIS 几何配准对冬小麦面积识别结果的影响,本研究选取了全部研究区的 TM 结果作为样本,分别选取不同 MODIS 窗口大小(1×1~10×10 像元),对面积指数 Pan-CPI 模型以及合成的 T_1、T_2、T_3、T_4 这 4 个关键分量分别进行回归分析,并通过相关系数(R^2)选择最优窗口大小,结果如表 3.26 所示。

表 3.26 不同 MODIS 窗口下关键期 EVI 与小麦面积相关系数

相关系数 R^2		MODIS 窗口								
		1×1	2×2	3×3	4×4	5×5	6×6	7×7	8×8	9×9	10×10
EVI	T_1	0.003	0.005	0.007	0.009	0.013	0.014	0.013	0.016	0.022	0.024
	T_2	0.345	0.493	0.564	0.622	0.64	0.662	0.685	0.703	0.706	0.709
	T_3	0.443	0.619	0.709	0.765	0.793	0.815	0.836	0.846	0.861	0.86
	T_4	0.016	0.026	0.031	0.037	0.042	0.045	0.046	0.049	0.048	0.048
	Pan-CPI	0.484	0.668	0.756	0.814	0.838	0.858	0.873	0.887	0.897	0.898

从表 3.26 可以看出,①由于 Pan-CPI 模型不仅反映了小麦生长旺盛期(T_2 和 T_3 时段)强植被特征,同时反映了小麦播种期(T_1 时段)和收获期(T_4 时段)的裸地特征,通过特征期的有效组合,剔除了非小麦信息,其相关特征明显优于 T_2 和 T_3 两个特征分量,表明 Pan-CPI 模型是反映冬小麦种植面积的更优指标。②随着 MODIS 窗口增大,虽然样本量不断减少,但面积指数 Pan-CPI 模型以及 T_2 和 T_3 两个关键物候分量与实际种植面积比例的相关系数(R^2)却不断增大。当 MODIS 像元窗口的大小大于 6×6 像元时,相关系数(R^2)稳定在 0.85 以上,表现出极其显著的相关;与此同时,R^2 在 T_2 时段稳定在 0.6 以上、在 T_3 时段稳定在 0.75 以上。在同时考虑精度和足够样本量保证的条件下,本研究在后续的研究工作中选择了 6×6 像元大小的窗口作为分析的基本空间单元。

(4) 回归分析建立 Pan-CPI 模型及面积测量

本研究选取 MODIS 6×6 像元大小的窗口(共 900 个窗口),将 TM 识别结果及 MODIS 特征值影像匹配统计到 MODIS 窗口空间单元,同时对 TM 样本进行冬小麦含量百分比排序,并按照 5%、10%、15%、20% 的样本量随机抽取样本(对应的样本量分别为 45、90、135、180 个)。针对每次抽取的样本,利用 Pan-CPI 面积指数模型多元回归反算[式(3.53)]求得不同样本量支持下适合该研究区四个特征分量对应的斜率调整系数(A、B、C、D)和残差系数(E)。

$$\begin{pmatrix} A \\ B \\ C \\ D \end{pmatrix} = \left[\begin{pmatrix} T_{11} & T_{21} & T_{31} & T_{41} \\ T_{12} & T_{22} & T_{32} & T_{42} \\ \vdots & \vdots & \vdots & \vdots \\ T_{1n} & T_{2n} & T_{3n} & T_{4n} \end{pmatrix}^{\mathrm{T}} \begin{pmatrix} T_{11} & T_{21} & T_{31} & T_{41} \\ T_{12} & T_{22} & T_{32} & T_{42} \\ \vdots & \vdots & \vdots & \vdots \\ T_{1n} & T_{2n} & T_{3n} & T_{4n} \end{pmatrix} \right]^{-1} \begin{pmatrix} T_{11} & T_{21} & T_{31} & T_{41} \\ T_{12} & T_{22} & T_{32} & T_{42} \\ \vdots & \vdots & \vdots & \vdots \\ T_{1n} & T_{2n} & T_{3n} & T_{4n} \end{pmatrix}^{\mathrm{T}} \begin{pmatrix} P_1 \\ P_2 \\ \vdots \\ P_n \end{pmatrix}$$

$$(3.53)$$

式中,P_i 为 TM 样本求得的冬小麦种植百分比,T_{ij} 为第 j 个样本的 MODIS 第 i 个特征分量值。

最后,利用样本求得的模型参数(A,B,C,D,E)对研究区合成关键物候期数据,构建 Pan-CPI 模型[式(3.54)]计算得到研究区 MODIS 尺度的冬小麦像元百分比。

$$\begin{pmatrix} \mathrm{Pan\text{-}CPI}_1 \\ \mathrm{Pan\text{-}CPI}_2 \\ \vdots \\ \mathrm{Pan\text{-}CPI}_m \end{pmatrix} = \begin{pmatrix} T_{11} & T_{21} & T_{31} & T_{41} \\ T_{12} & T_{22} & T_{32} & T_{42} \\ \vdots & \vdots & \vdots & \vdots \\ T_{1m} & T_{2m} & T_{3m} & T_{4m} \end{pmatrix} \begin{pmatrix} A \\ B \\ C \\ D \end{pmatrix} + E \qquad (3.54)$$

式中,$\mathrm{Pan\text{-}CPI}_i$ 为窗口内 MODIS 尺度冬小麦种植百分比,T_{ij} 为第 j 个窗口的 MODIS 第 i 个特征分量值。

　　为了分析不同样本量对模型的影响,实验分别选择抽取 5%、10%、15%、20%的样本进行模型求解。同时,考虑到样本偏差对模型的影响,研究对每种样本量随机抽取 10 次进行实验,并计算每种样本量支持下的 10 次实验精度的最大值、最小值、均值,进行分析(顾晓鹤等,2007)。不同 TM 样本量支持下的某次试验 MODIS 像元小麦百分比识别结果图及 TM 尺度的冬小麦识别结果如图 3.88 所示。从图 3.88 可以看出,不论样本的多少(只要达到统计模型构建和检验所需的样本量),MODIS 影像的提取结果与 TM 影像的提取结果趋势完全一致,不会因样本的改变而变化,从另一个角度有效证明了 Pan-CPI 模型提取作物面积的准确性和稳定性。

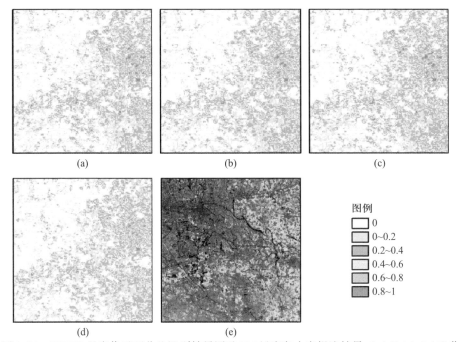

图 3.88　MODIS 尺度像元百分比识别结果图及 TM 尺度冬小麦提取结果:(a)(b)(c)(d)分别为样本量为 5%、10%、15%、20%时,Pan-CPI 模型提取的某次 MODIS 尺度冬小麦的提取结果;(e)TM 的冬小麦提取结果,其中黄色表示识别为小麦的像元

3.4.2.4　结果分析

1) 分析指标

　　本研究选取窗口相对精度和区域精度两个指标,视 TM 测量结果作为"准真值",分析评价不同 TM 样本量支持下的 MODIS 测量结果的精度和 Pan-CPI 模型稳定性,为冬小麦多尺度遥感测量的技术方法提供有力支撑。

（1）Pan-CPI 模型复相关系数（R^2）

Pan-CPI 模型受 T_1、T_2、T_3、T_4 四个关键植被指数分量的综合作用和影响，因此利用复相关系数可判定 Pan-CPI 模型和 T_1、T_2、T_3、T_4 四个关键分量之间的复相关程度，同时可以利用复相关系数的大小和稳定程度来判定 Pan-CPI 模型的稳定性。复相关系数由单相关系数和偏相关系数求得（徐建华,1996）。将 Pan-CPI 模型与 T_1、T_2、T_3、T_4 之间的复相关系数记做 R^2，公式如下：

$$R^2 = \sqrt{1 - (1 - R_{T_1}^2)(1 - R_{T_2 \cdot T_1}^2)(1 - R_{T_3 \cdot T_1 T_2}^2)(1 - R_{T_4 \cdot T_1 T_2 T_3}^2)} \quad (3.55)$$

式中，$R_{T_1}^2$ 表示 Pan-CPI 模型与 T_1 分量的单相关系数；$R_{T_2 \cdot T_1}^2$ 表示在 T_1 保持不变的情况下，Pan-CPI 模型与 T_2 分量之间的偏相关系数；$R_{T_2 \cdot T_1 T_2}^2$ 表示在 T_1、T_2 分量保持不变的情况下，Pan-CPI 模型与 T_3 分量之间的偏相关系数；$R_{T_2 \cdot T_1 T_2 T_3}^2$ 表示在 T_1、T_2、T_3 三个关键分量保持不变的情况下，Pan-CPI 模型与 T_4 的偏相关系数。

复相关系数介于 0 到 1，即 $0 < R < 1$；同时，复相关系数越大，表明 Pan-CPI 模型与四个关键分量之间的相关程度越密切，模型越稳定。

（2）区域精度

区域精度（total quantity accuracy）反映识别结果的总量绝对精度。研究中，以 TM 影像所提取的冬小麦种植面积区域总量（T_T）为真值，评价 MODIS 提取的冬小麦种植面积区域总量（T_M）。因此，将区域总量精度（简称区域精度 A_R）定义为

$$A_R = 1 - \frac{|T_M - T_T|}{T_T} * 100\% \quad (3.56)$$

（3）样本调整后的区域总量精度

利用所选样本的整体偏差的方向和比例，可以对最后的区域总量进行调整，样本调整后的区域总量精度（post-adjusted total quantity accuracy；简称区域调整精度），可表示为

$$A_{RC} = 1 - \frac{\left| \dfrac{T_M}{(T_{MS}/T_{TS})} - T_T \right|}{T_T} \times 100\% \quad (3.57)$$

式中，T_{MS} 为所有样本 MODIS 识别的冬小麦总面积，T_{TS} 为所有样本 TM 识别的冬小麦总面积。

（4）窗口相对精度

窗口相对精度（overall windows accuracy）是反映测量结果位置精度的指标，当窗口大小为 1×1 像元时，即为像元相对精度。利用 Pan-CPI 模型求出每个 MODIS 窗口中冬小麦百分比，将其逐一与 TM 测量结果相比较，求得单个窗口识别精度，再求算研究区内所有窗口识别精度的累计平均值，即为整个区域的窗口相对精度（A_w）（吴健平和杨星卫，1995）：

$$A_w = \frac{\sum_{K=1}^{N}(1 - |P_{MK} - P_{TK}|)}{n} \times 100\% \qquad (3.58)$$

式中，K 为窗口序号，N 为区域窗口总数，P_{MK} 为第 K 个窗口中 MODIS 识别结果的冬小麦面积百分比，P_{TK} 为第 K 个窗口中 TM 识别结果的冬小麦面积百分比。

2）精度分析

本研究中，选取复相关系数（R^2）对 Pan-CPI 模型进行稳定性分析、选取区域精度（A_R）和调整后的区域精度（A_{RC}）进行总量精度分析，选取窗口相对精度（A_w）进行位置精度分析。表 3.27 为上述四个指标 Pan-CPI 模型测量结果精度分析表。

表 3.27　Pan-CPI 模型测量结果精度分析表

精度指标	样本量/%	实验次数										极大	极小	均值	方差
		1	2	3	4	5	6	7	8	9	10				
R^2	5	0.897	0.842	0.887	0.847	0.890	0.915	0.926	0.822	0.916	0.811	0.926	0.811	0.875	0.031
	10	0.857	0.847	0.843	0.802	0.882	0.900	0.816	0.870	0.853	0.834	0.900	0.802	0.850	0.021
	15	0.846	0.835	0.868	0.804	0.858	0.888	0.857	0.810	0.878	0.872	0.888	0.804	0.852	0.018
	20	0.869	0.859	0.852	0.895	0.867	0.873	0.963	0.932	0.849	0.879	0.963	0.849	0.884	0.013
A_R	5	0.927	0.938	0.974	0.903	0.887	0.994	0.975	0.931	0.992	0.979	0.994	0.887	0.950	0.026
	10	0.985	0.976	0.951	0.965	0.946	0.997	0.944	0.976	0.994	0.971	0.997	0.944	0.971	0.025
	15	0.989	0.959	0.974	0.986	0.983	0.907	0.965	0.924	0.975	0.985	0.989	0.907	0.965	0.022
	20	0.969	0.999	0.951	0.974	0.999	0.994	0.979	0.979	0.993	0.999	0.999	0.951	0.984	0.025
A_{RC}	5	0.952	0.938	0.974	0.914	0.925	0.994	0.975	0.969	0.992	0.979	0.994	0.914	0.961	0.028
	10	0.985	0.996	0.982	0.987	0.946	0.997	0.944	0.976	0.994	0.971	0.997	0.944	0.978	0.019
	15	0.994	0.989	0.998	0.986	0.992	0.935	0.999	0.955	1.000	0.962	1.000	0.935	0.981	0.022
	20	0.998	0.999	0.983	0.992	0.999	0.995	0.979	0.979	0.993	0.999	0.999	0.979	0.992	0.008
A_w	5	0.957	0.960	0.956	0.958	0.957	0.958	0.959	0.957	0.961	0.959	0.961	0.956	0.958	0.002
	10	0.959	0.960	0.958	0.960	0.958	0.959	0.960	0.959	0.960	0.960	0.960	0.958	0.959	0.002
	15	0.961	0.960	0.960	0.961	0.960	0.959	0.960	0.960	0.961	0.959	0.961	0.959	0.960	0.001
	20	0.960	0.960	0.960	0.960	0.960	0.960	0.961	0.960	0.961	0.961	0.961	0.960	0.960	0.001

（1）Pan-CPI 模型稳定性分析

分析表 3.27 精度指标 R^2，可以看出：①样本量 5%～20% 的 40 次实验结果 Pan-CPI 模型复相关系数 R^2 变幅极小，稳定在 0.85 左右，总体方差在 1% 数量级，反映了在保证样本量的前提下 Pan-CPI 模型具有极高的稳定性；②随着 TM 样本量逐渐增大，Pan-CPI 模型复相关系数 R^2 变化幅度也逐渐减小，20% 样本量下，R^2 变化方差仅有 0.013，说明样本量越大，Pan-CPI 模型能更准确的实现冬小麦种植百分比与四个关键分量的定量表达，并不随不同样本量集合的变化而变化；③随着样本量的增多，R^2 均值并不随样本量的增多而变化。证明了在样本达到显著相关的条件下，样本量的变化不会影响 Pan-CPI 模型的构建。Pan-CPI 模型可以稳定反演冬小麦种植百分比与其生长四个关键期 EVI 的定量关系。

（2）区域总量精度分析

分析表 3.27 精度指标 A_R 和 A_{RC}，可以看出：①通过 Pan-CPI 模型提取 MODIS 冬小麦种植面积，在不同样本量支持下，相对于 TM 识别精度而言，区域总量精度均值能稳定达到 95% 以上，同时随着样本量的增多，区域总量精度逐步提高；②利用样本回归模型方差方向对区域总量进行调整，区域总量精度均值稳定在 96.1% 以上，当样本量为 20% 时，区域总量精度均值达到 99.2%，证明了在大尺度实际测量中，只需要提供一定的中分辨率样本，可利用 Pan-CPI 模型基于 MODIS 时间序列数据准确反演作物种植比例，完全可以满足大尺度作物种植面积测量的精度要求。

（3）窗口相对精度分析

总体精度表现 MODIS 识别结果相对 TM 识别结果的总体位置精度，分析表 3.27 精度指标 A_w 可以得出，通过 Pan-CPI 模型提取的 MODIS 冬小麦种植面积总体精度非常稳定，稳定在 96%，极值和方差的变幅都在 0.1% 以下，且不再随样本量的增加而增加，最低窗口相对精度达到 95.6%，表明 Pan-CPI 模型能够准确反映种植面积的内在规律。

图 3.89 是 20% 样本量下，某次实验结果的极端误差窗口（极端误差 = P_{MODIS} $-P_{TM}$）（误差大于 10%）空间分布图。灰色窗口（39 个占 4%）表示 MODIS 结果小于 TM 结果，黑色窗口（24 个占 3%）表示 MODIS 结果大于 TM 结果，白色窗口（837 个占 93%）表示误差小于 10%。选择 MODIS 识别结果与 TM 结果相比时相对精度误差大于 10% 的两个窗口，结合高分辨率影像目视解译结果重点分析误差产生的原因。A、B 两个窗口为用于详细分析的两个特征窗口。

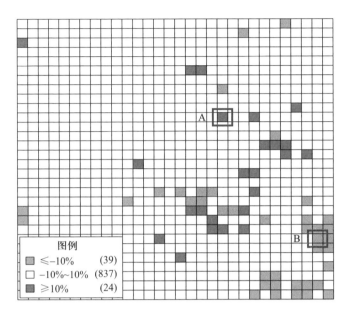

图 3.89　极端误差窗口空间分布图

图 3.90 是窗口 A 的细节图像,该窗口 MODIS 识别结果(22%)远远大于 TM 识别结果(6%)。结合高分影像目视分析,TM 识别结果更为准确,推断 MODIS 结果偏大。通过分析 MODIS EVI 时间序列和高分影像判读结果,判断该区域西南部可能存在与冬小麦部分物候特征类似的植被,存在同物候植被相混,导致 MODIS 识别结果偏大。因此,在 Pan-CPI 模型中加入光谱信息进一步识别物候类似光谱差异的植被,有待进一步深入研究。

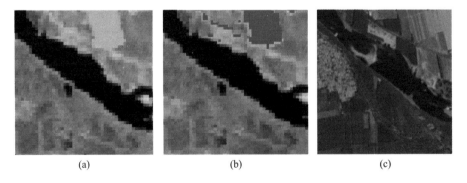

图 3.90　窗口 A 细节图(MODIS 识别结果大于 TM 识别结果):(a) TM 遥感影像(20070426);(b) 基于多时相 TM 影像的冬小麦识别结果(红色像元);(c) 2009 年 6 月 Google Earth 高分辨率影像截图

图 3.91 是窗口 B 的细节图像,该窗口 MODIS 识别结果(29%)远远小于 TM 识别结果(45%)的窗口细节图像。结合该窗口 MODIS EVI 曲线和高分影像目视分析结果,该区种植结构极端破碎,在小麦中交错混杂了很多其他同期植被,导致多时相 TM 识别结果偏大,而在该区 MODIS 能够发挥其时间序列的优势,结果更为合理。

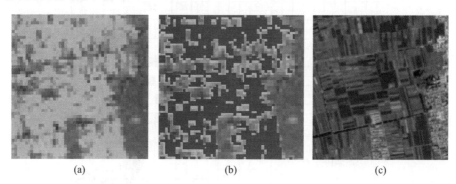

(a)　　　　　　　　　　(b)　　　　　　　　　　(c)

图 3.91　窗口 B 细节图(TM 识别结果明显大于 MODIS 识别结果):(a)遥感影像(20070426TM);(b)基于多时相 TM 影像的冬小麦识别结果(红色像元);(c)2009 年 6 月 Google Earth 高分辨率影像截图

3.4.2.5　结论和讨论

1) 结论

采用全覆盖、高时间分辨率低空间分辨率时间序列遥感数据与中分辨率样区遥感数据相结合的测量方法,是大范围农作物种植面积业务化遥感测量的有效途径,也是发展的必然趋势,其关键问题在于如何定量地表达物候生长曲线与种植面积之间的函数关系。本研究通过小区域实验研究,得出以下主要结论:

(1)根据作物生长关键物候期定义的 Pan-CPI 模型能够很好地反映特定目标农作物种植面积状况,为基于植被指数时间序列影像识别农作物种植面积测量方法提供了新的途径。在保证了样本量的前提下,模型具有极高的稳定性,可以准确地表达农作物种植面积与时间序列植被指数之间的定量关系。

(2)精度分析表明,Pan-CPI 模型具有很高的稳定性,且不受样本变化的影响,只要达到满足模型计算的样本量,多次测量结果间具有很好的一致性。选取 6×6 窗口时,基于 TM 样本的复相关系数(R^2)稳定在 0.85 左右,与 TM 结果比较,像元精度稳定在 95% 左右,区域精度稳定在 92% 以上,经调整的区域精度高达 96% 以上,完全可以满足大尺度作物种植面积测量精度要求。

（3）Pan-CPI模型可以表达混合种植的作物面积特征,对于种植结构复杂、目标作物种植破碎的地区,可以充分利用MODIS时间序列的优势,弥补TM等中分辨率方法的不足,有效改善单时相和多时相TM在提取信息因时相缺失无法表征作物变化的不足,较为准确地识别复杂种植区的目标作物种植比例。

2）讨论

（1）本研究将TM尺度冬小麦的测量结果看作"准真值",随机抽取样本,初步验证了在全覆盖测量中TM影像缺失和TM影像质量不高的情况下,基于部分区域质量较好的TM影像和Pan-CPI模型提取MODIS尺度的冬小麦种植比例的方法。本实验研究仅选取了较易识别的冬小麦、种植结构相对简单较小面积区域进行了试验,Pan-CPI模型需要应用到更大的、种植结构更复杂的区域和其他物候的作物品种进行实验,以验证Pan-CPI模型对大尺度作物面积提取的准确性、对种植结构的敏感性和对物候已知条件的适用性。

（2）在研究中,Pan-CPI模型仅尝试了利用多元回归的方法求取模型的特征参数,在以后的研究中,对建立作物种植比例和关键物候期植被指数的定量关系有待进一步深入,可尝试其他表达类型的数学模型。

（3）本研究在应用Pan-CPI模型提取冬小麦面积过程中,直接利用多元回归模型进行了面积比例测量,没有根据区域特性,考虑T_1到T_2、T_3到T_4两个特征时段斜率与冬小麦面积比例为零的全部初始条件,在今后的研究中有待进一步加强。

3.4.3　中低分辨率小波融合的玉米种植面积遥感估算

3.4.3.1　研究背景

玉米是中国仅次于水稻和小麦的第三大粮食作物,其种植面积和产量约占中国粮食作物的五分之一(李郁竹和谭凯琰,1995)。准确获取区域玉米种植面积信息及其空间分布状况,对于预测玉米产量、优化种植结构和确保粮食安全具有重要意义(陈水森等,2005)。中国玉米种植的空间特征是范围广、种植结构复杂、种植地块破碎,当前大范围玉米种植面积遥感估算存在的核心问题是遥感影像的空间分辨率与测量精度之间相互制约的问题(顾晓鹤等,2007)。

小波变换融合方法是近年来兴起的一种多光谱图像融合时频域工具,具有良好的尺度变化、方向性和时频局部化特征,能最大限度保留多光谱信息,并能处理多于三个波段的影像融合(布和敖斯尔等,2004),使其在图像处理领域得到广泛应用。小波变换融合方法大多应用于空间分辨率相差倍数较小

的同源或多源遥感影像,对于空间分辨率差异较大的影像融合应用研究尚不
多见。

本研究以河南原阳县为研究区,针对单时相 TM 影像提取玉米面积不准确的
问题,获取了 2008 年玉米生长期的 MODIS 时间序列 NDVI 数据,研究基于小波变
换的 MODIS 与 TM 数据融合方法,构建中分辨率尺度的时间序列 NDVI 数据集,采
用最小距离法估算玉米种植面积总量,并采用野外实测样本进行精度验证。

3.4.3.2 研究区和数据

1) 研究区概况

河南原阳县地处豫北平原,南临黄河,地势西南偏高,东北偏低,位于34°55′N~
35°11′N,113°36′E~114°15′E,面积 1339 km²,属于温带大陆性季风气候,光照充足,四
季分明,年无霜期 224 d,平均气温 14.4℃,平均降水量 546.9 mm。农作物种植结构
比较稳定,秋季作物以水稻、玉米为主。作物之间的物候差异是选择作物遥感识别时
相的主要依据。根据原阳县物候历,玉米的生长期从每年的 6 月中下旬至 10 月中上
旬,影响玉米识别的同期作物有水稻、花生、大豆。

2) 数据预处理

使用的遥感数据为覆盖整个原阳县的 MODIS 影像和 TM 影像。其中,
MODIS Terra 数据为 16 天最大值合成的归一化植被指数(NDVI)产品数据①(图
3.92a),空间分辨率为 250 m,时相为 2008 年 5 月 24 日至 2008 年 10 月 30 日;
Landsat 5 TM 为 2008 年 8 月 25 日的 123/036 轨道的数据,属于夏玉米乳熟期,
空间分辨率为 30 m(图 3.92b)。遥感数据预处理包括几何校正、大气校正和投
影变化等。TM 影像的大气校正采用了 6S 模型,几何校正采用双线性内差的多
项式纠正方法,误差控制在 0.5 个像元。所有空间数据的投影方式均转为
UTM,地理坐标系为 WGS84。

对 SPOT 5 多光谱与全色相融合的 2.5 m 分辨率影像数据采用人工数字化
的方式,按照统一的标准规范对原阳县进行地块边界数字化,并对耕地地块进行
属性标定,区分水田、旱田,作为耕地地块本底数据。

于 2008 年 8 月采集野外样本地块 49 个,图 3.92b,包括地块面积、玉米播种
面积百分比等,用于评价研究的准确性。同时采集野外定点样本 53 个,包括玉
米 14 个、水稻 12 个、花生 15 个、大豆 12 个,用于提供先验知识。

---

① 下载于 http://ladsweb. nascom. nasa. gov/data/ search. html.

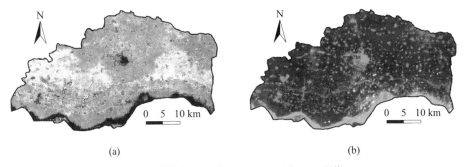

图 3.92 原阳县 2008 年 MODIS (a)与 TM 影像(b)

3.4.3.3 研究方法和技术路线

基于 MODIS 与 TM 小波融合的玉米种植面积遥感估算的技术流程如图 3.93 所示,主要包括小波变换融合、NDVI 时间序列重构、最小距离分层分类、精度评价等。

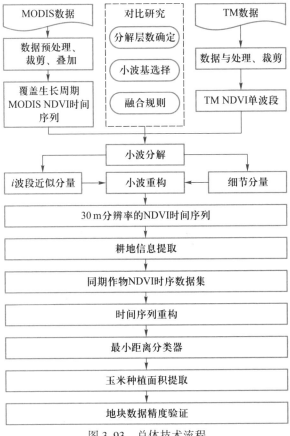

图 3.93 总体技术流程

1) 小波变换融合方法

小波变换技术可以将图像按小波基进行分层展开,并且根据图像性质和预定义控制计算量(王换生等,2009),实现融合前后信息无损失无冗余的多分辨率数据融合。小波变换融合方法的流程是将不同分辨率源图像分别几何精校正后进行基于小波基的分解,得到图像的高频和低频,根据高低频的特点进行一定的融合规则的运算,再进行小波逆变换即可得到融合图像。

小波变换影像融合质量的关键在于小波基的选择、小波分解层数的确定及分解分量的融合规则三部分。由于遥感传感器种类众多,空间分辨率和光谱分辨率的差异很大,仍没有统一针对多源传感器的小波融合参数选取规则。目前的多源传感器小波融合需要经过大量的试验来确定小波基、融合规则和分解层数。选取信息熵、平均梯度、扭曲度、峰值信噪比作为 MODIS 与 TM 影像融合质量的定量评价指标。

(1) 小波分解层数的优选

选择 BIOR6.8 小波基,融合规则采用高低频完全替代的方法,来讨论 MODIS 影像与 TM 影像小波融合的分解层数选择问题。

通过目视判读分析,分解层数为 1、2 层的融合图像纹理、清晰度较差,融合效果较差;从定量评价指标看,4 层分解虽然信息量增加,但纹理信息差于 3 层(4 层分解平均梯度为 3.552,3 层分解平均梯度为 3.696),而且 4 层分解的源光谱信息损失程度要大于 3 层(3 层分解扭曲度为 7.226,要优于 4 层分解;3 层分解峰值信噪比为 25.608,要优于 4 层分解)。因此,通过小波分解层数优选的试验,选择 3 层小波分解层进行数据融合(图 3.94,表 3.28)。

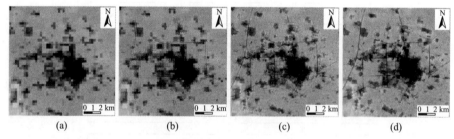

图 3.94　不同分解层数的 TM 与 MODIS 小波融合结果对比:(a) 1 层;(b) 2 层;(c) 3 层;(d) 4 层

表 3.28　不同分解层数的 TM 与 MODIS 小波融合结果定量评价

分解层数	信息熵	扭曲度	平均梯度	峰值信噪比
1	5.083	3.037	2.916	32.461
2	5.131	5.027	3.643	28.509
3	5.331	7.226	3.696	25.608
4	5.792	9.708	3.552	23.317

（2）小波基的优选

以常用的 4 种小波基 HAAR、DB2、SYM4 和 BIOR6.8 为分析对象，讨论 MODIS 与 TM 影像小波融合的最优小波基选择，此时分解层数选择 3 层，融合规则采用高低频分别替代的方式（图 3.95，表 3.29）。

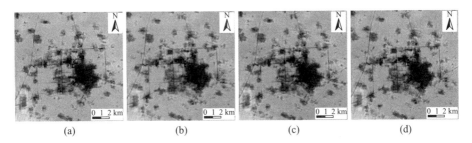

图 3.95　不同小波基的 TM 与 MODIS 小波融合结果对比：（a）HAAR；（b）DB2；（c）SYM4；（d）BIOR3

表 3.29　不同小波基的 TM 与 MODIS 小波融合结果定量评价

小波基	信息熵	扭曲度	平均梯度	峰值信噪比
HAAR	5.069	7.838	3.902	24.300
DB2	5.093	7.416	3.791	25.206
SYM4	5.223	7.290	3.706	25.437
BIOR	5.331	7.226	3.696	25.608

4 种小波基的融合效果从目视判读来看没有太大差别，其定量评价指标存在一定的差异。BIOR 小波基的信息熵最大，HAAR 小波基信息熵最小；扭曲度最小值和峰值信噪比最大值发生在 BIOR 小波基融合，说明此时光谱扭曲程度最小；平均梯度值都很接近，HAAR 小波基最大，BIOR 小波基值最小。

综合考虑，由于各融合影像的平均梯度差异很小，说明图像清晰程度接近，而影像的信息熵在 BIOR6.8 小波基时最大，扭曲度最小，峰值信噪比最大，即融合结果在此时信息量最大，光谱扭曲程度最小。因此，选择 BIOR6.8 小波基作为 MODIS 与 TM 影像融合的最优小波函数。

（3）小波融合规则的优选

小波融合的规则有很多种，主要分为两大类：一种是直接作用于单独的小波系数值的融合规则；另一种是基于区域小波系数值的融合规则。研究者常常对低频进行平均而高频采用不同的规则；或者高频采用基于像元取最大而低频采用不同的规则,以此来对比融合规则的优劣。

　　由于本研究融合源图像之间分辨率差距较大(TM 分辨率为 30 m,MODIS 为250 m),多光谱影像的高频信息非常稀少,除流域较宽广的河流、湖泊勉强可以识别外,难有清晰的纹理特征信息。因此,MODIS 的高频信息可以完全不考虑,直接进行 TM 的高频替代。此外,MODIS 数据覆盖了玉米的全部生育期,需要尽可能地完全保留生长信息,因此,低频信息完全取自 MODIS 低频部分。

　　经过多次试验,采用双正交(BIOR6.8)小波基进行 3 层小波分解,采用高低频完全替代的规则进行影像重构,最后得到 30 m 分辨率的 NDVI 时间序列数据融合影像(图 3.96)。

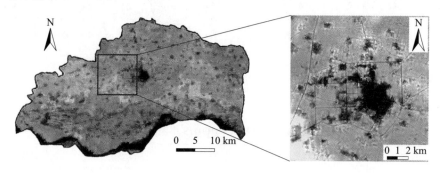

图 3.96　30 m 分辨率的 NDVI 时间序列数据融合影像

2) NDVI 时间序列重建与分析

　　NDVI 时间序列随地表覆盖类型的不同而变化,在时间上呈现出与植被生物学特征相关的周期和变化,是表征植被特征、生长状态及植被覆盖度的最佳指示因子,也是季节变化和人为活动影响的重要指示器。

　　基于 30 m 分辨率的时间序列融合影像,提取原阳县主要秋季作物的 NDVI标准生长曲线。通过野外定点大地块样本,在时间序列 NDVI 融合影像上选取玉米、水稻、花生、大豆纯地块样本,生成 4 种作物的标准生长曲线(图 3.97)。可以看出,各种秋季作物从播种到成熟变黄之前,随着作物物候期的更替,红光波段反射率因作物覆盖度和叶面积系数的增大而减小,近红外波段反射率反而逐渐增加,所以 4 种作物的 NDVI 时间序列曲线均存在波峰。对于玉米时序曲线来说,波峰出现在 7 月底至 8 月初,正是玉米的灌浆期,此时玉米基本停止营养生长,完全进行生殖生长,NDVI 达到峰值。4 种作物在 NDVI 时间序列谱线上存在一定的差异。生长前期,玉米 NDVI 值与水稻,大豆极为接近,难以区分,而花生营养生长较好;生长后期,玉米和花生 NDVI 值下降较快,较水稻和大豆有很大差异。

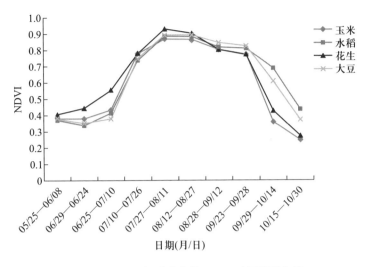

图 3.97 2008 年秋季作物 NDVI 时间序列曲线

3）最小距离分类器

最小距离分类器是一种基于向量空间模型的分类算法,有较高的作物识别精度(韩兰英等,2008),其基本思想是根据训练集按照平均算数生成一个代表该类的中心向量 $\rho k (k=1,2,\cdots,m;m$ 是类的个数),对于每一个待分类数据元组 X,计算其与 ρk 之间的距离,最后判定 X 属于距离最近的类别。

在最小距离分类器算法中,关键是选择有效的距离度量。经常使用的距离参数有欧氏距离、标准化欧氏距离和马氏距离等(任靖和李春平,2005)。本研究选择典型的欧氏距离,以差异明显生育期的 NDVI 值作为该类的中心向量,通过最小距离分类算法对像元进行分类。欧氏距离计算公式如下:

$$d_E = \sqrt{\sum (\mathrm{NDVI}_i - \mathrm{NDVI}_0)^2} \qquad (3.59)$$

式中,NDVI_i 和 NDVI_0 分别表示待分类像元和该类中心向量的特征值。

4）精度评价

本研究引入地块精度评价方法(顾晓鹤等,2010),以野外实测样本地块作为准真值,从位置精度和总量精度两个方面进行基于 MODIS 与 TM 融合的玉米种植面积估算的精度评价。

由于每个耕地地块面积存在一定的差异,不同地块对位置精度的贡献因面积而异,以地块面积作为权重,位置精度计算式为

$$K_l = \frac{\sum_{i=1}^{n} (1 - |p_i - p_{i0}|) \times A_i}{\sum_{i=1}^{n} A_i} \times 100\% \qquad (3.60)$$

式中,P_i 表示遥感估算的第 i 块地块内玉米百分比;P_{i0} 表示野外实测的第 i 块地块玉米面积百分比;A_i 表示第 i 块混合地块的面积;n 表示野外实测的玉米地块个数。

由于很难获得区域总量的绝对真值,遥感估算通常很难提供区域精度评价的结果。本研究以实测地块的玉米种植面积总量为准真值,进行总量精度评价,计算公式如下:

$$K_w = \left(1 - \frac{\left| \sum_{i=1}^{n} p_i \times A_i - A_0 \right|}{A_0}\right) \times 100\% \qquad (3.61)$$

式中,P_i 表示遥感估算的第 i 个地块内的玉米百分比;A_i 表示第 i 个地块的面积;n 表示野外实测玉米地块个数;A_0 表示野外实测地块中玉米种植面积总量。

3.4.3.4　结果分析

从 4 种作物的时间序列曲线可发现,玉米在多个生育期均存在与其 NDVI 特征相近的作物。2008 年 6 月 25 日至 7 月 10 日,玉米与水稻、大豆生长状态相似,NDVI 值接近;2008 年 7 月 10 日至 9 月 28 日,玉米与其他 3 种作物 NDVI 值均接近,难以区分;2008 年 9 月 29 日至 10 月 14 日,玉米 NDVI 又与花生非常接近。2008 年 9 月 29 日至 10 月 14 日玉米虽然与花生难以区分,但是花生在 6 月 25 至 7 月 10 日间与玉米的差异很大,因此,可采用分层分类的方法提取玉米种植空间分布。

基于以上分析,根据作物之间的物候差异和生长过程差异,采用最小距离分类法,利用在 6 月 25 日至 7 月 10 日花生的 NDVI 特征差异特征,提取花生空间分布;再利用 9 月 29 日至 10 月 14 日间的 NDVI 特征,提取玉米与花生总的空间分布;最后对以上两个空间分布图取交集即为原阳县玉米的种植空间分布,可估算出玉米种植面积总量。

在采用时序分析法提取玉米种植面积的同时,在野外定位样点数据支持下,采用最大似然监督分类的方法来提取玉米种植面积(图 3.98)。以野外实测样本地块为准真值,对监督分类法和时序分析法进行精度评价,其中,监督分类法的玉米位置精度和总量精度分别为 62.89% 和 49.01%,而时序分析法的玉米种植面积估算精度有了较大提高,位置精度和面积精度则可达 78.76% 和 88.57%(表 3.30)。

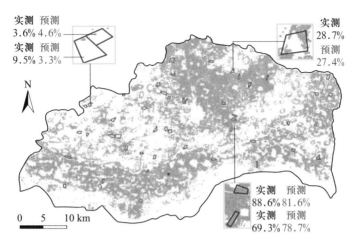

图 3.98   基于时间序列提取的玉米种植面积空间分布图

表 3.30   基于时序方法与监督分类方法提取玉米面积结果精度对比

方法	位置精度/%	总量精度/%
监督分类法	62.89	49.01
时序分析法	78.76	88.57

3.4.3.5   结论和讨论

在 MODIS 时序影像和 TM 影像支持下,采用小波变换融合方法获取 30 m 分辨率的 NDVI 时间序列信息,构建主要秋季作物的 NDVI 标准生长曲线,利用作物间的物候差异信息,以最小距离分类器进行分层分类,获得原阳县玉米种植面积总量信息和空间分布,并以野外实测地块样本进行精度评价。研究结果表明,基于 MODIS 时序信息与 TM 小波融合的玉米种植面积遥感估算方法的位置和面积精度分别为 78.76% 和 88.57%,精度远高于监督分类法,说明该方法能充分利用 MODIS 影像的时间序列优势和 TM 影像的空间分辨率优势,通过秋季作物之间的物候差异,有效地区分出各种秋季作物的空间分布。以耕地地块为精度评价单元,能有效避免野外 GPS 定位误差与影像配准误差,使得精度评价更具有客观性。

本研究在以下几个方面尚需在今后的研究中进一步改进:①MODIS NDVI 数据为 16 d 最大值合成,时间分辨率较低,而秋季作物物候期相似,物候差异特征不够明显,在今后的研究中有必要使用基于逐日反射率计算的 NDVI 影像进行玉米种植面积估算;②虽然本研究通过小波变化融合将时间序列数据的空间分辨率由 250 m 提高到 30 m,但是玉米种植结构复杂、地块破碎的特点,仍存在一定的混合像元,有必要在今后的研究工作中寻求切实可行的软分类方式或者混合像元分解方法,降低混合像元的影响。

3.4.4   Landsat 8 和 MODIS 融合构建高时空分辨率数据识别秋粮作物

3.4.4.1   研究背景

搭载在 Terra 和 Aqua 卫星上的 MODIS 是一种广泛应用于农作物监测和识别的传感器(Xiao et al.,2005;Wardlow et al.,2007),具有很高的时间分辨率,重返周期为 1~2 d,能很好地记录农作物生长的时间信息,应用于地表植被的生长监测和识别,这对大尺度、种植结构单一的作物(如小麦、水稻)具有很大的优势(Xiao et al.,2006)。利用 MODIS 250 m 分辨率的 NDVI 时间序列产品数据对大面积种植的水稻进行识别,能够获得较高的识别精度(Sun et al.,2009)。但我国秋粮作物种植结构复杂(玉米、水稻、棉花、大豆和花生等交错种植)、种植地块破碎,再加上自然植被(树木等)的影响,使得 MODIS 数据的空间分辨率限制了破碎地块小面积种植的秋粮的识别。中高分辨率的卫星具有比较适中的空间分辨率,如美国的陆地卫星(Landsat)和法国 SPOT 卫星,在作物识别中发挥着重要的作用(Oguro et al.,2003;李杨等,2010)。Landsat 卫星空间分辨率为 30 m,回返周期为 16 d,对于大面积种植的作物具有较高的识别精度(Oguro et al.,2003)。但该卫星的时间分辨率会限制植被生长关键期遥感数据的获取,再加上我国北方的雨季与秋粮作物的生长期重叠,使得获取作物生长关键期高质量的遥感影像数据(云量 < 10%)非常困难(获取概率 < 10%)(Leckie and Brand,1990)。因此,结合 MODIS 数据和中高分辨率数据各自的优点进行秋粮作物识别是一个重要的研究方向。

融合 MODIS 数据与 Landsat 数据构建高时空遥感数据是综合两者优势的一个有效方法。近些年,国内外学者提出了几种高时间分辨率数据和高空间分辨率数据的融合方法,构建高时空分辨率遥感数据应用于不同方面的研究工作。这些方法大部分是基于线性模型分解低分辨率混合像元。在考虑像元反射率受环境影响时,不同学者改进了线性分解模型,提出相应的融合模型。Maselli(2001)提出了一种基于像元反射率在一定邻域范围内不会发生剧烈的变化的线性分解模型,研究集成高低时间分辨率的 NDVI 数据用于监测植被;Gao 等(2006)不仅考虑到像元间的距离和光谱差异,还考虑了像元时间上的差异,提出了一种自适应遥感图像融合模型(spatial and temporal adaptive reflectance fusion model,STARFM)用于破碎地块地表覆盖类型的识别;Hilker 等(2009)提出了一种提取反射率变化的时空自适应融合算法(spatial temporal adaptive algorithm for mapping reflectance change,STAARCH)用于监测森林覆盖的研究; Walker 等(2012)利用 MODIS 与 Landsat 的融合数据用于干旱区森林物候的分析研究;以上几种时空融合方法得到的反射率要么是整景影像内地物类别的平均反射率,要么是局部窗口内的地物类别平均反射率,并没有得到高分辨率像元的地表真实反射率。而 Wu(2012)提出了一种基于时间变化特征的时空数据融合模型(spatial temporal data fusion approach,STDFA),能够模拟出高分辨率像元的地表真实反射率数据用于水稻面积的提取等。

本研究基于 Wu 等提出的 STDFA 时空融合模型(邬明权等,2010;Wu, 2012),构造高时空分辨率的数据(红波段数据、近红外波段数据、NDVI 数据),利用 Timesat 软件对 NDVI 时间序列数据进行滤波提取物候特征数据(Phenology)(Jönsson and Eklundh,2004)。针对 4 类数据(Red、NIR、NDVI 和 Phenology)分别分析其对典型作物(玉米、水稻)的可分性并确定分类数据的组合类型,用于探讨秋粮识别的可行性及最佳数据组合类型,为利用高时空遥感数据在大范围进行秋粮作物的遥感识别积累一定的实验基础。

3.4.4.2 研究区和数据

1) 研究区

研究区位于辽宁省锦州市、盘锦市和鞍山市境内,其范围为:纬度 40°58′47″N ~ 41°46′51″N,经度 121°26′0″E ~ 122°27′02″E。该区域地势西北高、东南低,从海拔高的山区,向东南逐渐降到海拔 20 m 以下的海滨平原。研究区位于中纬度地带,属于暖温带大陆性半湿润季风气候,常年温差较大,全年平均气温 8~9℃,年降水量平均为 540~640 mm,无霜期达 180 d。该区域的自然条件决定了农作物为一年一熟,秋粮作物以玉米和水稻为主,兼有少量的花生等。西北部是山区生长着森林,其他地区是平原,主要种植着水稻和玉米,并兼分布着零散的居民地,其中南部地区是大面积居民地盘锦市区,同时在河流附近生长着大面积的水生植物芦苇(图 3.99a)。

2) 数据与预处理

(1) Landsat 8 数据

选取研究区秋粮作物生长物候期 5—10 月内的 4 景 Landsat 8 影像数据(图 3.99),获取时间分别为 2013 年 5 月 23 日,2013 年 7 月 26 日,2013 年 8 月 11 日

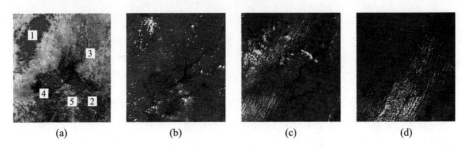

图 3.99　研究区 Landsat 8 影像(假彩色合成):(a) 2013-05-23;(b) 2013-07-26;(c) 2013 -08-11;(d) 2013-09-12

1—森林,2—水稻,3—玉米,4—芦苇,5—居民区

和 2013 年 9 月 12 日[①]。数据的投影坐标系为 UTM-WGS84 Zone 51N,由于 Landsat 8 数据做过基于地形数据的几何校正,本实验中不再进行几何校正。分别选取 4 景 Landsat 8 OLI 数据中的红、绿、蓝、近红外和两个短波红外共 6 个波段数据,用于提取地表变化类型的 ISO-Data 分类,红和近红外波段用于构建数据。然后,对 Landsat 8 数据的红、绿、蓝波段和近红外波段采用操作易行的暗目标减法(dark object subtraction, DOS)进行大气校正(Jr,1988;宋巍巍和管东生,2008),转换为地表真实反射率。而短波红外波段因其波长较长,可以忽略大气程辐射对该波段的影响。

(2) MODIS 数据

由于秋粮作物生长季节云雨天气偏多,MODIS 每天地表反射率产品数据受到“云污染”的影响较大,导致数据无法使用。因此,本实验采用 MODIS 的 8 天合成的 250 m 分辨率地表反射率产品数据(MOD09Q1)。由于 MOD09Q1 产品数据的标注日期是合成日期中的第一天。因此,选择与秋粮作物生长周期相对应的 2013 年 5 月 17 日至 9 月 22 日期间的 MODIS 数据[②]。数据中包含的红波段(Red)和近红外波段(NIR),与其对应的 Landsat 8(OLI)波段如表 3.31 所示。

利用 MODIS 重投影工具(MODIS Re-projection Tool, MRT)重投影为 UTM-WGS84 坐标系,转换成 Geo-tif 数据格式,裁剪出研究区范围内的影像并用最近邻域法把像元大小重采样为 240 m,以便利用 Landsat 8 数据进行后续的 MODIS 混合像元分解(Wu,2012),最后将 MODIS 地表反射率产品乘以 0.0001 转化为 [0,1] 的地表反射率数据。坐标系转换后,MODIS 数据和 Landsat 数据的地理位置是吻合的。Landsat 8 和 MODIS 数据主要特征如表 3.32 所示。

---

① 数据从 http://earthexplorer.usgs.gov/网站下载。

② 该数据是 http://earthexplorer.usgs.gov/网站下载的经过几何校正和大气校正的标准 2 级产品数据。

表 3.31 用于实验的 Landsat 8 和 MODIS 影像波段信息

Landsat 8(OLI)		MODIS(Terra)	
波段	波宽/nm	波段	波宽/nm
4（Red）	640~670	1（Red）	620~670
5（NIR）	850~880	2（NIR）	841~876

表 3.32 用于实验的 Landsat 8 和 MODIS 数据的主要特征

Landsat8(OLI)				MODIS(Terra)	
获取时间	path/row	数据用途	数据质量	获取时间	数据用途
2013-05-23		分类	无云	2013-05-17	
2013-07-26	120/31	辅助分类	少量云	⋮	计算时序类别
2013-08-11		及验证	少量云	⋮	平均反射率
2013-09-12		分类	少量云	2013-09-22	

（3）验证数据

本研究采用高分辨率的无人机航拍影像用于评价秋粮作物的识别精度,研究区内共有 13 个无人机航拍解译样方（图 3.100）,大小为 1500 m×1800 m,约 3 km²。航拍影像拼接后进行了以 Landsat 8 数据为基准的几何校正,校正误差小于 0.5 个 Landsat 8 像元,并转化为 UTM-WGS84 投影坐标系。以地物类型面积

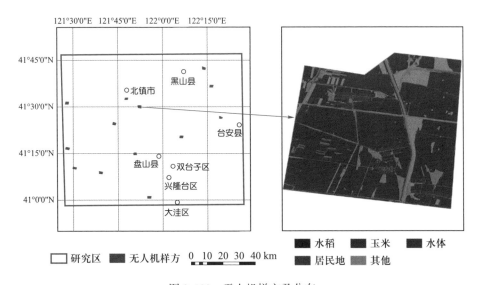

图 3.100 无人机样方及分布

占优法转化为像元大小为 30 m 的栅格数据,以研究区内 13 个解译样方转化的栅格数据对分类结果进行精度评价。栅格数据重分类后的地物为水稻、玉米和其他地物。其中,水稻 6008 个像元,玉米 26 475 个像元,其他地物 15 433 个像元。

3.4.4.3　研究方法和技术路线

1) 基于 STDFA 模型构建高时空分辨率数据

本研究根据 Wu 等(2012)提出的时空数据融合方法(STDFA)和 MOD09Q1 数据产品的特点构建红波段和近红外波段数据。由于 Wu 等利用 STDFA 模型开展实验研究时,选择的 Landsat 影像是无云的高质量遥感数据,而现实应用中,尤其是秋粮作物识别的遥感影像上云是经常出现的。本研究中的 4 期 Landsat 8 影像(图 3.99a~d)除 2013-05-23 影像没有受到"云污染"外,其余 3 期影像均有少量的云覆盖。因无法消除云对 STDFA 模型中地表变化聚类的影响,在此提出假设:云在各期遥感影像的分布位置是不尽相同的,这在一定程度上可以减少云对地表变化聚类的影响。具体实现方法是:用 2013-05-23 遥感影像分别与其他 3 期影像进行 ISO-Data 聚类,提取地表覆盖的变化类型,获得 3 幅具有相同变化类型数量的地表变化聚类图 C1、C2 和 C3;以 C3 为基准,把 C1、C2 中非云和阴影变化类像元的属性与 C3 中相应像元的属性相统一;然后把 C3 中云和阴影类的像元值用 C1 或 C2 中相应的非云和阴影类像元值进行替换。运算后,得到一幅最终的地表变化类聚类图 C,用于 STDFA 模型中的 MODIS 混合像元分解。

统计 MODIS 像元内的地表变化类及变化类占该 MODIS 像元面积的比例,即得到地表变化类 c 的丰度 $f_c(i,c)$。利用全约束的混合像元线性分解模型分别对多时相的 MODIS 地表反射率产品中的红波段(Red)数据和近红外波段(NIR)数据按公式(3.62)进行分解,得到红波段和近红波段 t_j 时期的地表变化类 c 的平均反射率 $\bar{r}(c,t_j)$。

$$R(i,t_j) = \sum_{c=0}^{k} f_c(i,c) \times \bar{r}(c,t_j) + \xi(i,t_j) \tag{3.62}$$

约束条件:$\sum_{c=0}^{k} f_c(i,c) = 1$ 且 $f_c(i,c) \geqslant 0$

式中,$R(i,t_j)$ 为 t_j 时期 i 位置的 MODIS 混合像元的反射率;$f_c(i,c)$ 为 i 位置的 MODIS 混合像元内地表变化类 c 像元占该混合像元的面积比;$\bar{r}(c,t_j)$ 为 t_j 时期地表变化类 c 的平均反射率;$\xi(i,t_j)$ 为残差;k 为研究区内地表变化类型的数量。

假设在时间段 t_0 至 t_n 及该时间段两端有限外延的时间范围内，地表同一变化类 c 像元的反射率变化趋势是一致的。在这个假设下，利用公式（3.62）和公式（3.63）可以构建 t_j 时期的高分辨率的数据 $r(c,t_j)$，从而构建出高分辨率的时间序列数据。

$$\bar{r}(c,t_j) - \bar{r}(c,t_0) = r(c,t_j) - r(c,t_0) \qquad (3.63)$$

式中，$\bar{r}(c,t_j)$ 和 $\bar{r}(c,t_0)$ 分别是利用公式（3.62）求出的 t_j 时期和 t_0 时期的地表变化类 c 像元的平均反射率；$r(c,t_0)$ 是初期 t_0 时期的 Landsat 8 遥感影像相对应 c 类像元的地表反射率。

因此，由 8 天合成地表反射率产品数据（MOD09Q1）构建 2013 - 07 - 20 和 2013 - 08 - 05 两期 Red 和 NIR 波段的高分辨率影像，选取研究区 2013 - 07 - 26 和 2013 - 08 - 11 两期 Landsat 8 影像质量较好的子区域与相应区域的融合影像进行对比分析（图 3.101）。

从图 3.101 融合结果与真实 Landsat 影像的比较及对应波段的相关系数可以看出，融合影像与真实影像的目视效果比较接近，并且两者也达到了较高的相关系数，其散点主要分布在 1：1 对角线的周围。因此，融合影像在一定程度上能够反映同时期 Landsat 影像的光谱信息，可以用于秋粮作物的识别，但融合影像的质量及其与真实影像之间的相关系数还是受到其他一些因素的影响：

（1）融合的 2013 - 08 - 05 影像与 2013 - 08 - 11 真实影像对应红波段和近红外波段的相关系数分别达到 0.86 和 0.81，由于 2013 - 07 - 26 的 Landsat 8 遥感影像上少量云和阴影，使得融合的 07 - 20 影像与去除云和阴影像元之前的 2013 - 07 - 26 真实影像对应红波段和近红外波段的相关系数分别为 0.78 和 0.73；去除云和阴影像云之后，两者数据对应的红波段和近红外波段的相关系数分别达到 0.82 和 0.78。图 3.101c、f 表示去除云和阴影像元后的散点图。由此可见，云和阴影是影响相关系数的一个因素。

（2）MOD09Q1 是 8 天合成地表反射率数据，由该 MODIS 数据融合构建的高分数据也代表合成日期内的地表反射率的状况。而与之比较的真实 Landsat 8 影像只是合成期间内某一天的数据，两者存在着时相上的差异，这对融合影像与真实影像之间的相关性存在一定的影响。融合的近红外影像反射率要比真实 Landsat 影像的近红外影像反射率高（图 3.101f、l），而红波段影像则相反。造成这一现象原因可能是融合影像和真实影像之间存在时相差异等。

（3）在构建融合数据时，使用初期 MODIS 影像和初期 Landsat 影像存在时相的差异，这也会造成融合影像与同期真实影像间的偏差。

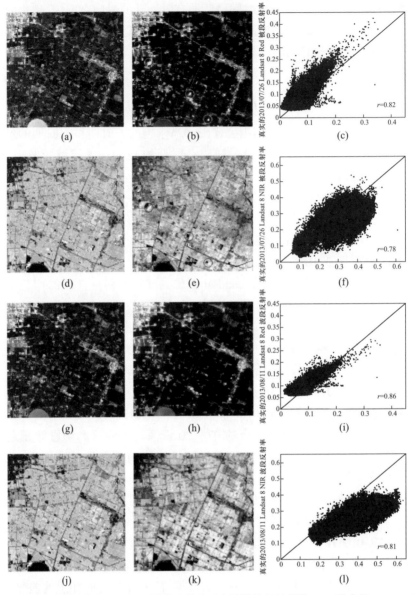

图 3.101　融合影像与真实 Landsat 8 影像比较及对应波段的相关系数:(a) 融合的 2013 - 07 - 20 Red 影像;(b) 真实的 2013 - 07 - 26 Landsat 8 Red 波段影像;(c) 融合 07 - 20 Red 波段影像与真实 07 - 26 Red 影像去云之后的散点图及相关系数;(d) 融合的 2013 - 07 - 20 NIR 影像;(e) 真实的 2013 - 07 - 26 Landsat 8 NIR 波段影像;(f) 融合 07 - 20 NIR 波段影像与真实 07 - 26 NIR 影像去云之后的散点图及相关系数;(g) 融合的 2013 - 08 - 05 Red 影像;(h) 真实的 2013 - 08 - 11 Landsat 8 Red 波段影像;(i) 融合 08 - 05 Red 波段影像与真实 08 - 11 Red 影像散点图及相关系数;(j) 融合的 2013 - 08 - 05NIR 影像;(k) 真实的 2013 - 08 - 11 Landsat 8 NIR 波段影像;(l) 融合 08 - 05 NIR 波段影像与真实 08 - 11 NIR 影像散点图及相关系数

2）秋粮作物识别

本研究以 MOD09Q1 和 Landsat 8 为基础数据利用数据时空融合 STDFA 模型构建三种高时空分辨率数据（Red、NIR 和 NDVI），在对 NDVI 时间序列数据进行滤波时提取作物物候特征数据，然后分析数据对秋粮作物的可分性，选择有效的识别特征向量组成不同分类数据集进行秋粮作物识别，具体流程见图 3.102。

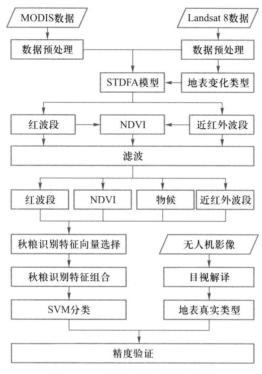

图 3.102   秋粮作物识别流程图

（1）植被指数反演及滤波

植被指数是反映植被在可见光、近红外波段反射与土壤背景之间差异的指标，在一定条件下能用来定量说明植被的生长状况。而归一化植被指数（normalized differential vegetation index，NDVI）是目前应用广泛的植被指数，不同的 NDVI 值对应不同的土地覆被类型，可以进行土地覆被方面的研究（田庆久和闵祥军，1998）。为此，利用时空数据融合 STDFA 模型构建的 Red 和 NIR 数据，通过公式（3.64）计算 NDVI 数据。

$$\text{NDVI} = \frac{\rho_{\text{NIR}} - \rho_{\text{Red}}}{\rho_{\text{NIR}} + \rho_{\text{Red}}} \tag{3.64}$$

式中,ρ_{NIR} 与 ρ_{Red} 分别表示近红外波段和红波段的反射率。

由于构建的 Red、NIR 和 NDVI 数据具有较多的噪声,为减少噪声对植被信息提取的干扰,需要对其进行滤波处理,本研究利用 TIMESAT 软件对构建的时间序列数据进行滤波,该软件以非对称高斯滤波法(A-G)、双 Logistic 函数滤波法(D-L)及 Savitzky-Golay(S-G)拟合法为核心算法对时间序列数据进行重构建。

对构建的 17 期 Red、NIR 和 NDVI 时间序列数据分别复制两份,组成三个周期的时间序列数据,利用 S-G 滤波方法进行数据重构建。该滤波法是基于滑动窗口的平均滤波,属于典型的局部拟合方法,能够有效去除时间序列数据中的噪声(宋春桥等,2011)。对作物品种多样、生育期不同、地块破碎区域耕地像元的时序曲线数据,S-G 滤波可以清晰地描述其微小变化(吴文斌等,2009)。而研究区内的作物类型比较复杂、地块也有一定的破碎,S-G 滤波曲线与原始 NDVI 时间序列曲线更吻合,能清晰地描述不同地物的 NDVI 时序数据的复杂和微小变化。滤波后选取重构建数据中间一个周期的数据用于秋粮识别。典型地物在重构建数据中的时间序列曲线如图 3.103a~c 所示。

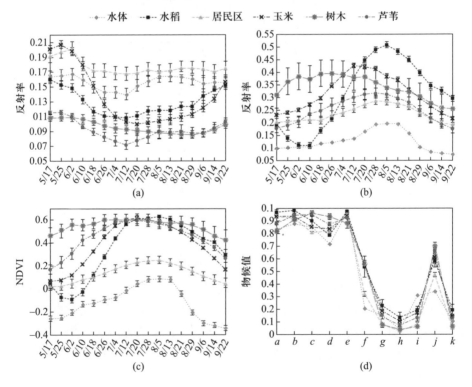

图 3.103   不同数据典型地物曲线:(a) 红波段;(b) 近红外波段;(c) NDVI;(d) 物候数据

（2）物候特征提取

作物的物候特征定量刻画了作物的生长过程,能够提高低分辨率遥感影像对土地覆盖类型的识别精度(Jacquin et al.,2010;Alcantara et al.,2012)。为了验证物候数据是否有助于高时空分辨率数据对秋粮作物的识别,本研究从上一步的 NDVI 时间序列数据滤波过程中提取了 11 种物候指标数据,用于秋粮识别(表 3.33)。典型地物的物候指数曲线见图 3.103d。

表 3.33 提取的物候指标

物候参数	参数表示	参数含义
开始生长时间	a	NDVI 增加至拟合函数的左半部分 NDVI 振幅的 20% 的时刻
停止生长时间	b	NDVI 降低至拟合函数的右半部分 NDVI 振幅的 20% 的时刻
生长季长度	c	开始生长时间与停止生长时间之间的时间间隔
基准值	d	拟合函数左半部分和右半部分 NDVI 最小值的平均值
生长期的中期时刻	e	NDVI 增至拟合函数左半部分 NDVI 振幅的 80% 的时刻和 NDVI 降至拟合函数右半部分 NDVI 振幅的 80% 的时刻的平均值
NDVI 峰值	f	NDVI 的最大值
生长季振幅	g	NDVI 峰值与左半部分最小值和右半部分最小值的均值之间的差值
生长速度	h	拟合曲线左边振幅 20% 和 80% 之间的 NDVI 差值与相应的时间差值的比值
减缓速度	i	拟合曲线右边振幅 20% 和 80% 之间的 NDVI 差值与相应的时间差值的比值
生长季 NDVI 活跃累积量	j	NDVI 拟合曲线与基准值以上的区域围成的面积
生长季 NDVI 总累积量	k	NDVI 拟合曲线与作物开始生长到生长结束时间段内的分量

（3）秋粮识别特征向量选择

由 STDFA 时空融合模型构建的时间序列数据可以有多种分类特征的组合,为了确保分类特征具有代表性,减少数据组合的冗余,需进行分类特征的选择。选取研究区内种植面积较大的玉米、水稻、居民区、水体、树木和芦苇 6 种典型地物来分析这4种时间序列数据对典型地物的可分性,选取时间序列中能有效区分不同地物的波段用于秋粮识别,典型地物的时间序列曲线见图3.103。

为了说明构建数据对典型地物的可分性,以图3.103c为例分析典型地物对NDVI时间序列的响应关系。水体的NDVI值不会随时间发生很大的变化,应在一个较低的范围内;居民区的NDVI值因受其周围树木的影响会表现出微弱树木NDVI的信息特征;山林由于5月中下旬已经长出大量的树叶,其NDVI值会随时间的变化维持在一个较高的范围内;水生植物芦苇在5月中下旬也已开始生长,具有一定的植被信息,随着生长季的延长,NDVI值会迅速地上升。水稻的插秧时间是在5月下旬,随着其生长,该区域的地表覆盖类型会经历裸土-水体-植被的变化过程,NDVI值应该有相应的先降后升的变化。8月初孕穗、抽穗的水稻生长最旺盛,对应NDVI也应最高;而春玉米在五月中下旬已经出苗长出七叶,此时玉米的NDVI要高于同期的水稻。七月中下旬拔节抽雄的玉米生长最旺盛,具有较高的NDVI。另外,根据水稻和玉米作物的特点,在8月初左右,水稻抽穗后其稻穗与水稻植株的颜色反差较小,而玉米顶端的雄穗与玉米植株的颜色会有较大的反差,这可能会导致玉米对Red和NIR波段的反射率发生变化,使得水稻和玉米的NDVI有所差异。综上分析,各类典型地物的NDVI变化趋势符合图3.103c中的NDVI时间序列曲线。同理,构建的其他数据也符合典型地物的时间变化特征。植被对不同波段信号反射的差异性是作物识别的关键(林文鹏等,2006;李鑫川等,2013),虽然红波段由于受叶绿素含量控制,对绿色植被具有强吸收,反射信号较弱,但从曲线的误差图(图3.103)可以看出,Red数据对玉米、水稻及其他绿色植被的反射信号彼此之间具有较好的可区分性,而NIR数据和NDVI数据对玉米和水稻的识别在某些时期会或多或少地与其他地物相混。因此,本实验中Red数据对玉米和水稻的识别具有较大的帮助。

对于提取的物候数据需分别进行归一化处理,使其像元值转化到[0,1],归一化后的物候特征图曲线见图3.103d,图中绿色植被在e和f(生长期的中期时刻、NDVI峰值)物候特征上表现高度重合而不能有效地区分。因此,选择e和f特征之外的其他9个物候指标作为实验的物候数据用于秋粮识别。

综合分析,滤波后的Red数据、NIR数据、NDVI及筛选后的物候数据(Phenology)能够有效区分秋粮作物。

(4) 秋粮识别特征组合及SVM分类

以滤波后的Red、NIR和NDVI时间序列数据以及筛选的物候数据为基本分类数据,进行所有可能的数据组合用于秋粮识别,数据组合类型特征见表3.34。

以无人机航拍数据和外业采集点为基础,结合 Landsat 8 遥感影像目视解译,在研究区内均匀选取玉米(1473 个像元)、水稻(1210 个像元)、居民区(1319 个像元)、水体(1157 个像元)、树木(1342 个像元)和芦苇(1274 个像元)6 种典型地物训练样本。其他少量或不易划分类别的地物包含在具有相似光谱特征的典型地物之中:居民区包括居民地、裸地和道路;树木包括山林、道路两旁树木以及杂草等。利用对高维数据分类具有明显优势的支持向量机(SVM)(夏建涛和何明一,2003)分类方法分别对表 3.34 中的数据组合类型进行分类。

表 3.34 用于作物分类的数据组合类型特征

数据集类型	(1)	(2)	(3)	(4)	(5)	(6)	(7)	(8)	(9)	(10)	(11)	(12)	(13)	(14)	(15)
波段数量	18	18	18	9	36	36	27	36	27	27	45	54	45	45	63

注:(1) Red;(2) NIR;(3) NDVI;(4) Phenology;(5) Red+NIR;(6) Red+NDVI;(7) Red+Phenology;(8) NIR+NDVI;(9) NIR+Phenology;(10) NDVI+Phenology;(11) Red+NDVI+Phenology;(12) Red+NIR+NDVI;(13) Red+NIR+Phenology;(14) NIR+NDVI+Phenology;(15) Red+NIR+NDVI+Phenology。

3.4.4.4 结果分析

1) 精度评价

本研究采用无人机航拍影像作为分类结果精度评价的验证数据。以研究区内 13 个无人机航拍影像解译样方的矢-栅转换后重分类的数据对分类结果进行精度评价。对本研究的构建数据和 MODIS 数据及数据组合的分类结果分别重分类为水稻、玉米和其他地物;然后,重分类后的分类结果与重分类后的验证数据进行基于像元对像元的叠加比较,分类结果精度见表 3.35 和表 3.36。

表 3.35 不同分类数据的分类结果精度比较 (单位:%)

数据集组合类型	水稻		玉米		总体精度
	制图精度	用户精度	制图精度	用户精度	
Red	90.60%	81.74%	89.15%***	74.89%	89.42%***
NIR	87.68%*	85.44%***	84.97%	74.56%*	85.47%
NDVI	89.63%	76.49%*	82.90%	75.90%	84.15%
Phenology	91.61%	82.40%	82.22%*	75.98%**	83.96%*
Red+NIR	89.70%	83.15%	85.17%	75.06%	86.01%

续表

数据集组合类型	水稻		玉米		总体精度
	制图精度	用户精度	制图精度	用户精度	
Red+NDVI	92.23%***	81.16%	85.47%	75.01%	86.72%
Red+Pnenology	91.76%**	82.49%	85.80%**	74.97%	86.90%**
NIR+NDVI	90.01%	83.38%	84.88%	75.27%	85.83%
NIR+Phenology	89.65%	83.72%**	84.88%	75.11%	85.76%
NDVI+Phenology	91.69%	79.31%	82.33%	76.21%***	84.07%
Red+NDVI+Phenology	91.34%	82.11%	85.40%	75.04%	86.50%
Red+NIR+NDVI	90.21%	83.36%	85.23%	75.09%	86.15%
Red+NIR+Phenology	89.91%	83.48%	85.15%	75.09%	86.03%
NIR+NDVI+Phenology	90.05%	83.26%	85.00%	75.19%	85.93%
Red+NIR+NDVI+Phenology	90.30%	83.14%	85.30%	75.08%	86.22%

*** 表示每项精度中的最大值；** 表示每项精度中的第二高值；* 表示每项精度中的最小值。

表 3.36　MODIS 数据与 Landsat 8 数据的分类结果精度比较　（单位:%）

数据类型	数据集组合类型	水稻		玉米		总体精度
		制图精度	用户精度	制图精度	用户精度	
MODIS 数据	Red	87.85%	75.14%	84.90%	70.66%	85.44%
	NIR	91.86%	72.91%	73.93%	67.87%	77.25%
	NDVI	82.91%	80.51%	93.01%	69.74%	91.15%
	Red+NIR	93.01%	70.00%	90.97%	69.50%	91.35%
	Red+NDVI	89.13%	74.63%	88.27%	71.45%	88.43%
	NIR+NDVI	92.61%	68.46%	90.18%	69.45%	90.62%
	Red+NIR+NDVI	92.69%	71.07%	92.43%	69.83%	92.48%
Landsat 8 数据	NDVI	68.51%	82.87%	91.75%	68.13%	87.45%

从表 3.35 分类结果精度比较中可以看出：

（1）每种数据组合进行秋粮识别的各项识别精度均达到了较高值。水稻的制图精度和用户精度分别达到 90% 和 83% 左右；玉米的制图精度和用户精度分别达到 85% 和 75% 左右；两者的总体精度也达到 85% 左右。每种数据组合对水稻的识别效果都好于玉米，其原因可能在于：①由于水稻和玉米的种植特点不同，水稻种植相对集中连片，而玉米种植周围往往会有其他小面积的作物。因在选择玉米训练样本时忽略其周围种植的小面积作物，这些作物会被分到光谱相似的典型地物（玉米）中，而无人机影像 7~8 cm 的分辨率可以识别小面积作物，在采样为 30 m 分辨率的验证数据时会有一定数量的像元表示这些小面积作物，精度验证时会造成一定的影响。②无人机航拍样方在水稻种植区域少且集中，在玉米种植区域分布广泛，长势也不尽相同，这些都会造成水稻和玉米分类精度的差异。③分类结果数据与验证数据存在像元错位现象，这是因为用于精度验证的栅格数据是由无人机影像解译矢量化的数据转换的，转换后的栅格数据与分类结果可能会存在像元错位的情况。以像元对像元的方式进行精度评价对种植分散的作物（玉米）会有较大的影响。

（2）分类结果精度与分类数据组合的数据类型之间并非正相关，即并不是分类数据组合的数据类型数量越多分类精度越高。本实验中，水稻的制图精度和用户精度、玉米的制图精度和用户精度以及两者的总体精度其最大值分别出现在 Red+NDVI、NIR、Red、NDVI+Phenology 和 Red 数据的分类结果中，分别达到了 92.23%、85.44%、89.15%、76.21% 和 89.42%；各项精度的最小值均出现在单一数据的分类结果中，说明仅使用单一数据进行分类不是最佳选择。但物候数据在一定程度上可以提高单一数据（Red、NDVI 和 NIR）分类结果中的部分精度。另外，物候数据对玉米识别的制图精度最低，这可能由于玉米与其周围其他地物具有相似的物候特征。在评价识别效果最佳的数据组合时，不能仅从某一项精度的高低来评价，要综合考虑作物识别的制图精度和用户精度，它们分别衡量着目标作物在分类时错出和错入的程度，适中的制图精度和用户精度能够保证总体精度的可靠性，较低的用户精度可能会导致较高的制图精度，从而导致总体分类精度的提高。Red+Phenology 组合的分类结果中具有三项精度指标达到第二高值，其他两项指标也达到了较高的精度。综合各项精度分析，认为 Red+Phenology 组合对本次实验的识别效果最好，同时也在一定程度上说明了物候数据有助于秋粮识别。

（3）当分类数据集由 3 种或 3 种以上的数据组合时，水稻和玉米的制图精度、用户精度以及总体精度均趋向于稳定，不同分类数据的相同精度项之间的差异较小，表明只有达到一定数量的数据组合时才能得到比较稳定的分类结果精度。

　　另外,为验证构造出的时空序列数据的有效性,利用同样的训练样本和验证数据分别对 MODIS 时间序列数据和 Landsat 8 数据进行秋粮作物识别与精度评价(表 3.36)。从识别结果来看,MODIS 数据对作物识别的制图精度均有所提高,但用户精度明显降低于构建数据的识别结果。也就是说,水稻和玉米较低的用户精度导致其较高的制图精度,即在分类过程中玉米和水稻的错入比较严重。MODIS 数据在重采样为高分辨率的数据后,像元之间具有相同的光谱特征,而实际上 MODIS 像元内具有一定的异质性。对异质性明显的区域进行作物识别时,地物识别结果的空间分布与实际地物在空间位置上会有一定的差异(表 3.36)。因此,对于异质性区域,构建出的时空序列数据对秋粮作物识别的效果好于 MODIS 数据。对于 Landsat 8 数据分类结果,水稻的制图精度和用户精度分别为 68.51% 和 91.75%,玉米的制图精度和用户精度分别为 82.87% 和 68.13%。可见,使用两期影像的 NDVI 数据进行作物分类,不同作物间的错分、漏分较严重,这一方面可能是由于没有完全消除云的影响;另一方面,也说明了长时间序列数据在识别具有相同物候生长期的植被方面具有一定的优势。

　　2) 空间特征分析

　　由于表 3.35 中的各分类数据的各项分类精度差别不是很大,为了突出不同分类数据对玉米和水稻识别结果的影响,分别选取每一精度项的最大值与最小值对应的子区域分类结果与解译样方进行对比分析(图 3.104)。

　　图 3.104b、c 是 NIR 数据和 Red+NDVI 数据的分类结果,Red+NDVI 数据对水稻的分类效果好于 NIR 数据,前者水稻被漏分成玉米的像元少于后者,造成 NIR 水稻的制图精度低于 Red+NDVI;同理,对图 3.104e、f 分类结果,Red 数据对玉米的分类结果好于 Phenology 数据,相比前者,后者有部分玉米像元漏分成其他,造成 Phenology 数据对玉米的制图精度低于 Red。对于图 3.104h、i 分类结果,NDVI 数据把其他错分成水稻的像元多于 NIR 数据,这会造成前者水稻的用户精度低于后者;同理,图 3.104k、l 分类结果中,NIR 数据把其他错分成玉米的像元多于 NDVI+Phenology 数据,造成前者玉米的用户精度低于后者。

　　另外,为了说明构建数据与 MODIS 数据对秋粮识别的效果,以两者的 Red+NIR+NDVI 数据组合的分类结果为例进行空间特征分析(图 3.105)。对比图中的分类结果可以看出,MODIS 数据由于其较低的分辨率不能有效识别破碎区域的地物,造成水稻和玉米的错入比较严重,地物分布与地物实际空间位置有很大的差异。与 MODIS 数据相比,构建的高时空分辨率数据在保证一定精度的同时也体现了不同地物地表分布状况,与地物实际空间位置更吻合。

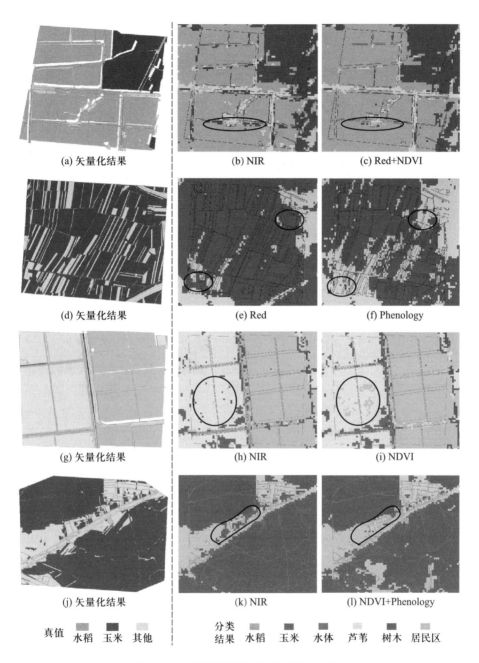

(a) 矢量化结果   (b) NIR   (c) Red+NDVI

(d) 矢量化结果   (e) Red   (f) Phenology

(g) 矢量化结果   (h) NIR   (i) NDVI

(j) 矢量化结果   (k) NIR   (l) NDVI+Phenology

真值 水稻 玉米 其他   分类结果 水稻 玉米 水体 芦苇 树木 居民区

图 3.104 目视解译结果与分类结果比较

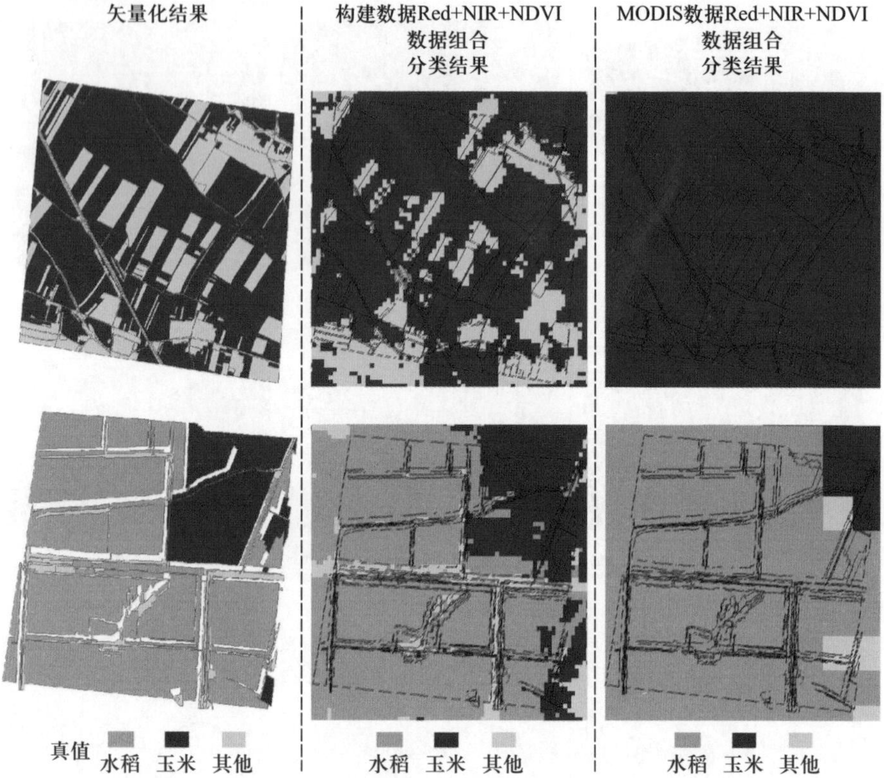

矢量化结果   构建数据Red+NIR+NDVI   MODIS数据Red+NIR+NDVI
数据组合   数据组合
分类结果   分类结果

真值 ■水稻 ■玉米 ■其他   ■水稻 ■玉米 ■其他   ■水稻 ■玉米 ■其他

图 3.105   构建数据与 MODIS 数据的 Red + NIR + NDVI 数据组合分类结果比较

3.4.4.5   结论和讨论

1) 结论

本研究以辽宁省盘锦市和锦州市的部分区域为实验区,基于 STDFA 数据时空融合模型利用 Landsat 8 和 MODIS 数据构建高时空分辨率数据(Red、NIR 和 NDVI)和通过 TIMESAT 软件从 NDVI 时间序列数据提取物候数据,然后分析各时间序列数据对秋粮作物的可分性,从中选取具有良好区分性的特征数据组成 15 种不同数据集进行秋粮识别,得出以下结论:

(1) 基于 STDFA 模型构建的 Red、NIR 和 NDVI 数据及利用 NDVI 数据滤波提取的 Phenology 数据等 4 种基本类型数据可以有效区分秋粮作物的类型(图 3.103),在一定程度上可以解决秋粮识别过程中高分辨率数据不足的问题。由 4 种基本类型数据组成 15 种分类数据集对秋粮识别的各项精度均达到了较高的识别精度(表 3.35),水稻的制图精度和用户精度分别达 90% 和 83% 左右;玉米的制图精度和用户精度也分别达到 85% 和 75% 左右;两者的总体精度也达到

85%左右。对表3.35中不同分类结果的各项精度进行综合分析,认为Red + Phenology数据组合对水稻和玉米识别的总体效果最好,水稻的制图精度、用户精度和玉米的制图精度、用户精度以及两者的总体精度分别达到了91.76%、82.49%、85.80%、74.97%和86.90%。同时,在一定程度上也验证了物候数据是有助于秋粮识别。

(2)在分类数据的组合方式上,从分类结果精度中可以看出,秋粮作物的识别精度并不是随着分类数据的组合数量的增多而增加,两者之间并非呈正相关。但可以看出,随着分类数据的数据集组合数量的增多,分类精度更趋于稳定,当分类数据由三种或三种以上数据组合时,作物的各项识别精度不再发生大的变化,这说明一定数量的数据组合有助于秋粮作物识别的稳定性。

(3)构建的高时空分辨率数据对秋粮作物的识别效果在空间分布上要好于低分辨率的MODIS时间序列数据,更能体现不同地物的实际空间位置分布。

2)讨论

本研究是基于STDFA数据时空融合模型对地块破碎的区域进行秋粮识别,具有较高且稳定的识别精度,这在一定程度上解决了因高分遥感影像被"云污染"而造成的秋粮识别过程中遥感数据不足的问题。但是,本研究实验构建数据的质量还在一定程度上受到Landsat 8数据质量的影响,获取与MODIS数据同时相、影像质量好的高分影像数据是构建高质量高时空数据的关键,但这在秋粮生长季节内往往是比较困难的。对于地块"极度"破碎的区域,如南方丘陵区,地块一般小于30 m,显然Landsat数据与MODIS数据的融合难以解决混合像元的问题。另外,由于秋粮作物的种植类型、结构及地块破碎程度具有地域差异性,使最佳识别效果的数据组合可能会发生变化。

鉴于此,以后研究的重点在于利用不同时相、不同传感器的高分数据,如环境卫星数据与Landsat数据的结合减少云对构建数据的影响以及利用更高分辨率的数据(高分一号16 m数据)与MODIS数据的融合构建更高时空分辨率数据解决"极度"破碎地块的农作物识别问题;另外,为验证构建的高分数据对秋粮识别的适用性,可以开展基于模拟数据与同时相高质量的Landsat数据对秋粮作物识别的对比分析,探讨模拟数据对秋粮识别能力的适用性及稳定性。

参 考 文 献

别强,何磊,赵传燕. 2014. 基于影像融合和面向对象技术的植被信息提取研究. 遥感技术与应用,29(1):164-171.

布和敖斯尔，马建文，王勤学，金子正美，福山龙次. 2004. 多传感器不同分辨率遥感数字图像的尺度转换. 地理学报,59(1)：101-110.

曹卫彬，杨邦杰，宋金鹏. 2004. TM影像中基于光谱特征的棉花识别模型. 农业工程学报,20(4)：112-116.

陈晋，何春阳，史培军，陈云浩，马楠. 2001. 基于变化向量分析的土地利用/覆盖变化动态监测(Ⅰ)——变化阈值的确定方法. 遥感学报,5(4):259-266.

陈水森，柳钦火，陈良富，李静，刘强. 2005. 粮食作物播种面积遥感监测研究进展. 农业工程学报,21(6):166-171.

陈燕丽，莫伟华，莫建飞，王君华，钟仕全. 2011. 基于面向对象分类的南方水稻种植面积提取方法. 遥感技术与应用,26(2):163-168.

丛浩，张良培，李平湘. 2006. 一种端元可变的混合像元分解方法. 中国图象图形学报,11(8):1092-1096.

丁美花，谭宗琨，李辉，杨宇红，张行清，莫建飞，何立，莫伟华，王君华. 2012. 基于HJ-1卫星数据的甘蔗种植面积调查方法探讨. 中国农业气象,33(2):265-270.

冯爱民，陈松灿. 2008. 基于核的单类分类器研究. 南京师范大学学报(工程技术版),8(4):1-6.

顾晓鹤，潘耀忠，何馨，黄文江，张竞成，王慧芳. 2010. 以地块分类为核心的冬小麦种植面积遥感估算. 遥感学报,14(4):789-805.

顾晓鹤，潘耀忠，朱秀芳，张锦水，韩立建，王双. 2007. MODIS与TM冬小麦种植面积遥感测量一致性研究——小区域实验研究. 遥感学报,11(3):350-358.

郭燕，武喜红，程永政，王来刚，刘婷. 2015. 用高分一号数据提取玉米面积及精度分析. 遥感信息,(6):31-36.

韩兰英，陈全功，韩涛，郭铌，张正偲. 2008. 基于3S技术的棉花面积估测方法研究. 干旱区研究,25(2):207-211.

何春阳，陈晋，陈云浩，史培军. 2001. 土地利用/覆盖变化混合动态监测方法研究. 自然资源学报,16(3):255-262.

胡健波，陈玮，李小玉，何兴元. 2009. 基于线性混合像元分解的沈阳市三环内城市植被盖度变化. 应用生态学报,20(5):1140-1146.

胡潭高，潘耀忠，张锦水，李苓苓，李乐. 2011. 基于线性光谱模型和支撑向量机的软硬分类方法. 光谱学与光谱分析,31(2):508-511.

胡潭高，张锦水，潘耀忠，陈联裙. 2010. 景观破碎度在冬小麦面积抽样设计中的应用研究. 遥感学报,14(6):1117-1138.

黄健熙，贾世灵，武洪峰，苏伟. 2015. 基于GF-1 WFV影像的作物面积提取方法研究. 农业机械学报,(1):253-259.

黄敬峰，陈拉，王晶，王秀珍. 2013. 水稻种植面积遥感估算的不确定性研究. 农业工程学报,29(6)：166-176.

李慧，陈健飞，余明. 2005. 线性光谱混合模型的ASTER影像植被应用分析. 地球信息科学学报,7(1):103-106.

李苓苓, 潘耀忠, 张锦水, 宋国宝, 侯东. 2010. 支持向量机与分类后验概率空间变化向量分析法相结合的冬小麦种植面积测量方法. 农业工程学报, 26(9): 210-217.

李卫国, 李花. 2010. 利用 HJ-1A 卫星遥感影像进行水稻产量分级监测预报研究. 中国水稻科学, 24(4): 385-390.

李霞, 王飞, 徐德斌, 刘清旺. 2008. 基于混合像元分解提取大豆种植面积的应用探讨. 农业工程学报, 24(1): 213-217.

李小江, 孟庆岩, 王春梅, 刘苗, 郑利娟, 王珂. 2013. 一种面向对象的像元级遥感图像分类方法. 地球信息科学学报, 15(5): 744-751.

李鑫川, 徐新刚, 王纪华, 武洪峰, 金秀良, 李存军, 鲍艳松. 2013. 基于时间序列环境卫星影像的作物分类识别. 农业工程学报, 29(2): 169-176.

李杨, 江南, 侍昊, 吕恒, 薛春燕, 王妮. 2010. 基于 SPOT/VGT NDVI 的大区域农作物空间分布. 农业工程学报, 26(12): 242-247.

李郁竹, 谭凯琰. 1995. 华北地区玉米遥感估产方法的初步研究. 应用气象学报, 6(S): 33-41.

李志鹏, 李正国, 刘珍环, 吴文斌, 谭杰扬, 杨鹏. 2014. 基于中分辨 TM 数据的水稻提取方法对比研究. 中国农业资源与区划, 35(1): 27-33.

梁友嘉, 徐中民. 2013. 基于 SPOT-5 卫星影像的灌区作物识别. 草业科学, 30(2): 161-167.

林文鹏, 王长耀, 储德平, 牛铮, 钱永兰. 2006. 基于光谱特征分析的主要秋季作物类型提取研究. 农业工程学报, 22(9): 128-132.

刘佳, 王利民, 杨福刚, 杨玲波, 王小龙. 2015. 基于 HJ 时间序列数据的农作物种植面积估算. 农业工程学报, 31(3): 199-206.

刘建贵, 吴长山, 张兵, 郑兰芬, 童庆禧. 1999. PHI 成像光谱图像反射率转换. 遥感学报, 3(4): 290-294.

刘珺, 田庆久. 2015. 夏玉米最佳时序谱段组合识别模式研究. 遥感信息, 2015(2): 105-110.

刘艳芳, 兰泽英, 刘洋, 唐祥云. 2009. 基于混合熵模型的遥感分类不确定性的多尺度评价方法研究. 测绘学报, 38(1): 82-87.

刘咏梅, 杨勤科, 汤国安. 2004. 陕北黄土丘陵地区坡耕地遥感分类方法研究. 水土保持通报, 24(4): 51-54.

骆剑承, 周成虎, 梁怡, 马江洪. 2002. 支撑向量机及其遥感影像空间特征提取和分类的应用研究. 遥感学报, 6(1): 50-55.

马孟莉, 朱艳, 李文龙, 姚霞, 曹卫星, 田永超. 2012. 基于分层多端元混合像元分解的水稻面积信息提取. 农业工程学报, 28(2): 154-159.

潘志松, 陈斌, 缪志敏, 倪桂强. 2009. One-Class 分类器研究. 电子学报, 37(11): 2496-2503.

彭光雄, 宫阿都, 崔伟宏, 明涛, 陈锋锐. 2009. 多时相影像的典型区农作物识别分类方法对比研究. 地球信息科学学报, 11(2): 225-230.

祁亨年. 2004. 支持向量机及其应用研究综述. 计算机工程, 30(10): 6-9.

任靖, 李春平. 2005. 最小距离分类器的改进算法——加权最小距离分类器. 计算机应用, 25(5): 992-994.

宋春桥, 柯灵红, 游松财, 刘高焕, 钟新科. 2011. 基于 TIMESAT 的 3 种时序 NDVI 拟合方法比较研究——以藏北草地为例. 遥感技术与应用, 26(2):147-155.

宋盼盼, 杜鑫, 吴良才, 王红岩, 李强子, 王娜. 2017. 基于光谱时间序列拟合的中国南方水稻遥感识别方法研究. 地球信息科学学报, 19(1):117-124.

宋巍巍, 管东生. 2008. 五种 TM 影像大气校正模型在植被遥感中的应用. 应用生态学报, 19(4):769-774.

孙佩军, 杨珺雯, 张锦水, 潘耀忠, 云雅. 2015. 图斑与变化向量分析相结合的秋粮作物遥感提取. 北京师范大学学报(自然科学版), 51(1):89-94.

田静, 阎雨, 陈圣波. 2004. 植被覆盖率的遥感研究进展. 国土资源遥感, 16(1):1-5.

田庆久, 闵祥军. 1998. 植被指数研究进展. 地球科学进展, 13(4):327-333.

田野, 张清, 李希灿, 武彬, 郑玉彬. 2017. 基于多时相影像的棉花种植信息提取方法研究. 干旱区研究, 34(2):423-430.

王换生, 周坚华, 武文斌. 2009. 小波分析在遥感图像处理中的应用. 遥感信息, (1):93-99.

韦玉春, 黄家柱. 2006. Landsat 5 图像的增益、偏置取值及其对行星反射率计算分析. 地球信息科学学报, 8(1):110-113.

邬明权, 牛铮, 王长耀. 2010. 利用遥感数据时空融合技术提取水稻种植面积. 农业工程学报, 26(2):48-52.

吴春花, 杜培军, 夏俊士. 2012. 一种基于投票法融合的 ASTER 遥感影像水体提取方法. 遥感信息, (2):51-56.

吴健平, 杨星卫. 1995. 遥感数据分类结果的精度分析. 遥感技术与应用, (1):15-24.

吴文斌, 杨鹏, 唐华俊, 周清波, Ryosuke S, 张莉. 2009. 两种 NDVI 时间序列数据拟合方法比较. 农业工程学报, 25(11):183-188.

武永利, 王云峰, 张建新, 栾青. 2009. 应用线性混合模型遥感监测冬小麦种植面积. 农业工程学报, 25(2):136-140.

夏建涛, 何明一. 2003. 基于 SVM 的高维多光谱图像分类算法及其特性的研究. 计算机工程, 29(13):27-28.

徐建华. 1996. 现代地理学中的数学方法. 北京: 高等教育出版社.

徐新刚, 李强子, 周万村, 吴炳方. 2008. 应用高分辨率遥感影像提取作物种植面积. 遥感技术与应用, 23(1):17-23.

许文波, 张国平, 范锦龙, 钱永兰. 2007. 利用 MODIS 遥感数据监测冬小麦种植面积. 农业工程学报, 23(12):144-149.

杨可明, 陈云浩, 郭达志, 蒋金豹. 2006. 基于端元提取的高光谱影像特定目标识别. 金属矿山, (6):48-52.

俞军, Ranneby. 2007. 基于多时相影像的农业作物非参数与概率分类. 遥感学报, 11(5):748-755.

张峰, 吴炳方, 刘成林, 罗治敏. 2004. 利用时序植被指数监测作物物候的方法研究. 农业工程学报, 20(1):155-159.

张锦水, 申克建, 潘耀忠, 李苓苓, 侯东. 2010. HJ-1 号卫星数据与统计抽样相结合的冬小麦区域面积估算. 中国农业科学, 43(16):3306-3315.

张明伟, 周清波, 陈仲新, 周勇, 刘佳, 宫攀. 2008. 基于 MODIS 时序数据分析的作物识别方法. 中国农业资源与区划, 29(1):31-35.

张秀英, 冯学智, 江洪. 2009. 面向对象分类的特征空间优化. 遥感学报, 13(4):659-669.

赵书河, 冯学智, 都金康, 林广发. 2003. 基于支持向量机的 SPIN-2 影像与 SPOT-4 多光谱影像融合研究. 遥感学报, 7(5):407-411.

赵英时. 2013. 遥感应用分析原理与方法. 北京:科学出版社.

钟仕全, 莫建飞, 陈燕丽, 李莉. 2010. 基于 HJ-1B 卫星遥感数据的水稻识别技术研究. 遥感技术与应用, 25(4):464-468.

周巍, 余新华. 2013. 利用遥感技术改进我国农作物对地抽样调查. 调研世界, (3):46-49.

朱爽, 张锦水, 帅冠元, 喻秋艳. 2014. 通过软硬变化检测识别冬小麦. 遥感学报, 18(2):476-496.

邹金秋, 陈佑启, Uchida S, 吴文斌, 许文波. 2007. 利用 Terra/MODIS 数据提取冬小麦面积及精度分析. 农业工程学报, 23(11):195-200.

Alcantara C, Kuemmerle T, Prishchepov A V, Radeloff V C. 2012. Mapping abandoned agriculture with multi-temporal MODIS satellite data. *Remote Sensing of Environment*, 124(2):334-347.

Badhwar G D. 1984. Classification of corn and soybeans using multitemporal thematic mapper data. *Remote Sensing of Environment*, 16(2):175-181.

Ballantine J A C, Okin G S, Prentiss D E, Roberts D A. 2005. Mapping North African landforms using continental scale unmixing of MODIS imagery. *Remote Sensing of Environment*, 97(4):470-483.

Bannari A, Pacheco A, Staenz K, Mcnairn H, Omari K. 2006. Estimating and mapping crop residues cover on agricultural lands using hyperspectral and IKONOS data. *Remote Sensing of Environment*, 104(4):447-459.

Bateson C A, Asner G P, Wessman C A. 1998. Endmember bundles: A new approach to incorporating endmember variability into spectral mixture analysis. *IEEE Transactions on Geoscience and Remote Sensing*, 38(2):1083-1094.

Beekhuizen J, Clarke K C. 2010. Toward accountable land use mapping: using geocomputation to improve classification accuracy and reveal uncertainty. *International Journal of Applied Earth Observation & Geoinformation*, 12(3):127-137.

Berberoglu S, Akin A. 2009. Assessing different remote sensing techniques to detect land use/cover changes in the eastern Mediterranean. *International Journal of Applied Earth Observations & Geoinformation*, 11(1):46-53.

Bischof H, Schneider W, Pinz A J. 1992. Multispectral classification of landsat-images using neural networks. *IEEE Transactions on Geoscience & Remote Sensing*, 30(3):482-490.

Bishop C M. 1995. *Neural Networks for Pattern Recognition*. Oxford, United Kingdom: Oxford University Press.

Bovolo F, Bruzzone L. 2006. A theoretical framework for unsupervised change detection based on change vector analysis in the polar domain. *IEEE Transactions on Geoscience and Remote Sensing*, 45(1):218-236.

Bovolo F, Camps-Valls G, Bruzzone L. 2010. A support vector domain method for change detection in multitemporal images. *Pattern Recognition Letters*, 31(10):1148−1154.

Brown M, Lewis H G, Gunn S R. 2000. Linear spectral mixture models and support vector machines for remote sensing. *IEEE Transactions on Geoscience & Remote Sensing*, 38(5):2346−2360.

Burnett C, Blaschke T. 2003. A multi-scale segmentation/object relationship modelling methodology for landscape analysis. *Ecological Modelling*, 168(3):233−249.

Busetto L, Meroni M, Colombo R. 2008. Combining medium and coarse spatial resolution satellite data to improve the estimation of sub-pixel NDVI time series. *Remote Sensing of Environment*, 112(1):118−131.

Byrne G F, Crapper P F, Mayo K K. 1980. Monitoring land-cover change by principal component analysis of multitemporal landsat data. *Remote Sensing of Environment*, 10(3):175−184.

Cao X, Chen J, Imura H, Higashi O. 2009. A SVM-based method to extract urban areas from DMSP-OLS and SPOT VGT data. *Remote Sensing of Environment*, 113(10):2205−2209.

Chabrillat S, Pinet P C, Ceuleneer G, Johnson P E, Mustard J F. 2000. Ronda peridotite massif: Methodology for its geological mapping and lithological discrimination from airborne hyperspectral data. *International Journal of Remote Sensing*, 21(12):2363−2388.

Chang C I, Plaza A. 2006. A fast iterative algorithm for implementation of pixel purity index. *IEEE Geoscience & Remote Sensing Letters*, 3(1):63−67.

Chen J, Jönsson P, Tamura M, Gu Z, Matsushita B, Eklundh L. 2004. A simple method for reconstructing a high-quality NDVI time-series data set based on the Savitzky-Golay filter. *Remote Sensing of Environment*, 91(3):332−344.

Chen X, Jin C, Shen M, Wei Y. 2008. Land-use/land-cover change detection using change-vector analysis in posterior probability space. Geoinformatics 2008 and Joint Conference on GIS and Built Environment: The Built Environment and Its Dynamics, Guangzhou, China. *Proc. SPIE*, 7144:714405.

Cheng Q, Shen H, Zhang L, Yuan Q, Zeng C. 2014. Cloud removal for remotely sensed images by similar pixel replacement guided with a spatio-temporal MRF model. *ISPRS Journal of Photogrammetry & Remote Sensing*, 92(6):54−68.

Colstoun E C B D, Story M H, Thompson C, Commisso K, Smith T G, Irons J R. 2003. National Park vegetation mapping using multitemporal landsat 7 data and a decision tree classifier. *Remote Sensing of Environment*, 85(3):316−327.

Conese C, Maselli F. 1991. Use of multitemporal information to improve classification performance of TM scenes in complex terrain. *ISPRS Journal of Photogrammetry & Remote Sensing*, 46(4):187−197.

Cortes C, Vapnik V. 1995. Support-vector networks. *Machine Learning*, 20(3):273−297.

Dasarathy B V, Sheela B V. 1979. A composite classifier system design: Concepts and methodology. *Proceedings of the IEEE*, 67(5):708−713.

Dean A M, Smith G M. 2003. An evaluation of per-parcel land cover mapping using maximum likelihood class probabilities. *International Journal of Remote Sensing*, 24(14):2905-2920.

Dennison P E, Roberts D A. 2003. Endmember selection for multiple endmember spectral mixture analysis using endmember average RMSE. *Remote Sensing of Environment*, 87(2-3):123-135.

Du P, Xia J, Zhang W, Tan K, Liu Y, Liu S. 2012. Multiple classifier system for remote sensing image classification: A review. *Sensors*, 12(4): 4764-4792.

Foody G M. 2002. Status of land cover classification accuracy assessment. *Remote Sensing of Environment*, 80(1):185-201.

Foody G M. 2007. Increasing soft classification accuracy through the use of an ensemble of classifiers. *International Journal of Remote Sensing*, 28(20):4609-4623.

Foody G M, Mathur A. 2006. The use of small training sets containing mixed pixels for accurate hard image classification: Training on mixed spectral responses for classification by a SVM. *Remote Sensing of Environment*, 103(2):179-189.

Foody G M, Mathur A, Sanchez-Hernandez C, Boyd D S. 2006. Training set size requirements for the classification of a specific class. *Remote Sensing of Environment*, 104(1):1-14.

Franke J, Roberts D A, Halligan K, Menz G. 2009. Hierarchical multiple endmember spectral mixture analysis (MESMA) of hyperspectral imagery for urban environments. *Remote Sensing of Environment*, 113(8):1712-1723.

Frohn R C, Reif M, Lane C, Autrey B. 2009. Satellite remote sensing of isolated wetlands using object-oriented classification of landsat-7 Data. *Wetlands*, 29(3):931-941.

Gao F, Masek J, Schwaller M, Hall F. 2006. On the blending of the landsat and MODIS surface reflectance: Predicting daily Landsat surface reflectance. *IEEE Transactions on Geoscience & Remote Sensing*, 44(8):2207-2218.

Geneletti D, Gorte B G H. 2003. A method for object-oriented land cover classification combining landsat TM data and aerial photographs. *International Journal of Remote Sensing*, 24(6):1273-1286.

Griffiths G H, Mather P M. 2000. Editorial: Remote sensing and landscape ecology: Landscape patterns and landscape change. *International Journal of Remote Sensing*, 21(13-14):2537-2539.

Hansen L K, Salamon P. 1990. Neural network ensembles. *IEEE transactions on pattern analysis and machine intelligence*, 12(04):993-1001.

Hempstalk K, Frank E, Witten I H. 2008. *One-Class Classification by Combining Density and Class Probability Estimation*. European Conference on Machine Learning and Knowledge Discovery in Databases.Berlin/Heidelberg, Germany: Springer.

Hilker T, Wulder M A, Coops N C, Linke J, Mcdermid G, Masek J G, Gao F, White J C. 2009. A new data fusion model for high spatial-and temporal-resolution mapping of forest disturbance based on Landsat and MODIS. *Remote Sensing of Environment*, 113(8):1613-1627.

Huang C, S.Davis L, G.Townshend J R. 2002. An assessment of support vector machines for land cover classification. *International Journal of Remote Sensing*, 23(4):725-749.

Jacquin A, Sheeren D, Lacombe J P, Woldai T, Annegarn H. 2010. Vegetation cover degradation assessment in Madagascar savanna based on trend analysis of MODIS NDVI time series. *International Journal of Applied Earth Observations & Geoinformation*, 12(13):S3-S10.

Jensen J R, Cowen D J, Althausen J D, Narumalani S, Weatherbee O. 1993. An evaluation of the coastwatch change detection protocol in South Carolina. *Photogrammetric Engineering & Remote Sensing*, 59(6):1039-1046.

Johnson R D, Kasischke E S. 1998. Change vector analysis: A technique for the multispectral monitoring of land cover and condition. *International Journal of Remote Sensing*, 19(3):411-426.

Jolliffe I T. 2005. *Principal Component Analysis*. Berlin: Springer-Verlag.

Jönsson P, Eklundh L. 2004. Timesat—A program for analyzing time-series of satellite sensor data *Computers & Geosciences*, 30(8):833-845.

Jr P S C. 1988. An improved dark-object subtraction technique for atmospheric scattering correction of multispectral data. *Remote Sensing of Environment*, 24(3):459-479.

Karnieli A. 1996. A review of mixture modeling techniques for sub-pixel land cover estimation. *Remote Sensing Reviews*, 13(3):161-186.

Kawata Y, Ohtani A, Kusaka T, Ueno S. 1990. *On the classification accuracy for the Mos-1 MESSR data before and after the atmospheric correction. IEEE Transactions on Geoscience and Remote Sensing*, 28(4):1853-1856.

Lam L, Suen C Y. 1997. Application of majority voting to pattern recognition: an analysis of its behavior and performance. *IEEE Transactions on Systems Man & Cybernetics Part A Systems & Humans*, 27(5):553-568.

Langley S K, Cheshire H M, Humes K S. 2001. A comparison of single date and multitemporal satellite image classifications in a semi-arid grassland. *Journal of Arid Environments*, 49(2):401-411.

Leckie D G, Brand D G. 1990. Advances in remote sensing technologies for forest surveys and management. *Canadian Journal of Forest Research*, 20(4):464-483.

Lenney M P, Woodcock C E, Collins J B, Hamdi H. 1996. The status of agricultural lands in Egypt: the use of multitemporal NDVI features derived from Landsat TM. *Remote Sensing of Environment*, 56(1):8-20.

Li H, Gu H, Han Y, Yang J. 2010. Object-oriented classification of high-resolution remote sensing imagery based on an improved colour structure code and a support vector machine. *International Journal of Remote Sensing*, 31(6):1453-1470.

Liu S, Peijun D U. 2011. A novel change detection method of multi-resolution remotely sensed images based on the decision level fusion. *Journal of Remote Sensing*, (4):846-862.

Liu Y, Bian L, Meng Y, Wang H, Zhang S, Yang Y, Shao X, Wang B. 2012. Discrepancy measures for selecting optimal combination of parameter values in object-based image analysis. *ISPRS Journal of Photogrammetry & Remote Sensing*, 68(1):144-156.

Lobell D B, Asner G P. 2004. Cropland distributions from temporal unmixing of MODIS data. *Remote Sensing of Environment*, 93(3):412-422.

Lu D, Mausel P, Brondizio E, Moran E. 2004. Change detection techniques. *International Journal of Remote Sensing*, 25(12):2365-2401.

Lu D, Weng Q. 2006. Use of impervious surface in urban land-use classification. *Remote Sensing of Environment*, 102(1):146-160.

Maclean J L, Dawe D C, Hardy B, Hettel G P. 2002. *Rice Almanac : Source Book for the Most Important Economic Activity on Earth.* Wallingford, UK:CABI Pub, International Rice Research Institute (IRRI).

Manevitz L M, Yousef M. 2001. One-class svms for document classification. *Journal of Machine Learning Research*, 2(1): 139-154.

Mantero P, Moser G, Serpico S B. 2005. Partially supervised classification of remote sensing images through SVM-based probability density estimation. *IEEE Transactions on Geoscience & Remote Sensing*, 43(3):559-570.

Marais Sicre C, Inglada J, Fieuzal R, Baup F, Valero S, Cros J, Huc M, Demarez V. 2016. Early detection of summer crops using high spatial resolution optical image time series. *Remote Sensing*, 8(7):591.

Martin G J, Reisman M J, Noyes A P. 1980. Digital Processing of Remotely Sensed Images. NASA SP-431. *NASA Special Publication*, 431(1):107-112.

Maselli F. 2001. Definition of spatially variable spectral endmembers by locally calibrated multivariate regression analyses. *Remote Sensing of Environment*, 75(1):29-38.

Mathur A, Foody G M. 2008. Crop classification by support vector machine with intelligently selected training data for an operational application. *International Journal of Remote Sensing*, 29(8):2227-2240.

Mathys L, Guisan A, Kellenberger T W, Zimmermann N E. 2009. Evaluating effects of spectral training data distribution on continuous field mapping performance. *ISPRS Journal of Photogrammetry & Remote Sensing*, 64(6):665-673.

Munoz-Mari J, Bruzzone L, Camps-Valls G. 2007. A support vector domain description approach to supervised classification of remote sensing images. *IEEE Transactions on Geoscience & Remote Sensing*, 45(8):2683-2692.

Oguro Y, Suga Y, Takeuchi S, Ogawa H, Tsuchiya K. 2003. Monitoring of a rice field using landsat-5 TM and landsat-7 ETM+ data. *Advances in Space Research*, 32(11):2223-2228.

Okamoto K, Kawashima H. 2016. Estimating total area of paddy fields in Heilongjiang, China, around 2000 using Landsat Thematic Mapper/Enhanced Thematic Mapper Plus data. *Remote Sensing Letters*, 7(6):533-540.

P.Asner G, B.Heidebrecht K. 2002. Spectral unmixing of vegetation, soil and dry carbon cover in arid regions: Comparing multispectral and hyperspectral observations. *International Journal of Remote Sensing*, 23(19):3939-3958.

Pan Y, Hu T, Zhu X, Zhang J, Wang X. 2012. Mapping cropland distributions using a hard and soft classification model. *IEEE Transactions on Geoscience & Remote Sensing*, 50(11):4301-4312.

Pan Y, Li L, Zhang J, Liang S, Hou D. 2011. Crop area estimation based on MODIS-EVI time series according to distinct characteristics of key phenology phases: A case study of winter wheat area estimation in small-scale area. *Journal of Remote Sensing*, 15(3):578-594.

Panigrahy S, Sharma S A. 1997. Mapping of crop rotation using multidate Indian remote sensing satellite digital data. *ISPRS Journal of Photogrammetry & Remote Sensing*, 52(2):85-91.

Petit C C, Lambin E F. 2001. Integration of multi-source remote sensing data for land cover change detection. *International Journal of Geographical Information Science*, 15(8):785-803.

Piper J. 1992. Variability and bias in experimentally measured classifier error rates. *Pattern Recognition Letters*, 13(10):685-692.

Piwowar J M, Peddle D R, Ledrew E F. 1998. Temporal mixture analysis of arctic sea ice imagery: A new approach for monitoring environmental change. *Remote Sensing of Environment*, 63(3): 195-207.

Potapov P, Hansen M C, Stehman S V, Loveland T R, Pittman K. 2008. Combining MODIS and landsat imagery to estimate and map boreal forest cover loss. *Remote Sensing of Environment*, 112 (9):3708-3719.

Powell R L, Roberts D A, Dennison P E, Hess L L. 2007. Sub-pixel mapping of urban land cover using multiple endmember spectral mixture analysis: Manaus, Brazil. *Remote Sensing of Environment*, 106(2):253-267.

Ridd M K. 1995. Exploring a V-I-S (vegetation-impervious surface-soil) model for urban ecosystem analysis through remote sensing: Comparative anatomy for citiesa. *International Journal of Remote Sensing*, 16(12):2165-2185.

Roberts D A, Gardner M, Church R, Ustin S, Scheer G, Green R O. 1998. Mapping chaparral in the Santa Monica Mountains using multiple endmember spectral mixture models. *Remote Sensing of Environment*, 65(3):267-279.

Roberts D A, Green R O, Adams J B. 1997. Temporal and spatial patterns in vegetation and atmospheric properties from AVIRIS. *Remote Sensing of Environment*, 62(3):223-240.

Sain S R, Gray H L, Woodward W A, Fisk M D. 1999. Outlier detection from a mixture distribution when training data are unlabeled. *Bulletin of the Seismological Society of America*, 89 (1):294-304.

Sakla W, Chan A, Ji J, Sakla A. 2011. An SVDD-based algorithm for target detection in hyperspectral imagery. *IEEE Geoscience & Remote Sensing Letters*, 8(2):384-388.

Sanchez-Hernandez C, Boyd D S, Foody G M. 2007. Mapping specific habitats from remotely sensed imagery: Support vector machine and support vector data description based classification of coastal saltmarsh habitats. *Ecological Informatics*, 2(2):83-88.

Sanchez-Hernandez C, Boyd D S, Foody G M. 2007. One-class classification for mapping a specific land-cover class: SVDD classification of fenland. *IEEE Transactions on Geoscience & Remote Sensing*, 45(4):1061-1073.

Schapire R E. 1990. The Strength of Weak Learnability. *Machine Learning*, 5(2): 197-227.

Shanmugam P, Ahn Y H, Sanjeevi S. 2006. A comparison of the classification of wetland characteristics by linear spectral mixture modelling and traditional hard classifiers on multispectral remotely sensed imagery in southern India. *Ecological Modelling*, 194(4):379–394.

Shi W, Hao M. 2013. *Analysis of Spatial Distribution Pattern of Change-Detection Error Caused by Misregistration*. Abingdon, UK:Taylor & Francis, Inc.

Singh A. 2010. Review article digital change detection techniques using remotely-sensed data. *International Journal of Remote Sensing*, 10(6):989–1003.

Sohl T L. 1999. Change analysis in the United Arab Emirates: An investigation of techniques. *Photogrammetric Engineering and Remote Sensing*, 65(4):475–484.

Song C, Woodcock C E, Seto K C, Lenney M P, Macomber S A. 2001. Classification and change detection using landsat TM data: When and how to correct atmospheric effects? *Remote Sensing of Environment*, 75(2):230–244.

Song C. 2005. Spectral mixture analysis for subpixel vegetation fractions in the urban environment: How to incorporate endmember variability? *Remote Sensing of Environment*, 95(2):248–263.

Stefanov W L, Ramsey M S, Christensen P R. 2001. Monitoring urban land cover change : An expert system approach to land cover classification of semiarid to arid urban centers. *Remote Sensing of Environment*, 77(2):173–185.

Sun H S, Huang J F, Peng D L. 2009. Detecting major growth stages of paddy rice using MODIS data. *Journal of Remote Sensing*, 13(6):1122–1129.

Tax D M J. 2001. *One-class Classification*. Delft: Delft University of Technology, 57–67.

Tax D M J, Duin R P W. 2004.Support vector data description. *Machine Learning*, 54(1): 45–66.

Tompkins S, Mustard J F, Pieters C M, Forsyth D W. 1997. Optimization of endmembers for spectral mixture analysis. *Remote Sensing of Environment*, 59(3):472–489.

Townshend J R G, Huang C, Kalluri S N V, Defries R S, Liang S, Yang K. 2000. Beware of per-pixel characterization of land cover. *International Journal of Remote Sensing*, 21(4):839–843.

Tso B, Mather P M. 2009. *Classification Methods for remotely sensed data*. Florida, USA:CRC Press.

Tucker C J. 1979. Red and photographic infrared linear combinations for monitoring vegetation. Remote Sensing of Environment, 8(2):127–150.

Vapnik V. 1995. *The Nature of Statistical Learning Theory*. New York, USA: Springer-Verlag.

Verbesselt J, Hyndman R, Newnham G, Culvenor D. 2010. Detecting trend and seasonal changes in satellite image time series. *Remote Sensing of Environment*, 114(1):106–115.

Verhoeye J, Wulf R D. 2002. Land cover mapping at sub-pixel scales using linear optimization techniques. *Remote Sensing of Environment*, 79(1):96–104.

Walker J J, Beurs K M D, Wynne R H, Gao F. 2012. Evaluation of Landsat and MODIS data fusion products for analysis of dryland forest phenology. *Remote Sensing of Environment*, 117(1): 381–393.

Wang L, Jia X. 2009. Integration of soft and hard classifications using extended support vector machines. *IEEE Geoscience & Remote Sensing Letters*, 6(3):543-547.

Wardlow B D, Egbert S L, Kastens J H. 2007. Analysis of time-series MODIS 250m vegetation index data for crop classification in the U.S. Central Great Plains. *Remote Sensing of Environment*, 108(3):290-310.

Wardlow B D, Egbert S L. 2008. Large-area crop mapping using time-series MODIS 250m NDVI data: An assessment for the U.S. Central Great Plains. *Remote Sensing of Environment*, 112(3):1096-1116.

Wessels K J, Fries R S D, Dempewolf J, Anderson L O, Hansen A J, Powell S L, Moran E F. 2004. Mapping regional land cover with MODIS data for biological conservation: Examples from the Greater Yellowstone Ecosystem, USA and Pará State, Brazil. *Remote Sensing of Environment*, 92(1):67-83.

Wu C. 2004. Normalized spectral mixture analysis for monitoring urban composition using ETM+ imagery. *Remote Sensing of Environment*, 93(4):480-492.

Wu M. 2012. Use of MODIS and Landsat time series data to generate high-resolution temporal synthetic Landsat data using a spatial and temporal reflectance fusion model. *Journal of Applied Remote Sensing*, 6(13):063507.

Xiao X, Boles S, Frolking S, Li C, Babu J Y, Salas W, III B M. 2006. Mapping paddy rice agriculture in South and Southeast Asia using multi-temporal MODIS images. *Remote Sensing of Environment*, 100(1):95-113.

Xiao X, Boles S, Frolking S, Salas W, Mooreiii B, Li C, He L, Zhao R. 2002. Landscape-scale characterization of cropland in China using vegetation and landsat TM images. *International Journal of Remote Sensing*, 23(18):3579-3594.

Xiao X, Boles S, Liu J, Zhuang D, Frolking S, Li C, Salas W, Iii B M. 2005. Mapping paddy rice agriculture in southern China using multi-temporal MODIS images. *Remote Sensing of Environment*, 95(4):480-492.

Yang L, Xian G, Klaver J M. 2003. Urban land-cover change detection through sub-pixel imperviousness mapping using remotely sensed data. *Photogrammetric Engineering & Remote Sensing*, 69(9):1003-1010.

Yeung D Y, Chow C. 2002. Parzen-Window Network Intrusion Detectors. *International Conference on Pattern Recognition(ICPR)*, Quebec, Canada. *IEEE*, 385-388.

Zhang G, Xiao X, Dong J, Kou W, Jin C, Qin Y, Zhou Y, Wang J, Menarguez M A, Biradar C. 2015. Mapping paddy rice planting areas through time series analysis of MODIS land surface temperature and vegetation index data. *ISPRS Journal of Photogrammetry & Remote Sensing*, 106:157-171.

Zhang J, Feng L, Yao F. 2014. Improved maize cultivated area estimation over a large scale combining MODIS-EVI time series data and crop phenological information. *ISPRS Journal of Photogrammetry & Remote Sensing*, 94:102-113.

Zhong L, Hu L, Yu L, Gong P, Biging G S. 2016. Automated mapping of soybean and corn using phenology. *ISPRS Journal of Photogrammetry & Remote Sensing*, 119:151-164.

Zhou W, Troy A. 2008. An object-oriented approach for analysing and characterizing urban landscape at the parcel level. *International Journal of Remote Sensing*, 29(11):3119-3135.

Zhu G, Dan G B. 2002. Classification using Aster data and SVM algorithms: The case study of Beer Sheva, Israel. *Remote Sensing of Environment*, 80(2):233-240.

Zhu S, Zhang J, Shuai G, Yu Q. 2014. Winter wheat mapping by soft and hard land use/cover change detection. *Journal of Remote Sensing*, 18(2):476-496.

Zhu S, Zhou W, Zhang J, Shuai G. 2012. Wheat acreage detection by extended support vector analysis with multi-temporal remote sensing images. 2012 First International Conference on Agro-Geoinformatics, Shanghai, China. *IEEE*,1-4.

第4章

基于高光谱影像的作物类型识别

4.1 引　　言

　　高光谱遥感（hyperspectral remote sensing）技术又称为成像光谱技术（imaging spectrometry），是指具有高光谱分辨率的遥感数据获取、处理、分析和应用的科学与技术（杜培军等，2016）。高光谱传感器包括非成像光谱仪和成像光谱仪两种，具有光谱分辨率高（5~10 nm），光谱范围宽（0.4~2.5 μm）的显著特点。其中，非成像光谱仪（如地物光谱仪）获取的是观测点连续的光谱数据；而成像光谱仪可以在电磁波谱的紫外、可见光、近红外和中红外区域获得大量光谱连续且光谱分辨率较高的图像数据。

　　高光谱图像数据是一个由图像空间维、光谱空间维和特征空间维组成的光谱图像的立方体（又称为数据立方体）（图4.1）。其中，图像空间维最为直观，它将数据视为一幅图像，将光谱曲线和空间位置的关系以地理几何的形式表现出来，可以用来实现地面特定位置与高光谱数据点的一一对应；光谱空间维则是将遥感数据中的光谱曲线和地物类型进行匹配，可以用来提取不同地物的光谱特征从而实现不同地物的识别；而特征空间维则是将包含 N 个波段的高光谱图像中每一个像素都表示为 N 维特征空间中的一个点，以弥补光谱空间中出现的"同物异谱"、"同谱异物"问题，有利于进行数据的处理（李静，2012）。

　　高光谱数据实现了遥感数据图像维与光谱维信息的有机融合（张达和郑玉权，2013）。通过地物光谱曲线上特有的光谱特征，高光谱遥感技术能够准确区分地物种类，并且能够对地表物质成分实现定量分析，是一种快速、大面积观测地表物质组成的重要技术手段（张成业等，2015），在大气环境、地质矿产、植被生态、海洋军事等各个领域均得到广泛应用。

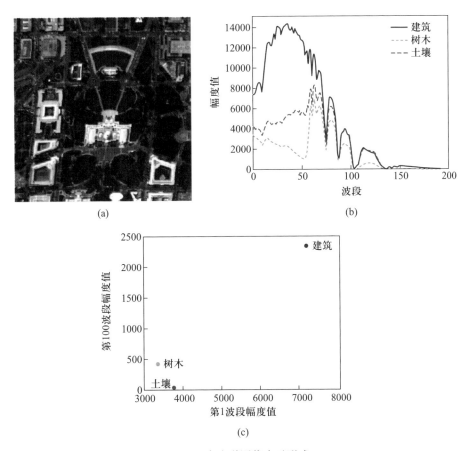

图 4.1 高光谱图像表示形式

作物识别是高光谱数据应用的重要方向之一,不同于多光谱遥感,高光谱遥感能够获取地表物体成百上千个连续谱段的信息,提供的波段信息能够达到纳米级,极大地增强了对地物的区分能力,使得在宽波段遥感中不可识别的作物类型在高光谱遥感中能被探测到。然而高光谱遥感影像很高的光谱分辨能力是以其较大的数据量以及较高的数据维度为代价的,传统的多光谱分类方法将不再适用,为此研究者积极致力于对传统分类方法进行改进,或者引入机器学习领域的新理论、新方法到高光谱数据的分类中来。例如,张丰等(2002)提出了混合决策树分类,在树的每一个分类节点上根据分类效果选择不同的分类算法,并对在江苏省金坛市良种场通过成像光谱仪 PHI 获取的 80 个通道的高光谱数据进行了分类测试,提取 11 种地物类型,其中包括 6 种不同水稻(香雪糯、武香8313、武育 5021、99-15、香粳 8016 和武香 4),验证结果显示对 6 种不同水稻识别的总体精度高达 94.9%。闫永忠和万余庆(2005)采用模糊分类的方法,对由

OMIS-I 高光谱成像光谱仪获取的陕北靖边县城附近的航空高光谱遥感影像进行分类,识别了土豆、玉米、葵花等 14 种地物类型,总体精度达到 91.7%。刘亮等(2006)采用逐级分层分类的方法,在每一层根据提取的目标特点,采用不同的特征参数和分类算法对北京顺义区冬小麦拔节期的 32 通道的高光谱数据进行分类,提取了研究区的小麦、玉米、水稻、菜地、林地、果园、居民地和水体,经验证各种农作物的分类精度均达到 95% 以上。Chen 等(2008)提出了一种多分辨率光谱角匹配方法(multiresolution spectral angel, MSA),首先通过一定的最优化准则将原波段分解成不等的连续子集,分别生成子光谱角,然后组合成一个相似度量值来进行分类。并利用 India Pines 数据对所提出的 MSA 方法进行了测试,并与欧氏距离(euclidean metric distance, EMD)、光谱角匹配方法(spectral angle mapper, SAM)、平均距离法(average distance method, ADM)、光谱信息散度(spectral information divergence, SID)、光谱信息散度和光谱角匹配混合算法(SID, SAM)5 种常见的基于光谱度量的分类方法进行了比较,结果显示,相较于其他 5 种分类方法,MSA 对于玉米和小麦有更高的使用者精度,对于大豆有更高的生产者精度。李祖传等(2011)联合使用条件随机场(conditional random fields, CRF)和 SVM 分类器,以支持向量机作为条件随机场的一阶势能项,发展了 SVM-CRF 方法,并在 India Pines 数据上进行了实验,结果显示,相较于 CRF、SVM-CRF 精度提高了近 30%。岳江等(2012)提出了基于最小关联窗口的高光谱图像非监督分类,利用巴氏距离来衡量两个地物类间隔相似性,相比传统的 K-Means 和 ISODATA 非监督分类,新提出的方法精度更高。姜玮(2015)提出了新的张量加权模糊 C 均值算法(NWTFCM),把高光谱数据映射到张量空间,根据样本到聚类中心以及样本到其他同类样本的距离来给样本分配权重进行分类,并在 India Pines 数据上进行了测试,总体分类精度为 86.05%,高于传统张量模糊 C 均值算法 TFCM(分类精度为 68.57%)。

　　此外,相对于一般遥感图像分类,高光谱遥感影像数据维数高、波段间相关性强,要求的训练样本多。当样本数量不足时,往往会出现分类精度随特征维数上升而下降的现象,这个现象被称为"Hughes"现象或者维数灾难。为了克服这一现象,国内外学者开展了许多高光谱数据降维研究,旨在通过降低数据维度保留有效信息的方式获取高精度的分类结果。

　　现有的降维方法主要有特征提取和特征选择两种(对高光谱遥感数据而言,特征即为波段)。其中特征提取(Guyon and Elisseeff, 2006)是将原始数据的特征空间变换到一个新的特征空间,每一个新的特征(在变换空间中)是原始 D 维变量的函数变换结果。特征选择算法则是从原始数据的特征中筛选出分类效果较好的组合,与特征提取方法相比具有不改变原有特征物理意义的优点。波段选择的两种主要方法(Hall and Smith, 1999)为:滤波(filter)法和封装

(wrapper)法(Kohavi and John,1997)。大多数过滤方法都是基于单波段评价的剔除算法,即用相关系数、最佳波段指数等指标逐一评价每个特征,然后按照指标分值从高到低排序,选择排在前面的波段作为特征子集。但需要指出的是,特征选择作为一种组合优化问题,由最好的特征形成的集合未必能组成最优的特征子集。而封装法是将分类精度的评价嵌套在特征选择的每一次循环迭代过程中,是一种基于特征子集整体评价的搜索算法,因此,封装法的精度往往优于过滤法。随着对分类精度要求的提高,封装法将成为特征选择的主流方法。

也有学者选择适用于小样本、高维特征的分类器(如支持向量机分类器)来解决维数灾难问题。例如,贾德伟(2011)基于 HSI 高光谱数据,利用 SVM 进行了晚稻识别。高晓健(2013)在基本粒子群算法(particle swarm optimization,PSO)的基础上提出了带自适应惯性权重和突变因子的改进方法,利用改进算法进行 SVM 参数优化,并在 India Pines 数据上进行了测试,结果显示改进算法的总体分类精度优于网格搜索算法和基本粒子群算法。郭学兰等(2014)采用偏态二叉树最小二乘支持向量机,结合三种不同参数优化算法(交叉验证法、遗传算法、粒子群)对北京昌平小汤山地区的高光谱影像进行分类,识别了旺盛小麦、稀疏小麦、空闲地、水体、林地、居民地 7 种地物类型,结果显示基于交叉验证法优化参数的偏态二叉树最小二乘支持向量机分类器精度最高。还有学者将半监督学习引入分类中,将未标记样本引入训练过程,以解决标记样本不足的问题。例如,马小丽(2014)提出了拉普拉斯支持向量机半监督分类方法,并利用模拟退火算法对拉普拉斯的参数进行优化用以减小计算量,在 India Pines 标准数据集上的测试结果显示拉普拉斯支持向量机相比传统 SVM 精度高,三种拉普拉斯支持向量机(对偶拉普拉斯支持向量机、共轭梯度拉普拉斯支持向量机,以及牛顿拉普拉斯支持向量机)中共轭梯度拉普拉斯支持向量机分类结果最优。王小攀(2014)提出 LNP-WKNN 算法,使用线性邻域传播算法(linear neighbor propagation,LNP)来获取无标签数据的分类概率,然后输入加权近邻算法(WKNN)中对 India Pines 数据进行分类,结果显示 LNP-WKNN 算法比直接使用LNP、高斯随机场和调和函数(GRHF)等半监督分类算法的分类效果好。王俊淑等(2015)在 Self-training 半监督学习的基础上,提出基于最近邻规则的数据剪辑策略,发展了 DE-Self-training 半监督学习,在迭代分类过程中去掉将置信度较低的标记样本,以提高训练集的质量,优化分类器的性能,并在 India Pines 和 Botswana 数据集上进行了测试,结果显示相比 SVM 分类,新提出的 DE-Self-training 总体分类精度提高了约 4%。

不少研究者除了使用原始的光谱数据进行作物识别以外,还尝试提取各类光谱指数、光谱变化形式、高光谱特征参数、光谱形态学剖面以及各种空间特征(如纹理、上下文、形状)进行分类。大量研究表明不同形式的光谱变换以及空-谱结合的分类对提高作物识别精度有重要意义。吴见和彭道黎(2012)基于北京怀柔部分地区 Hyperion 高光谱影像数据,融入空间信息进行植被(森林、农作物和草地)分类,相比最大似然方法精度平均提高了 20%。刘嘉慧(2014)提出了一种基于一阶邻域系统加权约束的高光谱图像稀疏分类算法,在 India Pines 数据集上进行了测试,并与传统的稀疏分类算法进行了比较,结果显示一阶邻域系统加权约束充分利用了空间信息和图像本身的特征,分类性能优于传统的稀疏分类算法。王俊淑等(2015)提出一种增量分类方法,在该方法中首先利用高光谱影像的若干主成分和各自对应的形态学剖面分别进行 SVM 分类,将两者预测结果一致的样本作为置信样本分别加入各自训练集中对未标记的样本进行第二次 SVM 分类,当再没有预测一致样本后停止迭代,最后对剩余的不一致的样本,利用所有标记的样本做训练样本,进行最后的分类。作者基于 India Pines 等数据集分析了只用主成分进行 SVM 分类、只用形态学剖面进行 SVM 分类,联合主成分和形态学剖面进行 SVM 分类,以及联合用主成分和形态学剖面进行增量分类四种方法的精度,结果显示联合主成分和形态学剖面进行增量分类的结果精度最高。王崇和吴见(2015)对比分析了原始反射光谱、常用指数(包括土壤调节植被指数、差值植被指数、归一化植被指数、简单比值植被指数)、不同数据变换形式(包括归一化变换、归一化后倒数的对数变换、一阶微分、倒数、倒数的对数以及倒数对数的一阶微分)和高光谱特征参数(光谱位置参数、植被指数参数、光谱面积参数等)对水稻、小麦、油菜、棉花、花生、红薯、茄子、白菜 8 种农作物的识别能力,指出高光谱面积特征参数(红边 680~780 nm 一阶微分值和)对 8 种农作物的识别精度最高。类似地,舒田等(2016)利用 ASD 地物光谱仪测量的冠层光谱数据,对比分析了原始反射光谱、15 种不同数据变换形式和 10 种植被指数对 7 种农作物的识别能力,指出不同特征谱段和植被指数能够识别不同类型农作物。程志会和谢福鼎(2016)综合利用高光谱图像光谱特征(每一个像素的光谱值)、空间特征(像素一定邻域范围内的光谱特征)和纹理特征(灰度共生矩阵提取的对比度、能量、同质性和相关性),基于图的半监督分类算法对 India Pines 数据集进行了分类,结果表明综合利用多种特征的分类结果明显优于使用单一光谱特征进行分类的结果。何浩等(2016)以乘积的形式组合空间相似性权值和光谱相似性权值来扩大像元点之间的相似性差异,以此改进基于图的半监督分类,并用于 India Pines 等数据集的测试,其中空间相似性权值通过欧氏距离结合 RBF(radial basis function)核函数确定,光谱相似性权值通过光谱相关角(spectral correlation angle,SCA)来计算,加入空间信息后,总体分类精度由 56.20% 提高到了 92.09%。黄坤山(2016)提出基于 KNN 非局部滤波的高光谱图像分类方法,利用基于 KNN 的滤波器为分类器提供空间结构信息,联合使用空间结构信息和图像光谱信息进行分类,在 India Pines 等数据集上进行了测试,并与支持向量机(SVM)、基于利用多层逻辑模型作为先验知识和多项式逻辑回归分类器的算法(LMLL)、基于置信度传播的分类方法(LBP)和基于间隔保持滤波的分类方法(EPF)四种分类方法进行了对比,结果显示作者所提出的方法效果最好。史飞飞等(2016)基于 ASD FieldSpec4 地物光谱仪实测的作物冠层光谱,用 $1/R$、$d(R)$、$N(R)$、$\log(R)$、$d(\log(R))$、$d(N(R))$ 6 种光谱数据变换光谱吸收深度(DEP)、吸收宽度(WID)、吸收面积(AREA)等 16 种光谱特征,通过 BP 神经网络进行青海省湟水流域大豆、青稞、土豆、小麦和油菜 5 种典型作物的识别,结果显示利用光谱变换和光谱特征变量都能取得较好的辨识精度,但以效率和稳定性而言,采用光谱特征变量选取方法建模效果更好。

也有研究者采用集成学习的方法减少单分类器泛化性能差、选择分类器主观性强等问题。马丽(2010)提出了一种基于有监督局部流形学习算法(SLML)的加权 KNN 分类器(SLML weighted KNN, SLML-WKNN),其中权值由流形学习算法对应的核函数确定。徐卫霄(2011)以分类回归树(CART)为弱分类器,分别采用 CART 决策树、Real Ada Boost、基于加权投票法的 Bagging 以及基于粒子群优化选择策略的选择性集成(PSO Selective Ensemble)四种方法对机载 PHI 高光谱影像进行分类,结果显示 Real Ada Boost、Bagging 以及 PSO Selective Ensemble 集成学习方法的分类精度都明显优于 CART 决策树的分类精度。

还有研究者采用混合像元分解和软硬分类相结合的方法来解决高光谱图像上混合像元的问题。例如,唐雪飞(2010)整合了非监督、监督、半监督分类算法,建立了基于案例推理的高光谱图像分类系统,基于推理规则自动选择最优分类算法,提高了分类的效率及算法的优化。

本章介绍四个基于高光谱数据进行作物识别的案例。第一个案例(第 4.2 节)提出了一种融合光谱曲线形状和幅度特征的自适应加权组合的相似性测度方法,并在两种数据源上进行了测试;第二个案例(第 4.3 节)测试了随机森林算法在高光谱数据降维和作物识别中的性能;第三个案例(第 4.4 节)提出通过人工蜂群算法(ABC)来优化 SVM 分类器参数和波段子集,并以 UCI 标准数据集和高光谱遥感标准数据作为测试数据对比和评价蜂群算法和粒子群算法分类结果的优劣;第四个案例(第 4.5 节)针对高光谱影像上的混合像元问题,以江苏省东台市的 Hyperion 高光谱影像作为实验数据开展了变端元软硬分类研究。

4.2　基于高光谱遥感数据的相似性测度方法评价

4.2.1　研究背景

光谱相似性测度是高光谱遥感信息提取与精细识别的基础。常用的相似性测度准则有基于距离测度的欧氏距离（ED）（Jain et al.，2000）、基于相似测度的光谱角度余弦（SAC）（Kruse et al.，1993）和光谱相关系数（SCC）（Meero and Bakker，1997），以及基于信息论随机性测度的光谱信息离散度（SID）（Chang，2000）。高光谱影像的光谱曲线具有形状和幅度两个特征，不同地物的光谱曲线形状和幅度反映了不同地物的特征以及相互间的差异。高光谱分类方法常常利用光谱曲线在形状和幅度上的差异，通过计算像元之间的距离测度或相似测度，对影像进行信息提取。

已有研究表明，综合利用光谱特征的两种或多种相似性测度能够提高光谱识别精度（陈亮等，2007；王涛等，2007；闻兵工等，2009；李晖等，2012）。如结合两种相似性测度的光谱角度余弦（SAC-ED）的聚类总体精度要优于使用单一测度的欧氏距离（ED）或光谱角度余弦（SAC）（安斌等，2005）。Lhermitte 等研究也表明，使用组合不同的光谱相似性测度的分类结果会优于使用单一的光谱相似性测度的结果（Lhermitte et al.，2011）。Kumar（2011）等通过结合相关系数和光谱信息离散度这两种相似性测度提高了分类精度。Kong 等（2011）在欧氏距离、光谱相关系数和光谱相对熵的基础上提出了光谱泛相似测度（spectral pan-similarity measure，SPM），结果表明，SPM 在光谱识别能力上有很大改进。另外还有一些研究考虑了相似性测度结合时的权重问题。例如，用设定光谱距离和形状测度固定权重配比的方法提高了高光谱影像的分类精度（方圣辉和龚浩，2006）。在非监督分类的 K-means 算法中加入监督分类的最小距离法，进行加权联合随机分类，从而提高了分类精度（周前祥和敬忠良，2004）。用自适应共振理论为人工神经网络分配合适的权重，使得影像的分类精度得到提高（骆剑承等，2002）。然而，当研究区域或研究对象变得较为复杂时，如果只是把两种或多种光谱特征的相似性测度进行简单的加权运算，其分类结果精度较低。

本研究根据高光谱遥感影像光谱曲线的形状和幅度特征来分配权重，提出了一种变权重组合的光谱相似性测度，即光谱变化权重相似性测度（spectral changing-weight similarity measure，SCWM），并结合 K-mean 分类对 OMIS 和 HIS 高光谱影像进行分类测试，验证了 SCWM 方法的有效性。

4.2.2　研究数据

4.2.2.1　OMIS 高光谱影像及基准聚类图

OMIS(operational modular imaging spectrometer;实用型模块成像光谱仪系统)是我国自主研发的一种先进的光机扫描光谱成像仪。OMIS 成像光谱仪设计了两种工作模式:OMIS-I 型自可见光至热红外区域划分为 5 个光谱段,总共 128 个波段:0.46～1.1 μm,64 个波段,光谱分辨率 10 nm;1.06～1.70 μm,16 个波段,光谱分辨率 60 nm;2.0～2.5 μm,32 个波段,光谱分辨率 15 nm;3～5 μm,8 个波段,光谱分辨率 250 nm;8～12.5 μm,8 个波段,光谱分辨率 500 nm。OMIS-II 型共有 68 个波段:0.46～1.1 μm,64 个波段,光谱分辨率 10 nm;1.55～1.75 μm、2.08～2.35 μm、3～5 μm、8～12.5 μm 各 1 个波段(刘银年等,2002)。本研究使用的 OMIS 影像成像时间为 2010 年 4 月 11 日,地面分辨率为 3 m,影像大小为 400×480 像元,选用与分类有关的可见光-近红外(455.7～1000.4 nm)的 51 个波段,测试区域如图 4.2 所示。影像中主要的地物类别为不同群体的小麦、水体、裸地、建筑。在分类前对原始的 OMIS 高光谱影像进行了大气校正、辐射定标和 Smile 效应去除等预处理。由于 OMIS 高光谱影像的波段普遍存在 Smile 效应,

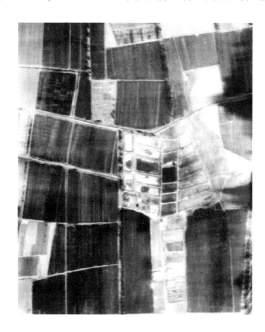

图 4.2　北京市小汤山地区 OMIS 高光谱影像真彩色合成示意图

R = 699.2 nm,G = 565.4 nm,B = 465.0 nm

因此 Smile 效应校正也是 OMIS 高光谱影像预处理中的重要步骤,我们采用 MNF 去除 Smile 效应。为了比较欧氏距离、光谱角余弦、光谱角余弦–欧氏距离和 SACW 测度这四种方法对 OMIS 高光谱影像的光谱识别能力,采用统一的基准聚类图进行评价。基准聚类图是由原始影像监督分类的结果结合矢量图目视修正而得到的。通过对其中的地物类别进行分析,认为裸地和建筑的植被信号较弱,可以将这两种合并标记为其他类,最终分为 8 种类型:6 种不同群体的小麦、水体和其他,如图 4.3 所示。

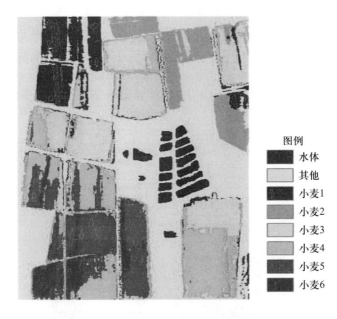

图 4.3   OMIS 影像小汤山地区分类基准图

4.2.2.2   HIS 高光谱影像及基准聚类图

环境与灾害监测预报小卫星星座(HJ)是我国自主研制的卫星,采用太阳同步圆轨道,回归周期 31 天,主要包括 A、B、C 三颗卫星,分别命名为 HJ-1A、HJ-1B、HJ-1C。1A 和 1B 星轨道高度 650 km,为光学小卫星;1C 星轨道高度 499 km,为合成孔径雷达(SAR)小卫星。1A 和 1B 星均搭载了多光谱可见光相机(CCD 相机),采用星下点垂直观测模式,CCD 相机幅宽为 360 km,包含蓝(0.43~0.52 μm)、绿(0.52~0.60 μm)、红(0.63~0.69 μm)、近红外(0.76~0.90 μm)四个光谱谱段,星下点空间分辨率为 30 m,属于中空间分辨率卫星序列。1A 和 1B 星呈 180°相位分布,形成卫星星座,重访周期为 2 天,极大地改善了中分辨卫星的时间分辨率,为农作物播种面积遥感识别提供了强有力的数据保障。[①] HJ-1A 卫星是环境与灾害监测预报小卫星星座的一颗卫星,搭载了 CCD 相机和超光谱成像仪(HSI),地面像元分辨率为 100 m。高光谱成像仪波段范围为 0.45~0.95 μm(110~128 个谱段)(张晓红等,2010),如表 4.1 所示。本研究所用 HIS 影像为江苏省苏州市常熟市海虞镇 2010 年 4 月 13 日的影像。在分类前对原始的 HIS 影像进行了配准、大气校正和辐射定标处理。为了比较欧氏距离、光谱角余弦、光谱角余弦–欧氏距离和 SACW 这四种方法对 HIS 高光谱影像的光谱识别能力,采用统一的基准聚类图进行比对。基准聚类图是由原始影像监督分类的结果结合从 ALOS 影像提取的高精度历史耕地地块目视修正而得到的。通过对其中的地物类别进行分析,认为建筑和裸地等较容易区分,可以将这两种合并标记为城市及其他类,最终分为 4 种类型:水体、城市及其他、油菜和小麦,如图 4.4 所示。

表 4.1 环境小卫星相关参数表

平台	有效载荷	波段	光谱范围/μm	空间分辨率/m	幅宽/km	重访时间/d
HJ-1A	CCD 相机	1	0.43~0.52	30	360(单台),700(二台)	4
		2	0.52~0.60	30		
		3	0.63~0.69	30		
		4	0.76~0.90	30		
	高光谱成像仪	—	0.45~0.95 (110~128 个谱段)	100	50	4

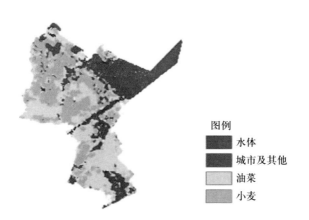

图例
- 水体
- 城市及其他
- 油菜
- 小麦

图 4.4 HSI 影像海虞镇地区分类基准图

---

① 资料来源:中国资源卫星应用中心。

4.2.3　研究方法与技术路线

4.2.3.1　相似性测度方法

1) 欧氏距离

在多维光谱空间,用欧氏距离作为两个多维光谱向量间的差异情况是最简单也是最直接的方法。欧氏距离的计算公式为

$$D = \| X - Y \| = \sqrt{\sum_{i=1}^{n} (x_i - y_i)^2} \tag{4.1}$$

式中:X,Y 代表两个 n 维的光谱向量;x_i,y_i 代表 X,Y 光谱向量第 i 波段的光谱值;D 代表两个光谱向量间的光谱欧氏距离,D 值越小,表示两个光谱向量越接近。由公式(4.1)可以看出,光谱欧氏距离是 n 维光谱亮度差异的总贡献,它描述了光谱向量的亮度(幅度)差异,对多光谱图像的亮度敏感,但在“多维球面上”具有多解性,这种多解性的存在使基于欧氏距离的测度方法不能很好地将各个类别区分出来。

2) 光谱角余弦

在高光谱图像分析中,Kruse(1990)提出了光谱角度填图(spectral angle mapping,SAM)技术,该技术通过计算未知地物光谱曲线与光谱数据库的光谱之间的广义夹角来分析与识别未知地物类别。光谱角余弦的计算公式为

$$\cos\alpha = \frac{XY}{|X||Y|} = \frac{\sum_{i=1}^{n} x_i y_i}{\sqrt{\sum_{i=1}^{n} x_i x_i}\sqrt{\sum_{i=1}^{n} y_i y_i}}, \alpha \in \left[0, \frac{\pi}{2}\right] \tag{4.2}$$

式中:X,Y 代表两个 n 维光谱向量;x_i,y_i 代表 X,Y 光谱向量第 i 波段的光谱值;$\cos\alpha$ 为光谱角余弦值。同类像元之间所夹的光谱角很小,接近于 0,因此其余弦值较大,接近于 1;而不同类像元之间的光谱角则比较大,相应地其余弦值接近于 0。光谱角余弦描述的测度注重光谱向量的形状和方向,但在“多维锥形面上”仍具有多解性。光谱角余弦对光谱亮度的增益并不敏感,由公式(4.2)可以看出,当光谱亮度值等比变化时(即所有波段的反射率均为原反射率乘以某一常数),光谱角余弦值不变,这说明光谱角余弦具有比例不变性,这一特性是欧氏距离所不具备的。但当波段位置发生变化(即光谱亮度值不变,只是部分波

段位置有所变换)、亮度值大小发生变化(即某些波段的亮度值加减某一常数)、波段位置发生偏移(即所有波段均向左或向右移动一个或多个位置)时,光谱角余弦值则会受到影响,因此在相似性测度算法中应充分考虑这些因素。

3) 光谱角余弦-欧氏距离

为了弥补欧氏距离和光谱角余弦两者各自的缺点,安斌等将光谱角余弦应用于多光谱图像,在光谱分辨率较差的情况下,通过与基于欧氏距离的 K 均值聚类方法结合,建立了新的相似性测度准则(安斌等,2005)。光谱角余弦-欧氏距离方法充分考虑了光谱亮度和曲线形状两方面的特征,其计算公式为

$$S\_D = \sqrt{\sum_{i=1}^{n} (x_i - y_i)^2} \times \left(1 - \frac{\sum_{i=1}^{n} x_i y_i}{\sqrt{\sum_{i=1}^{n} x_i^2} \sqrt{\sum_{i=1}^{n} y_i^2}} \right) \tag{4.3}$$

式中,X, Y 代表两个 n 维的光谱向量;x_i, y_i 代表 X, Y 光谱向量第 i 波段的光谱值;S_D 表示两个 n 维光谱向量的光谱角余弦-欧氏距离。

4) 自适应加权组合的相似性测度

高光谱数据不但具有光谱亮度(幅度)信息,而且还具有重要的曲线形状信息。由于距离相似性测度对光谱曲线幅度较敏感,而对光谱形状特征处理能力较弱,如果仅采用距离相似性测度对高光谱影像进行识别,势必导致较低的识别精度(Chang and Chiang,2002)。同时,角度相似性测度虽然对光谱曲线形状较敏感,但是不具有对光谱距离特征处理的能力,当区分光谱曲线形状特征相似而光谱幅度不同的地物时,仅仅采用角度相似性测度也不能够有效区分这些地物类别(唐宏等,2005)。因此,同时利用距离相似性测度和角度相似性测度有一定优势,如组合这两种相似性测度的光谱角余弦-欧氏距离,可以提高分类的精度(Nidamanuri and Zbell,2011)。然而,光谱角余弦-欧氏距离只是简单地把两种相似性测度相乘,没有考虑它们之间的权重分配,使得反映光谱形状特征的光谱角余弦占较大的比重,如果对某些光谱形状相似、幅度有一定差异的图像分类,会有一定误差。本节提出的自适应加权组合相似性测度(self-adaptive combinative weighted,SACW)对高光谱曲线的形状和幅度都较为敏感,并且能够根据不同的地物改变权重,得出最优的分类配比。

选用反映光谱幅度特征的欧氏距离和反映光谱形状特征的光谱角余弦,进行自适应动态调整相似性测度,公式如下:

$$Z = aE + bC \tag{4.4}$$

式中,Z 代表自适应加权组合相似性测度值;E 代表距离相似性测度(欧氏距离);C 代表角度相似性测度(光谱角余弦),a、b 代表权重系数。

　　公式(4.4)中的权重系数可以根据不同的地物类型进行调整,如果研究区中各类地物基于某单一相似性测度(欧氏距离或光谱角余弦)有较高的区分度,则该方法的权重值较大。确定权重系数是自适应加权组合相似性测度的关键,研究中采用四个步骤确定权重系数(图 4.5):首先提取图像中的纯净端元,确定分类的数目;其次计算每个像元与所选定的纯净端元的欧氏距离测度值和光谱角余弦测度值;再根据所计算的两种相似性测度值确定对应的均值和方差,计算变异系数(标准差除以均值);最后计算权重系数和自适应加权组合的表达式。计算权重系数的公式如下:

$$\begin{cases} \dfrac{CV_1}{CV_2} = \dfrac{a}{b} \\ a + b = 1 \end{cases} \tag{4.5}$$

式中:CV_1 为距离相似性测度的变异系数,CV_2 为角度相似性测度的变异系数,a 为距离相似性测度所对应的权重,b 为角度相似性测度所对应的权重。$a+b=1$ 为限制条件,它使得公式(4.5)中的权重 $a,b \in [0,1]$。变异系数又称"标准差率",是一种标识各观测值变异程度的统计量。当比较两个或多个数据变异程度时,如果互相之间的单位相同,可以直接利用标准差来比较;但是如果互相之间的单位不同时,就不能用标准差来表示变异程度,而采用变异系数来比较(盛骤,2001)。本研究之所以采用变异系数来计算各单一相似性测度的权重,主要是因为某单一相似性测度所获得的变异系数越大,说明该方法对各类地物的可区分性越高,因此其权重也应该越大。

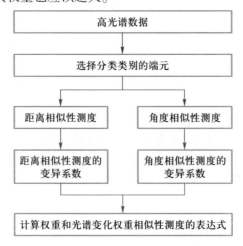

图 4.5　自适应加权组合相似性测度计算流程图

　　例如,某幅遥感影像有三种类别,首先从影像中选取代表这三种地物的纯净端元(A、B、C);其次从图像的第一个像元开始分别逐像元计算与这三个纯净端元(A、B、C)对应的欧氏距离测度值(A1、B1、C1)和光谱角余弦测度值(A2、B2、C2);再根据欧氏距离测度值(A1、B1、C1)计算第一个像元的距离相似性测度均值 E1 和方差 D1,根据光谱角余弦测度值(A2、B2、C2)求得第一个像元的角度相似性测度均值 E2 和方差 D2;最后根据变异系数的定义求出欧氏距离和光谱角余弦各自的变异系数,并计算权重系数[公式(4.5)]。结合公式(4.4)和公式(4.5)可以得到 SACW 的扩展公式:

$$Z = \left(\frac{CV_1}{CV_1 + CV_2}\right)E + \left(\frac{CV_2}{CV_1 + CV_2}\right)C \qquad (4.6)$$

带入选用的欧氏距离和光谱角余弦后的相似性测度表达式后得到:

$$Z = \left(\frac{CV_1}{CV_1 + CV_2}\right)|X - Y| + \left(\frac{CV_2}{CV_1 + CV_2}\right)\left(1 - \frac{XY}{|X||Y|}\right)$$

$$= \left(\frac{CV_1}{CV_1 + CV_2}\right)\sqrt{\sum_{i=1}^{n}(x_i - y_i)^2} + \left(\frac{CV_2}{CV_1 + CV_2}\right)\left(1 - \frac{\sum_{i=1}^{n}x_i y_i}{\sqrt{\sum_{i=1}^{n}x_i^2}\sqrt{\sum_{i=1}^{n}y_i^2}}\right) \qquad (4.7)$$

式中,X,Y 代表两个 n 维的光谱向量;x_i,y_i 代表 X,Y 光谱向量第 i 波段的光谱值。

4.2.3.2　实验设计

　　实验过程分为两部分:第一部分是 OMIS 高光谱影像的实验;第二部分是基于 HIS 高光谱影像的实验。将四种相似性测度(欧氏距离、光谱角余弦、欧氏距离-光谱角余弦和 SACW)分别应用到 K 均值聚类过程中,设置统一的聚类参数(其中 OMIS 数据的最大类别数为 12 类,最大迭代次数为 20 次,新集群中心与旧集群中心的变化率阈值为 0.01;HIS 数据的最大类别数为 7 类,最大迭代次数为 15 次,新集群中心与旧集群中心的变化率阈值为 0.01),对选取的实验区进行聚类,参考基准聚类结果图,对这四种初始聚类结果进行了类别标明。

　　光谱角余弦具有"相似性越高,相似性测度值越大"的特征,在实际应用中为了与欧氏距离、光谱角余弦-欧氏距离、SACW 具有相同的"相似度越高,相似性测度值越小"特征,采用公式(4.8)进行数据转换:

$$D_{new} = 1.0 - D_{origin} \qquad (4.8)$$

式中,D_{origin} 是原始的相似性测度值,D_{new} 是进行最大值翻转后的结果。

　　为了使欧氏距离、光谱角余弦、光谱角余弦-欧氏距离、SACW 这四种方法在量纲上保持统一,需要将欧氏距离的量纲统一成 0 到 1 之间,采用公式(4.9)进行计算:

$$D_{i'} = \frac{D_i}{\max(D_1 \dots D_n)}, \quad i \in [1, \cdots, n] \tag{4.9}$$

式中,D_i 为原始的相似性测度值,$D_{i'}$ 为归一化的结果,i 为本组内光谱曲线的序号,max 为本组数据的最大值操作。

另外,本研究还分析了 SACW 对 OMIS 和 HIS 高光谱影像分类时的权重变化问题。对每种目标地物随机抽取 50 个点,计算欧氏距离和光谱角余弦的平均权重系数 a 和 b。

4.2.4   结果分析

4.2.4.1   OMIS 高光谱影像的测试结果

将四种相似性测度分别应用到 K 均值聚类过程中,设置统一的聚类参数,对选取的实验区分别进行聚类,得到四种初始聚类结果。参考基准聚类结果图,对这四种初始聚类结果进行类别标明,如图 4.6 所示。

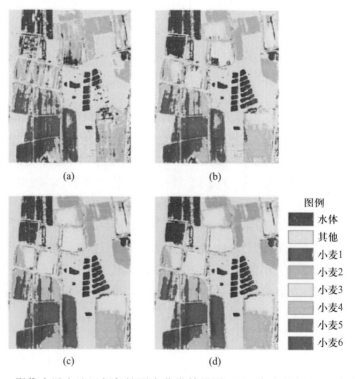

图 4.6   OMIS 影像小汤山地区相似性测度分类结果图:(a) 欧氏距离;(b) 光谱角余弦;(c) 欧氏距离–光谱角余弦;(d) SACW

对比图 4.3 与图 4.6 分类效果可见, SACW 最好, 光谱角余弦-欧氏距离次之, 光谱角余弦和欧氏距离比较差。欧氏距离无法有效分辨水体和非植被地物。光谱角余弦在某些间种或是混种的小麦区域的分类效果较差, 主要是因为不同群体的小麦光谱仍然近似, 所以光谱角余弦仅利用光谱形状特征无法区分不同群体的小麦。光谱角余弦-欧氏距离虽然整体反映出不错的分类效果, 但是在某些集中的小麦区域出现了分类的"孤岛问题", 这不符合小麦长势的实际情况。OMIS 高光谱影像获取的时间正值小麦起身期与拔节期之间, 由于前期农田管理中水肥施量的不同, 在同一个地块内部的同品种小麦会有不同群体的状况表现。SACW 无论在整体还是细节上都表现了出色的光谱分辨能力, 主要是因为在分类前首先选择了纯净像元样本, 并且整个图像中的每个像元是直接与纯净像元样本进行比较, 没有受到周围其他像元的影响。

计算总体分类精度和 Kappa 系数, 对这四种光谱相似性测度进行评价, 结果如表 4.2 所示。SACW 无论是总体精度还是 Kappa 系数都最高, 总体精度为 93.21%, Kappa 系数为 0.92。由于欧氏距离只能通过识别光谱曲线的距离相似性测度来划分类别, 而在 OMIS 高光谱影像中为不同群体的小麦, 它们在总体形状上非常类似, 而欧氏距离无法区分光谱曲线形状上的差别, 所以欧氏距离的效果最差。相反, SACW 从像元角度出发, 以像元为单位进行逐个像元的比较, 并且能够根据不同的像元进行自动调整权重系数, 因而它能弥补光谱角余弦-欧氏距离、光谱角余弦和欧氏距离不足, 最后得到较好的识别结果。

表 4.2　OMIS 高光谱影像小汤山地区的相似性测度的混淆矩阵

相似性测度	欧氏距离	光谱角余弦	光谱角余弦-欧氏距离	SACW
总体精度/%	62.69	75.69	88.27	93.21
Kappa 系数	0.5989	0.7563	0.8698	0.9245

基于 OMIS 高光谱影像的 SACW 平均权重系数的结果如表 4.3 所示。不同群体小麦之间的光谱曲线的形状差别较小, 只是在光谱曲线的局部幅度上存在差异。水体和其他地物的欧氏距离权重系数均大于 0.7, 因为水体和其他地物的光谱曲线与小麦的光谱曲线差别较大, 即便是在多光谱影像上也可以准确地区分, 所以 SACW 增大了欧氏距离的权重系数。

表 4.3　OMIS 高光谱影像小汤山地区的 SACW 平均权重系数

平均权重系数	地物类别							
	小麦1	小麦2	小麦3	小麦4	小麦5	小麦6	水体	其他
欧氏距离(a)	0.402	0.480	0.393	0.426	0.434	0.387	0.727	0.726
光谱角余弦(b)	0.598	0.520	0.607	0.574	0.566	0.613	0.273	0.274

4.2.4.2   HIS 高光谱影像的测试结果

将四种相似性测度分别应用到 K 均值聚类过程中,设置统一的聚类参数,对选取的实验区分别进行聚类,得到四种初始聚类结果。参考基准聚类结果图,对这四种初始聚类结果进行了类别标明,如图 4.7 所示。

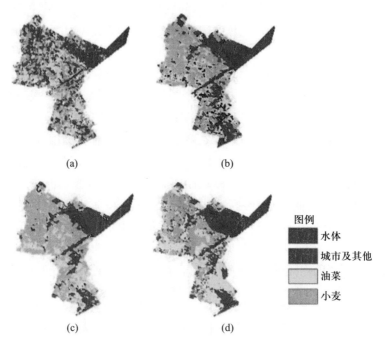

图 4.7   HSI 影像海虞镇地区相似性测度分类结果图:(a) 欧氏距离;(b) 光谱角余弦;(c) 欧氏距离-光谱角余弦;(d) SACW

对比图 4.4 和图 4.7 分类效果可见,SACW 最好,光谱角余弦-欧氏距离次之,光谱角余弦和欧氏距离比较差。欧氏距离无法有效分辨油菜、小麦和非植被地物。由于油菜同类间的光谱曲线有细微差别,所以光谱角余弦在某些间种或是混种的油菜区域的分类效果较差;并且由于 HSI 影像的空间分辨率较低,光谱角余弦仅利用光谱形状特征无法区分油菜和小麦。光谱角余弦-欧氏距离虽然整体反映出不错的分类效果,但是在某些油菜的小区域出现了比较明显的与小麦误分的情况。SACW 无论在整体还是细节上都表现了出色的光谱分辨能力。虽然江苏省苏州市常熟市海虞镇地区的油菜和小麦种植面积相近并且地块破碎度较低,但是由于 HSI 高光谱影像的空间分辨率较低,所以存在混合像元,这使得 SACW 在前期选择纯净像元时的难度加大,从而对后期的分类结果和权重配比有一定影响。

计算总体分类精度和 Kappa 系数,对这四种光谱相似性测度进行评价,结果如表 4.4 所示。SACW 无论是总体精度(78.74%)还是 Kappa 系数(0.8066)都最高。基于 HSI 高光谱影像的 SACW 平均权重系数的结果如表 4.5 所示。水体的光谱曲线形状与其他地物的光谱曲线形状有较大区别,所以用欧氏距离等距离相似性测度就能准确地区分。城市及其他中包含建筑、裸地和道路等地物,与植被的光谱曲线幅度差距也较大,所以用距离测度也可以准确区分。而油菜、小麦的光谱曲线的整体形状相似性测度相似,可以利用光谱角余弦先区分出和水体、城市及其他地物,再利用它们之间某些波段的幅度上的细微差别进行具体的识别。

表 4.4   HSI 高光谱影像海虞镇地区的相似性测度的混淆矩阵

相似性测度	欧氏距离	光谱角余弦	光谱角余弦-欧氏距离	SACW
总体精度/%	58.81	62.46	72.87	78.74
Kappa 系数	0.4275	0.6162	0.7364	0.8066

表 4.5   HSI 高光谱影像海虞镇地区的 SACW 平均权重系数

平均权重系数	地物类别			
	水体	城市及其他	油菜	小麦
欧氏距离(a)	0.802	0.662	0.596	0.456
光谱角余弦(b)	0.198	0.338	0.404	0.544

4.2.5   结论与讨论

本研究结合欧氏距离和光谱角余弦提出了一种自适应加权组合相似性测度方法,将其用于 OMIS 和 HIS 高光谱数据分类,实验结果显示四种光谱相似性测度方法中,基于本研究提出的自适应加权组合相似性测度方法的分类精度最高,其中 OMIS 总体精度为 93.21%,Kappa 系数为 0.92;HIS 的总体精度为 78.74%,Kappa 系数为 0.81。

将反应光谱曲线形状的相似性测度和反映光谱曲线幅度的相似性测度进行有效组合可以提高对各类地物的区分能力。在结合的过程中,利用一些相似性测度本身的性质也可以提高分类精度,如相关系数在结合中的值域变化,在今后的研究中有必要进一步探索。本研究只选取了其中的欧氏距离和光谱角余弦进行结合。在今后的实验中可以考虑另外的相似性测度进行结合,如光谱信息离散度结合相关系数。此外,本研究还讨论了权重系数的变化规律,但只分析了权重系数的平均值,在今后的实验中还可以计算权重系数的方差与地物类别的关系,为分类方法的改进提出更好的方案。

4.3　基于随机森林的高光谱遥感数据降维与分类

4.3.1　研究背景

遥感数据降维方法主要包括特征提取和特征选择。特征提取是指通过某种变换得到有用信息并对其进行提取的过程,如主成分分析(汤国安,2004)、投影寻踪(Friedman and Tukey,2006)等,该类方法能够迅速减少特征数目,但由于采用了数学变换对数据进行处理,会损失原始影像的光谱特性。而特征选择只是从原始特征集中选出最优的子集,能够保留影像的光谱信息,便于分析对分类有效的光谱范围。有多种特征选择的方法应用于高光谱数据(Harsanyi and Chang,1994;Chang,2000;Du and Chang,2001;Du et al.,2003;Kwon and Nasrabadi,2005),包括基于信息量的排序方法(杨金红,2005),如信息熵的选择(王国明和孙立新,1999);基于类间可分性的方法,如B(Bhattachryya)距离(张亚梅,2008);基于决策树的方法,如随机森林等。随机森林(random forest,RF)(Breiman,2001)是非常热门的一种分类、预测、特征选择以及异常点检测的算法,它具有很高的分类准确率,良好的抗噪、抗异常值的能力,不容易出现过拟合现象、能处理大量数据等优点,近年来已经在生物学(Breiman,2001)、医学(Smith and Sterba,2010)、金融(Díaz-Uriarte and Andrés,2006)等领域广泛应用。目前,随机森林算法应用于高光谱遥感影像的相关研究较少,本节将随机森林算法应用于高光谱数据降维和分类过程。首先,采用基于随机森林的 RF-RFE(random forest-recursive feature elimination)方法对高光谱数据进行波段选择,得到几种最优波段组合完成数据降维,将分类精度最高的波段组合分别使用随机森林分类器与 SVM 分类器进行分类,最后通过对分类结果的评价探讨随机森林对高光谱数据降维与分类的应用适用性。

4.3.2　研究区与数据

本节选取北京市小汤山地区农业试验田的 OMIS 高光谱影像进行数据降维,数据获取时间为 2014 年 4 月 11 日,范围为 1200 m×1440 m,地面分辨率为3 m,采用可见光–近红外(455.7~1000.4 nm)共 51 个波段进行分类(图 4.8)。

研究区内主要地物包含不同品种的冬小麦、水体及阴影、裸地、建筑等 15 个地物类别,在降维与分类前对原始影像进行了辐射定标预处理工作。

图 4.8　北京小汤山试验田影像

OMIS 高光谱影像真彩色合成图,R = 699.2 nm,G = 565.4 nm,B = 465.0 nm

4.3.3　研究方法与技术路线

4.3.3.1　技术流程

本节的技术流程大致如下:首先对北京小汤山 OMIS 试验田高光谱影像图进行预处理,采用基于随机森林算法的 RF-RFE 方法对数据进行降维处理,随后对各个波段进行重要性分析,依据得到的重要性排序选取合适的波段组合,对这几个波段组合采用随机森林分类器分类后进行精度评价,进而讨论随机森林算法对 OMIS 高光谱数据的降维适用性;同时将分类准确度最高的波段组合采用 SVM 分类器进行分类,对比随机森林分类结果,评价目视效果、总体精度、不确定性,进而讨论随机森林对 OMIS 高光谱数据的分类适用性(图 4.9)。

4.3.3.2　随机森林算法

随机森林分类器是一种基于多棵决策树集成学习的技术。它采用 bootstrap 采样从原始训练集中得到多个训练子集,对每个子集运用一定的算法进行节点分裂决策树建模,多棵决策树组合构建为随机森林,通过每一棵树的预测投票出

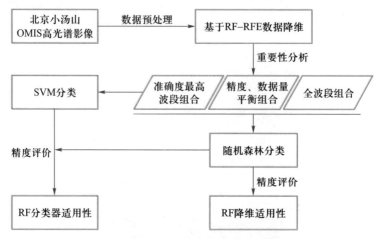

图 4.9　随机森林在高光谱遥感数据中降维与分类的应用技术流程

最终结果。构建随机森林主要分为以下三个步骤:①抽取训练子集:随机森林中的 N 棵决策树的生成需对应 N 个训练子集。训练子集主要通过 bootstrap 抽样技术从原始训练集中得到,未被抽取的数据组成 N 个 OOB(Out-Of-Bag)数据。②每棵决策树的生长:包括两个重要过程:首先选取随机特征变量,设有 n 个特征,则在每一棵树的每个节点处随机抽取 mtry 个特征($mtry \leqslant n$);其次是节点分裂,通过计算每个特征蕴含的信息量,在 mtry 个特征中选择一个分类能力最优的特征进行节点分裂。③生成随机森林:对每棵树不进行剪枝,使其最大限度地生长,最终所有决策树组成随机森林。

完成随机森林的构建后,将样本输入分类器中,对于每个样本每棵决策树都输出对应的预测值对其类别投票,最终投票数最多的一类为该样本最终确定的类别。

除分类外,随机森林可应用于高维数据特征选择中,其变量之一——重要性度量,可以作为高维数据的特征选择工具。

随机森林重要性分析法具体思路如下:

(1)通过训练子集 $Z\{(x_1,y_1),\cdots,(x_n,y_n)\}$ 构建随机森林模型 $H=\{h_1, h_2,\cdots,h_n\}$,设第 i 棵 OOB 数据集为 Z_i^{OOB},对应的 OOB 分类准确度(accuracy)为 A_i;

(2)对于任意一个特征 f,随机置换训练集中特征 f 的值,得到新的训练集 Z^f,计算决策树 h_i 的准确率 $A_i^f,i=1,\cdots,m$,则决策树 h_i 的原 OOB 准确率 Z_i^{OOB} 与特征随机置换后的 OOB 准确率之差为

$$e^f = A_i - A_i^f, \quad i = 1,\cdots,N \tag{4.10}$$

(3)由此,特征对于准确率的影响程度为

$$e^f = \frac{1}{m} \sum_{i=1}^{N} e_i^f \tag{4.11}$$

e^f 的方差为

$$S^2 = \frac{1}{m-1} \sum_{i=1}^{N} (e_i^f - e^f)^2 \tag{4.12}$$

基于该平均值和方差计算特征 f 的重要性为

$$f_{\text{imp}} = e^f / S \tag{4.13}$$

以此可以得到所有特征的重要性。

4.3.3.3　RF-RFE 波段选择方法

特征选择是利用一系列的规则,得到特征重要程度的相对关系,并从中选择对分类贡献大的特征的过程。通过随机森林得到每个特征的重要性后,可以对特征重要性进行排序,最后根据预先设定的规则保留特定数目的特征子集,为了尽可能地降低设定保留规则的主观性和随意性,本节将递归特征消除(recursive feature elimination, RFE)的思想引入随机森林特征选择过程。

RFE 是一种集成方法,可与其他集成学习方法进行组合以达到较优的性能,如由 Guyon 等(2002)提出的基于支持向量机的递归特征消除方法(SVM-RFE)是一种经典且主流的特征选择方法,该方法在基因数据(Duan et al.,2005)、遥感数据(Bazi and Melgani,2006)特征选择等方面取得了很好的效果。本节将 RFE 思想引入随机森林,结合为RF-RFE 方法,对高光谱数据进行迭代的特征评价及选择。

RF-RFE 算法流程如图 4.10 所示,首先利用训练样本数据构建随机森林分类器模型,计算每个波段的重要性并进行排序,采用序列后向搜索方法,每次从特征集合中去掉重要性最小的特征后进行分类,逐次进行迭代,并计算每次分类结果的精度,最终得到变量个数最少、分类正确率最高的特征排序序列。采用 RF-RFE 特征选择方法计算 OMIS 高光谱影像的 51 个波段的重要性,迭代次数为 10 次,抽样方法为 bootstrap 重采样法,得到不同波段组合的准确度和 Kappa 系数。RFE 算法在 R 语言中使用 caret 包实现。

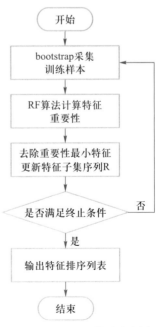

图 4.10　RF-RFE 算法流程图

4.3.3.4　分类方法说明

本研究采用 R 语言中的 Random Forest 包实现随机森林算法对高光谱数据的分类,需要定义两个参数:决策树的棵数"ntree"和候选分割属性集的大小"mtry"。候选分割属性集 mtry 采用默认值,其数值为特征个数算数平方根即 $\sqrt{51}$;理论上 ntree 的个数越多,其分类准确率越高,但其计算量也随之增加,为平衡两者,本研究将 ntree 设定为 1000。RFE 算法在 R 语言中使用 caret 包来实现。

为了讨论随机森林对高光谱数据的分类效果,将其分类结果与 SVM 的分类结果进行对比。SVM 是公认的在遥感图像分类中较好的分类器(惠文华,2006)。使用 SVM 对降维得到的精度最高的波段组合的结果进行分类。对高光谱测试数据集采用 R 语言 MASS 包中的 tune.svm 函数寻找 SVM 分类器的最优参数,得到的最优参数 cost 为 100,gamma 为 0.001,其余参数为默认,核函数采用径向基核函数。

本节采用统一的基准聚类图(图 4.11)对分类结果进行目视评价及精度评价。基准聚类图由实地调查后得到的精细样点图进行数字化得到,通过对影像中的地物类别进行分析,最终将地物分为 16 类,包括 9 种小麦、2 种裸地、3 种裸田、水体或阴影、其他类。

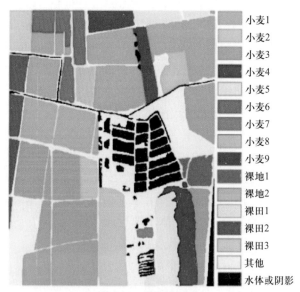

小麦1
小麦2
小麦3
小麦4
小麦5
小麦6
小麦7
小麦8
小麦9
裸地1
裸地2
裸田1
裸田2
裸田3
其他
水体或阴影

图 4.11　基准聚类图

4.3.3.5　分类结果评价方法

本研究采用目视评价、基于误差矩阵的分类精度以及基于像元的分类不确定性作为精度评价的指标对类结果进行评价,目视评价不再赘述。

1）基于误差矩阵的分类精度评价

误差矩阵也即混淆矩阵，主要用于比较分类结果和真值的差异，可在一个矩阵中显示分类结果从而得到各项精度，如整体分类精度（OCA），使用者精度（UA），生产者精度（PA），平均精度（AA）和 Kappa 系数等。本节主要采用整体精度和 Kappa 系数进行全局的精度评价。

2）基于像元的分类不确定性评价方法

基于像元的不确定性评价是由 Goodchild 等（1992）提出的以贝叶斯分类过程中得到的后验概率向量为基础，利用一系列评价指标（Masellia et al.，1994；Foody，1996；史文中，1998）中的某一种或几种对分类不确定性进行评价的方法。本节采用绝对不确定性、概率熵两个指标对分类结果进行评价。随机森林分类器在预测过程中能得到每个像元属于每一类地物的后验概率，也即对于每一个像元 i，都有概率向量

$$P = (p(1), p(2), \cdots, p(c)) \tag{4.14}$$

式中，c 为所有地物类别的个数，本研究 c 取 16。

根据概率向量，可以计算不确定性（Unwin，1995）［公式（4.15）］和概率熵（Shannon，1948）［公式（4.16）］：

$$U = 1 - p_{max} \tag{4.15}$$

$$H = -\sum_{i=1}^{c} \left[p(i) \cdot \log(p(i)) \right] \tag{4.16}$$

4.3.4 结果分析

4.3.4.1 降维与重要性分析

表 4.6 为 RF-RFE 算法运算得到的基于重要性的波段选择结果，准确度（accurancy）最高的波段组合为第 19（675.8 nm）、20（678.5 nm）、10（565.4 nm）、12（590.0 nm）、11（577.7 nm）、4（489.9 nm）、22（710.9 nm）、17（652.0 nm）、23（722.5 nm）、3（477.3 nm）、18（663.9 nm）、13（602.5 nm）、21（699.2 nm）、9（553.1 nm）、6（515.3 nm）、14（614.5 nm）、15（626.5 nm）、16（638.3 nm）、5（502.8 nm）、51（1 000.4 nm）、2（465.0 nm）、26（756.0 nm）、48（975.1 nm）、24（733.9 nm）、27（767.1 nm）、49（958.1 nm）、25（745.0 nm）、8（540.5 nm）、50（993.4 nm）、28（778.1 nm）、29（789.2 nm）31 个波段，该顺序按重要性由高到低排列。

表 4.6　基于 RF-RFE 的波段组合 Accuracy 与 Kappa 系数

组合数量	1	2	3	4	5	6	7	8	9	10	11	12	13	14	15	16	17	18	19	20	21	22	23	24	25	26	27	28	29	30	31	Accuracy
31	19	20	10	12	11	4	22	17	23	3	18	13	21	9	6	14	15	16	5	51	2	26	48	24	27	49	25	8	50	28	29	0.9401
30	19	20	10	12	11	4	22	17	23	3	18	13	21	9	6	14	15	16	5	51	2	26	48	24	27	49	25	8	50	28		0.94
29	19	20	10	12	11	4	22	17	23	3	18	13	21	9	6	14	15	16	5	51	2	26	48	24	27	49	25	8	50			0.9398
28	19	20	10	12	11	4	22	17	23	3	18	13	21	9	6	14	15	16	5	51	2	26	48	24	27	49	25	8				0.9396
27	19	20	10	12	11	4	22	17	23	3	18	13	21	9	6	14	15	16	5	51	2	26	48	24	27	49	25					0.9394
26	19	20	10	12	11	4	22	17	23	3	18	13	21	9	6	14	15	16	5	51	2	26	48	24	27	49						0.9392
25	19	20	10	12	11	4	22	17	23	3	18	13	21	9	6	14	15	16	5	51	2	26	48	24	27							0.9385
24	19	20	10	12	11	4	22	17	23	3	18	13	21	9	6	14	15	16	5	51	2	26	48	24								0.9379
23	19	20	10	12	11	4	22	17	23	3	18	13	21	9	6	14	15	16	5	51	2	26	48									0.9359
22	19	20	10	12	11	4	22	17	23	3	18	13	21	9	6	14	15	16	5	51	2	26										0.9338
21	19	20	10	12	11	4	22	17	23	3	18	13	21	9	6	14	15	16	5	51	2											0.9295
20	19	20	10	12	11	4	22	17	23	3	18	13	21	9	6	14	15	16	5	51												0.9228
19	19	20	10	12	11	4	22	17	23	3	18	13	21	9	6	14	15	16	5													0.911
18	19	20	10	12	11	4	22	17	23	3	18	13	21	9	6	14	15	16														0.9106
17	19	20	10	12	11	4	22	17	23	3	18	13	21	9	6	14	15															0.9049
16	19	20	10	12	11	4	22	17	23	3	18	13	21	9	6	14																0.9036
15	19	20	10	12	11	4	22	17	23	3	18	13	21	9	6																	0.9017
14	19	20	10	12	11	4	22	17	23	3	18	13	21	9																		0.9001
13	19	20	10	12	11	4	22	17	23	3	18	13	21																			0.8974
12	19	20	10	12	11	4	22	17	23	3	18	13																				0.8972
11	19	20	10	12	11	4	22	17	23	3	18																					0.8925
10	19	20	10	12	11	4	22	17	23	3																						0.8879
9	19	20	10	12	11	4	22	17	23																							0.8738
8	19	20	10	12	11	4	22	17																								0.845
7	19	20	10	12	11	4	22																									0.8274
6	19	20	10	12	11	4																										0.7924
5	19	20	10	12	11																											0.7236
4	19	20	10	12																												0.6366
3	19	20	10																													0.5658
2	19	20																														0.2913
1	19																															0.2761

　　图 4.12 可以体现波段组合内的波段数量与总体的准确度关系。实验表明,对于重要性排序在前 10 的波段,每增加一个对分类准确度的提升较大,增加至 10 个以后分类准确度变化趋缓,增加至 31 个时分类准确度达到最高,之后再增加波段准确度变化幅度很小,甚至有微小幅度下降。对高光谱数据降维的目的是在保证一定的分类精度的情况下,尽可能地减少冗余信息,取得分类器精度、数据处理负担之间的良好平衡。分类准确度最高的波段组合是排序前 31 个波段,但 31 个波段的高光谱数据量仍然庞大,减少用户计算负担效果不明显。采用前 10 个波段的组合分类准确度能达到接近 0.89,数据量减少了近 80.4%,能在获得良好降维效果的同时保证较高的准确度。

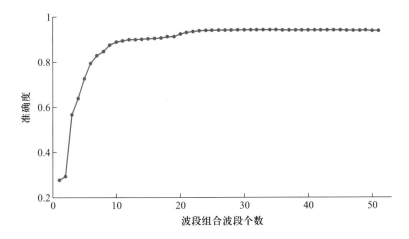

图 4.12　基于 RF-RFE 得到的重要性排序波段组合波段数量与准确度关系

4.3.4.2　分类结果与精度评价

　　为了对比 RF-RFE 波段选择方法得到的几种波段组合的降维效果,并且讨论随机森林分类器对 OMIS 高光谱影像的适用性,比较保留前 10 个、31 个以及全波段保留的高光谱遥感影像的分类结果,对保留前 31 个的波段组合影像进行 SVM 分类对比,并进行精度评价。

　　1) 目视评价

　　对比图 4.13 中各类波段组合分类结果可见:图 4.13a 中聚类相对破碎,随着波段的增加,聚类破碎程度减少;图 4.13b 与图 4.13c 的分类效果非常接近,且效果最好。相比大多数多光谱影像的分类结果,四者结果聚类相对破碎,与基准聚类图(图 4.11)相比存在一定错分情况,原因主要有以下几点:此实验是高光谱影像的精细分类,地物类别精细、数量高达 16 类,小麦、裸地、裸田三大类的小种类较多,如小麦种类高达9种,然而各种小麦的光谱曲线的可分性有限,增加了分类难度;该影像获取的时间正处于冬小麦起身期与拔节期的过渡期,由于各片农田的施肥量以及小麦的长势存在较大差异,同一个地块内的同种小麦会有不同的群体状况表现,这从客观程度上增加了分类难度;采集的 ROI 样本可能包含一定的异常值,其纯净程度有待提高;由于存在混合像元,各类之间的边缘区域会存在较多误分情况(Steele et al.,1998)。虽然从细节上看,部分地物存在一定的错分误分现象,但总体上,采用随机森林分类器的(a)、(b)、(c)分类效果与基准聚类图基本接近。

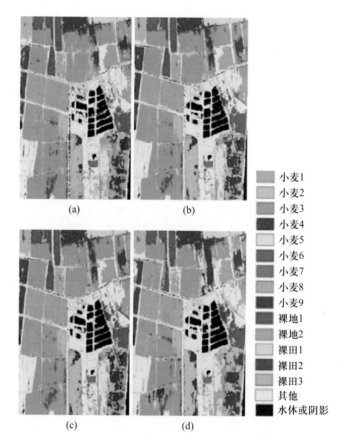

图4.13   采用RF-RCE方法降维后各波段组合与全波段的分类结果:(a) 保留 10 个波段分类;(b) 保留 31 个波段分类;(c) 全波段分类;(d) SVM 分类

分类(d)是保留 31 个最佳波段的组合进行 SVM 分类得到的结果,图 4.14 是对图 4.13b 和图 4.13d 细节对比。在区域 1 内,SVM 分类结果因受带状的噪声干扰被误分为另一种小麦,错分区域呈带状分布,而随机森林错分情况较少;

区域 2、4 内有成块的错分区,随机森林聚类相对均匀。SVM 在区域 5 内表现尤
不理想,随机森林分类结果则稍好,体现了随机森林算法具有较强的抗噪能力、
抗异常值能力和较高的分类准确性。

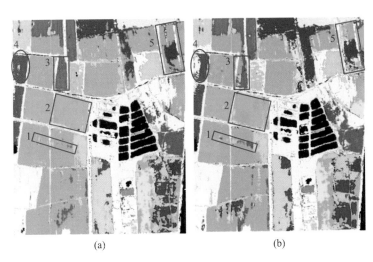

(a)　　　　　　　　　　　　　(b)

图 4.14　随机森林分类结果(a)与 SVM 分类结果(b)对比

2) 精度评价

　　计算几种分类结果的总体精度、Kappa 系数和 OOB 误分率,结果如表 4.7
所示。实验表明,保留 10 个最佳波段的组合方式可以达到减少冗余波段且保
证精度的降维目的,保留 31 个最佳波段能达到最高分类准确度;基于 SVM 的
分类结果的总体精度为 65.21%,Kappa 系数为 0.59。随机森林分类器对几种
波段组合的分类结果无论是总体精度还是 Kappa 系数都优于基于 SVM 的
分类。

表 4.7　基于 RF-RFE 几种最佳波段组合方式分类与基于 SVM 分类结果 OOB 误分率、
Kappa 系数和总体精度比较

评价指标	所有波段	保留 31 个最佳波段	保留 10 个最佳波段	基于 SVM 的分类
OOB 误分率/%	5.92	5.31	9.71	—
Kappa 系数	0.66	0.67	0.64	0.59
总体精度/%	71.92	72.82	70.37	65.21

3) 不确定性评价

基于后验概率向量 P 可得到每个像元的不确定性 U 以及概率熵 H,依据某像元的 p_{max} 所指向的类别分类器对其进行分类,比较分类结果与真值可以得到该像元的分类结果是正确(correct)还是不正确(incorrect)。图 4.15 是 U 和 H 的正确分类像元不确定性的分布,能体现不同的波段组合和方法的分类预测强度(prediction strength),由此能衡量其分类能力。

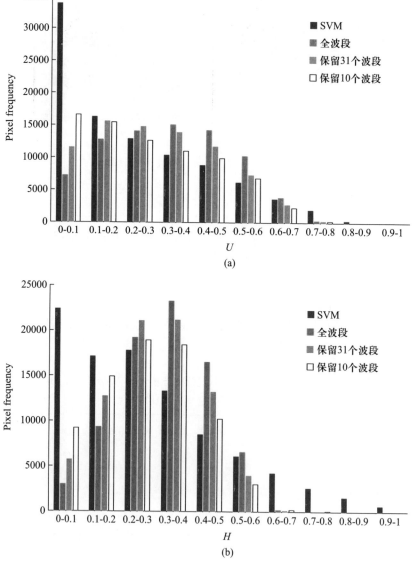

图 4.15　分类正确像元不确定性分布:(a) 不确定性 U 分布;(b) 概率熵 H 分布

无论是 U 还是 H 分布,只有少部分像元的不确定性分布在0.6以上,说明四种分类方式的预测强度均较好,其中 SVM 分类结果的大多数像元的不确定性集中在 $[0,0.1]$,也即其 U、H 分布的峰值处,体现了 SVM 预测强度高的性能;图 4.15a 中除保留 10 波段以外的随机森林的分类结果的大多数像元(全波段、保留 31 个波段的组合)的不确定性主要集中在 $[0.2,0.5]$,可知其预测强度稍劣于 SVM,其中全波段组合的峰值在 $[0.3,0.4]$,也即其预测强度最低。观察图 4.15 中 U 与 H 的分布情况可知不同的评价指标的概率分布不同,图 4.15b 保留 10 个波段组合的不确定性峰值位于 $[0.2,0.3]$,在图 4.15a 中则位于 $[0,0.1]$。虽然随机森林分类结果在 U、H 的部分峰值表现不同,但对与每一区间段内,各方式的预测强度排序基本相同。

计算不同方式的分类正确像元的平均不确定性和平均概率熵(表 4.8),可知其预测能力的排序为:SVM>保留 10 个波段>保留 31 个波段>全波段。

表 4.8　不同方式方法分类正确像元的平均不确定性和概率熵

SVM		全波段		保留 31 个波段		保留 10 个波段	
$\overline{U}$	$\overline{H}$	$\overline{U}$	$\overline{H}$	$\overline{U}$	$\overline{H}$	$\overline{U}$	$\overline{H}$
0.23	0.28	0.33	0.33	0.29	0.30	0.27	0.27

综上所述,随机森林分类器在分类目视效果与分类精度方面优于 SVM;对于几种波段组合方式,保留 10 个最佳波段的组合能达到良好的降维效果,且其不确定性评价优于其他波段组合,体现了良好的分类能力。

4.3.5　结论与讨论

随机森林作为热门算法,近年来已被广泛应用于各种分类、特征选择等,取得了良好的效果。本节将随机森林算法应用于 OMIS 高光谱影像,实验证明:

(1) 基于随机森林算法的 RF-RFE 特征选择算法对 OMIS 高光谱影像有良好的降维效果。取用第 19、20、10、12、11、4、22、17、23、3、18、13、21、9、6、14、15、16、5、51、2、26、48、24、27、49、25、8、50、28、29 波段的最佳波段组合能在随机算法分类器下到达最高分类准确度;选择第 19、20、10、12、11、4、22、17、23、3 波段的最佳波段组合能够取得在保证较高的分类精度的同时,大量减少冗余信息的降维效果,且其不确定性评价优于其他波段组合。

(2) 将随机森林分类器对 OMIS 高光谱影像的分类结果与公认较好的高光谱影像分类器 SVM 的分类结果进行对比,得其各项分类精度优于 SVM,目视效果和分类结果均较好,可认为随机森林是良好的 OMIS 高光谱数据分类器。

本研究对随机森林算法在 OMIS 高光谱影像的应用进行了初步研究,未来可考虑将随机森林算法应用于其他高光谱影像,讨论该算法对来源于不同传感器的高光谱数据的适用性;此外,本研究在特征选择时采用了 RF-RFE 的降维方法,未来可以比较高光谱数据不同随机森林降维方法(如 RF-RCE 等)的适用性,从而优化降维过程与结果。

4.4　基于人工蜂群算法优化的 SVM 高光谱遥感影像分类

4.4.1　研究背景

近年来,人工智能算法的发展迅速,已有学者将其应用于波段选择中,并取得了很好的效果。例如,遗传算法(genetic algorithm, GA)(Huang and Wang, 2006;Lin et al.,2008)、粒子群算法(particle swarm optimization,PSO)(Liu et al., 2011)、萤火虫算法(firefly algorithm, FA)(Su et al., 2017)。人工蜂群算法(artificial bee colony algorithm, ABC)(Karaboga, 2005;Liu et al.,2011)是继遗传算法(Holland, 1975)、粒子群算法(Eberhart and Kennedy, 1995)、蚁群算法(Dorigo et al.,2008)之后的一种新的群体智能算法,具有鲁棒性强、不易陷入局部最优的特点(Karaboga and Basturk,2008),近年来在参数优化(Akay and Karaboga,2012)、图像处理(Benala et al.,2009)、数据挖掘(Karaboga and Ozturk, 2011)等领域得到了广泛应用。在特征选择方面,Shokouhifar 和 Sabet(2010)提出了一种基于 ABC 算法与人工神经网络(ANN)的混合方法,能够有效地选择特征子集。Schiezaro 和 Pedrini(2013)提出了基于 ABC 的波段选择方法,并对不同 UCI 数据集分类,结果表明选择的波段子集能够取得更高的分类精度。Mohammadi 和 Abadeh(2014)提出了一种基于 ABC 和最近邻法(k-nearest neighbor,k-NN)的特征选择方法,并将其用于图像分析。通过观察上诉研究发现,目前 ABC 算法特征选择的研究对象大多为标准数据集,尚缺乏针对高光谱影像的研究。因此,基于 ABC 算法相对其他智能算法的优点以及其在特征选择中的效果,本研究拟将 ABC 算法应用于高光谱影像的波段选择,以验证其在高光谱影像中的适应性。

在已有研究中,ABC 算法的特征选择多基于 ANN 或 k-NN 算法,而有研究表明,相较于 ANN 和 k-NN 算法,SVM 具有更强的分类能力(Melgani and Bruzzone,2004),此外 SVM 在解决小样本、高维数据分类问题中具有突出优势

(Cortes and Vapnik,1995),与本研究的分类对象(高光谱影像)相适应,所以,本研究采用 SVM 作为 ABC 波段选择的分类器。然而有研究表明,模型参数的设置对分类结果有显著影响(Chapelle et al.,2002),若想获取最优分类结果,必须对模型中关键因子进行优化。因此,为了同时获得最优子波段和最优参数的 SVM 分类器,本研究中提出了优化 SVM 分类器参数和波段子集的 ABC-SVM 算法,并以 UCI 标准数据集和高光谱遥感标准数据作为测试数据评价两种智能算法(蜂群算法和粒子群算法)分类结果的优劣。

4.4.2 数据

4.4.2.1 UCI 数据集

为了验证人工蜂群算法优化参数和选择波段的分类能力,本研究选取四组 UCI 标准数据集(Blake et al,1998)进行分类测试,并与粒子群算法(PSO)的结果进行比较。四组 UCI 数据分别为 Sonar、Ionosphere、Vehicle 和 Wine,各数据集的类别数、实例数以及特征数见表 4.9。

表 4.9　UCI 数据集

分组	数据集	类别数	实例数	特征数
1	Sonar	2	208	60
2	Ionosphere	2	351	34
3	Vehicle	4	846	18
4	Wine	3	178	13

4.4.2.2 遥感数据

本研究采用美国 AVIRIS 多光谱扫描仪 1992 年在美国印第安纳北部一块农业区获得的 220 个波段的高光谱数据[①]作为遥感测试数据。在预处理阶段去掉受噪声和水汽吸收明显的波段(104 ~ 108,150 ~ 163,220),最终的测试数据为 145 * 145 像元,200 个波段。图 4.16a 展示了其中一个波段,图 4.16b 为地表真实覆盖图,共有 16 种地物类别。分层随机选取 3109 个像元作为训练样本(占总样本量的 30%),各类别的数目见表 4.10。

---

① ftp://ftp.ecn.purdue.edu/biehl/MultiSpec/。

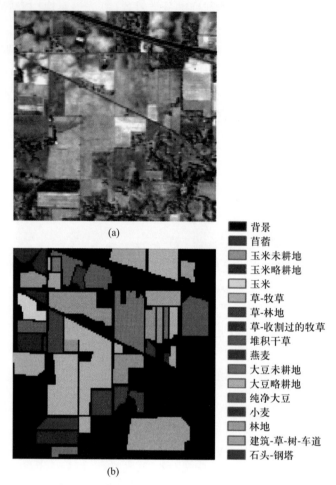

(a)

背景
苜蓿
玉米未耕地
玉米略耕地
玉米
草-牧草
草-林地
草-收割过的牧草
堆积干草
燕麦
大豆未耕地
大豆略耕地
纯净大豆
小麦
林地
建筑-草-树-车道
石头-钢塔

(b)

图 4.16   测试数据:(a) 研究区单波段影像(波段 100);(b) 地表真实覆盖图

表 4.10   训 练 样 本

序号	地物类别	个数
1	苜蓿	16
2	玉米未耕地	430
3	玉米略耕地	250
4	玉米	70
5	草-牧草	149
6	草-林地	224
7	草-收割过的牧草	8
8	堆积干草	147
9	燕麦	6

序号	地物类别	个数
10	大豆未耕地	290
11	大豆略耕地	740
12	纯净大豆	184
13	小麦	64
i4	林地	388
15	建筑-草-树-车道	114
16	石头-钢塔	29

4.4.3　研究方法与实验设计

4.4.3.1　SVM

SVM 算法由 Cortes 和 Vapink(1995)提出,其基本原理是通过构造最优分割超平面,实现训练样本分类。实现训练样本分类。给定一训练样本集为 $D=\{(x_1,y_1),(x_2,y_2),\cdots(x_n,y_n)\}$,$x_i \in R^n$,$y_i \in \{-1,1\}$,$i=1,2,\cdots,L$。对于线性可分问题,其最优分类超平面方程为:$g(x)=\omega x+b$,所对应的二次规划问题为

$$\min_{\omega,b} \frac{1}{2}\|\omega\|^2 \tag{4.17}$$

$$s.t.\ y_i(\omega^{\mathrm{T}}x_i+b) \geqslant 1,\quad i=1,2,\cdots,L$$

式中,ω 和 b 是超平面的法向量和位移项。

对公式(4.17)使用拉格朗日乘子法可以得到其"对偶问题"(dual problem):

$$\max_{\alpha} \sum_{i=1}^{L}\alpha_i - \frac{1}{2}\sum_{i=1}^{L}\sum_{j=1}^{L}\alpha_i\alpha_j y_i y_j(x_i,x_j) \tag{4.18}$$

$$s.t.,\ \sum_{i=1}^{L}y_i\alpha_i=0,\quad \alpha_i \geqslant 0, i=1,2,\cdots,L$$

针对线性不可分的状况,可将样本从原始空间映射到更高维度的特征空间中,使其转化为线性可分问题。如果原始空间是有限维,总能通过核函数找到一个高维特征空间使得样本线性可分,此时对于超出最优分类边界的样本点,引入松弛因子 ξ_i 来控制其成为支持向量的伸缩性,由此凸二次规划的对偶问题转化为

$$\max_{\alpha} \sum_{i=1}^{L}\alpha_i - \frac{1}{2}\sum_{i=1}^{L}\sum_{j=1}^{L}y_i y_i \alpha_i \alpha_j(\phi(x_i)\cdot\phi(x_j)) \tag{4.19}$$

$$s.t., \sum_{i=1}^{L} y_i \alpha_i = 0, \quad 0 \leqslant \alpha_i \leqslant C, i = 1, 2, \cdots, L$$

式中,C 为惩罚参数;$\phi(x_i) \cdot \phi(x_j)$ 即是核函数,用 $K(x_i, x_j)$ 表示,则决策函数为

$$f(x) = sgn\left(\sum_{sv} \alpha_i y_i K(x_i, x_j) + b\right) \tag{4.20}$$

常见的 SVM 核函数主要有多项式核函数、高斯核函数、sigmoid 核函数、拉普拉斯核函数等。本节选择高斯核函数作为分类模型中的核函数,其数学形式如下:

$$K(x_i, x_j) = \exp\left(\frac{\|x_i - x_j\|^2}{2\sigma^2}\right) \tag{4.21}$$

式中,σ 为核参数。

4.4.3.2 人工蜂群算法

人工蜂群算法是一种群体智能模型,由 Karaboga(2005)提出,是一种模拟蜜蜂群体寻找优良蜜源的仿生智能计算方法。其基本思想为:首先随机初始化一些可行解,然后通过迭代、邻域搜索的策略向更优质的解靠近,从而得到最优解。寻优的过程基于蜂群的两种基本行为模型(为优质食物源招揽蜜蜂和放弃某个质量较低的食物源)来实现(Karaboga et al.,2014)。

首先将食物源看作待求解问题的可行解,食物量越充足,表示解的质量越好。每只采蜜蜂存储一个食物源的位置,即可行解的位置向量,并共享信息给蜂巢中的蜜蜂。然后,跟随蜂通过观察采蜜蜂分享的食物源信息,依据食物源信息收益度的大小选择将要开采的食物源,并在其附近展开邻域搜索。当一个蜜源开采到一定程度即邻域搜索的次数达到一定限度(limit),花蜜量显著减少(可行解的质量依然没有得到提升),采蜜蜂则放弃该蜜源,转变为侦查蜂,随机寻找蜂巢附近的新蜜源,该机制能够避免运算陷入局部最优(跟随蜂的寻蜜机制与采蜜蜂相似)。整个蜂群完成一次蜜源搜索看作一次循环,最后,通过设定的最大迭代次数(maxCycle)停止搜索,得到的全局最优蜜源即最优解。主要步骤如下(算法涉及的符号及其含义见表 4.11):

步骤(1):用 $X = (X_1, X_2, \cdots, X_{N_e})$ 代表一个采蜜蜂种群,用 $X(0)$ 表示初始的采蜜蜂种群。初始化蜜源时,全局随机搜索蜜源,随机生成 N_e 个可行解,公式如下:

$$X_i^j = X_{\min}^j + rand(0,1)(X_{\max}^j - X_{\min}^j) \tag{4.22}$$

式中,X_i^j 为第 i 个蜜蜂在参数 j 值,$X_{\max}^j$ 和 $X_{\min}^j$ 为参数 j 的最大值和最小值,$j \in \{1, \cdots, D\}$。

步骤(2):初始化结束后,采蜜蜂在其所在位置附近寻找新的蜜源,并采用贪婪选择,在新、旧蜜源(参数)中选取适应度更高的保留给下一代种群,以实现对参数进行优化。对于第 n 次循环,采蜜蜂在当前位置附近邻域搜索新的位置的公式为

$$V_i^j = X_i^j + \varphi_i^j(X_i^j - X_k^j) \tag{4.23}$$

式中,X_i^j 为第 i 个采蜜蜂在参数 j 的原值,$j \in \{1, \cdots, D\}$,$k \in \{1, 2, \cdots k\}$,且 $k \neq j$,k,j 均随机生成;V_i^j 为第 i 个采蜜蜂在参数 j 的新值;φ 为 $[-1,1]$ 的随机数,同时应保证 $V \in S$。

步骤(3):当采蜜蜂优化结束后,跟随蜂依照采蜜蜂的适应度大小,以一定的概率选择一个采蜜蜂,并在其领域内同样进行邻域搜索。具体的概率的计算公式为

$$P(X_i) = \frac{fit(X_i)}{\sum\limits_{m=1}^{Ne} fit(X_m)} \tag{4.24}$$

式中,$P(X_i)$ 为第 i 只采蜜蜂被选中的概率,$fit(X_i)$ 为第 i 只采蜜蜂的适应度。

步骤(4):重复步骤(2)和步骤(3),每次迭代记下更新后的最高适应度值和所对应的参数组合。

步骤(5):当某个参数组合经过多次迭代仍未更新,即搜索次数超过最大搜索次数(limit),则放弃该蜜源,采蜜蜂转换为侦察蜂随机寻找新蜜源,公式同步骤(1)。

步骤(6):当迭代次数超过最大迭代次数 maxCycle 时,循环终止,输出此时最优适应度和相应参数组合;否则转向步骤(2),继续优化。

表 4.11   ABC 算法的参数说明

符号	含义	符号	含义
SN	蜜蜂总个数	$S = R^D$	个体搜索空间
N_e	采蜜蜂的个数	maxCycle	最大迭代次数
N_u	跟随蜂的个数	limit	每个参数组合最大搜索次数
D	个体向量维度		

注:一般定义采蜜和观察蜂数量相等,即 $N_e = N_u = SN/2$。

4.4.3.3 ABC-SVM

发展 ABC-SVM 算法的目标是通过选择最优波段子集(无须用户设定波段选择个数)和 SVM 分类器最优惩罚参数和核参数,获取高精度的分类结果。基于以上目标,ABC-SVM 的算法结构设计如下。

1）适应度函数构造

ABC-SVM 算法的优化参数（参数组合即为蜂群算法中的蜜源 X_i）设计见图 4.17,前两位代表 SVM 分类器的惩罚参数 C 和 RBF 核参数 σ,其取值范围可以根据数据需求自定义。在 SVM 分类器参数之后的是特征掩码,用与表征各特征是否被选择,n 代表数据的总特征数,B_i 为第 i 波段的掩码,在计算过程中,当 $B_i<0.5$ 时,将其赋值为 0,表示剔除 i 波段,反之,赋值为 1,即选择 i 波段。

图 4.17　优化参数示意图

适应度函数用来衡量选择的波段组合和 SVM 优化参数的优劣,它决定了参数的搜索方向,因此设计合理的适应度函数尤为重要。本节中 ABC 算法的优化目标为 SVM 分类器参数(C,σ)和波段掩码,在保证高精度的前提下需要兼顾波段选择的数量,本节的适应度函数见公式(4.25),其中,Acc 为训练样本的精度,ω 为权重,取值范围为 0.7 到 0.9,n_b 为总波段数,B_i 为波段 i 的掩码。根据公式(4.25)易知,分类精度越高且选择的波段越少的参数组合得到的适应度函数值越高。需要说明的是,为了避免过拟合和欠拟合现象,这里的精度(Acc)采用的是训练样本的交叉验证精度(Stone,1974),本研究选择的是 3 折交叉验证精度,具体做法是:将原始训练样本均分为 3 个子集,依次抽选一个子集作为测试样本,剩余的 2 个子集作为新的训练样本,共得到 3 个模型,以 3 个模型得到的平均精度作为最后的精度。

$$fitness = \omega \cdot \text{Acc} + (1 - \omega) \cdot \frac{1}{\sum_{i=1}^{n_b} B_i} \qquad (4.25)$$

2）ABC-SVM

对于 SVM 分类器而言,选定核函数后,分类器的性能仅与判别函数中的惩罚参数 C 以及核函数中的核参数 σ 相关。因此本节将 ABC 算法的优化目标设定为选择最优参数组合(C,σ)和特征掩码(特征子集)。ABC-SVM 的遥感影像分类本质上是基于训练样本的人工蜂群算法最优参数提取,搜索出最优参数带入支持向量机,并基于筛选出的遥感影像波段子集进行分类。

本节以 4 个步骤实现 ABC-SVM 的遥感影像分类,分别为输入数据格式处理、基于 ABC 的参数挖掘、SVM 分类器、分类精度验证。技术路线如图 4.18所示。

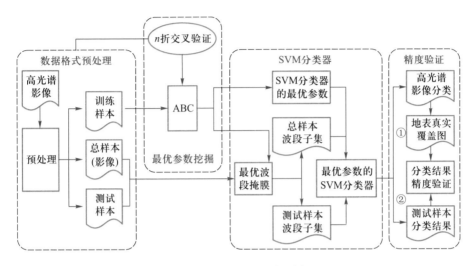

图 4.18　ABC-SVM 流程图

首先将遥感影像按 SVM 分类器支持的格式处理,并分成训练样本和测试样本;然后利用训练样本在 ABC 中搜索出最佳参数组合和特征掩码,ABC 算法具体搜索步骤见 4.4.3.2;接下来用搜索到的波段掩码筛选出总样本的最优波段放入优化参数的 SVM 分类器中进行分类;最后将分类结果转换为影像格式并用测试样本(图 4.18 中精度验证②)或地表真实覆盖数据(图 4.18 中精度验证①)验证分类精度。

4.4.3.4　实验设计

用于实验的计算机处理器为 i7-4790k,操作系统为 64 位 Windows 10。在Matlab 2015b 平台中编程实现两种智能算法,SVM 采用 libSvm(Chang and Lin,2011)。设定 SVM 的参数 C 和 σ 的取值范围分别为[1,100]和[0.1,1000]。实验设计如下:

第一组实验是运用两种智能算法(ABC、PSO)优化的 SVM 算法对 UCI 数据集分类,旨在测试两者优化参数和波段选择的潜力。在分类试验中,首先将每一个数据集中的属性值分别归一化到[0,1],然后将数据分为训练样本和测试样本,之后利用训练样本和智能算法搜索最优参数和特征掩码,最后对训练集分类。每个实验运行 10 次,取平均精度。两种算法的种群规模、迭代次数等参数具体设置见表 4.12。

表 4.12　算法参数表

序号	数据集	种群规模	最大迭代次数	特征权重	ABC limit	PSO $C_1 = C_2$
1	Sonar	20	100	0.9	10	2
2	Ionosphere	20	100	0.9	10	2
3	Vehicle	20	100	0.9	10	2
4	Wine	20	100	0.8	10	2
5	RS Image	20	150	0.7	20	2

第二组实验是评估 ABC-SVM 方法提高遥感数据分类精度的能力(与 PSO-SVM 和默认参数的 SVM 对比)。首先将对高光谱遥感影像进行预处理,去掉水汽吸收和噪声波段并分别对各波段值进行归一化处理,然后利用训练样本在基于 SVM 的智能算法模型中进行分类器参数和波段掩码的同时优化,之后利用计算的波段掩码提取最优波段子集,并在最优参数的 SVM 分类器中对所有样本(总像元)进行分类,最后计算分类结果与真实地表覆盖图像的混淆矩阵,评价分类结果。算法的参数设置见表 4.12。

第三组实验测试了 limit 参数以及样本数量对 ABC-SVM 高光谱遥感影像分类精度的影响。

4.4.4　结果分析

4.4.4.1　UCI 数据集分类实验

表 4.13 展示了两种方法(ABC-SVM、PSO-SVM)对应各 UCI 数据集的最大精度(Opt Acc)和平均精度(Ave Acc)、精度标准差(Acc SD)和平均选择波段个数(Ave D)。由 4 个 UCI 标准数据集的平均分类精度可知,两种方法中对 SVM 参数和特征掩码寻优能力更强的是 ABC 算法,此外,ABC-SVM 对 Ionosphere、Seeds、Vehicle 和 Wine 4 组数据集的精度标准差也优于 PSO-SVM,说明 ABC-SVM 算法不仅在寻优能力上更强,而且算法的稳定性也优于 PSO-SVM。四组数据集是按特征维度由高到低排列的,从下至上 ABC-SVM 比 PSO-SVM 对分类精度的提升更明显,平均选择的波段数也更靠近,从侧面反映出 ABC-SVM 对高维数据处理的能力更强,展现出了应用于维度更高的高光谱数据的潜力。综上所述,ABC-SVM 在对本节选取的 4 组 UCI 数据的分类表现中优于 PSO-SVM。

表 **4.13** 三种算法分类正确率与时间对比

数据集	方法	Opt Acc/%	Ave Acc/%	Acc SD	Ave D
Sonar	ABC-SVM	90.29	86.21	4.24	28.8
	PSO-SVM	88.35	81.75	6.09	25.9
Ionosphere	ABC-SVM	95.43	92.74	3.38	17.7
	PSO-SVM	94.29	88.34	8.08	13.6
Vehicle	ABC-SVM	80.81	77.18	2.57	11.9
	PSO-SVM	80.81	73.91	4.19	10.5
Wine	ABC-SVM	97.75	94.05	3.63	7.4
	PSO-SVM	96.63	92.02	4.05	5.5

4.4.4.2 遥感影像分类实验

图 4.19 为三种算法(ABC-SVM、PSO-SVM、SVM)遥感分类试验的结果,其精度验证结果见表 4.14。从图 4.19 可明显看出,未经波段选择和参数优化的 SVM

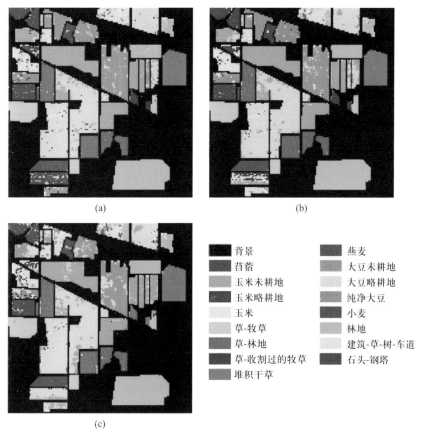

图 4.19 三种算法分类结果图:(a) ABC-SVM;(b) PSO-SVM;(c) SVM

的各类别混淆情况更为严重,仔细观察后发现一些小类别几乎仅识别出了很少的部分,甚至完全被归类为其他类型,与分类混淆矩阵反映的情况一致:Alfalfa的用户精度为 20%,制图精度仅为 1.85%,Grass/pasture-mowed 和 Oats 的用户精度和制图精度均为 0。对比两种智能算法和默认参数的 SVM 得到的混淆矩阵发现,从总精度来看,优化的结果比未经优化的结果,在精度上有较大幅度提升;从各种地物类别的分类精度结合训练样本数目来看,精度提升较明显的是样本量较小的地类,说明 SVM 参数和遥感影像波段的优选对总样本量较少类别分类精度的提高起着重要的作用。再对比 ABC 与 PSO 优化的结果,从图 4.19 可以明显看出,ABC-SVM 的优势在于对 Corn-min 类以及 Soybeans-notill 类的识别,在图 4.19b 的左下角,PSO-SVM 将上述两种类别的大量像元分别识别成了Soybeans-min,Woods 和 Soybeans。由表 4.14 可知,从总精度来看,ABC-SVM 比PSO-SVM 高 3.74%,从各地物类别来看,ABC-SVM 降低了 Corn-min 和 Soybeans-notill 的漏分情况,将两者的制图精度分别提高了 16.19% 和 11.16%。

表 4.14　精度验证结果　　　　　　　　（单位:%）

	ABC-SVM		PSO-SVM		SVM	
	用户精度	制图精度	用户精度	制图精度	用户精度	制图精度
苜蓿	87.04	87.04	91.11	75.93	20.00	1.85
玉米未耕地	89.23	92.40	85.40	86.47	74.98	74.41
玉米略耕地	90.09	88.25	92.04	72.06	83.85	55.40
玉米	79.84	88.03	79.25	89.74	69.02	75.21
草-牧草	95.61	96.38	93.20	96.58	82.65	92.96
草-林地	96.34	98.53	96.45	98.26	88.79	96.52
草-收割过的牧草	95.83	88.46	100.00	88.46	0.00	0.00
堆积干草	98.37	98.98	97.97	98.77	86.02	99.39
燕麦	80.95	85.00	90.91	100.00	0.00	0.00
大豆未耕地	90.51	89.67	82.07	78.51	77.08	69.83
大豆略耕地	92.60	90.72	83.75	88.98	71.27	85.25
纯净大豆	93.01	91.04	90.11	92.02	77.92	60.91
小麦	98.10	97.64	98.60	99.53	91.67	98.58
林地	96.07	96.37	93.81	97.22	91.64	96.60
建筑-草-树-车道	82.16	80.00	84.71	70.00	83.73	46.05
石头-钢塔	95.70	93.68	96.77	94.74	97.67	88.42
总体精度	92.28		88.54		79.56	
Kappa	0.91		0.87		0.76	

4.4.4.3　ABC-SVM 参数和训练样本量敏感性测试

为了分析 ABC-SVM 对于控制其精度的参数的敏感性,在其他条件不变的情况下,从[10,60]中选取 6 个值作为 limit,分别求取精度,结果见表 4.15。最好和最差的分类精度分别是 92.28% 和 91.40% 分别对应的 limit 值为 20、50 和 40。

表 4.15　不同 limit 值下 ABC-SVM 的总体精度

limit 值	总体精度/%	limit 值	总体精度/%
10	92.05	40	91.40
20	92.28	50	92.28
30	91.48	60	91.56

正如结果显示,随着 limit 值的增加,总精度受到的影响较小,变化趋势并不明显,6 次运算的结果都保持在 91% 以上,优于 PSO 和未经优化的 SVM 的结果。说明 ABC 算法对 limit 参数取值不敏感,具有良好的鲁棒性。

此外,为了测试不同训练样本量对 ABC-SVM 分类精度的影响,除了实验二中的训练样本集,额外选取 2 个训练样本集(选择方法同实验二,分层随机抽样),样本量分别为总样本的 10% 和 50%。分类结果如表 4.16 所示。首先,横向比较两种算法对每套训练样本的分类结果,观察中发现 ABC-SVM 对三套训练样本的分类精度都明显高于 PSO-SVM,平均精度比 PSO-SVM 高 4.25%。并且 ABC-SVM 在保持高精度的前提下,选择的波段数也低于 PSO-SVM,三套样本平均比 PSO-SVM 少选约 6 个波段。之后,纵向观察三套样本对两种算法分类结果的影响,从整体上看,样本量越大,两种方法得到的分类精度越高,其中 ABC-SVM 在样本量由 10% 提高到 50% 的过程中,精度分别提高了 5.56%,2.23%,而 PSO-SVM 在这个过程中,精度分别提高了 5.59%,0.74%,说明 ABC-SVM 对样本量的敏感性强于 PSO-SVM,同时也说明,PSO-SVM 在样本量比较充足的情况下,精度难以进一步提高。此外,在 ABC-SVM 中,随着训练样本量的增加选择的波段数呈现出减小的趋势,而在 PSO-SVM 中没有明显规律。

表 4.16　不同样本量下 ABC-SVM 和 PSO-SVM 的分类精度

	ABC-SVM			PSO-SVM		
	总体精度/%	Kappa	波段数	总体精度/%	Kappa	波段数
样本 1(10%)	86.72	0.85	101	82.95	0.80	106
样本 2(30%)	92.28	0.91	96	88.54	0.87	98
样本 3(50%)	94.51	0.94	96	89.28	0.88	106

4.4.5　结论与讨论

为了追求更高精度的遥感影像分类效果,本研究应用人工蜂群算法实现对 SVM 的惩罚参数 C 和核参数 σ 的挖掘同时优化波段子集,得到最优参数和波段掩码的组合,构造 ABC-SVM 高光谱遥感分类方法,并通过 4 个 UCI 标准数据集和高光谱遥感测试影像分类实验进行 ABC-SVM 分类效率和精度评价,得出以下结论:

(1) ABC-SVM 算法与 PSO-SVM 相比,不仅在寻优能力上更强,也表现出了较好的收敛性,随着类别数与属性数增加,均保持着相对较高的分类精度,对 4 个 UCI 标准数据集的平均分类精度比 PSO-SVM 高 3.54%。

(2) 在遥感影像分类实验中,相较于未经优化的 SVM,智能算法优化的结果降低了地物混淆现象,尤其是提高了小样本类别的识别精度,两种智能算法比未经优化的 SVM 平均提高精度 10.85%,在 ABC-SVM 和 PSO-SVM 的分类结果中,前者改善了后者对某些类别的漏分情况,提高精度 3.74%。

(3) 在参数敏感性测试中,ABC-SVM 在 limit 取值范围较广的情况下,最高精度与最低精度间的标准差仅为 0.88%,且精度始终保持在 91% 之上,高于其他两种算法的结果,表明了 ABC-SVM 对 limit 参数选择的鲁棒性;在训练样本量的测试中,大样本量的分类精度优于小样本量,ABC-SVM 对三套样本的分类精度高于 PSO-SVM,且选择的波段数少于 PSO-SVM。

综上所述,本研究提出的 ABC-SVM 高光谱遥感影像分类方法相比未经优化的 SVM 有更高的精度,相比于 PSO-SVM 方法选择的波段更少且精度更高,有一定的推广应用价值。

4.5　变端元秋粮作物高光谱识别

4.5.1　研究背景

秋粮作物分布范围广、种植结构复杂,进行作物分类识别时易受同期种植作物的影响,这一现象在使用传统多光谱影像时更加突出。为了区分光谱相似的作物并提高分类精度,可以考虑使用高光谱遥感进行秋粮作物监测(谢登峰等,2015)。传统多光谱遥感数据波段数较少、波段范围较窄、精细信息表达不清,而使用电磁波段既窄且多的高光谱影像可以克服传统多光谱在此方面的局限性(王强,2006),

对于秋粮作物识别表现出广阔应用前景。因此,利用高光谱影像进行秋粮作物识别对于国家的农业生产与发展具有显著的实用价值和重大的现实意义。

作为一个典型的模式识别问题,高光谱遥感图像分类主要是在光谱维上对比不同地物的光谱差异并利用分类算法快速自动分类,清晰地反映出各种地物的空间分布,以达到地物识别的智能化和自动化(何同弟,2014)。然而,在高光谱图像较高的光谱维数和较强的光谱异质性为图像分类带来巨大优势的同时,也出现了传统的图像识别和分类算法不能与高光谱图像相匹配的问题(Jensen and Solberg,2007)。

在高光谱影像中,混合像元现象尤其显著,这给分类造成了困难。混合像元是指在一个像元内,包含多种具有不同光谱响应特征的地物类型,它的光谱曲线由多种不同地物的光谱曲线混合而成。混合像元主要是由以下两种原因造成的:①当遥感传感器空间分辨率较高时,单个像元中可能包含多种不同地物类型;②现实中的实际地物本身可能包含多种相互独立的材料,它们互相组合,会影响最终混合物的光谱特征(Plaza et al.,2004)。由于这类像元内包含多种地物类型,在采用传统的分类方法对其进行识别的过程中,不论将其分为哪一类都会存在显著误差。因此,为了提高高光谱影像分类与识别精度,已有研究提出了与传统分类算法相对的软分类算法或称混合像元分解方法。这种分类算法是将混合像元分解为不同的“基本组分单元”或称“端元”(end member)的加权组合(赵英时,2013)。其中,“端元”是一种光谱特征属性纯粹的像元类型,它可以从高光谱影像中标准待测地物像元中选取(齐滨,2012)。软分类得到的混合像元识别结果表现为不同端元的组分大小,更符合混合像元的实际情况。

在对混合像元进行软分类的过程中,需要输入纯净端元特征以进行像元分解。因此,选择合适的输入端元是提高混合像元分解精度的关键。研究区内的每个混合像元并不一定包含研究区内所有的地物类型,如果对所有的混合像元都采用研究区内全部端元进行混合像元分解,一定会引入此混合像元不包含的其他端元误差。因此需要确定单个混合像元内所包含的端元类型,针对不同混合像元采用变端元混合像元分解的方法来获取此混合像元内的地物组分。

综上所述,高光谱影像在秋粮作物的分类与识别方面具有广阔的应用前景,但也存在一些问题有待改进,主要表现在以下两个方面:①高光谱影像中同时存在纯净像元与混合像元现象,传统分类方法和软分类方法分别在纯净像元和混合像元方面发挥优越性(胡潭高等,2013),使用单一分类方法进行作物识别会导致较差的分类结果;②如何选择合适的端元组成;输入端元集决定了混合像元的分解精度,需要探索合适的端元选择方法以提高高光谱混合像元分解的精度。

针对遥感影像上纯净、混合像元并存以及混合像元易受光谱不稳定性影响的现象,本研究提出一套变端元高光谱软硬识别方法,利用江苏省东台市的Hyperion高光谱影像,以秋粮(玉米和水稻)为主要研究目标进行了方法的测试。

4.5.2 研究区与数据

4.5.2.1 研究区概况

研究区位于江苏省东台市部分地区(图4.20),东台市位于江苏省中部,盐城市最南端($32°33'N \sim 32°57'N$, $120°07'N \sim 120°53'N$)。土地覆盖类型以农田为主,间杂有树木、村庄、道路以及水体等。东台市分布有多种粮食作物,主要包括玉米和水稻。此研究区区域地形平坦,但种植结构破碎,图像中存在明显的混合像元现象,给粮食作物分类增加了难度,适合验证本研究提出的算法。

图4.20   研究区地理位置

4.5.2.2 遥感数据与预处理

研究数据主要包括高光谱遥感数据(表4.17)和高分遥感影像数据(表4.18)。

表 4.17   Hyperion 传感器实验参数

通道类型	波段号	波段位置/nm	分辨率/m	成像时间
VNIR	1~7	356~417		
VNIR	8~55	426~895		
VNIR	56~57	913~926		
VNIR	58~70	936~1 058		
SWIR	71~76	852~902	30	2014.7.30
SWIR	77~78	912~923		
SWIR	79~224	933~2 396		
SWIR	225~242	2406~2578		

表 4.18 高分一号 PMS 传感器实验参数

通道类型	波段位置/nm	分辨率/m	成像时间
全色	450~900	2	
多光谱	450~520	8	
多光谱	520~590	8	2014.7.31
多光谱	630~690	8	
多光谱	770~890	8	

本研究选用 Hyperion 传感器获取(获取时间为 2014 年 7 月 30 日)高光谱影像的部分地区(6 km×7 km)来选择端元和进行作物类型分类。Hyperion 传感器的搭载平台是 EO-1(Earth Observing-1)卫星。EO-1 是美国国家航空航天局(NASA)面向 21 世纪为接替 Landsat 7 而研制的新型地球观测卫星,由美国地质调查局(USGS)与 NASA 合作发射。此卫星于 2000 年 11 月发射升空,其卫星轨道参数与 Landsat 7 卫星的轨道参数接近。EO-1 以推扫的方式获取可见光、近红外(VNIR)和短波红外(SWIR)的光谱数据,共有 242 个波段,光谱范围覆盖 355~2577 nm,传感器空间分辨率为 30 m。该数据质量良好,研究区土地覆盖类型主要为水体、树木、不透水层、玉米、水稻和棉花,耕地地块破碎,作物种植混杂。

除测试图像外,本研究同时还使用了 2014 年 7 月 31 日获取的研究区高分一号(GF-1)图像和统计资料数据等作为辅助数据。高分一号卫星搭载了两台全色 2 m 分辨率、多光谱 8 m 分辨率相机和四台多光谱 16 m 分辨率相机,它是我国"高分专项"(即高分辨率对地观测系统重大专项)中发射的第一颗卫星。高分一号卫星的发射突破了多项国内外关键技术,例如,高时空分辨率与多光谱结合的光学遥感技术、多载荷图像拼接融合技术、高精度高稳定度姿态控制技术和对于高分辨率数据的处理技术等。它极大地提升了我国卫星制造工程水平,为我国自主提供了更多高时空分辨率卫星数据,具有重大现实意义与战略意义。

1)高分一号影像预处理

在 ENVI 5.1 软件中,进行高分一号 PMS 数据的辐射定标和大气校正。高分一号数据包含有理多项式相关参数(rational polynomial coefficient,RPC)文件,可以利用此文件在软件中进行流程化正射校正。对于校正得到的多光谱、全色图像,采用 Gram-Schmidt 方法进行图像融合(图 4.21)。在遥感融合方法中,Gram-Schmidt 方法是一种高保真方法,它可以较好地保持融合前后影像波谱信息的一致性。这种图像融合方法在 ENVI 软件中可以直接通过工具实现。

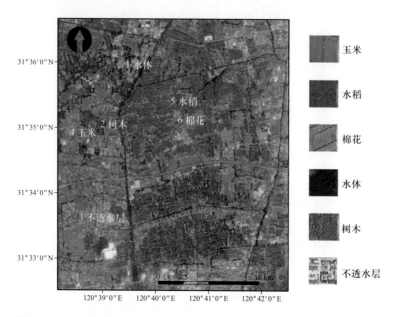

图 4.21　GF-1 影像所含秋粮作物类型(4/3/2 波段分别赋予红、绿、蓝色)

2) Hyperion 影像预处理

Hyperion 产品分为两级:Level 0 和 Level 1。Level 0 是原始数据,实验中选取了已经经过辐射校正、几何校正、投影配准和地形校正的 L1Gst 级数据,因此可以采用图像的 DN 值进行后续分类(胡潭高等,2013)。将 Hyperion 高光谱影像进行几何精校正,配准到经预处理过的高分一号影像上。由于东台市农作物种植主要区域粮食类型多样,地块破碎,此部分遥感影像位于 Hyperion 数据居中无云覆盖区域,数据质量良好,不存在明显变形现象,因此选取此地区开展实验(图 4.22)。

高光谱影像作为一种光谱维数较高的遥感影像,大多数波段间高度相关,存在信息冗余(苏红军等,2008)。同时,有限的训练样本容易造成"维数灾难"的现象(Bruce et al.,2002)。当训练样本的数目少于遥感数据的光谱特征数时,图像的分类精度会受到严重影响。为了改善这一现象,需要对高光谱数据进行降维处理,选择数据中的重要波段或者综合波段中的重要光谱特征替代原有的光谱信息,力争用最少的波段最大限度地反映待测地物的特征(Zhang et al.,2007)。一些学者的研究表明,在不影响整体分类精度的前提下,高光谱影像中最多可能有94%的光谱波段可以不用参与分类(Chang,2007)。因此,降维对于减少高光谱影像中的冗余信息、在保证精度的前提下提高分类效率显得尤为重要。

本研究在进一步处理之前,首先剔除了图像中的未定标波段、重叠波段、受水汽影响波段以及噪声过大的波段。在 Hyperion 影像 242 个波段中重叠波段包

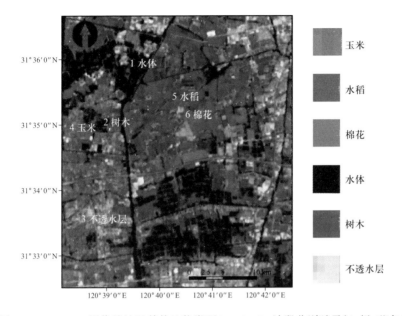

图 4.22   Hyperion 影像秋粮及其他地物类型(51/31/21 波段分别赋予红、绿、蓝色)

括 VNIR58 ~ 70,SWIR79 ~ 91,VNIR50 ~ 55 和 SWIR71 ~ 76,SWIR56 ~ 57 和
SWIR77~78(噪声大),保留 VNIR50~55 和 SWIR56~57。同时,Hyperion 数据中
受水汽影响的有 31 个波段:SWIR120 ~ 133,SWIR167 ~ 182 和 SWIR224。同时,
SWIR165 ~ 166,SWIR185 ~ 187,SWIR221 ~ 223 包含信息有限,对这些波段都予以
剔除。最终保留了 156 个波段用于进一步的图像分类。研究区内 6 类典型地物
在 156 个波段内的光谱曲线如图 4.23 所示。由图分析可知,在高光谱影像上,

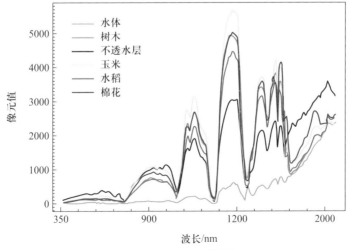

图 4.23   Hyperion 光谱曲线图

地物光谱细节特征表现显著,在 350~2000 nm 光谱范围内,树木、玉米、水稻、棉花分别表现出 4 个波峰,分别为 700~960 nm,960~1100 nm,1100~1360 nm 和 1360~16 000 nm 范围。尤其在 960~1100 nm,1100~1360 nm 这两段光谱范围内,水稻、玉米和棉花相互之间区分明显,说明在初步降维的过程中,保留了各地物的主要光谱信息,光谱间存在明显区分度,适用于后续分类过程。

4.5.2.3   检验数据提取

为了评估分类精度,需要获取秋粮作物的真值数据。利用 ArcMap 地理信息系统操作软件中的编辑工具,通过人机交互的方式数字化研究区高分影像。结合在研究区采集到的定点野外图像可以将研究区内的主要地物类型分为 6 类,分别为水体、树木、不透水层、玉米、水稻和棉花。其中,选择玉米和水稻作为秋粮作物主要研究对象。高分一号数据的空间分辨率为 2 m,能够根据地物颜色、纹理特征等信息比较清楚地区分不同地物,遇到模糊不清的部分则利用野外数据进行判断。虽然采用人机交互数字化方式效率低一些,但是因为可以随时对各种错误加以编辑修改,有效地保证了矢量化的成果质量。对图像较清晰、干扰因素少的部分则可以进行自动识别跟踪矢量化,兼顾了输入效率。矢量化得到的 6 类地物的分布真值图像如图 4.24 所示。

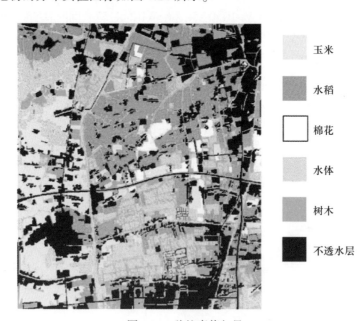

玉米

水稻

棉花

水体

树木

不透水层

图 4.24   秋粮真值矢量

4.5.3　研究方法与技术路线

4.5.3.1　总体技术路线

本研究的总体技术路线如图 4.25 所示。针对遥感影像上纯净、混合像元并存以及混合像元易受光谱不稳定性影响的现象,本研究利用江苏省东台市的 Hyperion 高光谱影像,以秋粮(玉米和水稻)为主要研究目标,提出一套完整的变端元高光谱软硬识别方法。首先,分别以集成学习和阈值分割法为基础,提出两种纯净与混合像元区分方法。对于集成学习,本研究对集成分类器和判定指标进行研究,根据分类器不同分类结果设定置信度以划定混合像元区域;对于阈值分割法,本研究结合后验概率和空间相对位置两方面获得混合像元区域。然后,对于实验

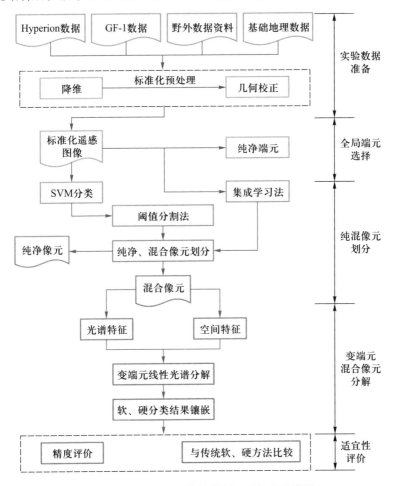

图 4.25　变端元秋粮作物软硬识别技术路线图

获取的混合像元区域,结合光谱-空间信息确定各混合像元内部的端元类型,对其进行端元可变的混合像元分解,结合纯净像元区域的硬分类结果完成变端元秋粮作物软、硬分类。实验中形成一套统一、普适的高光谱秋粮作物分类识别算法。

4.5.3.2   不同纯净/混合像元区分方法的对比分析

软、硬分类方法分别适用于混合与纯净像元区域,为了更好地进行混合像元分解,提高分类精度,首先需要进行纯净与混合像元区域的划分。

1) 纯净/混合像元定义

地球自然表面几乎不是由均一物质所组成的。当具有不同波谱属性的物质出现在同一个像素内时,就会出现波谱混合现象,即混合像元。将相关性很小的图像波段,如主成分分析(principal component analysis,PCA)、IC、最小噪声分离(minimum noise fraction,MNF)等变换结果的前面两个波段,作为 X、Y 轴构成二维散点图。在理想情况下,散点图是三角形,根据线性混合模型数学描述,纯净端元几何位置分布在三角形的三个顶点,而三角形内部的点则是这三个顶点的线性组合,也就是混合像元,如图 4.26 所示。

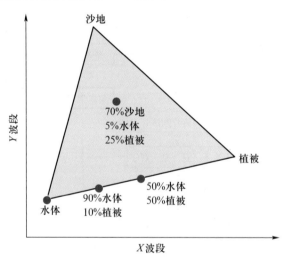

图 4.26   纯净、混合像元定义

混合像元不完全属于某一种地物,为了能让分类更加精确,同时使遥感定量化更加深入,需要将混合像元分解成一种地物占像元的百分含量(丰度),即混合像元分解。混合像元分解是遥感技术向定量化深入发展的重要技术。相对地,当一个像素由同种物质组成时,此像素被称作纯净像元。纯净像元往往成为分类过程中端元的来源。

2) 纯/混像元划分方法

（1）阈值分割法：在对图像的研究和应用中，人们往往仅对图像中的某些部分感兴趣，这些部分称为目标或前景（其他部分称为背景），它们一般对应图像中特定的、具有独特性质的区域。为了辨识和分析目标，需要将它们分离提取出来，在此基础上才有可能对目标进一步利用。对于本节来说，为了后续开展线性混合像元分解，混合像元区域就是图像的目标区域。

图像分割是把图像中有意义的特征区域或者把需要的应用特征区域提取出来。阈值分割是一种简单有效的图像分割方法。阈值分割法的基本原理是：通过设定不同的特征阈值，把图像像素点分为若干类。设原始图像为 $f(x, y)$，按照一定的准则 $f(x, y)$ 找到特征值 T，将图像分割为两个部分，分割后的图像为

$$A(x, y) = \begin{cases} b_0, f(x, y) < t \\ b_1, f(x, y) \geq t \end{cases} \tag{4.26}$$

若取：$b_0 = 0$（黑），$b_1 = 1$（白），即为通常所说的图像二值化。

阈值分割法的结果在很大程度上依赖于对阈值的选择，因此该方法的关键是如何选择合适的阈值。

胡潭高等（2011）的研究表明，为了进行后续的分类操作，在实验遥感影像中，可以将目标地物在图像中的分布分为三种情况：纯净区域、混合区域和非目标地物区域。本研究运用胡潭高等提出的阈值分割方法确定影像的纯净像元区域和混合像元区域。对于每一类地物（目标地物），运用 SVM 方法分类得到目标地物的 $0-1$ 值图像。以 $n \times n$ 窗口遍历图像，如果第 k 个像元满足式（4.27）则认为它是非目标地物边缘。计算图像中所有 k 像元的均值作为非目标地物阈值 T_1；如果第 k' 个像元满足式（4.28）则认为它是目标地物边缘，计算图像中所有 k' 像元的均值作为非目标地物阈值 T_2。区域划分规则：当计算的像元值小于 T_1 时，把此像元认为是非目标地物区域。当此计算结果大于 T_2，把这个像元认定为是目标地物纯净区域，除此之外，计算结果介于 T_1 和 T_2 之间的区域是目标地物混合区域。这种方法可以得到目标地物的纯净区域与混合区域。

$$W_{\text{Center}} = 0, \quad \sum_{i=1}^{9} w_i \neq 0 \tag{4.27}$$

$$W_{\text{Center}} = 1, \quad \sum_{i=1}^{n*n} W_i \neq 9 \tag{4.28}$$

对于研究区域的所有地物类型，本研究将胡潭高等提出的方法扩展到影像中的所有地物类别：分别以各类地物作为目标地物进行纯净与混合区域划分，取各类目标地物各自混合像元区域的并集作为总的混合像元区域，见式（4.29）。

其他区域则为纯净像元区域。

$$\text{Mix} = M_1 \cup M_2 \cup \cdots \cup M_k \tag{4.29}$$

式中,Mix 表示总的混合像元区域,M_k 表示把第 k 类作为目标地物时的混合像元区域。

(2) 集成学习:过去几十年间,集成学习在计算智能与机器学习方面发挥了重要作用,广泛应用于程序域和解决现实世界的问题。集成学习起源于对高精度自决策系统的需求,后来整个系统成功应用于解决各类机器学习问题,例如,特征选择、置信度估计、特征缺失、增量学习、误差校正等。集成学习方法类似于一种日常生活机制:为了做出正确的决定,决策者需要权衡各种意见,并结合它们的结果,再通过一些思维判别指标过程来做出最后的决定。各类分类器相当于需要权衡的各种意见,权衡的思维过程相当于集成学习过程中的选择策略与评价指标。

集成学习过程主要包括多个不同"个体分类器"和它们的结合策略选择。个体分类器经常是由某种已知算法从训练数据中产生的。例如,神经网路、决策树、支持向量机分别为不同的个体学习器,当它们以某种规则结合之后,最终的分类结果由它们各自分类结果综合而成,这样组成的集成系统被称为异质集成学习;同理,当个体分类器同属于一种分类方法时,叫作同质集成学习。

在集成学习过程中,每个个体分类器决策的准确性都有非零的可变性。分类错误产生于不同分类器对不同种类训练集的适用性、分类器本身的准确性和方差等。一般来说,具有较高偏差的分类器方差比较低。由于平均平滑效果的存在,集成学习整体系统的目标是创建几个偏差相近的分类器,然后将它们的输出结果综合起来以降低方差。

在集成学习系统中,有很多种分类器是使用同一种组合策略组合起来的,在这个过程中形成了很多经典的组合方案。多种分类器进行组合输出的分类结果并不一定能提高目标物的分类性能,也不一定能得到最好的分类器。但是这个过程可以减少选择到一个性能较差分类器的可能性。毕竟当决策者判定某个分类器能取得较好的分类效果时就不会再使用一组分类器进行分类(图 4.27)。

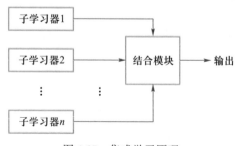

图 4.27 集成学习原理

很多人认为,是 Dasarathy 和 Sheela(1979)最早提出了集成学习的雏形,两位学者想用多种分类器来区分不同的特征空间。大约 10 年后,Hansen 和 Salamon(1990)实验证明了使用一组相似配置的神经元网络进行集成可以改善分类性能。随后,Schapire(1990)证明了通过一个被他称为"boosting"的过程,可以建立一个改进分类器来降低误差,这个分类器是由一组分类器构成的。Boosting 理论为后续 AdaBoost 算法提供了研究基础,作为最为流行的集成学习算法之一,被扩展到多个类和多种回归问题领域(Freund and Schapire,1995)。

随着集成学习理论的进一步发展,产生了更多的集成学习算法:Bagging (Breiman,1996)、随机森林算法(决策树集成)、组合分类器系统(Dasarathy and Sheela,1979)、专家组合系统(Jordan and Jacobs,1994;Jacobs et al.,2014)、堆叠泛化(Wolpert,1992)、共识聚合(Benediktsson and Swain,1992)、多分类器组合 (Xu et al.,1992)、动态分类器选择(Woods et al.,1997)、分类器融合(Bloch, 1996)等。一般的集成学习算法(包括以上的各类算法),分为三个重要方面:个体分类器训练样本的选择、分类器组成成员的选择和集成策略的获取规则。

在大多数情况下,集成系统中的分类器是通过两种方法生成的:分类器选择和分类器融合。在分类器选择过程中,每个分类器都在整个特征空间中的某些邻域进行训练。举例来说,根据分类器在训练数据中得到的分类结果,以一定的度量准则,赋予不同分类器不同的权重得到最后的决定(Jacobs et al.,2014)。在分类器融合过程中,所有分类器在整个特征空间进行训练,然后结合方差较低的分类器获得一个组合分类器。Bagging、随机森林、Boosting 和 AdaBoost 都是这一方法的例子。

为了生成一个有效的集成学习系统,一般包括三个集成步骤:数据采样、训练分类器成员、个体分类器组合。

数据采样:如果所有的集成成员输出的结果误差都相同,这些成员的组合毫无意义。因此个体分类器分类结果的多样性对于集成学习十分重要。在理想的情况下,分类器的输出结果应该是独立或者负相关的。有很多策略可以达到集成多样性的目的,其中最为常见的就是采用不同的训练样本数据。使用不同的采样策略可以得到不同的集成算法。同时也有人采用针对不同的分类器,从总的特征空间选择不同子集来分类。还有一些人对基础分类器设定不同的指标来保证多样性。但是需要注意的是,尽管集成过程中的多样性很重要,多样性与集成效果也并非呈正比的关系。多样性程度与集成的精度也是重要的研究课题。

训练分类器成员:集成系统的核心是对个体分类器的训练策略。很多相关算法被提出,其中最常见的为 bagging(包括相关的 arc-x4 算法和随机森林算法)、boosting(包括其诸多变体)、堆栈泛化和分层 MoE。

　　个体分类器组合:集成学习的最终步骤为确定综合各分类器的组合机制。这一组合指标在一定程度上基于各个个体分类器的类型。例如,一些分类器(如支持向量机),只提供离散的输出向量。这类分类器最常用的组合规则是简单加权或者多数投票法。其他一些分类器(如多层感知贝叶斯分类器),提供连续的输出向量,则其各类别都能被此分类器支持,这样的分类器具有比较广泛的选择范围,如算数组合规则或者更复杂的决策模板。许多组合器可以训练完成后立即使用,也有一些更复杂的组合算法需要额外的培训步骤(如用于堆放泛化或者分层 MoE)。

　　基于集成学习的纯净和混合图斑提取方法的主要实验思路为:对目标影像进行预处理,对目标影像按照集成学习的思想分类(包含三种分类器),然后建立一种优化投票原则确定纯净与混合像元区域划分结果(图 4.28)。

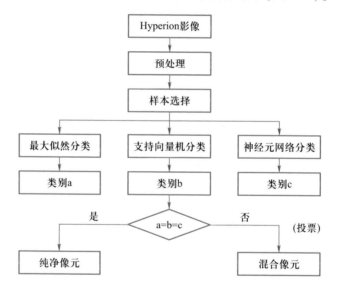

图 4.28　基于集成学习的纯净/混合像元划分

　　在本研究中选择三类基础分类器进行集成学习:最大似然分类器、支持向量机分类器、BP 神经网络分类器。在这三种分类器中,最大似然与 BP 神经网络分类相比较,具有清晰的参数解释能力,易于与先验知识融合,算法简单易实施;支持向量机分类器大大简化了分类与回归问题,同时在最小化分类过程中的风险性;BP 神经网络在分类过程中表现出自学习、推广和概括的能力。最大似然分类器、BP 神经网络分类器和支持向量机分类器属于监督分类的分类器,一般来说,监督分类的分类器比非监督分类的分类器分类效果更好,因此在集合过程中本节选择了三种监督分类器。这是集成学习中的同质性分类学习方法,即采用同类的基本分类器,这些分类器间的参数有所不同。

- 最大似然分类器:是在两类或多类判决中,用统计方法根据最大似然比贝叶斯判决准则法建立非线性判别函数集,假定各类分布函数为正态分布,并选择训练区,计算各待分类样区的归属概率,而进行分类的一种图像分类方法。

- 支持向量机分类器:是一种机器学习方法,它基于结构风险性最小的原则,以一定的分类准则计算分类样本之间的距离。这一方法对于结构识别十分有效。

- BP 神经网络分类器:是流行最广的神经网络之一,也是一种经典的监督分类手段。这种分类网络是一种按误差逆传播算法训练的多层前馈网络。BP 网络能学习和存储大量的输入–输出模式映射关系,而无须事前揭示描述这种映射关系的数学方程。它的学习规则是使用最速下降法,通过反向传播来不断调整网络的权值和阈值,使网络的误差平方和最小。

　　绝大多数投票法则基于一个假设:一组分类器的决定表现优于单个分类器表现。如果大多数分类器都将其归为某一个,则认为此像元属于这一类别。这种融合策略操作起来十分简单,因为它既不考虑单个分类器的先验知识,也没有利用大量的识别结果进行训练。然而,这造成了一个问题,即在此集成学习过程中,所有的分类器都占据相同的地位,对分类结果的影响力也一样,当其中某个分类器的分类精度不高时,就会影响总体的分类精度。为了改善这一缺陷,需要对分类决策进行优化,命名为“软投票法则”。软投票法则有以下两个准则:①一组分类器的决定表现优于单个分类器表现;②分类能力较强的分类器优于相对较弱的分类器。研究表明,当元素包含相关矩阵和其他偏振参数时,支持向量机分类结果优于最大似然分类。因此,当三种分类算法的分类结果发生矛盾时,以支持向量机得到的结果为准。同时考虑到上述提到的传统绝大多数投票法带来的缺陷,决策过程中设定一个置信参数 R 来衡量对于某一个像元的投票可信度。衡量标准为:当三个分类器得到的分类结果一致时,将此像元分到此分类结果中去,设定 R 为 3,此像元为纯净像元;如果两类分类器分类结果一致,一个分类器分类结果不同,按照少数服从多数的原则,把此像元归为两类分类器的类别中去,设定 R 为 2,此像元为混合像元;如果三个分类器最后的分类结果属于不同的类别,R 设定为 1,此像元为混合像元。R 值越高,对应像元分类结果的可信度也越高。与传统的绝大多数投票法相比,改进的软投票法在对像元进行分类的前提下,也设定了置信参数与置信法则以对分类结构的可信度做了评价。

4.5.3.3　光谱–空间变端元软硬分类的秋粮识别

　　高光谱影像中普遍存在纯净与混合两种类型的像元。对于纯净像元,可以采用传统硬分类方法进行识别,一般能够取得较好的分类结果。而对于混合像元,则适用于软分类方法即混合像元分解。混合像元分解的前提是获取组成混合像元的端元类型。对绝大多数遥感图像来说,大部分区域并不是由图像中含有的全部端元类别组成的,它们多是由空间具有邻近性的端元或者与光谱特征相近的端元组成。因此,提高分类精度的必要手段就是优化端元选取,针对不同的混合像元找到合适的端元对其进行分解,这表现为对于每一个混合像元都进行端元可变的线性光谱分解,即"变端元"分类。

前文已将图像分为纯净与混合像元区域,在此基础上,综合空间与光谱信息获取最优端元集,利用混合像元分解技术计算各混合像元端元组分得到软分类实验结果。将混合像元区域软分类结果与纯净像元区域硬分类结果综合,得到最终的秋粮作物分布图。

1) 端元提取模型

"端元"是在遥感图像中相对较纯的一类像素类型,它们可以表现出待测地物的典型属性。为了对高光谱影像进行进一步处理和分类,往往需要通过实验获得此类端元向量作为先验知识。

端元提取算法可以获取研究区内各地物类型的"纯光谱",为图像分类提供可靠的类别中心,是混合像元分解中的重要技术。现在主要有三种获取端元的方式:①根据野外实测信息或从已知地物波谱库中选择端元;②从待分类图像上选择端元;③综合待分类图像和野外观测信息确定端元。由于影像上的地物光谱曲线容易受到大气、地形和传感器的影像,不能与野外实测数据或波谱库数据很好地吻合,因此从影像本身获取端元成为目前的主流方式。

为了选择具有光谱代表性的纯净端元,目前已经发展了一系列自动、半自动的提取算法。首先,已有研究表明,对影像进行正交变换后端元主要处于新特征空间的拐点位置,可以利用散点图进行端元选择。其中,主成分分析和最小噪声分离转换是其中两种最常用的方法(Green et al.,1988;Boardman and Kruse,1994)。Wu(2004)为了确定待测区域影像的纯净端元,使用主成分分析的方法得到二维散点图,累计均方根误差为 10.1%。Lu(2004)、Wu 和 Murray(2003)也使用了二维散点图来选择影像的端元,他们的分离手段是最小噪声变换,全局累计均方根误差为 10.6%。另外一些研究者从光谱角度提出了新的或改进的方法。例如,Boardman 等(1995)提出的纯像元指数法(pixel purity index,PPI)是在降维后的图像中生成大量随机测试向量,记录下光谱点往各个测试向量上投影的极值点,对图像中所有图像进行统计得到极值点次数,这些像元中频率最高的像元就是纯点。N-FINDR 方法是在降维后的图像中找到一系列像元,使数据集光谱构成的 N 维单纯形体积最大,这些顶点像元即为寻找的端元(Winter,1999)。迭代误差分析法(iterative error analysis,IEA)是通过一系列约束分离操作,找到使图像分解误差最小的像元作为分解端元(Neville and Staenz,1999)。ORASIS方法首先通过光谱角特征降维,然后根据实验室光谱数据的最小体积转换找到合适的单纯形顶点作为端元(Bowles et al,1995)。

以上方法通过对光谱特征空间进行分析选取端元,取得了较好的结果。但是,在遥感图像中,受传感器、大气条件等影响,同种地物间存在光谱异质性现象,只从光谱角度提取端元特征存在不准确性。在实际情况下,地物之间存在着紧密的空间邻接性,应该充分考虑到周边地物对混合像元的影响。Lu和Weng(2004)对景观结构复杂的城市区域,首先按照景观结构的相似性把整个区域分块,然后按照每个子区域景观的实际组成提取不同的特征端元。这种方法对端元提取有一定改善,但依然是从一个宏观的空间进行粗略的估算,无法满足局部区域的分类精度。

2) 变端元混合像元分解框架

受景观特征与土壤背景的影响,遥感影像中同种地物在不同区域的光谱特征普遍存在异质性现象。这一现象造成了一个显著问题:以光谱特征作为混合像元分解的唯一基础在不同混合像元内会受"同物异谱"与"异物同谱"现象影响,造成分类误差。

由于混合像元分解受到输入端元的显著影响,针对不同混合像元,选择最适合的端元组成类型开展分类成为有效解决方法,称为"变端元混合像元分解"。变端元可以体现在两个方面:端元内部特征的变化和端元组成类型的变化。前文介绍了根据区域地物光谱特性改变输入端元特征的变端元方法;本节主要从改变端元类型的角度出发,通过变化不同混合像元中输入的端元类型,达到解决光谱特征差异造成的问题,提高混合像元分解精度。

如图4.29所示,本节并未将全局端元输入待分解像元进行混合像元分解,而是经过动态筛选过程,在全局 $1……n$ 种端元内,选择出此混合像元内应该包含的 $1/3/……n$ 种像元形成集成端元集,以此端元集开展分类,得到最后的混合像元分解结果。

3) 集成端元的选择方法

为了给每一个混合像元选择合适的端元类别进行混合像元分解操作,在考虑端元光谱特征的基础上,引入空间角度的端元信息以弥补遥感影像中可能存在的"同物异谱"或"异物同谱"现象所造成的误差。端元选择方法主要包括光谱特征端元选择、空间特征端元选择和最优端元集选择。具体实验流程如图4.30所示。

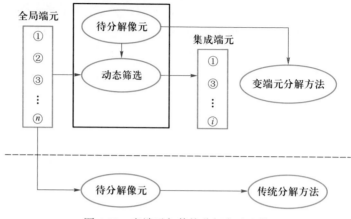

图 4.29　变端元与传统分解方法比较

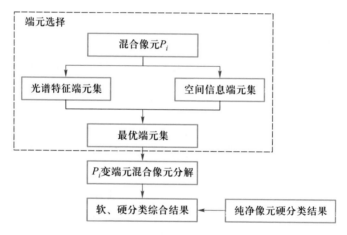

图 4.30　端元选择方法流程图

（1）光谱特征端元选择。由于大部分地物在光谱特征上存在明显差别,根据混合像元的光谱特征判定其端元类型的组成具有重要意义。在进行实际模式识别时,对于样本归属还需要一种灵活的判决方法,在这个过程中不仅需要给出样本属于某个类别的判决,还需要得到这个样本对每一个类别的归属程度,即需要计算样本的后验概率(Platt,1999)。实验中采用支持向量机的方法来计算后验概率。因为对于支持向量机的训练可以理解为对于后验概率进行回归的过程,因此,用支持向量机的方法通过样本训练,可以计算出每一个目标像元的后验概率(王鹏伟等,2008)。

选择支持向量机分类得到的后验概率作为混合像元端元选择过程中光谱特征角度的判别基准,后验概率越大,此混合像元包含这一类型的地物越多。对于混合像元 i,支持向量机初步分类结果得到 N 类的后验概率从大到小排序依次为 $\{p_1, p_2, \cdots\cdots, p_n\}$($n$ 为端元类别)。将所有的后验概率按此顺序逐次累加,和

大于阈值 m 时结束累加,此时参与累加的前 S 类即为从光谱特征角度得到的混合像元的端元矩阵 S。如式(4.30)所示,经过反复实验,设定 $m=0.9$,表示当前 S 类的后验概率和大于 0.9 时,收集到的类型已经包含此混合像元中的大部分端元。

$$\sum p_1 + p_2 + \cdots\cdots + p_s \geqslant 0.9 \tag{4.30}$$

（2）空间信息端元选择。从地理学第一定律可知,所有事物都是和其他事物相关联的,距离越近,关联度越大(Miller,2004)。表现在遥感图像上即像元在空间距离上越接近,其相关性也越强。考虑到混合像元与周边其他像元之间的空间邻接性,混合像元也一定容易受到周围地物类型的影响,在选择端元的过程中应该从混合像元的空间属性方面考虑。对于混合像元 P_i,从空间角度,需要考虑 P_i 周围分布有哪些地物类型,所以应该对 P_i 周围的纯净像元的端元类型进行统计。以 P_i 为中心,在 P_i 周围以 R 为半径生成 $R×R$ 大小的窗口,统计 $R×R$ 窗口范围内所有纯净像元的端元类型,记为集合 G（图 4.31）。经过反复实验,本节将 R 的初始值设为 50,搜索在此 50×50 窗口范围内存在的纯净端元。在搜索过程中可能存在一种特殊情况:由于混合像元的分布在图像区域中存在聚集性,50×50 窗口范围内分布可能的都为混合像元。此时需要扩大窗口搜索范围。本研究设置搜索步长为 1,逐步生成边长为 $R+k(k=1,2,3,\cdots,45)$ 的窗口,直到搜索到距离混合像元 P_i 最近的纯净像元,在集合 G 中记下这些纯净像元的端元类型。

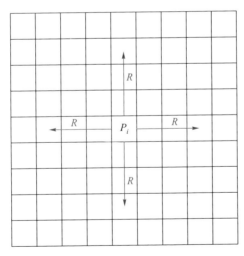

图 4.31　混合像元 P_i 邻域图

（3）集成端元集选择。混合像元的端元组成最后要综合考虑空间信息和光谱特征两部分。空间信息端元集与光谱特征端元集相互纠正,互为补充。如式(4.31)所示,当混合像元的空间矩阵只包含一种地物类型时,需要以光谱端元集对其进行补充,取空间端元与光谱端元的并集作为最后的总端元集。当混合像元的空间矩阵包含多种地物类型时,分两种情况考虑:当空间端元与光谱端元的交集中只包括一种端元类型时,说明两类端元集包含端元都不全面,取两种端元集的并集作为总端元集;当空间端元与光谱端元的交集中包括一种以上的端元类型时,说明这几种端元占全部或最大比重,取两种端元集的交集作为总端元集。

$$E = \begin{cases} G \cup S, \ number(G) = 1 \\ G \cup S, \ number(G) > 1 \text{ 且 } number(G \cap S) \leqslant 1 \\ G \cap S, \ number(G) > 1 \text{ 且 } number(G \cap S) > 1 \end{cases} \quad (4.31)$$

式中,G 表示利用空间信息得到的端元集矩阵,S 表示利用光谱特征得到的端元集矩阵。E 表示最终用于混合像元分解的最优端元集。

4) 变端元线性混合像元分解与软硬结果综合

对于混合像元,在端元总集中分别按照前面得到的不同的端元类别进行端元可变的线性光谱分解,得到所有混合像元的丰度图像。

线性混合像元分解可以用表达式(4.32)来表示:

$$h(x,y) = \sum_{i=1}^{E} \Phi_i(x,y) \cdot e_i \quad (4.32)$$

式中,$\Phi_i(x,y)$ 表示在像元 $h(x,y)$ 中端元向量 e_i 所占比例。式中各值要满足两个约束条件:

$$\begin{aligned} \Phi_i(x,y) \geqslant 0, \quad 1 \leqslant i \leqslant E \\ \sum_{i=1}^{E} \Phi_i(x,y) = 1 \end{aligned} \quad (4.33)$$

同时提取图像中纯净像元区域进行 SVM 分类,将纯净像元分到不同的地物类别中去。最后将纯净像元分类结果与混合像元分解结果拼接在一起得到最终的分类结果丰度图。

4.5.4　结果分析

4.5.4.1　纯-混像元区分结果

1) 阈值分割区分结果

利用阈值分割方法得到混合像元分布图,如图 4.32 所示。

结合遥感成像的原理和实验得到的混合像元分布结果图可知,当地物类型复杂多样时,受成像条件的限制,混合像元一般分布在某一地物与其他地物的过

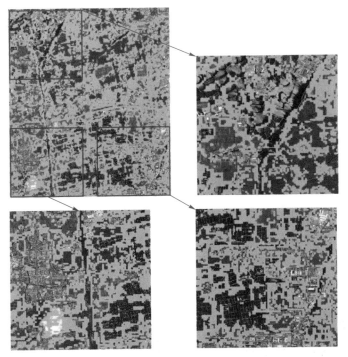

图 4.32 阈值分割法混合像元分布图

绿色图斑区域为混合像元分布区

渡边界地区。为了对混合像元区域提取效果做定量化分析,本节通过统计阈值分割法得到的混合像元区域与数字化真值图像中混合像元区域的重合度来进行精度评价。将人机交互数字化真值图像重采样为 30 m 分辨率影像,同时统计每一个重采样真值影像像元的组成类别,组成类型多于两种类别的像元被记做混合像元,如图 4.33 所示。

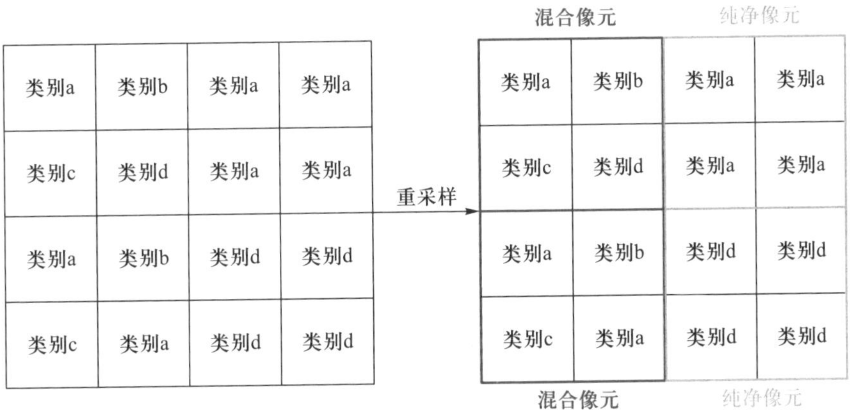

		混合像元	纯净像元
类别a	类别b	类别a	类别a
类别c	类别d	类别a	类别a
类别a	类别b	类别d	类别d
类别c	类别a	类别d	类别d

重采样

		混合像元	纯净像元
类别a	类别b	类别a	类别a
类别c	类别d	类别a	类别a
类别a	类别b	类别d	类别d
类别c	类别a	类别d	类别d

图 4.33 真值图重采样混合像元判别

研究区共 39 928 个像元,通过数字化重采样真值图像得到的混合像元共有 18 922 个;通过阈值分割法得到的混合像元共有 16 084 个,其中与真值图像正确匹配的混合像元的共有 15 876 个,占真值混合像元数的 83.9%(表 4.19)。

表 4.19   阈值分割法混淆矩阵

		Hyperion 影像		
		混合像元	纯净像元	总数
真值影像	混合像元	15 876	3046	18 922
	纯净像元	208	20 798	21 006
	总数	16 084	23 844	39 928

2) 集成学习区分结果

利用集成学习的方法同样对纯净与混合像元区域进行了区分,得到混合像元分布图如图 4.34 所示。

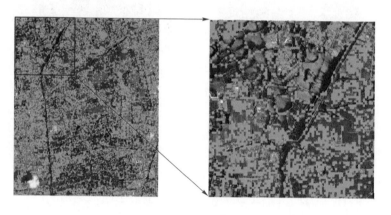

图 4.34   集成学习法混合像元分布图
绿色图斑区域为混合像元分布区

通过观察实验得到的混合像元分布影像可知,混合像元主要沿地物边缘分布。但与阈值分割法得到的混合像元分布图像相比,集成学习得到的混合像元分布较为破碎。这是由于阈值分割法在使用后验概率计算阈值的同时,结合了目标像元与非目标像元空间相对位置的因素;而采用集成学习方法进行图像分割主要是从不同子分类器分类结果进行考虑,得到了比较分散的分类结果。

对于数字化重采样真值图像得到的 18 922 个混合像元;通过集成学习法得到的混合像元共有 16 996 个,其中与真值图像正确匹配的混合像元的共有 15 629 个,占真值混合像元数的 80.7%(表 4.20)。

表 4.20　集成学习法混淆矩阵

		Hyperion 影像		
		混合像元	纯净像元	总数
真值影像	混合像元	15 629	3293	18 922
	纯净像元	1367	19 639	21 006
	总数	16 996	22 932	39 928

　　比较阈值分割的方法和集成学习的方法,两种方法对纯净与混合像元的区分度都可以达到 80% 以上。其中阈值分割方法精度略高于集成学习的方法,分析主要原因如下:①研究区域内分布有多种地物作物类型。由于人工种植特性,粮食种植地块分明,地物交界处交界线较为平滑。这造成了混合像元主要分布在各不同种类地物相接的边缘处,同时分布应该比较均匀,相互连接。阈值分割的方法在利用影像 DN 值计算的同时,吸收了地物分布的空间特征,形成的混合像元区域按边缘分布比较规整;而集成学习方法选择了三种子分类器,主要利用地物光谱特征进行分类进而判断纯混像元类型,因此混合像元分布比较分散。②本研究选择了三种同质分类器,同样受到地物光谱异质性的影响,子分类器精度误差传递给总判别结果,影响区分精度。

4.5.4.2　集成端元分析

　　在高光谱影像中选择了三个典型混合像元 A/B/C,分别利用光谱变端元混合像元分解法和空间-光谱混合像元分解法进行混合像元分解,两种方法得到的 A/B/C 的组成端元集及其分解精度如表 4.21 所示。从表 4.21 可以看出,引入空间信息的分解方法对于混合像元分解精度有一定提升。

表 4.21　光谱变端元混合像元分解和空间-光谱混合像元分解结果对比分析

	混合像元 A	混合像元 B	混合像元 C
光谱变端元混合像元分解	玉米-树木-水体 (89.1%)	水稻-玉米-树木-水体 (90.6%)	水体-不透水层 (87.8%)
空间-光谱混合像元分解	玉米-水体 (90.4%)	水稻-树木-水体 (92.3%)	水体-不透水层-树木 (88.2%)

4.5.4.3　分类结果

　　本研究采用均方根误差(RMSE)和总量精度来对三种方法识别的玉米、水稻进行精度评价,具体结果见表 4.22 和表 4.23。

表 4.22   水稻变端元软硬分类结果

纯/混区分方法	分类方法	总量精度/%	RMSE
阈值分割法	SVM	91.2	0.256
	基于光谱特征的软硬分类方法	93.4	0.243
	空间–光谱特征软硬分类方法	94.3	0.214
集成学习法	SVM	88.9	0.297
	光谱特征的软硬分类方法	89.2	0.274
	空间–光谱特征软硬分类方法	89.7	0.263

表 4.23   玉米变端元软硬分类结果

纯/混区分方法	分类方法	总量精度/%	RMSE
阈值分割法	SVM	90.3	0.279
	光谱特征的软硬分类方法	92.8	0.265
	空间–光谱特征软硬分类方法	93.5	0.223
集成学习法	SVM	86.4	0.304
	光谱特征的软硬分类方法	87.9	0.297
	空间–光谱特征软硬分类方法	88.2	0.282

根据对比实验可以发现：①受阈值分割法纯/混像元区分精度普遍高于集成学习法影响，基于阈值分割法的分类结果普遍好于集成学习法。②在阈值分割法的基础上，对于水稻，空间–光谱变端元软硬分类方法的 RMSE 比仅基于光谱特征的软硬分类方法提高了 0.03，比 SVM 提高了 0.042，空间–光谱变端元软硬分类方法总量精度达到了 94.3%，比其余两种方法分别提高了 1% 和 3%；对于玉米，空间–光谱变端元软硬分类方法的 RMSE 比仅基于光谱特征的软硬分类方法提高了 0.042，比 SVM 提高了 0.056，空间–光谱变端元软硬分类方法总量精度达到了 93.5%，比其余两种方法分别提高了 0.7% 和 3%。③对比水稻和玉米的分类结果发现，水稻的分类精度略微高于玉米。

图 4.35 和图 4.36 分别为研究区域内水稻和玉米的空间分布图。在研究区域内，水稻主要种植于北部中间区域内，种植较为密集。水稻中间或种植有玉米和棉花。从地块边缘到中部，代表水稻在像元中占比的颜色由灰到白，表明水稻含量逐渐增加。与高分真值数据相比较，也同样表现出这一特点。玉米主要种植较为分散。在其他作物的大型种植地块旁边也会间或种植有玉米作物。

分别比较两种地物的 6 次实验结果可以发现，采用空间–光谱变端元软硬方法在一定程度上提高了秋粮作物的识别精度。与传统支持向量机方法相比，新的方法引入了变端元混合像元分解的思想，根据每个混合像元的特点改变输入端元集类型，提高分类精度；与光谱变端元方法相比，空间–光谱变端元软硬分类引入了空间信息，当端元内出现"同物异谱"或"异物同谱"现象时，每个混合像元还可以采用周边的空间端元信息对光谱信息予以纠正，改善了分类误差，有利于混合像元分解精度的提高。

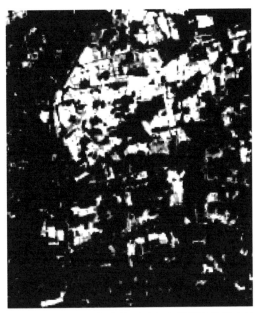

图例
水稻软硬分类结果
高：1
低：0

图 4.35 阈值分割-空间-光谱软硬分类方法水稻分布图

图例
玉米软硬分类结果
高：1
低：0

图 4.36 阈值分割-空间-光谱软硬分类方法玉米分布图

比较水稻与玉米这两种秋粮作物的分类结果可以发现,这是由于在分类过程中,玉米地块周围往往种植有不同类型的树木,树木像元的混入对玉米光谱特征端元的提取产生了一定影响。

4.5.5　结论与讨论

本研究以江苏省东台市的 Hyperion 高光谱影像作为实验数据开展了变端元软硬分类工作,主要结论如下:

(1) 针对软、硬分类方法分别适用于混合、纯净像元的特点,分别设计基于阈值分割的方法和集成学习的方法来进行纯净与混合像元的区分。基于阈值分割法实验思路为运用支持向量机二分法将研究区影像分为目标作物和其他作物的 0-1 图,根据每个像元周边像元的组成来判定其是否为目标地物并计算阈值,利用此阈值划分纯净与混合像元区域。而集成学习法实验思路为综合各个体分类器优点,以各分类器分类结果的一致性与否作为纯净与混合像元的划分指标。实验结果表明,阈值分割法与集成学习法对于纯净与混合像元区分的实验精度分别为 83.9% 和 80.7%,都在 80% 以上,说明这两种方法能够很好地适用于高光谱影像纯净与混合像元区域的划分。

(2) 针对混合像元分解问题,提出一种同时基于空间与光谱特征的变端元混合像元分解方法来获取最优端元集并用于软分类过程。为了获取空间特征端元,对每一个混合像元,以一定的窗口大小作为其邻域范围,统计其邻域范围内所包含的纯净像元类别作为从空间角度获取的端元信息。为了获取光谱特征端元,计算混合像元通过支持向量机分类所得到的后验概率是否满足一定的阈值条件,达到阈值要求的端元类别作为从光谱角度获取的端元信息。最终在混合像元分解过程中用到的最优端元集同时综合了空间与光谱端元信息。将本文提出的空间-光谱特征变端元混合像元分解方法和纯净像元区域的硬分类结果相结合,得到最终实验结果与传统的支持向量机方法、只利用光谱信息的软硬分类方法结果相比较,本方法对于水稻和玉米作物的识别精度普遍高于 85%,基于阈值分割法得到的实验结果普遍高于 90%,分类效果优于其他两种方法。因此,基于空间与光谱信息变端元软硬分类结合方法改善了分类端元质量,能够提高高光谱影像的分类精度,适用于秋粮作物的遥感识别。

尽管本研究对利用变端元软硬分类来提高秋粮作物分类与识别精度进行了有益探讨,但在实验中还存在一些不足之处有待改进:

(1) 本次实验选取了高光谱影像作为实验数据。高光谱影像在应用过程中经常出现"维数灾难"的现象。因此降维是高光谱影像预处理中的重要环节。本研究对于高光谱图像的降维处理比较简单,剔除了冗余波段与受大气影响的波段。可以考虑进行进一步的降维,将遥感影像的主要光谱信息集中在某些重要波段,去掉所含信息量小的波段,以提高分类精度,提升实验效率。

（2）在集成学习过程中，分类器的选择与集成系统决策指标是影响分类结果的重要方面，对于具有不同特征的区域可能适用于不同组合方法，因此还可以对不同的子分类器组合方式和参数确定进行实验。

（3）在进行阈值分割与变端元分类的过程中，纯净端元的提取是一个关键问题，可以进一步考虑使用不同的分类方法去提取纯净端元。同时，以50×50到100×100像元范围作为空间信息端元获取的邻域范围还有进一步探讨的空间，可选取不同的图像进行进一步实验。

参 考 文 献

安斌，陈书海，严卫东. 2005. SAM法在多光谱图像分类中的应用. 中国体视学与图像分析，10(1): 55-60.

陈亮，刘希，张元. 2007. 结合光谱角的最大似然法遥感影像分类. 测绘工程，16(3): 40-42.

程志会，谢福鼎. 2016. 基于空间特征与纹理信息的高光谱图像半监督分类. 测绘通报，(12): 56-59.

杜培军，夏俊士，薛朝辉，谭琨，苏红军，鲍蕊. 2016. 高光谱遥感影像分类研究进展. 遥感学报，20(2): 236-256.

方圣辉，龚浩. 2006. 动态调整权重的光谱匹配测度法分类的研究. 武汉大学学报（信息科学版），31(12): 1044-1046.

高晓健. 2013. 基于支持向量机的高光谱遥感图像分类方法研究. 杭州电子科技大学硕士研究生学位论文.

郭学兰，杨敏华，毛军. 2014. 利用偏态二叉树最小二乘支持向量机进行高光谱遥感影像分类. 测绘科学，39(7): 87-89,107.

何浩，沈永林，刘修国，马丽. 2016. 空间-光谱约束的图半监督高光谱影像分类算法. 国土资源遥感，28(3): 31-36.

何同弟. 2014. 高光谱图像的分类技术研究. 重庆大学博士研究生学位论文.

胡潭高，潘耀忠，张锦水，李苓苓，李乐. 2011. 基于线性光谱模型和支撑向量机的软硬分类方法. 光谱学与光谱分析，31(2): 508-511.

胡潭高，徐俊锋，张登荣，王洁，张煜洲. 2013. 自适应阈值的多光谱遥感影像软硬分类方法研究. 光谱学与光谱分析，33(4): 1038-1042.

黄坤山. 2016. 基于KNN非局部滤波的高光谱图像分类方法研究. 湖南大学硕士研究生学位论文.

惠文华. 2006. 基于支持向量机的遥感图像分类方法. 地球科学与环境学报，28(2): 93-95.

贾德伟. 2011. 基于HSI高光谱数据的水稻光谱特征分析与识别技术研究. 广西师范学院硕士研究生学位论文.

姜玮. 2015. 张量空间 FCM 算法研究及其在高光谱遥感图像分类中的应用. 西南交通大学硕士研究生学位论文.

李晖, 肖鹏峰, 冯学智, 冯莉, 王珂. 2012. 基于向量场模型的多光谱遥感图像多尺度边缘检测. 测绘学报, 41(1): 100-107.

李静. 2012. 高光谱遥感影像降维及分类方法研究. 中南大学硕士研究生学位论文.

李祖传, 马建文, 张睿, 李利伟. 2011. 利用 SVM-CRF 进行高光谱遥感数据分类. 武汉大学学报(信息科学版), 36(3): 306-310.

刘嘉慧. 2014. 基于稀疏表示的高光谱图像分类和解混方法研究. 西安电子科技大学硕士研究生学位论文.

刘亮, 姜小光, 李显彬, 唐伶俐. 2006. 利用高光谱遥感数据进行农作物分类方法研究. 中国科学院大学学报, 23(4): 484-488.

刘银年, 薛永祺, 沈鸣明, 赵淑华, 方抗美, 肖金才. 2002. 实用型模块化成像光谱仪(OMIS)定标. 红外与毫米波学报, 21(1): 9-13.

骆剑承, 王钦敏, 周成虎, 梁怡. 2002. 基于自适应共振模型的遥感影像分类方法研究. 测绘学报, 31(2): 145-150.

马丽. 2010. 基于流形学习算法的高光谱图像分类和异常检测. 华中科技大学博士研究生学位论文.

马小丽. 2014. 基于机器学习的高光谱图像地物分类研究. 厦门大学硕士研究生学位论文.

齐滨. 2012. 高光谱图像分类及端元提取方法研究. 哈尔滨工程大学博士研究生学位论文.

盛骤. 2001. 概率论与数理统计: 第三版. 北京: 高等教育出版社.

史飞飞, 高小红, 杨灵玉, 贾伟, 何林华. 2016. 基于地面高光谱数据的典型作物类型识别方法——以青海省湟水流域为例. 地理与地理信息科学, 32(2): 32-39.

史文中. 1998. 空间数据误差处理的理论与方法. 北京: 科学出版社.

舒田, 岳延滨, 李莉婕, 黎瑞君, 李裕荣, 彭志良. 2016. 基于高光谱遥感的农作物识别. 江苏农业学报, 32(6): 1310-1314.

苏红军, 杜培军, 盛业华. 2008. 高光谱影像波段选择算法研究. 计算机应用研究, 25(4): 1093-1096.

汤国安. 2004. 遥感数字图像处理. 北京: 科学出版社.

唐宏, 杜培军, 方涛, 施鹏飞. 2005. 光谱角制图模型的误差源分析与改进算法. 光谱学与光谱分析, 25(8): 1180-1183.

唐雪飞. 2010. 基于案例推理的高光谱图像分类研究. 哈尔滨工业大学硕士研究生学位论文.

王崇, 吴见. 2015. 农作物种类高光谱遥感识别研究. 地理与地理信息科学, 31(2): 29-33.

王国明, 孙立新. 1999. 高光谱遥感影像优化分类波段选择. 测绘与空间地理信息, 22(4): 21-23.

王俊淑, 江南, 张国明, 胡斌, 李杨, 吕恒. 2015. 高光谱遥感图像 DE-Self-Training 半监督分类算法. 农业机械学报, 46(5): 239-244.

王俊淑, 江南, 张国明, 李杨, 吕恒. 2015. 融合光谱-空间信息的高光谱遥感影像增量分类算法. 测绘学报 44(9): 1003-1013.

王鹏伟, 李滔, 吴秀清. 2008. 一种基于 SVM 后验概率的 MRF 分割方法. 遥感学报, 12(02): 208-214.

王强. 2006. Hyperion 高光谱数据进行混合像元分解研究. 东北林业大学硕士研究生学位论文.

王涛, 刘少峰, 杨金中, 詹华明, 张安定. 2007. 改进的光谱角制图沿照度方向分类法及其应用——以 ETM 数据为例. 遥感学报, 11(1): 77-84.

王小攀. 2014. 基于图的高光谱遥感数据半监督分类算法研究. 中国地质大学硕士研究生学位论文.

闻兵工, 冯伍法, 刘伟, 马一薇. 2009. 基于光谱曲线整体相似性测度的匹配分类. 测绘科学技术学报, 26(2): 128-131.

吴见, 彭道黎. 2012. 基于空间信息的高光谱遥感植被分类技术. 农业工程学报, 28(5): 150-153.

谢登峰, 张锦水, 潘耀忠, 孙佩军, 袁周米琪. 2015. Landsat 8 和 MODIS 融合构建高时空分辨率数据识别秋粮作物. 遥感学报, 19(5): 791-805.

徐卫霄. 2011. 高光谱影像集成学习分类及后处理技术研究. 解放军信息工程大学硕士研究生学位论文.

闫永忠, 万余庆. 2005. 高光谱图像模糊识别分类及其精度评价. 地球信息科学学报, 7(4): 20-24.

杨金红. 2005. 高光谱遥感数据最佳波段选择方法研究. 南京信息工程大学硕士研究生学位论文.

岳江, 柏连发, 张毅, 徐杭威. 2012. 基于最小关联窗口的高光谱图像非监督分类. 南京理工大学学报(自然科学版), 36(1): 86-90.

张成业, 秦其明, 陈理, 王楠, 赵姗姗. 2015. 高光谱遥感岩矿识别的研究进展. 光学精密工程, 23(8): 2407-2418.

张达, 郑玉权. 2013. 高光谱遥感的发展与应用. 光学与光电技术, 11(3): 67-73.

张丰, 熊桢, 寇宁. 2002. 高光谱遥感数据用于水稻精细分类研究. 武汉理工大学学报, 24(10): 36-39.

张晓红, 张立福, 王晋年, 童庆禧. 2010. HJ-1A 卫星高光谱遥感图像质量综合评价. 第八届成像光谱技术与应用研讨会暨交叉学科论坛文集. 14-19.

张亚梅. 2008. 地物反射波谱特征及高光谱成像遥感. 光电技术应用, 23(5): 6-11.

赵英时. 2013. 遥感应用分析原理与方法. 北京: 科学出版社.

周前祥, 敬忠良. 2004. 高光谱遥感图像联合加权随机分类器的设计与应用. 测绘学报, 33(3): 254-257.

Akay B, Karaboga D. 2012. A modified artificial bee colony algorithm for real-parameter optimization. *Information Sciences*, 192(1): 120-142.

Bazi Y, Melgani F. 2006. Toward an optimal SVM classification system for hyperspectral remote sensing images. *IEEE Transactions on Geoscience & Remote Sensing*, 44(11): 3374-3385.

Benala T R, Villa S H, Jampala S D, Konathala B. 2009. A novel approach to image edge enhancement using artificial bee colony optimization algorithm for hybridized smoothening filters. *Nature & Biologically Inspired Computing*, 2009. NaBIC 2009. *World Congress on*, Coimbatore, India. IEEE, 2010: 1071-1076.

Benediktsson J A, Swain P H. 1992. Consensus theoretic classification methods. *IEEE Transactions on Systems Man & Cybernetics*, 22(4): 688-704.

Blake C, Keogh E, Merz C J. 1998. UCI repository of machine learning databases. Department of Information and Computer Science, University of California, Irvine, Calif, USA. http://www.ics.uci.edu/mlearn/MLRepository.html, [2018-3-6].

Bloch I. 1996. Information combination operators for data fusion: A comparative review with classification. *IEEE Transactions on Systems Man & Cybernetics Part A Systems & Humans UCI Repository of Machine Learning Databases*, 26(1): 52-67.

Boardman J W, Kruscl F A, Grccn R O. 1995. Mapping Target Signatures Via Partial Unmixing of AVIRIS Data. *Summaries*, *Fifth JPL Airborne Earth Science Workshop*, Pasadena, California, USA. JPL Publication.

Boardman J W, Kruse F A. 1994. Automated spectral analysis: A geological example using AVIRIS data, North Grapevine mountain, Nevada. *Surgical Endoscopy*, 1(1).

Bowles J H, Palmadesso P J, Antoniades J A, Baumbace M M, Rickard L J.1995. Use of Filter vectors in Hyperspectral Data Analysis. *SPIE's 1995 International Symposium on Optical Science, Engineering, and Instrumentation*. International Society for Optics and Photonics, 148-157.

Breiman L. 1996. Bagging predictors. *Machine Learning*, 24(2): 123-140.

Breiman L. 2001. Random forests. *Machine Learning*, 45(1): 5-32.

Bruce L M, Koger C H, Li J. 2002. Dimensionality reduction of hyperspectral data using discrete wavelet transform feature extraction. *IEEE Transactions on Geoscience & Remote Sensing*, 40(10): 2331-2338.

Chang C C, Lin C J. 2011. LIBSVM: A library for support vector machines. http://www.csie.ntu.edu.tw/cjlin/libsvm, 2(3): 1-27.

Chang C I, Chiang S S. 2002. Anomaly detection and classification for hyperspectral imagery. *IEEE Transactions on Geoscience & Remote Sensing*, 40(6): 1314-1325.

Chang C I. 2000. An information-theoretic approach to spectral variability, similarity, and discrimination for hyperspectral image analysis. *IEEE Transactions on Information Theory*, 46(5): 1927-1932.

Chang C I. 2007. *Hyperspectral Data Exploitation: Theory and Applications*. Wiley-Interscience, 7(6):441-442.

Chapelle O, Vapnik V, Bousquet O, Mukherjee S. 2002. Choosing multiple parameters for support vector machines. *Machine Learning*, 46(1-3): 131-159.

Chen J, Wang R, Wang C. 2008. A multiresolution spectral angle-based hyperspectral classification method. *International Journal of Remote Sensing*, 29(11): 3159-3169.

Cortes C, Vapnik V. 1995. Support-Vector Networks. *Machine Learning*, 20(3): 273-297.

Dasarathy B V, Sheela B V. 1979. A composite classifier system design: Concepts and methodology. *Proceedings of the IEEE*, 67(5): 708-713.

Díaz-Uriarte R, Andrés S A D. 2006. Gene selection and classification of microarray data using random forest. *Bmc Bioinformatics*, 7(1): 3.

Dorigo M, Birattari M, Blum C, Clerc M, Stützle T, Winfield A. 2008. A*nt Colony Optimization and Swarm Intelligence*. 6*th International Conference*, *ANTS* 2008, Brussels, Belgium, *Proceedings*. Springer Publishing Company, Incorporated.

Du H, Qi H, Wang X, Ramanath R. 2003. Band Selection Using Independent Component Analysis for Hyperspectral Image Processing. *Applied Imagery Pattern Recognition Workshop*, *Proceedings*, Washington, DC, USA. IEEE, 93-98.

Du Q, Chang C I. 2001. A linear constrained distance-based discriminant analysis for hyperspectral image classification.*Pattern Recognition*, 34(2): 361-373.

Duan K B, Rajapakse J C, Wang H, Azuaje F. 2005. Multiple SVM-RFE for gene selection in cancer classification with expression data. *IEEE Transactions on Nanobioscience*, 4(3): 228.

Eberhart R, Kennedy J. 1995. A New Optimizer Using Particle Swarm Theory. *Proceedings of the 6th International Symposium on MICRO Machine and Human Science*, Nagoya, Japan. IEEE, 39-43.

Foody G M. 1996. Approaches for the production and evaluation of fuzzy land cover classifications from remotely-sensed data.*International Journal of Remote Sensing*, 17(7): 1317-1340.

Freund Y, Schapire R E. 1995. *A Decision-Theoretic Generalization of On-Line Learning and an Application to Boosting*. Berlin, Heidelberg, Germany: Springer.

Friedman J H, Tukey J W. 2006. A projection pursuit algorithm for exploratory data analysis. *IEEE: Transactions on Computers*, C-23(9): 881-890.

Goodchild M F, Guoqing S, Shiren Y. 1992. Development and test of an error model for categorical data. *Geographical Information Systems*, 6(2): 87-103.

Green A A, Berman M, Switzer P, Craig M D. 1988. A transformation for ordering multispectral data in terms of image quality with implications for noise removal. *IEEE Transactions on Geoscience & Remote Sensing*, 26(1): 65-74.

Guyon I, Elisseeff A. 2006. *An Introduction to Feature Extraction*. Berlin, Germany: Springer.

Guyon I, Weston J, Barnhill S, Vapnik V. 2002. Gene selection for cancer classification using support vector machines. *Machine Learning*, 46(1-3): 389-422.

Hall M A, Smith L A. 1999. *Feature Selection for Machine Learning: Comparing a Correlation-Based Filter Approach to the Wrapper*. Orlando, Florida, USA: Twelfth International Florida Artificial Intelligence Research Society Conference.

Hansen L K, Salamon P. 1990. *Neural Network Ensembles. IEEE Computer Society*, 12(10): 993-1001.

Harsanyi J C, Chang C. 1994. Hyperspectral image classification and dimensionality reduction: an orthogonal subspace projection approach. *IEEE Transactions on Geoscience & Remote*, 32(4): 779-785.

Holland J H. 1975. Adaptation in natural and artificial systems: An introductory analysis with applications to biology, control, and artificial intelligence. *Quarterly Review of Biology*, 6(2): 126-137.

Huang C L, Wang C J. 2006. A GA-based feature selection and parameters optimizationfor support vector machines. *Expert Systems with Applications*, 31(2): 231-240.

Jacobs R A, Jordan M I, Nowlan S J, Hinton G E. 2014. Adaptive mixtures of local experts. *Neural Computation*, 3(1): 79-87.

Jain A K, Duin R P W, Mao J. 2000. Statistical pattern recognition: A review. *IEEE Transactions on Pattern Analysis & Machine Intelligence*, 22(1): 4-37.

Jensen A C, Solberg A S. 2007. Fast hyperspectral feature reduction using piecewise constant function approximations. *IEEE Geoscience & Remote Sensing Letters*, 4(4): 547-551.

Jordan M I, Jacobs R A. 1994. Hierarchical mixtures of experts and the EM algorithm. *Neural Computation*, 2(2): 257-290.

Karaboga D. 2005. An idea based on honey bee swarm for numerical optimization. Technical Report TR06, Erciyes University, Engineering Faculty, Computer Engineering Department.

Karaboga D, Basturk B. 2008. On the performance of artificial bee colony (ABC) algorithm. *Applied Soft Computing*, 8(1): 687-697.

Karaboga D, Gorkemli B, Ozturk C, Karaboga N. 2014. A comprehensive survey: artificial bee colony (ABC) algorithm and applications. *Artificial Intelligence Review*, 42(1): 21-57.

Karaboga D, Ozturk C. 2011. A novel clustering approach: Artificial Bee Colony (ABC) algorithm. *Applied Soft Computing*, 11(1): 652-657.

Kohavi R, John G H. 1997. Wrappers for feature subset selection. *Artificial Intelligence*, 97(1-2): 273-324.

Kong X B, Shu N, Tao J B, Gong Y. 2011. A new spectral similarity measure based on multiple features integration. *Spectroscopy and Spectral Analysis*, 31(8): 2166.

Kruse F A. 1990. Mineral mapping at Cuprite, Nevada with a 63-channel imaging spectrometer. *Photogrammetric Engineering & Remote Sensing*, 56(1): 83-92.

Kruse F A, Lefkoff A B, Boardman J W, Heidebrecht K B, Shapiro A T, Barloon P J, Goetz A F H. 1993. The spectral image processing system (SIPS)—Interactive visualization and analysis of imaging spectrometer data. *Remote Sensing of Environment*, 44(2-3): 145-163.

Kumar M N, Seshasai M V R, Prasad K S V, Kamala V, Ramana K V, Dwivedi R S, Roy P S. 2011. A new hybrid spectral similarity measure for discrimination among Vigna species. *International Journal of Remote Sensing*, 32(14): 4041-4053.

Kwon H, Nasrabadi N M. 2005. Kernel orthogonal subspace projection for hyperspectral signal classification. *IEEE Transactions on Geoscience & Remote Sensing*, 43(12): 2952-2962.

Lhermitte S, Verbesselt J, Verstraeten W W, Coppin P. 2011. A comparison of time series similarity measures for classification and change detection of ecosystem dynamics. *Remote Sensing of Environment*, 115(12): 3129-3152.

Lin S W, Ying K C, Chen S C, Lee Z J. 2008. Particle swarm optimization for parameter determination and feature selection of support vector machines. *Expert Systems with Applications*, 35(4): 1817-1824.

Liu Y, Wang G, Chen H, Dong H, Zhu X, Wang S. 2011. An improved particle swarm optimization for feature selection. *Journal of Bionics Engineering*, 08(2): 191-200.

Lu D, Weng Q. 2004. Spectral mixture analysis of the urban landscape in indianapolis with Landsat ETM+ imagery. *Photogrammetric Engineering & Remote Sensing*, 70(9): 1053-1062.

Masellia F, Conesea C, Petkovb L. 1994. Use of probability entropy for the estimation and graphical representation of the accuracy of maximum likelihood classifications. *ISPRS Journal of Photogrammetry & Remote Sensing*, 49(2): 13-20.

Meero F V D, Bakker W. 1997. Cross correlogram spectral matching: Application to surface mineralogical mapping by using AVIRIS data from Cuprite, Nevada. *Remote Sensing of Environment*, 61(3): 371-382.

Melgani F, Bruzzone L. 2004. Classification of hyperspectral remote sensing images with support vector machines. *IEEE Transactions on Geoscience & Remote Sensing*, 42(8): 1778-1790.

Miller H J. 2004. Tobler's first law and spatial analysis. *Annals of the Association of American Geographers*, 94(2): 284-289.

Mohammadi F G. 2014. A new metaheuristic feature subset selection approach for image steganalysis. *Journal of Intelligent & Fuzzy Systems*, 27(3).

Neville R, Staenz K. 1999. Automatic endmember extraction from hyperspectral data for mineral exploration. *The fourth International Airborne Remote Sensing Conference and Exhibition*, 21st Canadian Symposium on Remote Sensing, Ottawa, Ontario, Canada.

Nidamanuri R R, Zbell B. 2011. Normalized spectral similarity score as an efficient spectral library searching method for hyperspectral image classification. *IEEE Journal of Selected Topics in Applied Earth Observations & Remote Sensing*, 4(1): 226-240.

Platt J. 1999. *Probabilistic Outputs for Support Vector Machines and Comparisons for Regularized Likelihood Methods. Advances in Large Margin Classifiers*. Cambridge, Massachusetts, United State: MIT Press, 61-74.

Plaza A, Martinez P, Perez R, Plaza J. 2004. A quantitative and comparative analysis of endmember extraction algorithms from hyperspectral data. *IEEE Transactions on Geoscience & Remote Sensing*, 42(3): 650-663.

Schapire R E. 1990. *The Strength of Weak Learnability*. Berlin, Heidelberg, Germany: Kluwer Academic Publishers.

Schiezaro M, Pedrini H. 2013. Data feature selection based on Artificial Bee Colony algorithm. *Eurasip Journal on Image & Video Processing*, (1): 1-8.

Shannon C E. 1948. A mathematical theory of communication I. The Bell System Technical Journal, 27(3):379-423.

Shannon C E. 1948. A mathematical theory of communication II. The Bell System Technical Journal, 27(4): 623-656.

Shokouhifar M, Sabet S. 2010. A Hybrid Approach for Effective Feature Selection using Neural Networks and Artificial Bee Colony Optimization. *The third International Conference on Machine Vision*, *ICMV* 2010, Hong Kong, China. IEEE, 502-506.

Smith A, Sterba B. 2010. Novel application of a statistical technique, random forests, in a bacterial source tracking study. *Water Research*, 44(14): 4067.

Steele B M, Winne J C, Redmond R L. 1998. Estimation and mapping of misclassification probabilities for thematic land cover maps. *Remote Sensing of Environment*, 66(2): 192-202.

Su H, Cai Y, Du Q. 2017. Firefly-algorithm-inspired framework with band selection and extreme learning machine for hyperspectral image classification. *IEEE Journal of Selected Topics in Applied Earth Observations & Remote Sensing*, (99): 1-12.

Unwin D J. 1995. Geographical information systems and the problem of "error and uncertainty". *Progress in Human Geography*, 19(4): 549-558.

Winter M E. 1999. N-finder: an algorithm for fast autonomous spectral end-member determination in hyperspectral data. *Proceedings of SPIE—The International Society for Optical Engineering*, Denver, Colorado, United States. Proc. SPIE 3753, Imaging Spectrometry V, 266-275.

Wolpert D H. 1992. Stacked generalization. *Neural Networks*, 5(2): 241-259.

Woods K, Jr W P K, Bowyer K. 1997. Combination of multiple classifiers using local accuracy estimates. *IEEE Transactions on Pattern Analysis & Machine Intelligence*, 19(4): 405-410.

Wu C. 2004. Normalized spectral mixture analysis for monitoring urban composition using ETM+ imagery. Remote Sens. Environ. *Remote Sensing of Environment*, 93(4): 480-492.

Wu C, Murray A T. 2003. Estimating impervious surface distribution by spectral mixture analysis. *Remote Sensing of Environment*, 84(4): 493-505.

Xu L, Krzyzak A, Suen C Y. 1992. Methods of combining multiple classifiers and their applications to handwriting recognition. *IEEE Transactions on Cybernetics*, 22(3): 418-435.

Zhang L, Zhong Y, Huang B, Gong J, Li P. 2007. Dimensionality reduction based on clonal selection for hyperspectral imagery. *IEEE Transactions on Geoscience & Remote Sensing*, 45(12): 4172-4186.

第 5 章

雷达作物识别

5.1 引　言

随着遥感技术的发展,许多研究利用时空延展的遥感数据对农作物进行识别与监测,这不仅扩大了农作物识别监测的范围,也提高了识别监测的时间效率。使用光学遥感数据对农作物进行识别提取的技术流程已经比较成熟且应用广泛。然而,光学遥感数据易受云雨天气影响,往往在农作物的关键生长期内无法获取高质量的影像数据,限制了光学影像农作物提取的准确性和及时性。合成孔径雷达(SAR)具有全天时、全天候对地表进行观测成像的优势,极大地弥补了光学影像的不足,为作物信息的及时提取提供了数据保障。此外,光学遥感影像记录的是地物表面的光谱特征,"同物异谱、异物同谱"现象广泛存在,限制了光学数据对地物的识别能力。而微波信号主要跟地物的结构特性和介电特性有关,介电特性又受含水量的影响,微波遥感与光学遥感获取地物信息的机理截然不同,雷达可以补充提供更加丰富的作物特征信息。

初期,研究者主要采用机载 SAR 数据对合成孔径雷达数据提取作物信息的可行性进行验证。例如,Le Toan 等(1989)使用 X 波段的机载 SAR 图像进行水稻提取,首次验证了利用 PolSAR 图像识别水稻的可行性。Bouman 等(1992)采用依照 ERS-1、JERS-1 参数设置的机载雷达所获取的图像进行农作物提取,也证明了 PolSAR 识别区分多种农作物的可行性。之后,还有许多学者采用机载 SAR 数据进行多种农作物识别区分研究(Freeman et al.,1994;Lemoine et al.,1994;Cloutis et al.,1996;Schmullius and Nithack,1997;Cloutis,1999)。

对机载 SAR 数据的研究为星载 SAR 数据的研究提供了很好的基础,随着越来越多搭载极化 SAR 传感器的卫星发射升空,更多的农作物识别研究采用了星载 PolSAR 数据。在查阅的相关文献中,农作物识别使用过的星载 PolSAR 数据如表 5.1 所示。

表 5.1　农作物识别采用的星载 PolSAR 数据

卫星平台	传感器	波段	极化方式	发射时间	失效时间
ERS-1	SAR	C	VV	1991-07	2000-03
JERS-1	SAR	L	HH	1992-02	1998-10
ERS-2	SAR	C	VV	1995-04	2010-07
RADARSAT-1	SAR	C	HH	1995-11	2013-05
ENVISAT-1	ASAR	C	单/双极化	2002-03	2012-04
ALOS	PALSAR	L	单/双/全极化	2006-01	2011-04
Terra-SAR	SAR	X	单/双极化	2007-06	—
COSMO-SkyMed	SAR	X	单/双极化	2007-06	—
RADARSAT-2	SAR	C	单/双/全极化	2007-12	—
Sentinel-1A	SAR	C	单/双极化	2014-04	—

随着数据源的增加,围绕合成孔径雷达图像的农作物识别也越来越深入,从 20 世纪 80 年代末至今大致经历了四个阶段:单波段、单极化 SAR 识别,多波段、多极化 SAR 识别,SAR 融合光学遥感的农作物识别,农作物 SAR 分类算法研究(王迪等,2014)。其中,对农作物特性和电磁波极化特性之间的相互关系研究,作为基于雷达进行作物识别的基础,一直是研究的核心。农作物的特性可表示为作物参数,包括生物量、植株含水量、植株盖度、叶面积指数等;电磁波的极化特性可由极化参数来表示,包括后向散射矩阵、极化相干矩阵、极化相关系数、极化目标分解参数等。

最初,对于农作物极化特性的研究围绕着分析后向散射矩阵中每个元素,即水平极化(HH)、垂直极化(HV)、交叉极化(HV、VH)的回波与作物参数之间的关系,并通过这一相关性进行农作物的分类提取。例如,张云柏(2004)对水稻多时相的后向散射系数进行抽样对比分析,得到不同时相应当采用不同极化方式的后向散射系数参与分类,以提高水稻识别精度。董彦芳等(2005)研究分析了水稻参数与后向散射系数之间的关系。朱晓铃(2005)利用 ENVISAT/ASAR 图像分析了水稻、香蕉的后向散射系数随时相的变化情况,并进行两种农作物的识别提取。化国强等(2011)通过后向散射矩阵的水平极化分量(HH)以及水平极化与交叉极化的比值(HH/HV)与玉米叶面积指数的关系,进行玉米分布提取。丁娅萍(2013)分析了旱地作物(玉米、棉花)的生物量、植株含水量、植株高度、叶面积指数与后向散射系数之间的相关性,发现后向散射系数对植株高度最为敏感。

而后,研究者将研究视角转向分析极化目标分解量与农作物后向散射机制之间的联系,从而服务于 SAR 图像的农作物提取。例如,化国强等(2011)采用 $H/A/\bar{\alpha}$ 极化目标分解的方法,分析水稻、玉米、大豆的后向散射机理,研究表明,极化分解量的特征能够表征农作物信息,并且在水田作物,即水稻的识别提取上有更优的表现力,而在旱地作物(大豆、玉米)的识别方面精度并不高。杨浩(2015)使用 $H/A/\bar{\alpha}$ 极化分解和 Freeman 三分量分解得到的分解特征量进行农作物播期与收割期、倒伏灾害,以及生物量的监测。韩宇(2015)利用极化分解特征构建了甘蔗、水稻、香蕉等农作物的极化特征时序变化曲线,并以此服务于面向对象的农作物识别提取,分类精度达到92%以上。

从识别方法的角度看,SAR 农作物识别的方法可分为基于极化信息参数分析和基于"传统分类准则"两种。基于极化参数分析的农作物识别方法主要通过找到极化参数值对应的后向散射机制类型,从而确定目标地物类型。例如,张萍萍(2006)采用了对后向散射系数划定阈值的方式对水稻进行识别提取。Srikanth 等(2012)使用 Wisahrt($H/\bar{\alpha}$)分类算法对水稻、棉花进行识别,得到分类精度为95.7%和93.8%。这类方法的优势不需要训练数据,而基于"传统"分类准则的识别方法,需要将农作物的类别样本输入分类器进行训练,以得到最终的识别分类结果(迈特尔,2013)。在光学影像分类中常见的最大似然算法(张细燕和何隆华,2015)、最小距离法(丁娅萍和陈仲新,2014)、模糊分类(尤淑撑等,2000)、SVM 算法(Tan et al.,2011)、神经网络(赵天杰等,2009)、决策树(李新武等,2008;田海峰等,2015)、随机森林(东朝霞等,2016)、面向对象分类(杜烨等,2014)等方法都可以应用于 PolSAR 图像的农作物识别。

尽管 SAR 以其具有全天时、全天候、受云雾影响小等优点而被广泛应用于作物识别,但是存在图像解译困难、受相干斑噪声影响,分类精度总体来说没有光学遥感的精度高。为此,近些年来,很多研究者融合 SAR 图像和可见光图像进行作物识别,以提高分类精度。例如,Blaes 等(2005)对 SAR(ERS-1、RADARSAT-1)与光学影像(SPOT-XS、Landsat ETM))的农作物识别能力进行了评价研究,指出对于复杂的农作物类型(小麦、玉米、甜菜、大麦、马铃薯及牧草),联合 SAR 和光学影像可以提高作物识别精度、缩短感监测周期。赵天杰等(2009)融合 Envisat-1 ASAR、ALOS PALSAR 和 TM 数据,使用模糊神经网络进行作物分类,总体分类精度达到93.54%。Haldar 和 Patnaik(2010)联合使用 RADARSAT-1 SNB(Scan SAR Narrow Beam)数据和 IRS-P6 AWIFS 数据,成功识别了印度境内两个研究区的早晚稻。贾坤等(2011)融合环境星多光谱数据和

Envisat ASAR VV 极化数据进行作物分类研究,发现融合后分类精度比单独使用环境星数据分类精度提高了约 5%。Kussul 等(2013)联合 SAR(RADARSAT-2)和光学影像(EO-1,Earth Observing Mission)对乌克兰的夏季作物(玉米、大豆、向日葵及甜菜)进行了分类研究,分类精度在 85% 以上。张细燕和何隆华(2015)年在南京市江宁区,利用多时相 ERS-2 SAR 和 TM 数据,对比分析了多时相 SAR 数据、TM 和多时相 SAR 数据融合以及 TM 和单时相 SAR 数据融合识别水稻的精度,发现 TM 和多时相 SAR 数据融合识别水稻的精度最高。

本章重点介绍基于多时相 RADARSAT-2 数据以及联合 RADARSAT-2 和可见光数据进行秋粮作物识别的研究案例,以期为基于雷达的作物识别提供参考。在基于多时相 RADARSAT-2 数据进行秋粮作物识别的研究案例(第 5.2 节)中重点探讨了不同特征选择方法对作物识别精度的影响;在联合 RADARSAT-2 和可见光数据进行秋粮作物识别的研究案例(第 5.3 节)中,重点探讨了面向对象分类方法在提高作物识别精度上的优势。

5.2　基于多时相 RADARSAT-2 的秋粮作物识别

5.2.1　研究背景

特征选择是实现高维数据模式识别的一种重要技术手段,尤其在当今大数据的时代背景下,它更是为准确、有效地挖掘数据信息提供了一种解决思路。随着 SAR 由单极化向多极化发展,SAR 影像识别所采用的特征也相应地变得更为丰富,这也意味着在进行特征选择时,原始特征集的内容更加丰富,特征数量也更加庞大。在仅有单极化 SAR 的阶段,许多研究者采用单极化波段(HH、VV、HV 或 VH)和单波段所生成的纹理特征作为待选择的初始波段。而多极化 SAR 出现之后,许多极化目标分解方法被提出,极化目标分解所得到的特征量能够从地物散射特性的角度来表征地物类别信息。由此,更多的研究者开始采用极化分解特征来进行 SAR 影像识别。特征全集所拥有的表征地物信息的潜力,通常决定了特征子集分类结果的上限。

特征选择在 PolSAR 影像地物识别领域的应用主要涉及土地覆盖分类、农作物分类、森林分类、城市建筑用地提取、溢油探测、舰船目标探测等。在土地覆盖分类中 Dutra 等(1999)对 ERS-1/2 InSAR 数据进行土地覆盖分类,涉及 4 种地物类别(草地、森林、建筑、水体),该研究使用 Jeffreys-Matusita 距离度量先排除了初始的 14 个特征中排序最末的几个特征,再使用分类器精度评价的方式对特征子集进行评价和选择,最后用多种分类器和所选特征进行土地覆盖分类,分类精度均达到 88% 以上。Waske 等(2006)使用 2005 年 4—9 月来自不同 SAR 传感器的总共 9 期影像,对 7 种地物(城市用地、森林、水体、草地、农作物、块根作物、果园)进行土地覆盖分类,该研究采用了随机森林算法,随机森林算法是一种嵌入式的特征选择算法,实验过程中得到最高分类精度为 73%。Haddadi 等(2011)使用 AIRSAR 的机载雷达数据,对其生成的 57 个特征进行处理,使用遗传算法进行特征选择,得到的分类精度为 89.15%。Banerjee 等(2014)使用一期 ALOS/PALSAR L 波段的全极化 SAR 数据,对 5 种地物(城市用地、水体、森林、红树林、湿地)进行分类,该研究采用了一种基于互信息的特征选择方法,先对输入的 SAR 影像极化分解量进行特征选择和排序,备选的特征量包括 Touzi、Cloude-Pottier 极化分解特征,再根据特征排序用前向搜索的方式进行监督分类,将得到的最高分类精度下的特征子集作为最优特征子集,该特征子集得到的分类精度为 79.83%。冯琦(2012)使用 2009 年 7 月和 10 月的两景 Radarsat-2 全极化影像,对 5 类地物(森林、灌木、草、农田、水体)进行分类,采用了一种穷举法和分类精度度量相结合的特征选择方法选取用于土地覆盖分类的最佳特征子集,由该特征集得到的分类精度达到 84.96%。阿里木·赛买提(2015)使用多种特征排序方法对全极化 SAR 的极化特征进行排序,并将所有特征排序方法得到的前 30 个特征求并集再进行土地覆盖集成分类。

在农作物识别上,Soares 等(1997)通过 SIR-C 机载雷达的 L 波段和 C 波段提取了 150 个 HH/VV/HV 波段的纹理特征,并通过 Kappa 系数评价的方式将所有特征进行排序,以此为基础得到最后的最优子集,该文章涉及的农作物类型包括芒果、西瓜、牧草、带灌木的牧草、裸地、番茄、藤蔓植物。阿里木·赛买提(2016)为了验证将多种特征选择方法用于集成分类在 SAR 影像识别农作物上的适用性,使用了 AirSAR 机载雷达影像,提取出多种全极化 SAR 极化特征,对 11 种地物类型进行分类,其中包括干豆、土豆、小麦、甜菜、豌豆、油菜等农作物,分类总体精度达到 90% 以上。

在林地提取中 Marcus Bindel 等(2011)先通过回归分析和 t 检验去除特征全集中的冗余特征,再通过 Jeffries-Matusita 距离度量的方式找到区分每个森林类型与其他类别的最优特征波段,从而对森林进行分类。Maghsoudi 等(2011)学者也通过 Jeffries-Matusita 距离度量来评价区分森林类型的 SAR 影像特征,并且对比了不同的子集生成方式所带来的分类精度差异。

另外,还有部分研究涉及溢油探测(Stathakis et al.,2006;Karathanassi,2009;Topouzelis and Psyllos,2012;Guo and Zhang,2014;Chehresa et al.,2016)、舰船目标探测(陈文婷,2012;Chen et al.,2013;焦智灏等,2013;Makedonas et al.,2015;文伟等,2017)等领域。例如,朱宗斌(2015)等采用二进制离散粒子群优化与支

持向量机相结合的封装算法(BPSO-SVM)进行特征选择,与此同时对支持向量机算法中的参数进行优化,该方法被证明能够有效提高 SAR 图像上溢油与疑似溢油样本的分类精度。陈琪等(2011)通过对特征进行目标与非目标的可分离性度量,选出适合舰船识别的特征,该方法能够有效提高港口舰船目标识别精度。

综上可以看出,利用 PolSAR 图像进行目标识别时,研究者都关注到了选出的特征子集是否能够提高分类精度,但甚少有人讨论特征选择方法本身选择出的最优特征是否存在差异,进而是否对分类精度存在影响。此外,相比于基因分析领域、文本分析领域,或是高光谱数据分类领域,特征选择在 SAR 图像识别的应用并不算多。而在为数不多的 SAR 图像识别应用中,特征选择更多地用于土地覆盖分类,对于特定类别的识别研究(如农作物识别)又更为不足。基于此,本研究以河北省衡水市的部分区域作为研究区,以全极化 RADARSAT-2 时间序列数据作为研究数据,分析 Relief-F、互信息(mutual information, MI)和最大相关最小冗余算法(minimal-redundancy and maximal relevance, mRMR)三种特征度量方法对 RADARSAT-2 影像分类精度的影响。

5.2.2　研究区与数据

5.2.2.1　研究区

研究区位于河北省衡水市,大部分区域位于深州市,此外,还覆盖了武强县、武邑县、桃城区的小部分区域。研究区的中心坐标为115°39′23″E, 37°52′45″N,总面积为 453 km^2。该区域地处华北平原,地势平坦,且属于温带大陆性季风气候区,四季分明,雨热同期,利于农作物生长,其中,研究区所覆盖的深州市是传统的农业大市,是国家优质的粮食、棉花、果品生产基地。

研究区主要的夏粮作物为冬小麦,主要的秋粮作物为玉米、棉花。相较于夏粮作物,秋粮作物的品种更为复杂,并且秋粮作物的重要生长季节正好包括了夏季雨水丰沛期。光学影像无法满足秋粮作物关键期的识别提取,而合成孔径雷达恰好具备在云雨天气识别作物的潜力,因此,本文将研究的重点放在秋粮作物上。经查阅农业部种植业管理司提供的分省农时数据[①],河北省主要的秋粮作物(玉米、棉花)的物候如表 5.2 所示。整个研究区的地物类型包括玉米、棉花、果树、其他树木、农村用地、城市用地、水体等。

---

① http://202.127.42.157/moazzys/nongshi.aspx。

表 5.2 河北省主要秋粮作物物候

月份	旬	玉米	棉花
4	下旬	—	播种
5	上旬	—	出苗
5	中旬	—	出苗三叶
5	下旬	—	三叶五叶
6	上旬	播种	五叶现蕾
6	中旬	播种三叶	现蕾
6	下旬	三叶七叶	现蕾开花
7	上旬	七叶拔节	开花
7	中旬	七叶拔节	开花
7	下旬	拔节	开花
8	上旬	抽雄吐丝	开花
8	中旬	吐丝	开花吐絮
8	下旬	吐丝乳熟	开花吐絮
9	上旬	吐丝乳熟	开花吐絮
9	中旬	乳熟成熟	开花吐絮
9	下旬	乳熟成熟	吐絮
10	上旬	乳熟成熟	吐絮
10	中旬	成熟收获	吐絮
10	下旬	—	吐絮停长
11	上旬	—	吐絮停长

5.2.2.2 数据

RADARSAT-2 是 2007 年 12 月 14 日由加拿大太空署和 MDA 公司合作发射的一颗雷达卫星,该卫星上搭载着 C 波段合成孔径雷达传感器,拥有多种波束模式,每种波束模式的分辨率、图幅大小、极化方式各不相同[①]。综合考量 RADARSAT-2 极化方式的适用领域以及本文研究目标,本研究选用 2014 年 6—10 月的 RADARSAT-2 单视复数(single look complex)时间序列数据作为研究数据,波束模式为四极化精细(fine quad polarization)模式,总共 5 期影像,成像时间分别为 6 月 3 日、7 月 21 日、8 月 14 日、9 月 7 日和 10 月 1 日,将每期影像的 HH、VV、HV 三种极化方式的波段进行 RGB 组合显示,如图 5.1 所示。参照表 5.2 可知,6 月 3 日,玉米刚刚播种,地表应当呈现裸地状态,棉花已经长叶;7 月 21 日,玉米拔节,棉花开花;8 月 14 日,玉米吐丝,棉花开花吐絮;9 月 7 日,玉米吐丝乳熟,棉花开花吐絮;10 月 1 日,玉米乳熟成熟陆续待收,棉花吐絮。

---

① http://mdacorporation.com/geospatial/international/satellites/RADARSAT-2/polarimetry。

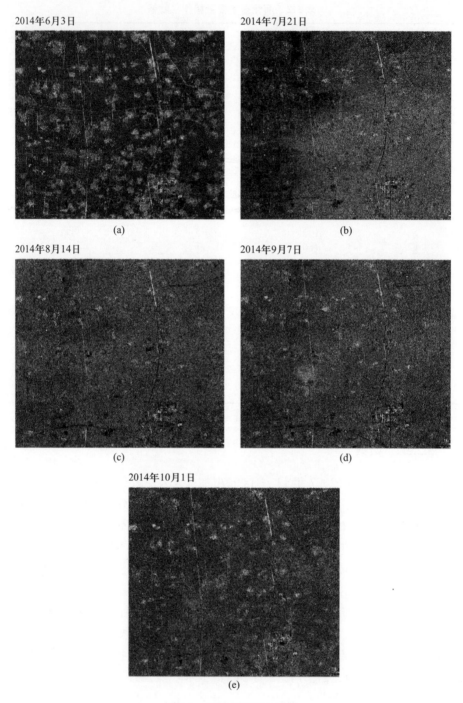

图 5.1　RADARSAT-2 影像

RGB 波段组合：HH,VV,HV

5.2.3　研究方法与技术路线

5.2.3.1　研究方法

1) 特征选择方法

(1) 距离度量。距离度量是从类别距离的角度对类别的差异性、可分离性进行评估。若在某一特征上,地物类别的可分离性更强,则意味着该特征对地物类别具备更高的辨识能力,相应地,该特征就是表征地物的重要特征。因此,通过距离度量能够找到表征地物的关键特征。

Relief-F(Kononenko,1994)是一种通过距离度量对特征重要性进行评估的算法,由 Relief 算法(Kira and Rendell,1992)发展而来,区别在于 Relief 算法只能针对两类的情况,而 Relief-F 能够处理多类的情况。

假设给定一个训练样本集 D,其中包含 N 个特征,m 个样本,样本分别属于 C 个类别,使用 Relief-F 算法对特征 A 的重要性进行评估,需要先随机抽选一个样本 R,找出 R 的同类样本中,与 R 最邻近的 k 个样本(称为 near-hit),再找出与 R 不同类的样本中,与 R 最邻近的 k 个样本(称为 near-miss),而后计算特征 A 的权重值:

$$W(A) = W(A) - \sum_{j=1}^{k} diff(A,R,H_j)/(mk) +$$
$$\sum_{C \neq class(R)} \left[\frac{p(C)}{1-p(Class(R))} \sum_{j=1}^{k} diff(A,R,M_j(C)) \right]/(mk) \quad (5.1)$$

式中,初始设置权重值 $W(A)=0$;k 为人为设定值,本研究中设定 $k=15$;$M_j(C)$ 表示类 C 中的第 j 个最近邻样本。$diff(A,R_1,R_2)$ 表示样本 R_1 和样本 R_2 在特征 A 上的距离,特征 A 的数据类型不同(离散型、连续型),计算公式有所差异,具体如下:

$$diff(A,R_1,R_2) = \begin{cases} |R_1[A] - R_2[A]| & \text{特征为连续型} \\ 0 & \text{特征为离散型且 } R_1[A] = R_2[A] \\ 1 & \text{特征为离散型且 } R_1[A] \neq R_2[A] \end{cases}$$
$$(5.2)$$

从式(5.2)可以看出,对于特征 A,若抽选出的样本 R 与同类样本之间的距离小于样本 R 与不同类样本间的距离,则说明特征 A 对类别有更好的辨识力;反之,则说明特征 A 不能很好地表征类别信息。

（2）信息度量。信息度量常采用信息增益或互信息来衡量特征的重要性（姚旭等,2012）。其中,互信息(mutual information,MI)描述了两个随机变量之间相互依存关系的强弱。假设两个随机变量(X,Y)的联合分布为$p(x,y)$,边际分布分别为$p(x)$、$p(y)$,互信息$I(X;Y)$是联合分布$p(x,y)$与乘积分布$p(x)p(y)$的相对熵,即

$$I(X;Y) = \sum_{x \in X} \sum_{y \in Y} p(x,y) \log \frac{p(x,y)}{p(x)p(y)} \tag{5.3}$$

当式(5.3)中x表示样本集中某一样本在特征X上的数值,y表示这一样本的类别编号,则互信息$I(X;Y)$表示特征X与类别Y相互依赖的程度,$I(X;Y)$的数值越大,表示特征X越能够表征类别信息,$I(X;Y)$的数值越小,表示特征X对类别特性的表征能力越差。

（3）最大相关最小冗余算法。最大相关最小冗余算法(minimal-redundancy and maximal relevance,mRMR)(Ding and Peng,2005)是一种基于信息度量的特征选择方法。该方法首先需要通过计算每个特征与类别的互信息,得到互信息值最高的特征,作为第一个放入特征子集的特征。接下来,算法的核心是通过优化式(5.4),来进行特征选择。

$$\max_{x_i \in S-S_m} \left[I(x_i;c) - \frac{1}{m} \sum_{x_j \in S_m} I(x_i;x_j) \right] \tag{5.4}$$

式中,$I(x_i;c)$表示待选特征与类别之间的互信息,$I(x_i;x_j)$表示待选特征与已选特征之间的互信息,S_m为已选定的特征子集,m为S_m中包含的特征数。可以看出,下一个选入子集S_m的特征必须是与类别互信息较强同时与已选特征之间互信息较弱的特征。

2）农作物极化特征

（1）极化矩阵

① 后向散射矩阵。RADARSAT-2 的雷达系统属于单基结构,即单一天线负责收发。因此,RADARSAT-2 数据是以后向散射矩阵的形式存储,如式(5.5)所示,该矩阵亦被称为 Sinclair 矩阵(Sinclair,1950)。

$$\left[\overline{\overline{S}} \right] = \begin{bmatrix} S_{hh} & S_{hv} \\ S_{vh} & S_{vv} \end{bmatrix} \tag{5.5}$$

式中,hh 表示以水平极化的方式发射,水平极化的方式接收;vv 表示以垂直极化的方式发射与接收;hv 表示以水平极化的方式发射,垂直极化的方式接收;vh 表

示以垂直极化的方式发射,水平极化的方式接收。交叉极化的复数系数 S_{hv}、S_{vh} 满足目标-雷达系统应用互易定理,所以后向散射矩阵的对角项相等,即

$$S_{hv} = S_{vh} \tag{5.6}$$

② 协方差矩阵和极化相干矩阵。由于雷达观测的目标通常处在动态变化的环境中,并非所有的目标都是完全静止的,某些散射体会在时空中发生变动,这些散射体的后向散射波可能是去极化的部分极化波,而非完全极化波。然而,表征入射波和环境相互作用过程的后向散射矩阵 $[\overline{\overline{S}}]$ 不能表示去极化的过程。因此,有研究者提出了协方差矩阵和极化相干矩阵。

令 $\kappa = (\kappa_0, \kappa_1, \kappa_2)^T$,可将矩阵 $[\overline{\overline{S}}]$ 矢量化,其中 $\kappa_i = Tr([\overline{\overline{S}}] \cdot [\overline{\overline{\Psi}}]_i)$;$Tr([\overline{\overline{A}}])$ 表示对矩阵 $[\overline{\overline{A}}]$ 对角项区和,$[\overline{\overline{\Psi}}]$ 可以从 Ψ_L 和 Ψ_P 两个矩阵族中进行选择:

Ψ_L:

$$\Psi_{L0} = \begin{bmatrix} 1 & 0 \\ 0 & 0 \end{bmatrix}; \quad \Psi_{L1} = \begin{bmatrix} 0 & 0 \\ \sqrt{2} & 0 \end{bmatrix}; \quad \Psi_{L2} = \begin{bmatrix} 0 & 0 \\ 0 & 1 \end{bmatrix}$$

Ψ_P:

$$\Psi_{P0} = \frac{1}{\sqrt{2}}\begin{bmatrix} 1 & 0 \\ 0 & 1 \end{bmatrix}; \quad \Psi_{P1} = \frac{1}{\sqrt{2}}\begin{bmatrix} 1 & 0 \\ 0 & -1 \end{bmatrix}; \quad \Psi_{P2} = \frac{1}{\sqrt{2}}\begin{bmatrix} 0 & 1 \\ 1 & 0 \end{bmatrix}$$

通过 Ψ_L 和 Ψ_P 相应地可以获得:

$$\kappa_L = [S_{hh}, \sqrt{2} \cdot S_{hv}, S_{vv}]^T \tag{5.7}$$

$$\kappa_P = \frac{1}{\sqrt{2}} \cdot [S_{hh} + S_{vv}, S_{hh} - S_{vv}, 2 \cdot S_{hv}]^T \tag{5.8}$$

协方差矩阵由 κ_L 邻近像素取均值构造得到:

$$[\overline{\overline{C}}] = \kappa_L, \kappa_L^{*T} = \frac{1}{2}\begin{bmatrix} \langle S_{hh} \cdot S_{hh}^* \rangle & \sqrt{2}\langle S_{hh} \cdot S_{hv}^* \rangle & \langle S_{hh} \cdot S_{vv}^* \rangle \\ \sqrt{2}\langle S_{hv} \cdot S_{hh}^* \rangle & 2\langle S_{hv} \cdot S_{hv}^* \rangle & \sqrt{2}\langle S_{hv} \cdot S_{vv}^* \rangle \\ \langle S_{vv} \cdot S_{hh}^* \rangle & \sqrt{2}\langle S_{vv} \cdot S_{hv}^* \rangle & \langle S_{vv} \cdot S_{vv}^* \rangle \end{bmatrix} \tag{5.9}$$

极化相干矩阵由 κ_P 的空间均值构造得到:

$$[\overline{\overline{T}}] = \frac{1}{2}\begin{bmatrix} \langle (S_{hh}+S_{vv}) \cdot (S_{hh}+S_{vv})^* \rangle & \langle (S_{hh}+S_{vv}) \cdot (S_{hh}-S_{vv})^* \rangle & 2\langle (S_{hh}+S_{vv}) \cdot S_{hv}^* \rangle \\ \langle (S_{hh}-S_{vv}) \cdot (S_{hh}+S_{vv})^* \rangle & \langle (S_{hh}-S_{vv}) \cdot (S_{hh}-S_{vv})^* \rangle & 2\langle (S_{hh}-S_{vv}) \cdot S_{hv}^* \rangle \\ 2\langle S_{hv} \cdot (S_{hh}+S_{vv})^* \rangle & 2\langle S_{hv} \cdot (S_{hh}-S_{vv})^* \rangle & 4\langle S_{hh} \cdot S_{vv}^* \rangle \end{bmatrix}$$

$$\tag{5.10}$$

本研究将采用相干矩阵 $[\overline{\overline{T}}]$ 作为特征量,用于构建特征集。因为相较于 $[\overline{\overline{S}}]$,$[\overline{\overline{T}}]$ 矩阵考虑到了后向散射过程中去极化的情况;相较于 $[\overline{\overline{C}}]$ 矩阵,$[\overline{\overline{T}}]$ 矩阵的特征向量结构更适合做极化分析,本研究所选用的极化分解方法都基于 $[\overline{\overline{T}}]$ 矩阵计算而得到。

(2) 极化目标分解

在全极化 SAR 影像成像的过程中,地物目标对入射的电磁波表现出不同的散射特性,该特性称为极化散射机制。同一目标的散射波也会表现出不同的散射特性,最基本的散射机制为奇次散射、偶次散射、体散射和漫散射。

极化分解的目标是把雷达入射波和自然表面的相互作用描述为基本因素影响的叠加(Didier Massonnet et al.,2015),也就是分解为若干基本散射机制的组合。目前,学者们提出了许多种极化目标分解方法,可分为相干分解和非相干分解。

① 相干分解。相干分解是将散射矩阵 $[\overline{\overline{S}}]$ 表示成几个典型散射机制的组合:

$$[\overline{\overline{S}}] = \sum_{i=1}^{k} \alpha_i [\overline{\overline{S}}]_i \tag{5.11}$$

目标的散射矩阵 S 描述单一散射目标的电磁散射特性,这类目标的散射回波总是相干的,此时不存在任何杂波环境或目标时变造成的外部干扰。然而这类分解忽视了相干斑噪声对单视图像造成的严重影响。现有的相干分解包括 Pauli 分解、Krogager 分解(Krogager,2002)等。本研究用到的相干分解为 Krogager 分解。Krogager 分解将后向散射矩阵 S 分解为三个具有物理意义的相干分量之和,分别为球散射、旋转角度为 θ 的二面角散射和螺旋体散射,分解公式如下所示:

$$S_{(H,V)} = e^{j\phi_S} k_S S_{\text{sphere}} + k_D S_{\text{diplane}}(\theta) + k_H S_{\text{helix}(\theta)} \tag{5.12}$$

式中,k_S、k_D、k_H 分别为球散射、二面角散射和螺旋散射分量的贡献,θ 是取向角,ϕ 是散射矩阵的绝对相位。

② 非相干分解。非相干分解考虑到了相干斑噪声对图像造成的影响,也考虑到后向散射波的极化状态,其分解的公式为

$$[\overline{\overline{T}}] = \sum_{i=1}^{l} t_i \cdot [\overline{\overline{T}}]_i \tag{5.13}$$

非相干分解的方法包括 Huynen 分解(Huynen,1978)、Barns 分解 TSVM 分解(Touzi,2006)、Freeman 分解(Freeman and Durden,1993;Freeman and Durden,1998;Freeman,2007)、Neumann 分解(Neumann et al.,2010)、Cloude 分解(Cloude,2007)、$H/A/\overline{\alpha}$ 分解(Cloude and Pottier,1997)等。

Huynen 分解:极化散射矩阵包含了与目标有关的全部信息,然而散射矩阵中各元素不仅取决于目标的固有物理属性,还依赖于观测条件,如雷达视线的方向、发射电磁波的波形、极化方式以及频率和观测环境(如地形)的影响,不能直接建立目标物理属性与散射矩阵之间的联系。为此,Huynen 提出"现象理论",将其用于目标物理特性和结构信息的提取。

对于单稳态目标,Huynen 定义了九个物理量(A_0、B_0、B、C、D、E、F、G 和 H)来表征其物理属性

$$T_s = \begin{bmatrix} 2A_0 & C - jD & H + jG \\ C + jD & B_0 + B & E + jF \\ H - jG & E - jF & B_0 - B \end{bmatrix} \tag{5.14}$$

这 9 个物理量满足如下 4 个目标结构等式:

$$\begin{cases} 2A_0(B_0 + B) = C^2 + D^2 \\ 2A_0(B_0 - B) = G^2 + H^2 \\ 2A_0E = CH - DG \\ 2A_0F = CG - DH \end{cases} \tag{5.15}$$

因此,单稳态目标的描述仅需 5 个独立参数。

对于分布式目标,利用统计平均的方法进行描述:

$$T_3 = \begin{bmatrix} \langle 2A_0 \rangle & \langle C \rangle - j\langle D \rangle & \langle H \rangle + j\langle G \rangle \\ \langle C \rangle + j\langle D \rangle & \langle B_0 \rangle + \langle B \rangle & \langle E \rangle + j\langle F \rangle \\ \langle H \rangle - j\langle G \rangle & \langle E \rangle - j\langle F \rangle & \langle B_0 \rangle - \langle B \rangle \end{bmatrix} \tag{5.16}$$

经过统计平均后,9 个物理量变得相互独立,因此对于分布式目标需九个参数描述。

由于分布式目标的相干矩阵是通过非相干叠加获得,所以可以把它分解为一个等效单稳态目标相干矩阵(由 5 个参数描述)和一个 N 目标剩余项(由 4 个参数描述)之和,分解得到的所有目标相互独立。

$$T_3 = T_0 + T_N = \begin{bmatrix} \langle 2A_0 \rangle & \langle C \rangle - j\langle D \rangle & \langle H \rangle + j\langle G \rangle \\ \langle C \rangle + j\langle D \rangle & B_0^T + B^T & E^T + jF^T \\ \langle H \rangle - j\langle G \rangle & E^T - jF^T & B_0^T - B^T \end{bmatrix} + \begin{bmatrix} 0 & 0 & 0 \\ 0 & B_0^T + B^T & E^T + jF^T \\ 0 & E^T - jF^T & B_0^T - B^T \end{bmatrix} \tag{5.17}$$

N 目标剩余项用来表示非对称目标参数,其数学表达式如下:

$$\boldsymbol{T}_N(\theta) = \boldsymbol{U}_3(\theta)\boldsymbol{T}_N\boldsymbol{U}_3^{-1}(\theta)$$

$$= \begin{bmatrix} 1 & 0 & 0 \\ 0 & \cos2\theta & \sin2\theta \\ 0 & -\sin2\theta & \cos2\theta \end{bmatrix} \begin{bmatrix} 0 & 0 & 0 \\ 0 & B_0^N + B^N & E^N + jF^N \\ 0 & E^N - jF^N & B_0^N - B^N \end{bmatrix} \begin{bmatrix} 1 & 0 & 0 \\ 0 & \cos2\theta & -\sin2\theta \\ 0 & \sin2\theta & \cos2\theta \end{bmatrix}$$

$$(5.18)$$

由于 N 目标散射特性不随目标旋转角度变化,所以 Huynen 目标分解的一个基本性质就是 N 目标旋转的不变性,即 N 目标与目标绕雷达视线方向的旋转无关。

Barnes:Huynen 分解是把目标相干矩阵分解为等效单稳态目标相干矩阵和 N 目标相干矩阵之和,但这种结构具有非唯一性。Barnes 针对 Huynen 分解非唯一性的问题提出了 Barnes 分解方法。

从矢量空间角度看,Huynen 分解是把目标相干矩阵对应的目标矢量空间分解为两个互相正交的目标矢量子空间,且这种正交具有旋转不变性。任意给定一个目标矢量 $\boldsymbol{q}$,如果 $\boldsymbol{T}_N\boldsymbol{q}=0$,则 $\boldsymbol{q}$ 张成的空间即为 N 目标的零空间。N 目标具有旋转不变性,因此,

$$\boldsymbol{T}_N\boldsymbol{q} = 0 \Rightarrow \boldsymbol{U}_3(\theta)\boldsymbol{T}_N\boldsymbol{U}_3^{-1}(\theta)\boldsymbol{q} = 0 \qquad (5.19)$$

为了满足上式,$\boldsymbol{q}$ 必须是矩阵 $\boldsymbol{U}_3^{-1}(\theta)$ 的特征向量,即

$$\boldsymbol{T}_N(\theta)\boldsymbol{q} = 0 \Rightarrow (\boldsymbol{U}_3^{-1}(\theta) - \lambda\boldsymbol{I})\boldsymbol{q} = 0 \qquad (5.20)$$

而矩阵 $\boldsymbol{U}_3^{-1}(\theta)$ 有三个特征向量:

$$\boldsymbol{q}_1 = \begin{bmatrix} 1 & 0 & 0 \end{bmatrix}^{\mathrm{T}} \qquad (5.21)$$

$$\boldsymbol{q}_2 = \frac{1}{\sqrt{2}}\begin{bmatrix} 0 & 1 & j \end{bmatrix}^{\mathrm{T}} \qquad (5.22)$$

$$\boldsymbol{q}_3 = \frac{1}{\sqrt{2}}\begin{bmatrix} 0 & j & 1 \end{bmatrix}^{\mathrm{T}} \qquad (5.23)$$

因此,*Huynen* 分解结构的解有三个,分别对应矩阵 $\boldsymbol{U}_3^{-1}(\theta)$ 的三个特征矢量。对于每一个特征矢量,都可定义一个对应于等效单稳态目标相干矩阵 $\boldsymbol{T}_0$ 的归一化目标矢量 $\boldsymbol{k}_0$:

$$\left.\begin{array}{l} \boldsymbol{T}_3\boldsymbol{q} = \boldsymbol{T}_0\boldsymbol{q} + \boldsymbol{T}_N\boldsymbol{q} = \boldsymbol{k}_0\boldsymbol{k}_0^{*\mathrm{T}}\boldsymbol{q} \\ \boldsymbol{q}^{*\mathrm{T}}\boldsymbol{T}_3\boldsymbol{q} = \boldsymbol{q}^{*\mathrm{T}}\boldsymbol{k}_0\boldsymbol{k}_0^{*\mathrm{T}}\boldsymbol{q} = |\boldsymbol{k}_0^{*\mathrm{T}}\boldsymbol{q}|^2 \end{array}\right\} \boldsymbol{k}_0 = \frac{\boldsymbol{T}_3\boldsymbol{q}}{\boldsymbol{k}_0^{*\mathrm{T}}\boldsymbol{q}} = \frac{\boldsymbol{T}_3\boldsymbol{q}}{\sqrt{\boldsymbol{q}^{*\mathrm{T}}\boldsymbol{T}_3\boldsymbol{q}}} \qquad (5.24)$$

把 q_1, q_2 和 q_3 分别代入上式, 有

$$k_{01} = \frac{T_3 q_1}{\sqrt{q_1^{*T} T_3 q_1}} = \frac{1}{\sqrt{\langle 2A_0 \rangle}} \begin{bmatrix} \langle 2A_0 \rangle \\ \langle C \rangle + j \langle D \rangle \\ \langle H \rangle - j \langle G \rangle \end{bmatrix} \quad (5.25)$$

$$k_{02} = \frac{T_3 q_2}{\sqrt{q_2^{*T} T_3 q_2}} = \frac{1}{\sqrt{2(\langle B_0 \rangle - \langle F \rangle)}} \begin{bmatrix} \langle C \rangle - \langle G \rangle + j \langle H \rangle - j \langle D \rangle \\ \langle B_0 \rangle + \langle B \rangle - \langle F \rangle + j \langle E \rangle \\ \langle E \rangle + j \langle B_0 \rangle - j \langle B \rangle - j \langle F \rangle \end{bmatrix}$$
$$(5.26)$$

$$k_{03} = \frac{T_3 q_3}{\sqrt{q_3^{*T} T_3 q_3}} = \frac{1}{\sqrt{2(\langle B_0 \rangle + \langle F \rangle)}} \begin{bmatrix} \langle H \rangle + \langle D \rangle + j \langle C \rangle + j \langle G \rangle \\ \langle E \rangle + j \langle B_0 \rangle + j \langle B \rangle + j \langle F \rangle \\ \langle B_0 \rangle - \langle B \rangle + \langle F \rangle + j \langle E \rangle \end{bmatrix}$$
$$(5.27)$$

式中, k_{01} 对应的相干矩阵与 Huynen 分解得到的一致, 而 k_{02} 和 k_{03} 被称为 Barnes 分解。

Cloude 分解: Cloude(2007) 提出将目标相关矩阵分解为三个相互正交的相关矩阵的加权和, 通过对相干矩阵求取最大特征值来确定地物的主散射机制。

$$T_3 = U_3 \sum U_3^{-1} = \sum_{i=1}^{3} \lambda_i T_{3i} = \sum_{i=1}^{3} \lambda_i u_i u_i^{*T} \quad (5.28)$$

式中, $\lambda_i(i=1,2,3)$ 表示目标相干矩阵的特征值, $u_i(i=1,2,3)$ 表示其对应的归一化特征向量, $\sum = diag\{\lambda_1, \lambda_2, \lambda_3\}$, $U_3 = [u_1 \quad u_2 \quad u_3]^T$, T_{3i} 是 u_i 的协方差矩阵。若令 $\lambda_1 \geqslant \lambda_2 \geqslant \lambda_3$, 则 λ_1 对应的散射机制对目标整个后向散射贡献最大, 所以 λ_1 所对应的特征矢量 u_1 为目标的主散射机制。目标的主散射机制的相干矩阵为

$$T_{31} = \lambda_1 u_i u_i^{*T} = k_1 k_1^{*T} \quad (5.29)$$

式中, k_1 表示 Pauli 基目标矢量, λ_1 为 k_1 的 Frobenius 范数的平方。

$H/A/\bar{\alpha}$ 分解: 在 Cloude 分解的基础之上, Cloude 和 Pottier(1997) 提出了 $H/A/\bar{\alpha}$ 极化分解方法, 该方法通过对相干矩阵进行特征矢量分析, 将相干矩阵分解为不同的散射过程类型及其对应的幅度, 分解后得到的特征包括极化散射熵(entropy)、极化散射各向异度(anisotropy), 以及主要散射机制对应的平均参数 $\bar{\alpha}$、$\bar{\beta}$、$\bar{\delta}$、$\bar{\gamma}$、$\bar{\lambda}$。其中, $\bar{\alpha}$ 是为旋转不变参数, 用来识别主要散射机制的关键参数, 当 $\bar{\alpha}=0$ 时, 主要为表面散射; 当 $\bar{\alpha}=45°$ 时, 主要为体散射; 当 $\bar{\alpha}=90°$ 时, 主要为二面角散射。$\bar{\beta}$、$\bar{\delta}$、$\bar{\gamma}$ 用于定义目标极化方向角, $\bar{\lambda}$ 是平均目标功率。

　　Holm：Holm 分解是对 Cloude 分解的一种新的物理解释方法（Holm and Barnes，1988），其特征值矩阵分解形式如下：

$$\sum = \begin{bmatrix} \lambda_1 & 0 & 0 \\ 0 & \lambda_2 & 0 \\ 0 & 0 & \lambda_3 \end{bmatrix}_{\lambda_1 \geqslant \lambda_2 \geqslant \lambda_3}$$

$$= \underbrace{\begin{bmatrix} \lambda_1 - \lambda_2 & 0 & 0 \\ 0 & 0 & 0 \\ 0 & 0 & 0 \end{bmatrix}}_{\sum_1} + \underbrace{\begin{bmatrix} \lambda_2 - \lambda_3 & 0 & 0 \\ 0 & \lambda_2 - \lambda_3 & 0 \\ 0 & 0 & 0 \end{bmatrix}}_{\sum_2} + \underbrace{\begin{bmatrix} \lambda_3 & 0 & 0 \\ 0 & \lambda_3 & 0 \\ 0 & 0 & \lambda_3 \end{bmatrix}}_{\sum_3} \quad (5.30)$$

将上式代入相干矩阵的乘积形式：

$$T_3 = U_3 \sum U_3^{-1} = U_3 \sum_1 U_3^{-1} + U_3 \sum_2 U_3^{-1} + U_3 \sum_3 U_3^{-1} = T_{12} + T_{23} + T_{33}$$
$$(5.31)$$

式中，T_{12}、T_{23}、T_{33} 都是 3×3 的相干矩阵，T_{12} 表示单一散射目标，表达了目标的平均形式，T_{23} 代表混合目标，表示实际目标与其平均表达式的差异，是一个剩余项，T_{33} 代表未极化混合状态，相当于一个噪声项。

　　由上式可以看出，Holm 分解方法把目标分解为一个单独的散射体和两个噪声或者说是残余项的和。

　　Van Zyl：Van Zyl（1993）分解采用一般的 3×3 协方差矩阵 C 描述单站情况下方位向对称的自然地物（如土壤和森林）。满足反射对称性假设的自然地物，同极化和交叉极化之间的相关性为 0，此时 C 可以写作：

$$C = \begin{bmatrix} \langle |S_{HH}|^2 \rangle & 0 & \langle S_{HH}S_{VV}^* \rangle \\ 0 & \langle 2|S_{HV}|^2 \rangle & 0 \\ \langle S_{VV}S_{HH}^* \rangle & 0 & \langle |S_{HH}|^2 \rangle \end{bmatrix} = \alpha \begin{bmatrix} 1 & 0 & \rho \\ 0 & \eta & 0 \\ \rho^* & 0 & \mu \end{bmatrix} \quad (5.32)$$

式中，$\alpha = \langle S_{HH}S_{HH}^* \rangle$；$\rho = \dfrac{\langle S_{HH}S_{VV}^* \rangle}{\langle S_{HH}S_{HH}^* \rangle}$；$\eta = \dfrac{2\langle S_{HV}S_{HV}^* \rangle}{\langle S_{HH}S_{HH}^* \rangle}$；$\mu = \dfrac{\langle S_{VV}S_{VV}^* \rangle}{\langle S_{HH}S_{HH}^* \rangle}$

　　参数 α、ρ、η 和 μ 均和散射体的尺寸、形状、介电常数及统计的取向角分布有关。对 C 行特征分解，得到的特征值可以表示为

$$\lambda_1 = \frac{\alpha}{2}\{1 + \mu + \sqrt{(1-\mu)^2 + 4|\rho|^2}\} \quad (5.33)$$

$$\lambda_2 = \frac{\alpha}{2}\{1 + \mu - \sqrt{(1-\mu)^2 + 4|\rho|^2}\} \quad (5.34)$$

$$\lambda_3 = \alpha\eta \tag{5.35}$$

对应的三个特征矢量为

$$\boldsymbol{\mu}_1 = \sqrt{\frac{(\mu-1+\sqrt{\Delta})^2}{(\mu-1+\sqrt{\Delta})^2+4\,|\rho|^2}}\begin{bmatrix} \dfrac{2\rho}{(\mu-1+\sqrt{\Delta})} \\ 0 \\ 0 \end{bmatrix} \tag{5.36}$$

$$\boldsymbol{\mu}_2 = \sqrt{\frac{(\mu-1+\sqrt{\Delta})^2}{(\mu-1+\sqrt{\Delta})^2+4\,|\rho|^2}}\begin{bmatrix} \dfrac{2\rho}{(\mu-1-\sqrt{\Delta})} \\ 0 \\ 0 \end{bmatrix} \tag{5.37}$$

$$\boldsymbol{\mu}_3 = \begin{bmatrix} 0 \\ 1 \\ 0 \end{bmatrix} \tag{5.38}$$

式中,$\Delta = (\mu-1)^2 + 4\,|\rho|^2$

将 3×3 协方差矩阵 $\boldsymbol{C}$ 表示成特征值和特征向量乘积的形式:

$$\boldsymbol{C} = \sum_{i=1}^{i=3} \lambda_i \boldsymbol{\mu}_i \boldsymbol{\mu}_i^{*\mathrm{T}} = \Lambda_1 \begin{vmatrix} |\alpha|^2 & 0 & \alpha \\ 0 & 0 & 0 \\ \alpha^* & 0 & 1 \end{vmatrix} + \Lambda_2 \begin{vmatrix} |\beta|^2 & 0 & \beta \\ 0 & 0 & 0 \\ \beta^* & 0 & 1 \end{vmatrix} + \Lambda_3 \begin{vmatrix} 0 & 0 & 0 \\ 0 & 1 & 0 \\ 0 & 0 & 0 \end{vmatrix} \tag{5.39}$$

式中,

$$\Lambda_1 = \lambda_1\left[\frac{(\mu-1+\sqrt{\Delta})^2}{(\mu-1+\sqrt{\Delta})^2+4\,|\rho|^2}\right],\ \Lambda_2 = \lambda_2\left[\frac{(\mu-1-\sqrt{\Delta})^2}{(\mu-1-\sqrt{\Delta})^2+4\,|\rho|^2}\right],\ \Lambda_3 = \lambda_3,\ \alpha = $$

$$\frac{2\rho}{\mu-1+\sqrt{\Delta}},\beta = \frac{2\rho}{\mu-1-\sqrt{\Delta}}\text{。}$$

Van Zyl 分解的前两个特征矢量分别对应两个等价的散射矩阵,其表示的散射过程可以理解为奇数次反射和偶数次反射。

Freeman 分解:Freeman 和 Durden(1993;1998)共同提出了三分量散射机制分解模型,对三种散射机制进行建模:云状冠层散射(Freeman_Vol)、偶次散射(Freeman_Dbl)和适度粗糙表面的布拉格散射(Freeman_Odd)。该模型适用于描述自然散射体的极化后向散射,尤其是林地受采伐或洪涝影像的雷达回波信号变化。之后,Freeman(2007)又提出了一种适用于森林观测的二分量模型,该模型的分解量为冠层散射(Freeman2_Vol)和地面散射(Freeman2_Ground)。

Yamaguchi 分解:Yamaguchi 等(2005)在 Freeman 和 Durden 提出的三分量散射机制分解模型的基础上,提出了一个四分量散射模型,引入了附加项 $\langle S_{HH}S_{HV}^{*}\rangle \neq 0$ 和 $\langle S_{HV}S_{VV}^{*}\rangle \neq 0$ 用来表征反射对称假设不满足的情况。所引入的第四种散射成分,等价于一个螺旋散射体的散射功率。此外,Yamaguchi 等人在四分量分解模型中利用同极化的后向散射功率之比,修正了体散射机制的散射矩阵,通过改变相关方位角的概率密度函数($10\log(\langle |S_{VV}|^{2}\rangle)/(\langle |S_{HH}|^{2}\rangle)$)来修正植被的体散射分量,当同极化功率之间相对差大于 2 dB 时,选择协方差矩阵非对称的形式;当同极化功率之间相对差在±2 dB 之间时,需要选择协方差矩阵对称的形式。尽管 Yamaguchi 目标分解原本是为了反射对称性不满足的情况设计的,但其本身也包括了反射对称性成立的情况,因此该方法具有更广泛的应用。

Neumann 分解:Neumann 分解(Neumann et al.,2010)主要用于表征植被信息,该分解方法有 4 个分解量,包括各向异性 δ 的模及其相位、平均植被方向角 $\bar{\psi}$(mean vegetation orientation)、方向角随机程度 τ,在 PolSARpro 软件中以上各分解特征量的名称为 Neumann_delta_mod、Neumann_delta_pha、Neumann_psi、Neumann_tau。其中,$|\delta|$、τ 与 $H/A/\bar{\alpha}$ 分解中的 $\bar{\alpha}$、熵(entropy)物理含义相似。

TSVM 分解:Touzi 提出了 TSVM(Target Scattering Vector Model)极化分解方法(Touzi,2006),相比于 $H/A/\bar{\alpha}$ 极化分解,TSVM 方法分解出了更多旋转不变特征量,包括 3 个特征值对应的特征参数集($\Phi_{\alpha si}$、φ_{i}、τ_{mi}、α_{si}),和各分量特征值加权得到的参数 $\Phi_{\alpha s}$、φ、τ_{m}、α_{s},其中参数 α_{s} 表示散射规律类似于 $H/A/\bar{\alpha}$ 极化分解中的 $\bar{\alpha}$。$\Phi_{\alpha s}$、φ、τ_{m}、α_{s} 分别对应于 PolSARpro 软件 TSVM 分解生成的特征TSVM_phi_s、TSVM_psi、TSVM_tau_m、TSVM_alpha_s。车美琴等(2016)的研究表明,TSVM 分解的旋转不变特征量有助于提取 SAR 图像中的人工地物。

(3) 其他极化特征

本研究用到的其他极化特征包括总功率 Span 和极化相关系数。

① 总功率(Span):是后向散射回波的总功率,表示回波的总体强度,采用任何极化表达方式或极化分解模型,总功率都是恒定值(Liew et al.,1998),由后向散射矩阵计算得到的 Span,公式如下:

$$\text{Span} = |S_{hh}|^{2} + |S_{hv}|^{2} + |S_{vh}|^{2} + |S_{vv}|^{2} \tag{5.40}$$

本研究中还用到的一个由 Span 计算得到的特征量是 Span 的分贝值(DeciBel)即 Span_db,其表达式为

$$\text{Span\_db} = 10\log(\text{Span}) \tag{5.41}$$

② 极化相关系数:通常是指由水平-垂直正交基(hh-vv)表示的线极化相关系数,公式如下:

$$\rho_{ijpq} = \frac{\langle S_{ij}S_{pq}^* \rangle}{\sqrt{\langle |S_{ij}|^2 \rangle \langle |S_{pq}|^2 \rangle}} \tag{5.42}$$

式中,i,j,p,q 表示极化状态,S_{ij} 表示以 i 极化状态发射并以 j 极化状态接收的复散射幅度;S_{pq}^* 表示 S_{pq} 的复共轭;ρ_{ijpq} 表示 S_{ij} 与 S_{pq} 之间的相关特征,该值是复数。由 PolSARpro v4.2 软件求得极化相关系数之后,需要对齐求模 $|\rho_{ijpq}|$,以进行后续分析。

由圆极化表示的相关系数,即右旋-左旋圆极化相关系数(CCC)的公式如下:

$$\rho_{RRLL} = \frac{-\left\langle \left|\frac{S_{hh}-S_{vv}}{2}\right|^2 - |S_{hv}|^2 + 2i\Re e\left(S_{hv}^*\left(\frac{S_{hh}-S_{vv}}{2}\right)\right)\right\rangle}{\sqrt{\left\langle \left|\frac{S_{hh}-S_{vv}}{2}\right|^2 + |S_{hv}|^2 + 2\Im m\left(S_{hv}^*\left(\frac{S_{hh}-S_{vv}}{2}\right)\right)\right\rangle \cdot \left\langle \left|\frac{S_{hh}-S_{vv}}{2}\right|^2 + |S_{hv}|^2 + 2\Im m\left(S_{hv}^*\left(\frac{S_{hh}-S_{vv}}{2}\right)\right)\right\rangle}} \tag{5.43}$$

式中,$\Re e(X)$ 和 $\Im m(X)$ 表示 X 的实部和虚部。与极化相关系数 ρ_{ijpq} 一样,ρ_{RRLL} 也是复数,因此,也需要对其求模。

已有研究表明,建筑物的走向和方位角会呈现一定的夹角,在极化分解中容易被归为体散射类型,而线极化相关系数和圆极化相关系数能够避免这一问题,有效区分人工地物(建筑)与自然地物(海洋、森林)(孙萍,2013;闫丽丽,2013)。

5.2.3.2 技术路线

本研究技术路线如图 5.2 所示,主要包括 RADARSAT-2 数据处理与极化特征集构建、训练样本获取、基于不同特征选择方法的秋粮作物识别、识别结果评价与分析四个步骤。

1) RADARSAT-2 数据处理与极化特征集生成

RADARSAT-2 数据的处理需要经过如下几个步骤:

(1)生成极化相干矩阵图像:使用 PolSARpro v4.2 软件将原始的单视复数数据表达为极化相干矩阵(Coherency matrix)的形式。

(2)滤波:使用 PolSARpro v4.2 软件中的改进 Lee 滤波器(J. S. Lee Refined Filter)对相干矩阵图像进行滤波,起到抑制相干斑的作用,窗口大小设为 9。

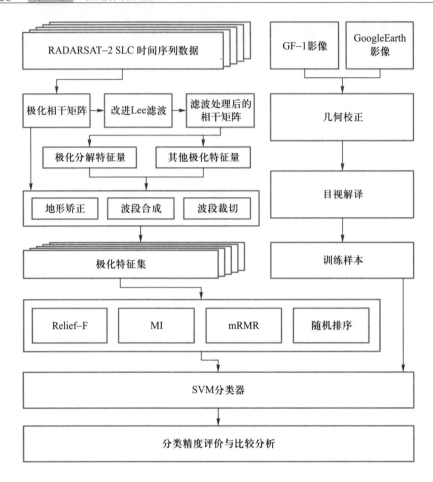

图 5.2　技术路线图

（3）生成极化分解特征量：使用 PolSARpro v4.2 软件对经过滤波处理的相干矩阵进行极化分解，包括 Huynen 分解、Barnes 1 分解、Barnes 2 分解、Cloude 分解、Holm 1 分解、Holm 2 分解、H/A/Alpha 分解、Freeman 2 分解、Freeman 3 分解、Van Zyl 3 分解、Yamaguchi 3 分解、Yamaguchi 4 分解、Neumann 2 分解、Krogager 分解、Touzi 分解。极化分解时，窗口大小设置为 3。

（4）生成其他极化特征量：使用 PolSARpro v4.2 软件，计算散射回波的总功率 Span 和相关系数特征量。计算相关系数特征量时，窗口大小设置为 3，得到结果为复数，还需计算求其绝对值，得到实数以进入下一步的数据处理。

（5）地形校正：使用 NEST v5.1 软件的 Range-Doppler 地形校正对第（2）（3）（4）步骤得到的极化特征量进行处理。

（6）波段合成、裁切：使用 ENVI 5.1 软件对 5 期影像得到的所有极化特征量进行波段合成，在波段合成时，将所有波段重采样成 8 m，并按照研究区的范围进行裁切。每期影像包含 78 个特征(表 5.3),5 期影像共包括 390 个特征量,这 390 个特征量组成了后续实验分析的原始特征集。

表 5.3 极化特征总集

特征类别	序号	特征名称	特征量	维数
极化矩阵	1	相干矩阵	T11、T12_imag、T12_real、T13_imag、T13_real、T22、T23_imag、T23_real、T33	9
极化分解特征	2	Huynen	Huynen_T11、Huynen_T22、Huynen_T33	3
	3	Barnes 1	Barnes1_T11、Barnes1_T22、Barnes1_T33	3
	4	Barnes 2	Barnes2_T11、Barnes2_T22、Barnes2_T33	3
	5	Cloude	Cloude_T11、Cloude_T22、Cloude_T33	3
	6	Holm 1	Holm1_T11、Holm1_T22、Holm1_T33	3
	7	Holm 2	Holm2_T11、Holm2_T22、Holm2_T33	3
	8	H/A/Alpha	alpha、anisotropy、beta、delta、delta、gamma、lambda	7
	9	Freeman 2	Freeman2_Ground、Freeman2_Vol	2
	10	Freeman 3	Freeman_Dbl、Freeman_Odd、Freeman_Vol	3
	11	Van Zyl 3	VanZyl3_Dbl、VanZyl3_Odd、VanZyl3_Vol	3
	12	Yamaguchi 3	Yamaguchi3_Dbl、Yamaguchi3_Odd、Yamaguchi3_Vol	3
	13	Yamaguchi 4	Yamaguchi4_Dbl、Yamaguchi4_Hlx、Yamaguchi4_Odd、Yamaguchi4_Vol	4
	14	Neuman 2	Neumann_delta_mod、Neumann_delta_pha、Neumann_psi、Neumann_tau	4
	15	Krogager	Krogager_Kd、Krogager_Kh、Krogager_Ks	3
	16	Touzi	TSVM_alpha_s、TSVM_alpha_s1、SVM_alpha_s2、TSVM_alpha_s3、TSVM_phi_s、TSVM_phi_s1、TSVM_phi_s2、TSVM_phi_s3、TSVM_psi、TSVM_psi1、TSVM_psi2、TSVM_psi3、TSVM_tau_m、TSVM_tau_m1、TSVM_tau_m2、TSVM_tau_m3	16
其他极化特征	17	SPAN	span、span_db	2
	18	极化相关系数	CCC、Ro12、Ro13、Ro23	4

2) 训练样本获取

根据野外实地调查数据,结合研究区 2014 年谷歌地球的影像,对 2014 年 6 月 7 日获取的研究区范围内的 GF-1 PMS 影像进行目视解译,得到本研究所需的训练样本。训练样本总共包含 7 类,分别为玉米、棉花、果树、其他树木、农村用地、城市用地、水体,各类别包含样本量分别为 719,700,706,710,712,709 和 710。

　　3)基于不同特征选择方法分类实验与结果分析

　　为了检验特征选择方法对 RADARSAT-2 影像识别秋粮作物的适用性,分别利用 Relief-F,MI 和 mRMR 三种特征选择方法和随机选择特征进行分类。首先把 390 个波段随机排序,使用 SVM 分类器,分别加入排序第一的特征波段进行分类,排序前两个特征的波段进行分类,以此类推进行了 390 次分类。然后计算排序第一的波段的分类精度,排序前两个波段的分类精度,以此类推,一直计算到 390 个波段的分类精度。最后将分类精度最高的结果和对应的波段数记录下来参与分析。基于三种特征选择方法的分类实验过程和基于随机选择特征的分类实验过程类似,只是依次加入的波段顺序不是随机选择的,而是由各特征选择方法根据自己的评判标准对特征进行排序,然后依次加入包含不同数量特征的特征子集进行分类,将分类精度最高的特征子集作为每种方法的最优特征子集。在以上实验中,SVM 分类器的核为径向基函数核,精度评价采用总体精度、Kappa 系、用户精度和产品精度,并且精度评价的结果为十折交叉验证所得到的平均值。

5.2.4　结果分析

　　利用 Relief-F、MI 和 mRMR 进行最优特征选择,选择出的最优特征见表 5.4。三种特征选择方法选择出的最优特征和最优特征数均不相同,Relief-F 最优特征子集的波段数为 8,MI 的为 9,mRMR 的为 10。利用选出的最优特征和随机选择的特征进行秋粮作物分类,分类结果精度见表 5.5,由表可知:①使用特征选择后进行分类的精度(87.76% ~ 92.65%)要高于未经过特征选择后分类的结果(81.22%);②考虑信息冗余的特择选择方法(mRMR)要比不考虑信息冗余的特征选择方法(MI 和 Relief-F)选出的最优特征的分类精度高,其分类结果见图 5.3;③在不考虑信息冗余的特征选择方法中,信息度量的特征选择方法(MI)比距离度量的特征选择方法(Relief-F)选出的最优特征的分类精度高。

表 5.4　Relief-F 和 MI 选出的最优特征子集

排序	Relief-F	MI	mRMR
1	'20140721Neumann_psi'	'20140603span_db'	'20140603span_db'
2	'20141001Neumann_psi'	'20141001span_db'	'20141001CCC'
3	'20140814Neumann_psi'	'20140814span_db'	'20140603alpha'
4	'20140907Neumann_psi'	'20140907span_db'	'20140603CCC'
5	'20140721Neumann_delta_pha'	'20140721span_db'	'20141001span_db'
6	'20140603CCC'	'20140603TSVM_alpha_s1'	'20140814CCC'

续表

排序	Relief-F	MI	mRMR
7	'20140603TSVM_phi_s1'	'20141001TSVM_alpha_s1'	'20140814span_db'
8	'20140603span_db'	'20140603TSVM_psi1'	'20140603Neumann_psi'
9	—	'20140603alpha'	'20140721CCC'
10	—	—	'20140721span_db'

表 5.5　Relief-F、MI、mRMR 和随机排序的最优识别结果

特征选择方法	精度/%	Relief-F	MI	mRMR	随机排序
玉米	生产者	91.43	97.14	98.57	81.43
	用户	96.97	97.14	98.57	100.00
棉花	生产者	87.14	97.14	94.29	80.00
	用户	89.71	97.14	88.00	96.55
果树	生产者	85.71	78.57	87.14	85.71
	用户	92.31	90.16	93.85	89.55
其他树木	生产者	84.29	78.57	81.43	88.57
	用户	60.20	75.34	87.69	66.67
农村用地	生产者	78.57	84.29	91.43	71.43
	用户	93.22	89.39	95.52	87.72
城市用地	生产者	97.14	95.71	100.00	98.57
	用户	95.77	81.71	86.42	60.53
水体	生产者	90.00	97.14	95.71	62.86
	用户	100.00	100.00	100.00	100.00
总体精度/%		87.76	89.80	92.65	81.22
Kappa 系数		0.86	0.88	0.91	0.74
最优子集波段数		8	9	10	15

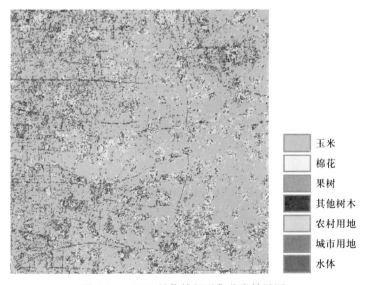

玉米
棉花
果树
其他树木
农村用地
城市用地
水体

图 5.3　mRMR 最优特征子集分类结果图

　　Relief-F 和 MI 两种特征选择方法选出的最优特征子集中在 Neumann 分解、
TSVM 分解、$H/A/\bar{\alpha}$ 分解的特征量,以及总功率(Span_db)和圆极化相关系数。
Neumann 分解在区分植被方面有较强的优势;总功率能够从后向散射总体回波
强度的角度区分不同地物类型;TSVM 分解得到的旋转不变特征量能够有效区
分识别建筑物;圆极化相关系数能够区分植被和建筑用地;$\bar{\alpha}$ 分量能够很好地表
征不同散射机制类型,如农作物的 $\bar{\alpha}$ 值接近于 50,因其主要散射机制为体散射,
而建筑物的 $\bar{\alpha}$ 值大于农作物的 $\bar{\alpha}$ 值,因其散射机制主要为二面角散射。然而研
究区中玉米和城市用地在雷达的极化特征上都存在同物异谱的现象(图 5.4),
例如,城市中建筑物的走向和方位角呈现一定夹角时,可能被极化分解认定为体
散射的情况,因此在极化特征图像中呈现出两个聚类中心。而 Relief-F 的特征
选择方法所采用的 k 邻近思想只能关注与抽选出的样本最邻近的 k 个同类或异
类样本的情况,并不能对远在另一个聚类中的同类或异类样本进行比较或度量。
因此,由于 Relief-F 算法本身的局限,该方法选出的某些特征有可能并不是最佳
特征。

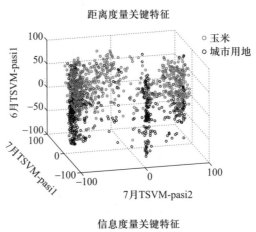

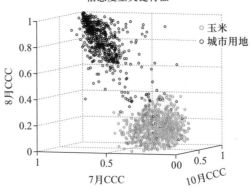

图 5.4　区分玉米–城市用地的关键特征散点图

由 MI 和 mRMR 选出的最优特征子集中排序第一的特征是一致的,这是由两个方法的算法确定的,即将与类别之间互信息最高的特征首先放入特征子集。经过去除冗余,MI 中排序 2 到 5 的特征在 mRMR 中排序都有不同程度的下降,尤其是 9 月的总功率(Span_db)已不在 mRMR 最优子集的范围内,可见所有月份的总功率特征之间存在着一定的冗余。另外,在 MI 最优子集列表中排序在 6 到 8 的 TSVM 分解量被排除在 mRMR 的最优特征子集之外,因为,TSVM 的分解量,尤其是 α_s 分解量与 $\bar{\alpha}$ 分解量之间存在很强的相似性,这与其他研究者对 TSVM 分解量的论述相符(Touzi,2006;车美琴等,2016)。

5.2.5　结论与讨论

本文对比分析了不同特征评价标准的特征选择方法对雷达影像分类精度的影响,得到如下结论:

(1) 使用特征选择方法对 SAR 图像的极化特征进行特征选择,从而得到最优特征子集,使用特征选择后进行分类的精度在 87.76% ~ 92.65%,未经过特征选择后的分类精度为 81.22%,因此使用特征子集进行分类能够有效提高分类的精度。

(2) 通过对比去除冗余的特征选择方法(mRMR)和未考虑冗余的特征选择方法(MI 和 Relief-F),发现特征选择方法能够排除特征子集中信息相似的极化特征,以改善分类效果。mRMR 选出的最优特征子集分类精度最高,为 92.65%。

(3) 以信息度量为基础的特征选择方法(MI)的分类结果优于以距离度量为评价标准的特征选择方法(Relief-F)。采用 MI 方法的总体分类精度比采用 Relief-F 的总体分类精度高 2.04%。原因在于距离度量,尤其是 k 邻近的算法并不能有效识别同物异谱的现象,容易将存在同物异谱的极化特征量作为优选特征,这影响了最终的分类精度。

5.3　光学影像图斑支持下多时相
雷达旱地秋粮作物提取

5.3.1　研究背景

在雷达遥感发展初期,只能提供单波段、单极化影像,作物与其他地物之间容易产生混淆(Paudyal et al.,1994;刘浩等,1997;张云柏,2004;Soria-Ruiz et al.,

2007）。随着技术发展,传感器通过发射不同极化状态的电磁波来获取全极化
SAR 数据,从多个角度揭示作物的结构特征和介电特性,便于更为深入地分析与
准确地提取(谭炳香和李增元,2000；Azuma et al.,2012)。然而 SAR 图像存在随
机散射效应引起的相干斑,采用传统的像元分类方法提取作物时存在"椒盐效
应"。面向对象方法首先利用光谱和纹理信息将相似的像元合并成图斑,用于
之后的作物分类,能够有效抑制 SAR 图像的强异质性(Qi et al.,2012；Jiao et al.,
2014；Mitchell et al.,2014)。然而,大多数研究基于雷达影像进行分割,地块容易
被分割成多个破碎的小图斑,后向散射特性相似的多类地物也可能合并到一个
图斑中(欠分割),这都将影响最终的分类精度。为此,本研究以玉米为目标,提
出一种新方法复合光学和雷达数据,综合像元和图斑分类结果,实现秋粮的准确
识别,为旱地作物识别提供理论和试验研究基础。

5.3.2 研究区与数据

本研究的研究区和第 5.2 节中的研究区一样,位于河北省衡水地区深州
市,中心地理坐标为东经 115°33′12″,北纬 38°3″。研究区内主要的地物类型
包括破碎的耕地地块、农村、城市建筑物、树木和水体。所用的数据为 4 期 C
波段的精细全极化(Fine Quad-Pol 19)模式 RADARSAT-2 单视复数数据(Single
Look Complex,SLC)监测的作物生长过程,获取时间分别为 2014 年 6 月 3 日,7
月 21 日,8 月 14 日和 9 月 7 日,覆盖了玉米的生长季。同时,研究数据集还包
括一景无云的光学 GF-1 PMS 数据,获取时间为 2014 年 6 月 7 日,分辨率为
8 m,包含 4 个波段：蓝波段(450～520 nm),绿波段(520～600 nm),红波段
(630～900 nm)和近红外波段(760～900 nm)。通过查询发现,该光学数据是
研究区在作物生长季过程中唯一的无云数据,将其分割,利用得到的图斑融合
雷达影像。

由于数据集包含了不同时相、不同传感器的影像,需要配准后才能融合。首
先,基于一景时相相近的 Landsat 8 OLI 数据对 GF-1 PMS 影像配准(图 5.5)。然
后,对四期 RADARSAT-2 影像进行地理编码和辐射定标,将其从斜距投影转换
为地理坐标投影,像元大小设置为 8 m,并配准到 GF-1 影像上,RMSE 均小于 0.2
像元。影像的投影方式为 UTM 投影,WGS84 坐系。最后,采用 Refined Lee 方
法对 RADARSAT-2 影像滤波(Lee,1981),窗口大小为 5×5 像元。

地面调查在 2014 年 8 月中旬进行,获取的地面信息用于精度验证。针对 8
月 7 日、分辨率为 16 m 的 GF-1 WFV 数据进行非监督分类,包括玉米、棉花、其
他作物、水体、建筑和树。基于分类结果进行随机抽样,其中,其他作物面积占的
比例小,检验样本点为 100 个,其他地物的检验样本点为 400 个。

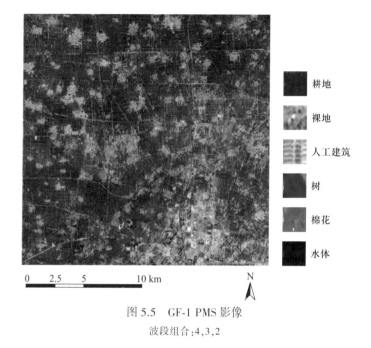

图 5.5　GF-1 PMS 影像

波段组合:4,3,2

5.3.3　研究方法与技术路线

5.3.3.1　极化信息提取

地物的极化特征由其散射机制决定,在耕地里主要包含三种散射机制:①土壤造成的表面散射;②土壤与作物茎秆构成的二次散射;③作物冠层引起的体散射。影响作物散射信息的因素很多,包括土壤类型、土壤湿度、作物的生物量以及几何形状等。在作物生长季过程中,这些因素会发生变化,导致耕地的散射机制发生改变。本研究采用 10 个极化特征来描述作物在生长过程中散射机制的变化,共有 40 个极化特征用于秋粮作物分类。

RADARSAT-2 数据可以采用 Sinclair 矩阵描述,包括 4 种组合的发射波和接收波方式:HH,HV,VH 和 VV,如下所示:

$$S = \begin{bmatrix} S_{HH} & S_{HV} \\ S_{VH} & S_{VV} \end{bmatrix} \tag{5.44}$$

在单站后向散射的情况下,发射天线和接收天线处于同一位置,满足互易性理论,即 $S_{HV} = S_{VH}$。

利用目标极化分解方法对图像处理,得到几种基本散射机理的组合,有助于人们对图像的理解,并且能够提高分类精度(Cloude and Pottier,1996;郎丰铠等,

2012)。目前,已有的极化目标分解方法包括两类:相干和非相干极化分解。对于相干极化分解,本研究采用 Pauli 方法对 RADARSAT-2 影像分解,得到表面 k1、偶次 k2 以及体散射 k3 信息;对于非相干分解,采用基于特征向量的 $H/A/\alpha$ 方法(Cloude and Pottier,1997)。其中熵 H 表示各类散射机制在总散射过程中的比重,范围在[0,1],若 $H=0$,表示只有一种散射机制,$H=1$ 则表示所有散射机制概率一样;A 为各向异性,当 H 值较大时($H>0.7$),A 值反映第二、三种散射机制对结果的影响程度;散射角 α 表示目标内部的自由度,$\alpha=0°$ 为各向同性的表明,即单次散射,$\alpha=45°$ 表示为偶极子,而 $\alpha=90°$ 时,散射机制类型为各向同性的二面角散射。

5.3.3.2　高分辨率光学影像图斑提取

已有研究大多基于雷达影像分割后进行土地覆盖分类,然而雷达影像本身异质性较强,容易将地块分割成多个破碎的小对象(过分割现象),同时也可能将地物后向散射特性相似的多种地物分割到一个对象中,这都会影响最后的分类精度。因此,本研究采用 eCognition 的多尺度分割法对 GF-1 PMS 影像分割,提供地物边界信息(Benz et al.,2004)。在分割过程中,尺度参数决定了图斑内的最大异质性,间接决定了图斑的大小(Puissant et al.,2014)。按照经验,分别设置尺度参数为30,50 和 80,形状和紧实度的权重分别为 0.1 和 0.5。目视分析分割结果,当尺度为30 时,不存在欠分割现象,计算图斑内雷达极化特征的均值用于提取作物。

5.3.3.3　秋粮作物分类

支持向量机(support vector machine,SVM),由于其受噪声干扰小、擅于处理高维数据、不需要大样本量等优势被广泛用于 SAR 图像分类(Mountrakis et al.,2011)。本研究结合多期雷达影像,针对每一种土地覆盖类型目视选择 60 个图斑作为训练样本,利用 SVM 分类提取秋粮作物分布。

由于光学影像只包含 6 月初的地物信息,随着时间的推移,图斑内可能包含多种地物。在分类时,这类图斑属于内部多类地物的概率都比较高,按照最大后验概率划分准则将其归为某一类别时会存在不确定性。本文采用信息熵来描述图斑分类结果的不确定性(Dean and Smith,2003):

$$H = -\sum_{i=1}^{n} P_i \log P_i \tag{5.45}$$

式中,P_i 表示图斑属于某一类的后验概率,n 为地物类别数目。当某个图斑为纯净地物时,熵值最小,为 0;当该图斑与每类地物的概率相等时,熵值最大。基于SVM 分类的后验概率计算熵值,熵值较大表明图斑内部可能存在多种地物,将其定义为混合图斑。对于混合图斑,将图斑分类中训练样本图斑包含的像元作为训练样本,进行像元尺度的 SVM 分类,将像元分类结果替代其图斑分类结果。

5.3.3.4   精度检验

误差矩阵是用来评价分类精度的一种标准格式,能够计算出 Kappa 系数、总体分类精度(overall accuracy,OA)、用户精度(user's accuracy,UA)、制图精度(producer's accuracy,PA)(Foody,2002)。基于野外采集的地面数据,对分类结果采用误差矩阵计算分类结果的精度指标。

5.3.4   结果分析

5.3.4.1   不同地物极化响应图分析

为了描述由于目标错综的几何结构和反射属性造成的复杂散射效应,van Zyl 等(1989)提出用极化响应图来表征极化空间内的归一化同极化功率密度和交叉极化功率密度。图 5.6 为 4 期 RADARSAT-2 影像中玉米的极化响应图,可以看出,6 月初时,最大的同极化返回功率发生在水平极化情况附近,而且在 $\psi=45°$ 和 $\psi=135°$ 附近出现散射低谷,这时玉米主要的散射机制为"Double-bounce",但是,由于地块内部只有部分玉米发生拔节,导致异质性较大,同极化和交叉极化的基高分别达到最大值。在 7 月时,玉米进入抽穗期,同极化响应图上的散射低谷变浅。相应地,在玉米交叉极化响应图上的两个散射峰值也变小,这是因为玉米抽穗之后,Double-bounce 散射越来越弱,其他散射机制增强。8 月时,作物进入乳熟期,多次散射效应明显,耕地区域的回波信息以体散射为主,导致基高值增大,并与 9 月的极化响应图差不多,说明作物进入乳熟期后结构和生物量等信息保持稳定。

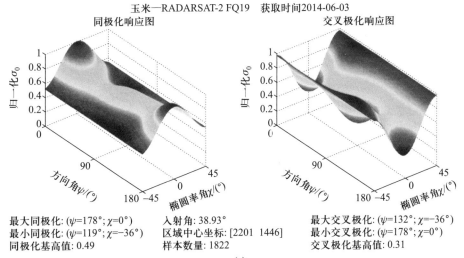

玉米—RADARSAT-2 FQ19   获取时间2014-06-03

最大同极化:($\psi=178°$; $\chi=0°$)   入射角: 38.93°   最大交叉极化:($\psi=132°$; $\chi=-36°$)
最小同极化:($\psi=119°$; $\chi=-36°$)   区域中心坐标: [2201 1446]   最小交叉极化:($\psi=178°$; $\chi=0°$)
同极化基高值: 0.49   样本数量: 1822   交叉极化基高值: 0.31

(a)

玉米—RADARSAT-2 FQ19 获取时间2014-07-21

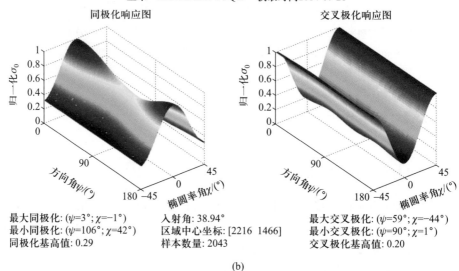

最大同极化: $(\psi=3°; \chi=-1°)$ 入射角: 38.94°　　　　最大交叉极化: $(\psi=59°; \chi=-44°)$
最小同极化: $(\psi=106°; \chi=42°)$ 区域中心坐标: [2216 1466]　最小交叉极化: $(\psi=90°; \chi=1°)$
同极化基高值: 0.29 样本数量: 2043　　　　交叉极化基高值: 0.20

(b)

玉米—RADARSAT-2 FQ19 获取时间2014-08-14

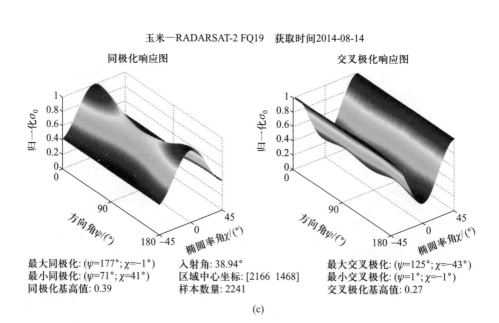

最大同极化: $(\psi=177°; \chi=-1°)$ 入射角: 38.94°　　　　最大交叉极化: $(\psi=125°; \chi=-43°)$
最小同极化: $(\psi=71°; \chi=41°)$ 区域中心坐标: [2166 1468]　最小交叉极化: $(\psi=1°; \chi=-1°)$
同极化基高值: 0.39 样本数量: 2241　　　　交叉极化基高值: 0.27

(c)

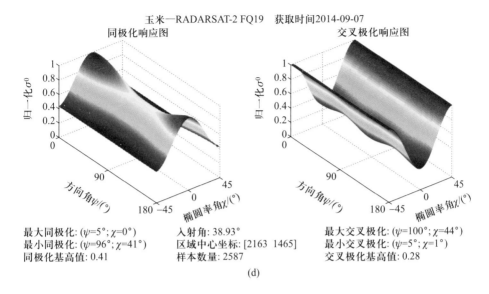

最大同极化: ($\psi=5°$; $\chi=0°$)　入射角: 38.93°　最大交叉极化: ($\psi=100°$; $\chi=44°$)
最小同极化: ($\psi=96°$; $\chi=41°$)　区域中心坐标: [2163 1465]　最小交叉极化: ($\psi=5°$; $\chi=1°$)
同极化基高值: 0.41　样本数量: 2587　交叉极化基高值: 0.28

(d)

图 5.6　不同时相玉米的极化响应图

　　图 5.7 为研究区内其他地物的极化响应图。水体的基高最低,去极化程度小,说明水体表面的粗糙度小,在水体范围内的散射变化不大。同极化的最大值位于 $\chi=0°$,$\psi=90°$ 附近,表明在水体表面主要为奇次散射;对于交叉极化,最小接收功率出现在线性极化的情况,最大接收功率近似于圆极化,表明线性极化返回的电场基本与入射的电场垂直。城市的极化响应图很好地展示了二面角的反射机制,电磁波与建筑接触时,在建筑和地表分别反射一次,导致后向散射的回波方向与入射方向平行,而 S_{HH} 与 S_{VV} 的相位差为 180°,因此同极化响应的最小值出现在 $\chi=0°$,$\psi=45°$ 和 135° 附近,交叉极化响应在这两个位置附近出现最大值。农村区域的极化响应图差异较大,对于农村区域 1,最大的接收功率位于水平垂直极化($\chi=0°$,$\psi=0°$),接收功率最小值位于 $\psi=121°$ 处,类似于城市区域,属于二次散射。对于农村区域 2,基高值(0.36)明显高于区域 1,这是因为该区域内树木较多,随机散射效应较强。林地的水平和垂直极化回波的功率基本一致,垂直极化返回功率略小,与 Durden 的结论保持一致(Durden et al.,1989)。棉花的散射响应图以及基高值与林地类似,由于其朝向基本与视向保持垂直,在不同线性极化情况下返回功率的差异比森林区域小。通过对比发现,玉米和其他地物存在一定的差异,并且玉米在 4 期影像中散射特性的变化也不同于其他地物,表明多时相雷达数据适用于秋粮提取。

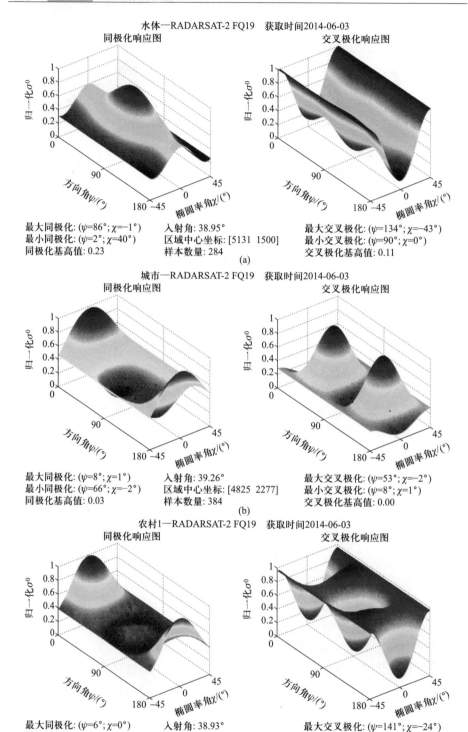

水体—RADARSAT-2 FQ19   获取时间2014-06-03

同极化响应图   交叉极化响应图

最大同极化: (ψ=86°; χ=-1°)   入射角: 38.95°   最大交叉极化: (ψ=134°; χ=-43°)
最小同极化: (ψ=2°; χ=40°)   区域中心坐标: [5131 1500]   最小交叉极化: (ψ=90°; χ=0°)
同极化基高值: 0.23   样本数量: 284   交叉极化基高值: 0.11

(a)

城市—RADARSAT-2 FQ19   获取时间2014-06-03

同极化响应图   交叉极化响应图

最大同极化: (ψ=8°; χ=1°)   入射角: 39.26°   最大交叉极化: (ψ=53°; χ=-2°)
最小同极化: (ψ=66°; χ=-2°)   区域中心坐标: [4825 2277]   最小交叉极化: (ψ=8°; χ=1°)
同极化基高值: 0.03   样本数量: 384   交叉极化基高值: 0.00

(b)

农村1—RADARSAT-2 FQ19   获取时间2014-06-03

同极化响应图   交叉极化响应图

最大同极化: (ψ=6°; χ=0°)   入射角: 38.93°   最大交叉极化: (ψ=141°; χ=-24°)
最小同极化: (ψ=121°; χ=-22°)   区域中心坐标: [1916 1449]   最小交叉极化: (ψ=6°; χ=0°)
同极化基高值: 0.29   样本数量: 2440   交叉极化基高值: 0.10

(c)

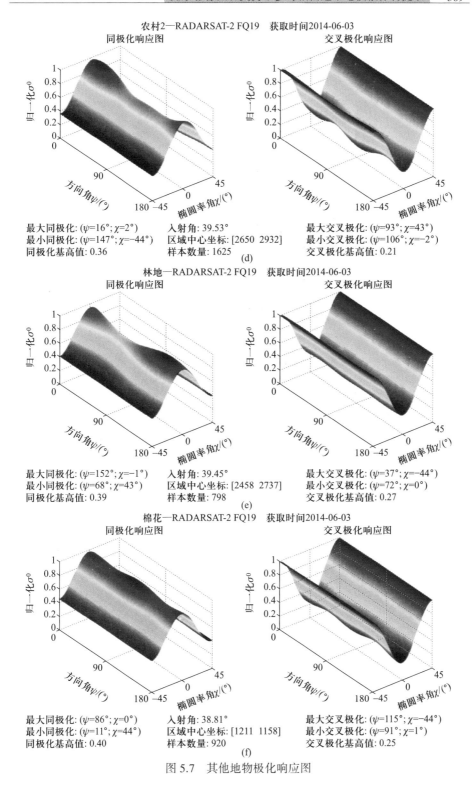

图 5.7 其他地物极化响应图

影像分割作为图斑分类中的重要部分,分割质量直接影响分类的精度。为了体现基于光学影像分割的优势,本文对 6 月 3 日 RADARSAT-2 影像分割,通过目视判别,确定最优尺度为 10,并与光学分割结果对比,如图 5.8 所示。

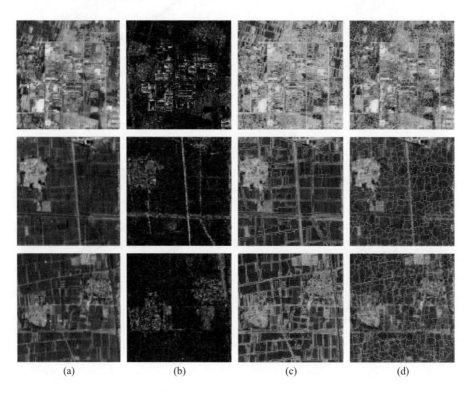

(a)   (b)   (c)   (d)

图 5.8   基于光学和雷达影像分割结果(三个子区域)(a) 光学影像;(b) 6 月 3 日雷达影像;(c) 光学分割结果;(d) 雷达分割结果

可以看出,对于三个子区域,基于光学影像的分割都明显优于雷达图像分割结果,更加符合真实地物分布。子区域 1 中,光学图像分割结果准确地将多个房屋划分到不同图斑中,树木和裸地也被分割为单独的图斑;而基于对雷达图像进行分割时,单个建筑被划分为多个图斑,也会与道路、树木合并到一个图斑中。子区 2 为典型的耕地区域,利用光学影像进行分割可以将树木和耕地区分开,对雷达图像分割则难以准确区分不同地物,而且耕地地块被分割的比较破碎。在子区 3 中,雷达分割结果中存在树木和建筑物的混淆。因此,将图斑尺度的雷达极化信息用于作物分类,一方面利用了光学影像对地物清晰表达的优势,另一方面又能发挥雷达能够全天候获取作物信息的长处,可以很好地用于中国北方秋粮作物信息监测。

5.3.4.2　对比分析

图 5.9 和图 5.10 分别为像元和图斑的 SVM 分类结果,精度评价见表 5.6 和表 5.7。由于相干斑噪声的影响,像元分类效果比较差,存在严重的"椒盐效应",OA 只有 62.68%,Kappa 系数为 0.567。玉米的生产者精度为 93.50%,基本能反映真实的分布情况。但是,由于 SVM 夸大"大地物"的特征以及 SAR 图像的随机散射效应,田间小路由于反映出跟玉米相似的散射机制而被错分为玉米,导致玉米的用户精度很低,只有 49.21%。这个效应在农村中也比较明显,树木和建筑交错分布,降低了这两类地物的区分度。最严重的分类误差发生在棉花和树之间,从 6 月开始,棉花已经进入苗期,出现幼蕾,后向散射主要由作物冠层的体散射和土壤的奇次散射所组成。而对于树木,C 波段电磁波穿透性较弱,只能与其冠层发生作用,导致这两类地物的极化特征相似,产生混淆,从棉花和林地的极化响应图也可看出这两种地物的差别不大。另外,部分建筑物的顶端为光滑表面,回波的能量弱,与水体表面相似,在分类时两者存在混淆。因此,基于像元的分类结果难以准确反映不同地物的分布。

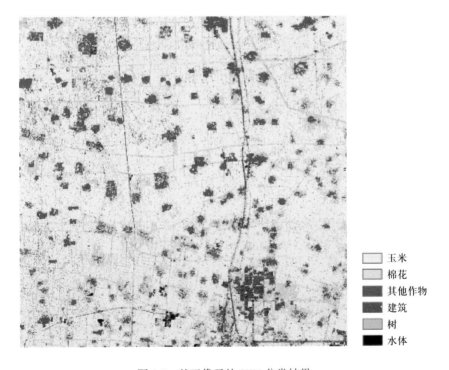

图 5.9　基于像元的 SVM 分类结果

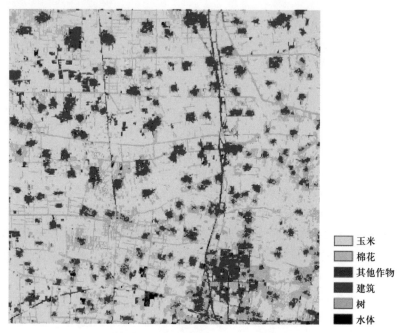

图 5.10　基于图斑的 SVM 分类结果

表 5.6　基于像元的 SVM 分类精度

分类结果	地面真实数据						用户精度/%
	玉米	棉花	其他作物	建筑	树	水体	
玉米	374	128	41	18	98	75	50.95
棉花	8	204	2	2	109	3	62.20
其他作物	13	5	54	2	0	8	65.85
建筑	4	4	1	357	24	75	76.77
树	1	59	0	5	169	1	71.91
水体	0	0	2	16	0	238	92.97
生产者精度/%	93.50	51.00	54.00	89.25	42.25	59.50	
总体精度	66.48%						
Kappa	0.59						

表 5.7　基于图斑的 SVM 分类精度

分类结果	地面真实数据						用户精度/%
	玉米	棉花	其他作物	建筑	树	水体	
玉米	325	15	9	1	7	16	87.13
棉花	11	359	1	0	35	7	86.92
其他作物	59	0	90	0	0	7	57.69
建筑	0	1	0	395	37	63	79.64
树	5	25	0	2	321	14	87.47
水体	0	0	0	2	0	293	99.32
生产者精度/%	81.25	89.75	90.00	98.75	80.25	73.25	
总体精度	84.90%						
Kappa	0.82						

图斑方法在很大程度上消除了噪声对结果的影响,提高了分类精度(OA 提高了 21.52%,Kappa 提高了 0.251)。其中,树木和棉花精度提高最多,但这两类地物极化信息相似,仍然存在一定的分类误差。在像元分类结果中,树木和农村建筑被错分为玉米,而图斑方法结合纹理信息,在分割时已经准确地将其划分到不同图斑中,因此,玉米的用户精度提高到 86.90%。然而,有些地块内部的部分区域在 8 月时仍是裸地信息,之后种植其他经济作物,在 9 月表现为植被信息,导致图斑包含两种地物。在分类时,这些图斑被划分为其他作物,降低了玉米的生产者精度。

尽管图斑尺度的分类方法改善了精度,依然存在不确定性,本研究基于图斑分类结果的后验概率计算熵值。熵值较高的图斑主要分布在地块边缘,这些区域受到相干斑的影响,导致雷达信号差异大,并不是存在多种地物,因此保留图斑分类结果。还有一些图斑内部存在多种地物,导致熵值较大。本文通过"trial-and-error"方法,定义熵值大于 1.2 的作物图斑为混合图斑,将像元的分类结果替代其图斑分类结果,如图 5.11 所示,误差矩阵见表 5.8。在子区,图斑内部存在

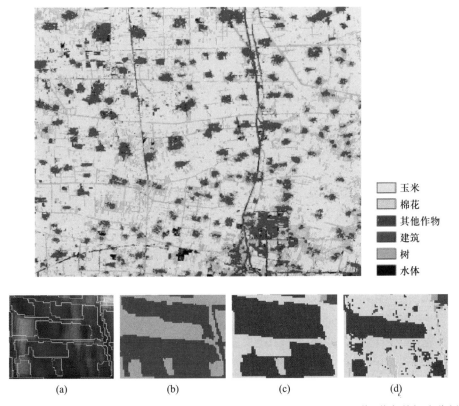

图 5.11 结合图斑/像元方法的 SVM 分类结果及子区图:(a) 8 月 7 日影像,黄色外框为分割结果;(b) 混合图斑划分结果,红色(绿色)为混合(纯净)图斑;(c) 图斑分类结果;(d) 结合图斑/像元分类结果

裸地和玉米,熵值很好地反映了散射机制的多样性,结合像元/图斑分类结果后,能够表达图斑内部不同地物的空间分布,因此玉米的生产者精度提高到92.25%,其他作物的用户精度提高到78.22%。总的来看,本研究提出的方法在低熵区域保留了图斑分类结果,在高熵区域为像元分类结果,虽然像元分类结果存在噪声,但也在一定程度上综合了两者的优势,解决了纯净/混合图斑共存的问题,能够更加准确地反映地物的分布情况。

表 5.8　结合图斑/像元方法的分类精度

分类结果	地面真实数据						用户精度/%
	玉米	棉花	其他作物	建筑	树	水体	
玉米	369	16	19	1	6	8	88.07
棉花	13	357	0	0	36	7	86.44
其他作物	13	1	79	0	0	8	78.22
建筑	0	1	1	395	37	63	79.48
树	5	25	0	2	321	14	87.47
水体	0	0	1	2	0	300	99.01
生产者精度/%	92.25	89.25	79.00	98.75	80.25	75.00	
总体精度	86.71%						
Kappa	0.84						

5.3.5　结论与讨论

由于作物生长季过程中的光学数据经常被云污染,无法提供常用的信息(如 NDVI、LAI 等)用于识别作物,因此本研究提出一种融合作物生长前的无云光学影像和雷达图像的方式进行秋粮分布范围提取。首先,针对光学影像进行分割,然后统计图斑内部的极化雷达特征,分别进行像元和图斑级别的 SVM 分类。对比结果发现:像元级别的分类结果噪声严重,OA 只有 62.68%,Kappa 系数为 0.567。其中,棉花和树极化特征相似,分类误差最大。图斑尺度的分类方法充分利用纹理等空间信息,有效解决了像元分类结果中的"椒盐效应",OA 提高了 21.52%,Kappa 系数提高了 0.251。然而,考虑到图斑内部可能存在多种地物,本研究利用熵值划分纯净/混合图斑,利用像元分类结果替代混合图斑的分类结果,准确地描述了混合图斑中不同地物的分布,玉米的生产者精度提高到92.25%,其他作物的用户精度提高到78.22%,改进了目前常用的图斑分类算法。

对比分析光学和雷达图像的分割结果发现,雷达图像分割结果无法准确区分地物,而无云的光学影像则体现了很好的优势,提供了准确的地物图斑,有助于提高分类精度。因此,本文提出的方法很好地结合了两种数据的特点,能够适用于秋粮作物的识别。然而,由于 C 波段的数据对树木等植被的穿透性较弱,导致树木和棉花混淆比较严重,可以考虑利用多波段数据(C 波段和 L 波段)进行作物监测。

参 考 文 献

阿里木·赛买提. 2015. 基于集成学习的全极化 SAR 图像分类研究. 南京大学博士研究生学位论文.

车美琴, 阿里木·赛买提, 杜培军, 罗洁琼, 鲍蕊. 2016. 利用旋转不变特征提取全极化 SAR 影像人工地物. 遥感学报, 20(2): 303-314.

陈琪, 陆军, 王娜, 匡纲要. 2011. 一种基于 SAR 图像鉴别的港口区域舰船目标新方法. 宇航学报, 32(12): 2582-2588.

陈文婷. 2012. SAR 图像舰船目标特征提取与分类识别方法研究. 国防科学技术大学硕士研究生学位论文.

丁娅萍. 2013. 基于微波遥感的旱地作物识别及面积提取方法研究. 中国农业科学院硕士研究生学位论文.

丁娅萍, 陈仲新. 2014. 基于最小距离法的 RADARSAT-2 遥感数据旱地作物识别. 中国农业资源与区划, 35(6): 79-84.

东朝霞, 王迪, 周清波, 陈仲新, 刘佳. 2016. 基于 SAR 遥感的北方旱地秋收作物识别研究. 中国农业资源与区划, 37(8): 27-36.

董彦芳, 孙国清, 庞勇. 2005. 基于 ENVISAT ASAR 数据的水稻监测. 中国科学(D 辑:地球科学), 2005(7): 682-689.

杜烨, 郭长青, 文宁, 葛春青, 黄峰. 2014. 基于多时相 COSMO-SkyMed SAR 数据对水稻信息提取方法的研究与应用. 遥感信息, 29(3): 30-34.

冯琦. 2012. 基于 SVM 的多时相极化 SAR 影像土地覆盖分类方法研究. 中国林业科学研究院硕士研究生学位论文.

韩宇. 2015. 多时相 C 波段全极化 SAR 农作物识别方法研究. 内蒙古师范大学硕士研究生学位论文.

化国强, 王晶晶, 黄晓军, 陈尔学, 李秉柏. 2011. 基于全极化 SAR 数据散射机理的农作物分类. 江苏农业学报, 27(5): 978-982.

化国强, 肖靖, 黄晓军, 陈尔学, 李秉柏. 2011. 基于全极化 SAR 数据的玉米后向散射特征分析. 江苏农业科学, 39(3): 562-565.

贾坤, 李强子, 田亦陈, 吴炳方, 张飞飞, 蒙继华. 2011. 微波后向散射数据改进农作物光谱分类精度研究. 光谱学与光谱分析, 31(2): 483-487.

焦智灏, 杨健, 宋建社, 叶春茂. 2013. 基于特征选择与 GOPCE 的舰船检测方法. 太赫兹科学与电子信息学报, 11(5): 702-706.

郎丰铠, 杨杰, 赵伶俐, 张兢, 李德仁. 2012. 基于 Freeman 散射熵和各向异性度的极化 SAR 影像分类算法研究. 测绘学报, 41(4): 556-562.

李新武, 赵天杰, 张立新. 2008. 基于双频多极化数据的农作物后向散射特性模拟分析及类型识别. 国土资源遥感, 20(2): 68-73.

刘浩, 邵芸, 王翠珍. 1997. 多时相 Radarsat 数据在广东肇庆地区稻田分类中的应用. 国土资源遥感, (4): 1-6.

迈特尔. 2013. 合成孔径雷达图像处理. 北京: 电子工业出版社.

孙萍. 2013. 极化 SAR 图像建筑物提取方法研究. 首都师范大学硕士研究生学位论文.

谭炳香, 李增元. 2000. SAR 数据在南方水稻分布图快速更新中的应用方法研究. 国土资源遥感, (1): 24-27.

田海峰, 邬明权, 牛铮, 王长耀, 赵昕. 2015. 基于 Radarsat-2 影像的复杂种植结构下旱地作物识别. 农业工程学报, 31(23): 154-159.

王迪, 周清波, 陈仲新, 刘佳. 2014. 基于合成孔径雷达的农作物识别研究进展. 农业工程学报, 30(16): 203-212.

文伟, 曹雪菲, 张学峰, 陈渤, 王英华, 刘宏伟. 2017. 一种基于多极化散射机理的极化 SAR 图像舰船目标检测方法. 电子与信息学报, 39(1): 103-109.

闫丽丽. 2013. 基于散射特征的极化 SAR 影像建筑物提取研究. 中国矿业大学博士研究生学位论文.

杨浩. 2015. 基于时间序列全极化与简缩极化 SAR 的作物定量监测研究. 中国林业科学研究院博士研究生学位论文.

姚旭, 王晓丹, 张玉玺, 权文. 2012. 特征选择方法综述. 控制与决策, 27(2): 161-166.

尤淑撑, 张玮, 严泰来. 2000. 模糊分类技术在作物类型识别中的应用. 国土资源遥感, (1): 39-43.

张萍萍. 2006. 利用 ASAR 数据进行水稻识别和监测. 南京信息工程大学硕士研究生学位论文.

张细燕, 何隆华. 2015. 基于 SAR 与 Landsat TM 的小区域稻田的识别研究——以南京市江宁区为例. 遥感技术与应用, 30(1): 43-49.

张云柏. 2004. ASAR 影像应用于水稻识别和面积测算研究——以江苏宝应县为例. 南京农业大学硕士研究生学位论文.

赵天杰, 李新武, 张立新, 王芳. 2009. 双频多极化 SAR 数据与多光谱数据融合的作物识别. 地球信息科学学报, 11(1): 84-90.

朱晓铃. 2005. Envisat ASAR 数据处理及其在农林资源监测上的应用. 福州大学硕士研究生学位论文.

朱宗斌, 赵朝方, 曾侃, 马佑军. 2015. 二进制粒子群支持向量机算法在 SAR 图像海面溢油特征选择的应用. 海洋湖沼通报, 2015(3): 177-184.

Azuma K, Azuma K, Azuma K, Watanabe M, Ishitsuka N, Ogawa S, Saito G. 2012. Growth monitoring and classification of rice fields using multitemporal RADARSAT-2 full-polarimetric data. *International Journal of Remote Sensing*, 33(18): 5696-5711.

Banerjee B, Bhattacharya A, Buddhiraju K M. 2014. A generic land-cover classification framework for polarimetric SAR images using the optimum touzi decomposition parameter subset—An insight on mutual information-based feature selection techniques. *IEEE Journal of Selected Topics in Applied Earth Observations & Remote Sensing*, 7(4): 1167–1176.

Benz U C, Hofmann P, Willhauck G, Lingenfelder I, Heynen M. 2004. Multi-resolution, object-oriented fuzzy analysis of remote sensing data for GIS-ready information. *ISPRS Journal of Photogrammetry & Remote Sensing*, 58(3–4): 239–258.

Bindel M, Hese S, Berger C, Schmullius C. 2011. Feature selection from high resolution remote sensing data for biotope mapping. *ISPRS—International Archives of the Photogrammetry, Remote Sensing and Spatial Information Sciences*, 3819(4): 39–44.

Blaes X, Vanhalle L, Defourny P. 2005. Efficiency of crop identification based on optical and SAR image time series. *Remote Sensing of Environment*, 96(3): 352–365.

Bouman B A M, Uenk D. 1992. Crop classification possibilities with radar in ERS-1 and JERS-1 configuration. *Remote Sensing of Environment*, 40(1): 1–13.

Chehresa S, Amirkhani A, Rezairad G A, Mosavi M R. 2016. Optimum features selection for oil spill detection in SAR image. *Journal of the Indian Society of Remote Sensing*, 44(5): 775–787.

Chen W T, Ji K F, Xing X W, Zou H X, Hao S. 2013. Ship Recognition in High Resolution SAR Imagery Based on Feature Selection. International Conference on Computer Vision in Remote Sensing, Xiamen, China. IEEE, 301–305.

Cloude S R. 2007. Target decomposition theorems in radar scattering. *Electronics Letters*, 21(1): 22–24.

Cloude S R, Pottier E. 1996. A review of target decomposition theorems in radar polarimetry. *IEEE Transactions on Geoscience & Remote Sensing*, 34(2): 498–518.

Cloude S R, Pottier E. 1997. An entropy based classification scheme for land applications of polarimetric SAR. *IEEE Transactions on Geoscience & Remote Sensing*, 35(1): 68–78.

Cloutis E A. 1999. Agricultural crop monitoring using airborne multi-spectral imagery and C-band synthetic aperture radar. *International Journal of Remote Sensing*, 20(4): 767–787.

Cloutis E A, Connery D R, Major D J, Dover F J. 1996. Agricultural crop condition monitoring using airborne C-band synthetic aperture radar in southern Alberta. *International Journal of Remote Sensing*, 17(13): 2565–2577.

Dean A M, Smith G M. 2003. An evaluation of per-parcel land cover mapping using maximum likelihood class probabilities. *International Journal of Remote Sensing*, 24(14): 2905–2920.

Ding C, Peng H. 2005. Minimum redundancy feature selection from microarray gene expression data. *Journal of Bioinformatics & Computational Biology*, 3(2): 185.

Durden S L, Van Zyl J J, Zebker H A. 1989. Modeling and observation of the radar polarization signature of forested areas. *IEEE Transactions on Geoscience & Remote Sensing*, 27(3): 290–301.

Dutra L V. 1999. Feature extraction and selection for ERS-1/2 InSAR classification. *International Journal of Remote Sensing*, 20(5): 993-1016.

Foody G M. 2002. Status of land cover classification accuracy assessment. *Remote Sensing of Environment*, 80(1): 185-201.

Freeman A. 2007. Fitting a two-component scattering model to polarimetric SAR data from forests. *IEEE Transactions on Geoscience & Remote Sensing*, 45(8): 2583-2592.

Freeman A, Durden S L. 1993. Three-component scattering model to describe polarimetric SAR data. *Proc. SPIE*, 1748: 213-224.

Freeman A, Durden S L. 1998. A three-component scattering model for polarimetric SAR data. *IEEE Transactions on Geoscience & Remote Sensing*, 36(3): 963-973.

Freeman A, Villasenor J, Klein J D, Hoogeboom P, Groot J. 1994. On the use of multi-frequency and polarimetric radar backscatter features for classification of agricultural crops. *International Journal of Remote Sensing*, 15(9): 1799-1812.

Guo Y, Zhang H Z. 2014. Oil spill detection using synthetic aperture radar images and feature selection in shape space. *International Journal of Applied Earth Observation & Geoinformation*, 30(1): 146-157.

Haddadi A G, Sahebi M R, Mansourian A. 2011. Polarimetric SAR feature selection using a genetic algorithm. *Canadian Journal of Remote Sensing*, 37(1): 27-36.

Haldar D, Patnaik C. 2010. Synergistic use of multi-temporal Radarsat SAR and AWIFS data for Rabi rice identification. *Journal of the Indian Society of Remote Sensing*, 38(1): 153-160.

Holm W A, Barnes R M. 1988. *On radar polarization mixed target state decomposition techniques*. Proceedings of the 1988 IEEE National Radar Conference, Ann Arbor, Michigan, USA.

Huynen J R. 1978. Phenomenological theory of radar targets. *Electromagnetic Scattering*, 653-712.

Jiao X, Kovacs J M, Shang J, Mcnairn H, Dan W, Ma B, Geng X. 2014. Object-oriented crop mapping and monitoring using multi-temporal polarimetric Radarsat-2 data. *ISPRS Journal of Photogrammetry & Remote Sensing*, 96(96): 38-46.

Karathanassi V. 2009. Investigation of genetic algorithms contribution to feature selection for oil spill detection. *International Journal of Remote Sensing*, 30(3): 611-625.

Kira K, Rendell L A. 1992. The Feature Selection Problem: Traditional Methods and a New Algorithm. Tenth National Conference on Artificial Intelligence, San Jose, California, USA.

Kononenko I. 1994. *Estimating Attributes: Analysis and Extensions of RELIEF*. Berlin, Heidelberg, Germany: Springer.

Krogager E. 2002. New decomposition of the radar target scattering matrix. *Electronics Letters*, 26(18): 1525-1527.

Kussul N, Skakun S, Shelestov A, Kravchenko O, Kussul O. 2013. Crop classification in ukraing using satellite optical and SAR images. *International Journal Information Models and Analyses*, 2(2): 118-122.

Le Toan T, Laur H, Mougin E. 1989. Multitemporal and dual-polarization observations of agricultural vegetation covers by X-band SAR images. *IEEE Transactions on Geoscience & Remote Sensing*, 56(3): 1339-1346.

Lee J S. 1981. Refined filtering of image noise using local statistics. *Computer Graphics & Image Processing*, 15(4): 380-389.

Lemoine G G, Grandi G F D, Sieber A J. 1994. Polarimetric contrast classification of agricultural fields using Maestro 1 Airsar data. *International Journal of Remote Sensing*, 15(14): 2851-2869.

Liew S C, Kam S P, Tuong T P, Chen P. 1998. Application of multitemporal ERS-2 synthetic aperture radar in delineating rice cropping systems in the Mekong River Delta, Vietnam. *IEEE Transactions on Geoscience & Remote Sensing*, 36(5): 1412-1420.

Maghsoudi Y, Collins M J, Leckie D. 2011. On the Use of Feature Selection for Classifying Multitemporal Radarsat-1 Images for Forest Mapping. *IEEE Geoscience & Remote Sensing Letters*, 8(5): 904-908.

Makedonas A, Theoharatos C, Tsagaris V, Anastasopoulos V, Costicoglou S. 2015. Vessel classification in cosmo-skymed SAR data using hierarchical feature selection. *International Archives of the Photogrammetry Remote Sensing*, 2015(7): 975-982.

Massonnet D, Souyris J. 2015. 合成孔径雷达成像. 洪文和胡东辉译. 北京:电子工业出版社.

Mitchell A L, Tapley I, Milne A K, Williams M L, Zhou Z S, Lehmann E, Caccetta P, Lowell K, Held A. 2014. C-and L-band SAR interoperability: Filling the gaps in continuous forest cover mapping in Tasmania. *Remote Sensing of Environment*, 155: 58-68.

Mountrakis G, Im J, Ogole C. 2011. Support vector machines in remote sensing: A review. *ISPRS Journal of Photogrammetry & Remote Sensing*, 66(3): 247-259.

Neumann M, Ferrofamil L, Pottier E. 2010. A general model-based polarimetric decomposition scheme for vegetated areas. *Proceedings of the Fourth International Workshop on Science & Applications of SAR Polarimetry & Polarimetric Interferometry Poiinsar*, POLinSAR 2009, Frascati, Italy. ESA SP-668.

Paudyal D R, Eiumnoh A, Aschbacher J, Schumann R. 1994. *A Knowledge Based Classification of Multitemporal ERS-1 and JERS-1 SAR Images Over the Tropics*. International Geoscience & Remote Sensing Symposium. *IGARSS* 1994, *IEEE International*, Pasadena, California, USA. IEEE, 3: 1612-1614.

Puissant A, Rougier S, Stumpf A. 2014. Object-oriented mapping of urban trees using Random Forest classifiers. *International Journal of Applied Earth Observations & Geoinformation*, 26(1): 235-245.

Qi Z, Yeh G O, Li X, Lin Z. 2012. A novel algorithm for land use and land cover classification using Radarsat-2 polarimetric SAR data. *Remote Sensing of Environment*, 118: 21-39.

Schmullius C C, Nithack J. 1997. Temporal Multiparameter Airborne DLR E-SAR Images for Crop Monitoring: Summary of the Cleopatra Campaign 1992. *Proc. SPIE* 2959, *Remote Sensing of Vegetation and Sea*, Taormina, Italy.

Sinclair G. 1950. The transmission and reception of elliptically polarized waves. *Proceedings of the Ire*, 38(2): 148-151.

Soares J V, Renno C D, Formaggio A R, Cdacf Y, Frery A C. 1997. An investigation of the selection of texture features for crop discrimination using SAR imagery. *Proceedings of SPIE—The International Society for Optical Engineering*, 2959(2): 24-36.

Soria-Ruiz J, Fernandez-Ordonez Y, Mcnairm H, Bugden-Storie J. 2007. Corn Monitoring and Crop Yield Using Optical and Radarsat-2 Images. *Geoscience and Remote Sensing Symposium*, *IGARSS 2007*, *IEEE International*, Barcelona, Spain. IEEE, 3655-3658.

Srikanth P, Ramana K V, Shankar T P, Choudhary K K, Chandrasekhar K, Seshasai M V R, Behera G. 2012. Inventory of irrigated rice ecosystem using polarimetric SAR data. *ISPRS— International Archives of the Photogrammetry*, *Remote Sensing and Spatial Information Sciences*, 38(8): 46-49.

Stathakis D, Topouzelis K, Karathanassi V. 2006. Large-scale feature selection using evolved neural networks. *Optics & Laser Technology*, 37(5): 402-409.

Tan C P, Ewe H T, Chuah H T. 2011. Agricultural crop-type classification of multi-polarization SAR images using a hybrid entropy decomposition and support vector machine technique. *International Journal of Remote Sensing*, 32(22): 7057-7071.

Topouzelis K, Psyllos A. 2012. Oil spill feature selection and classification using decision tree forest on SAR image data. *ISPRS Journal of Photogrammetry & Remote Sensing*, 68(1): 135-143.

Touzi R. 2006. Target scattering decomposition in terms of roll-invariant target parameters. *IEEE Transactions on Geoscience & Remote Sensing*, 45(1): 73-84.

Van Zyl J J. 1989. Unsupervised classification of scattering behavior using radar polarimetry data. *IEEE Transactions on Geoscience & Remote Sensing*, 27(1): 36-45.

Waske B, Schiefer S, Braun M. 2006. random feature selection for decision tree classification of multi-temporal SAR data. IEEE International Symposium on Geoscience and Remote Sensing, Denver, Colorado, USA . IEEE, 168-171.

Yamaguchi Y, Moriyama T, Ishido M, Yamada H. 2005. Four-component scattering model for polarimetric SAR image decomposition. *IEEE Transactions on Geoscience & Remote Sensing*, 43(8): 1699-1706.

Zyl J J V. 1993. Application of cloude's target decomposition theorem to polarimetric imaging radar data. *Proceedings of SPIE—The International Society for Optical Engineering*, San Diego, CA, United States. Proc. SPIE 1748, Radar Polarimetry, 184-191.

附 表

附表 1 不同样本量下各种分类方法的总体分类精度

样本量/%	分类方法	总体分类精度/%										最小值	最大值	平均值
		1	2	3	4	5	6	7	8	9	10			
0.25	马氏距离	87.56	87.01	86.88	86.93	86.93	86.96	85.83	86.39	88.38	86.86	85.83	88.38	86.97
	最大似然法	91.51	92.59	93.41	93.85	92.98	92.06	93.54	92.61	93.23	93.03	91.51	93.85	92.88
	最小距离法	86.79	89.55	89.08	89.20	89.74	90.20	89.65	88.85	89.71	89.80	86.79	90.20	89.26
	平行六面体	89.41	89.36	88.61	88.81	88.85	87.66	88.88	88.76	89.50	100.00	87.66	100.00	89.98
	光谱角制图	79.50	79.19	79.53	79.48	78.48	79.75	80.09	79.31	80.99	80.10	78.48	80.99	79.64
	SVM	93.00	92.34	93.24	91.60	93.01	92.64	94.40	93.80	93.33	92.65	91.60	94.40	93.00
0.5	马氏距离	86.74	87.85	87.60	86.13	87.44	86.34	86.31	86.66	87.54	87.29	86.13	87.85	86.99
	最大似然法	92.50	93.21	93.98	92.38	92.05	91.59	93.13	92.61	93.39	92.68	91.59	93.98	92.75
	最小距离法	88.85	90.13	89.39	89.16	89.44	89.20	89.38	89.53	90.23	89.71	88.85	90.23	89.50
	平行六面体	88.43	89.36	88.04	87.71	88.93	89.05	88.39	89.16	88.10	88.76	87.71	89.36	88.59
	光谱角制图	80.58	79.25	80.48	79.96	80.50	80.45	80.16	80.38	80.49	79.90	79.25	80.58	80.21
	SVM	94.55	95.00	94.71	94.75	94.48	94.66	94.74	94.59	94.63	95.09	94.48	95.09	94.72

续表

样本量/%	分类方法	总体分类精度/%										最小值	最大值	平均值
		1	2	3	4	5	6	7	8	9	10			
1	马氏距离	87.56	87.01	86.88	86.93	86.93	87.24	87.51	86.55	85.88	85.88	85.88	87.56	86.84
	最大似然法	92.69	93.64	91.73	93.46	92.38	92.99	93.08	93.35	93.04	93.08	91.73	93.64	92.94
	最小距离法	89.31	89.55	89.08	89.20	89.74	89.45	89.24	89.26	89.81	89.11	89.08	89.81	89.38
	平行六面体	89.41	89.36	88.61	88.81	88.85	89.25	88.89	89.25	88.88	89.34	88.61	89.41	89.06
	光谱角制图	80.38	80.28	80.50	80.10	80.05	80.39	79.76	79.86	80.08	79.81	79.76	80.50	80.12
	SVM	95.58	95.45	95.34	95.35	95.53	95.53	95.43	95.15	95.40	95.44	95.15	95.58	95.42
5	马氏距离	86.94	87.05	87.51	87.18	87.26	86.78	86.76	87.19	86.95	87.10	86.76	87.51	87.07
	最大似然法	92.81	92.80	92.99	92.78	92.86	92.48	93.06	92.81	92.79	92.84	92.48	93.06	92.82
	最小距离法	89.40	89.49	89.55	89.44	89.60	89.35	89.38	89.59	89.49	89.50	89.35	89.60	89.48
	平行六面体	89.24	88.93	89.25	88.83	88.65	88.86	89.09	88.96	88.79	89.08	88.65	89.25	88.97
	光谱角制图	80.48	80.30	80.21	80.10	80.21	79.88	80.24	80.03	80.04	80.24	79.88	80.48	80.17
	SVM	96.44	96.58	95.39	96.19	96.54	96.64	96.55	96.78	96.68	96.63	95.39	96.78	96.44
10	马氏距离	86.63	86.91	87.05	87.26	86.96	87.10	87.18	87.13	86.85	87.16	86.63	87.26	87.02
	最大似然法	92.75	92.93	92.75	93.04	92.83	93.01	93.01	92.90	92.63	92.98	92.63	93.04	92.88
	最小距离法	89.29	89.48	89.60	89.54	89.38	89.50	89.59	89.41	89.45	89.49	89.29	89.60	89.47
	平行六面体	89.11	89.13	89.21	89.04	88.96	89.21	88.85	88.95	88.84	88.86	88.84	89.21	89.02
	光谱角制图	80.24	80.28	80.21	80.41	80.23	80.24	80.19	80.33	80.20	80.24	80.19	80.41	80.26
	SVM	96.41	96.54	96.80	96.69	96.83	96.83	96.88	96.86	96.79	96.71	96.41	96.88	96.73
15	马氏距离	86.93	86.59	86.80	86.86	86.59	86.80	86.86	86.93	87.25	86.71	86.59	87.25	86.83
	最大似然法	93.06	92.68	93.03	92.89	92.89	92.76	92.91	92.68	92.89	92.76	92.68	93.06	92.86
	最小距离法	89.43	89.46	89.49	89.55	89.48	89.39	89.48	89.51	89.45	89.53	89.39	89.55	89.48
	平行六面体	89.10	88.96	88.90	88.91	89.15	89.13	89.04	89.04	88.83	89.06	88.83	89.15	89.01
	光谱角制图	80.34	80.30	80.35	80.30	80.33	80.19	80.09	80.38	80.33	80.08	80.08	80.38	80.27
	SVM	96.94	96.76	96.91	96.85	96.76	96.79	96.81	96.95	96.95	96.81	96.76	96.95	96.85

续表

样本量/%	分类方法	总体分类精度/%										最小值	最大值	平均值
		1	2	3	4	5	6	7	8	9	10			
20	马氏距离	86.99	86.93	86.86	86.91	86.88	86.78	86.91	86.75	87.04	87.18	86.75	87.18	86.92
	最大似然法	92.90	92.96	92.70	92.65	92.90	93.04	92.78	92.61	92.95	92.75	92.61	93.04	92.82
	最小距离法	89.43	89.46	89.41	89.50	89.38	89.56	89.50	89.44	89.53	89.45	89.38	89.56	89.47
	平行六面体	88.88	88.95	88.89	88.90	89.14	89.03	89.01	89.11	89.03	89.01	88.88	89.14	88.99
	光谱角制图	80.39	80.19	80.33	80.31	80.53	80.28	80.30	80.39	80.36	80.39	80.19	80.53	80.35
	SVM	96.84	97.04	96.88	96.95	96.95	96.91	96.79	96.93	97.01	97.03	96.79	97.04	96.93
25	马氏距离	86.75	86.85	86.90	86.68	86.86	86.76	86.72	86.81	86.86	86.87	86.68	86.90	86.81
	最大似然法	93.05	92.85	92.96	92.79	93.04	92.84	92.94	92.79	92.99	92.88	92.79	93.05	92.91
	最小距离法	89.48	89.49	89.49	89.49	89.55	89.49	89.46	89.49	89.46	89.48	89.46	89.55	89.49
	平行六面体	89.03	89.19	88.78	89.03	89.20	89.01	89.19	88.99	89.00	89.03	88.78	89.20	89.04
	光谱角制图	80.31	80.35	80.24	80.34	80.36	80.26	80.30	80.19	80.30	80.13	80.13	80.36	80.28
	SVM	96.99	96.99	96.95	96.94	96.95	97.04	96.99	97.04	96.85	96.85	96.85	97.04	96.96
30	马氏距离	86.70	86.74	86.85	86.94	86.86	86.99	86.96	86.99	86.84	86.89	86.70	86.99	86.88
	最大似然法	92.76	92.84	92.80	92.90	92.95	92.90	92.76	92.85	92.84	92.78	92.76	92.95	92.84
	最小距离法	89.40	89.46	89.43	89.49	89.54	89.43	89.51	89.54	89.46	89.45	89.40	89.54	89.47
	平行六面体	88.89	88.85	89.18	88.89	89.01	89.06	89.10	88.91	89.10	89.03	88.85	89.18	89.00
	光谱角制图	80.20	80.29	80.40	80.21	80.29	80.30	80.33	80.19	80.23	80.33	80.19	80.40	80.28
	SVM	96.99	96.94	96.98	96.86	96.89	96.94	96.95	96.95	96.99	96.89	96.86	96.99	96.94
40	马氏距离	87.075	86.9875	86.9	86.975	86.825	86.8625	87.0625	86.8125	86.9625	86.9875	86.81	87.08	86.95
	最大似然法	92.9125	92.9125	92.775	92.7625	92.8125	92.8375	92.9	92.9	92.925	92.9125	92.76	92.93	92.87
	最小距离法	89.4375	89.525	89.5125	89.475	89.475	89.5375	89.5625	89.5125	89.5125	89.5	89.44	89.56	89.51
	平行六面体	89.025	88.7625	89.025	89.0125	89.025	88.9375	89.025	89.025	88.8875	89.025	88.76	89.03	88.98
	光谱角制图	80.275	80.35	80.3	80.225	80.325	80.325	80.3375	80.2125	80.3375	80.325	80.21	80.35	80.30
	SVM	97.1	96.9875	97	97.0125	97.0125	97.1	97.1	97	97.0125	97.0875	96.99	97.10	97.04

附表 2　不同样本量下各种分类方法的 **Kappa** 系数表

样本量/%	分类方法	Kappa 系数										最小值	最大值	平均值
		1	2	3	4	5	6	7	8	9	10			
0.25	马氏距离	0.80	0.79	0.79	0.79	0.79	0.79	0.78	0.79	0.81	0.79	0.78	0.81	0.79
	最大似然法	0.86	0.88	0.89	0.90	0.89	0.87	0.90	0.88	0.89	0.89	0.86	0.90	0.89
	最小距离法	0.78	0.83	0.83	0.83	0.84	0.84	0.83	0.82	0.84	0.84	0.78	0.84	0.83
	平行六面体	0.82	0.82	0.81	0.81	0.81	0.79	0.82	0.81	0.83	1.00	0.79	1.00	0.83
	光谱角制图	0.69	0.69	0.69	0.69	0.68	0.69	0.70	0.69	0.71	0.70	0.68	0.71	0.69
	SVM	0.88	0.87	0.89	0.86	0.88	0.87	0.91	0.90	0.89	0.87	0.86	0.91	0.88
0.5	马氏距离	0.79	0.81	0.80	0.78	0.80	0.79	0.79	0.79	0.80	0.80	0.78	0.81	0.80
	最大似然法	0.88	0.89	0.90	0.88	0.87	0.87	0.89	0.88	0.89	0.88	0.87	0.90	0.88
	最小距离法	0.82	0.84	0.83	0.83	0.83	0.83	0.83	0.83	0.84	0.84	0.82	0.84	0.83
	平行六面体	0.81	0.82	0.80	0.79	0.82	0.82	0.80	0.82	0.80	0.81	0.79	0.82	0.81
	光谱角制图	0.71	0.69	0.70	0.70	0.70	0.70	0.70	0.70	0.71	0.70	0.69	0.71	0.70
	SVM	0.91	0.92	0.91	0.91	0.91	0.91	0.91	0.91	0.91	0.92	0.91	0.92	0.91
1	马氏距离	0.80	0.79	0.79	0.79	0.79	0.80	0.80	0.79	0.78	0.78	0.78	0.80	0.79
	最大似然法	0.88	0.90	0.87	0.90	0.88	0.89	0.89	0.89	0.89	0.89	0.87	0.90	0.89
	最小距离法	0.83	0.83	0.83	0.83	0.84	0.83	0.83	0.83	0.84	0.83	0.83	0.84	0.83
	平行六面体	0.82	0.82	0.81	0.81	0.81	0.82	0.81	0.82	0.81	0.82	0.81	0.82	0.82
	光谱角制图	0.70	0.70	0.70	0.70	0.70	0.70	0.69	0.70	0.70	0.69	0.69	0.70	0.70
	SVM	0.93	0.92	0.92	0.92	0.93	0.93	0.92	0.92	0.92	0.92	0.92	0.93	0.92

续表

样本量/%	分类方法	Kappa 系数										最小值	最大值	平均值
		1	2	3	4	5	6	7	8	9	10			
5	马氏距离	0.79	0.80	0.80	0.80	0.80	0.79	0.79	0.80	0.79	0.80	0.79	0.80	0.80
	最大似然法	0.89	0.89	0.89	0.89	0.89	0.88	0.89	0.89	0.89	0.89	0.88	0.89	0.89
	最小距离法	0.83	0.83	0.83	0.83	0.83	0.83	0.83	0.83	0.83	0.83	0.83	0.83	0.83
	平行六面体	0.82	0.81	0.82	0.81	0.81	0.81	0.82	0.81	0.81	0.82	0.81	0.82	0.81
	光谱角制图	0.70	0.70	0.70	0.70	0.70	0.70	0.70	0.70	0.70	0.70	0.70	0.70	0.70
	SVM	0.94	0.94	0.92	0.94	0.94	0.94	0.94	0.95	0.94	0.94	0.92	0.95	0.94
10	马氏距离	0.79	0.79	0.80	0.80	0.79	0.79	0.80	0.80	0.79	0.80	0.79	0.80	0.80
	最大似然法	0.88	0.89	0.88	0.89	0.89	0.89	0.89	0.89	0.88	0.89	0.88	0.89	0.89
	最小距离法	0.83	0.83	0.83	0.83	0.83	0.83	0.83	0.83	0.83	0.83	0.83	0.83	0.83
	平行六面体	0.82	0.82	0.82	0.82	0.82	0.82	0.81	0.81	0.81	0.81	0.81	0.82	0.82
	光谱角制图	0.70	0.70	0.70	0.70	0.70	0.70	0.70	0.70	0.70	0.70	0.70	0.70	0.70
	SVM	0.94	0.94	0.95	0.95	0.95	0.95	0.95	0.95	0.95	0.95	0.94	0.95	0.95
15	马氏距离	0.79	0.79	0.79	0.79	0.79	0.79	0.79	0.79	0.80	0.79	0.79	0.80	0.79
	最大似然法	0.89	0.88	0.89	0.89	0.89	0.89	0.89	0.88	0.89	0.89	0.88	0.89	0.89
	最小距离法	0.83	0.83	0.83	0.83	0.83	0.83	0.83	0.83	0.83	0.83	0.83	0.83	0.83
	平行六面体	0.82	0.82	0.81	0.81	0.82	0.82	0.82	0.82	0.81	0.82	0.81	0.82	0.82
	光谱角制图	0.70	0.70	0.70	0.70	0.70	0.70	0.70	0.70	0.70	0.70	0.70	0.70	0.70
	SVM	0.95	0.95	0.95	0.95	0.95	0.95	0.95	0.95	0.95	0.95	0.95	0.95	0.95

样本量/%	分类方法	Kappa系数										最小值	最大值	平均值
		1	2	3	4	5	6	7	8	9	10			
20	马氏距离	0.80	0.79	0.79	0.79	0.79	0.79	0.79	0.79	0.80	0.80	0.79	0.80	0.79
	最大似然法	0.89	0.89	0.88	0.88	0.89	0.89	0.89	0.88	0.89	0.88	0.88	0.89	0.89
	最小距离法	0.83	0.83	0.83	0.83	0.83	0.83	0.83	0.83	0.83	0.83	0.83	0.83	0.83
	平行六面体	0.81	0.81	0.81	0.81	0.82	0.82	0.82	0.82	0.82	0.82	0.81	0.82	0.82
	光谱角制图	0.70	0.70	0.70	0.70	0.70	0.70	0.70	0.70	0.70	0.70	0.70	0.70	0.70
	SVM	0.95	0.95	0.95	0.95	0.95	0.95	0.95	0.95	0.95	0.95	0.95	0.95	0.95
25	马氏距离	0.79	0.79	0.79	0.79	0.79	0.79	0.79	0.79	0.79	0.79	0.79	0.79	0.79
	最大似然法	0.89	0.89	0.89	0.89	0.89	0.89	0.89	0.89	0.89	0.89	0.89	0.89	0.89
	最小距离法	0.83	0.83	0.83	0.83	0.83	0.83	0.83	0.83	0.83	0.83	0.83	0.83	0.83
	平行六面体	0.82	0.82	0.81	0.82	0.82	0.82	0.82	0.82	0.82	0.82	0.81	0.82	0.82
	光谱角制图	0.70	0.70	0.70	0.70	0.70	0.70	0.70	0.70	0.70	0.70	0.70	0.70	0.70
	SVM	0.95	0.95	0.95	0.95	0.95	0.95	0.95	0.95	0.95	0.95	0.95	0.95	0.95
30	马氏距离	0.79	0.79	0.79	0.79	0.79	0.80	0.79	0.80	0.79	0.79	0.79	0.80	0.79
	最大似然法	0.89	0.89	0.89	0.89	0.89	0.89	0.89	0.89	0.89	0.89	0.89	0.89	0.89
	最小距离法	0.83	0.83	0.83	0.83	0.83	0.83	0.83	0.83	0.83	0.83	0.83	0.83	0.83
	平行六面体	0.81	0.81	0.82	0.81	0.82	0.82	0.82	0.81	0.82	0.82	0.81	0.82	0.82
	光谱角制图	0.70	0.70	0.70	0.70	0.70	0.70	0.70	0.70	0.70	0.70	0.70	0.70	0.70
	SVM	0.95	0.95	0.95	0.95	0.95	0.95	0.95	0.95	0.95	0.95	0.95	0.95	0.95
40	马氏距离	0.7965	0.7951	0.7939	0.795	0.7927	0.7934	0.7963	0.7925	0.7948	0.7951	0.79	0.80	0.79
	最大似然法	0.8873	0.8873	0.8852	0.885	0.8858	0.8862	0.8872	0.8871	0.8875	0.8874	0.89	0.89	0.89
	最小距离法	0.8311	0.8324	0.8323	0.8317	0.8317	0.8326	0.833	0.8323	0.8323	0.8321	0.83	0.83	0.83
	平行六面体	0.8157	0.811	0.8157	0.8155	0.8157	0.8143	0.8157	0.8157	0.8133	0.8157	0.81	0.82	0.81
	光谱角制图	0.7014	0.7024	0.7017	0.7006	0.7021	0.7021	0.7023	0.7004	0.7022	0.7021	0.70	0.70	0.70
	SVM	0.9522	0.9503	0.9505	0.9507	0.9508	0.9522	0.9521	0.9505	0.9507	0.9519	0.95	0.95	0.95

附表 3 不同样本量下各种方法的小麦产品精度表

样本量/%	分类方法	小麦识别的产品精度										最小值	最大值	平均值
		1	2	3	4	5	6	7	8	9	10			
0.25	马氏距离	94.61	91.71	92.47	89.22	90.92	90.65	89.57	90.06	94.26	90.35	89.22	94.61	91.38
	最大似然法	94.61	93.61	93.74	94.50	94.91	95.56	95.07	94.55	96.78	95.12	93.61	96.78	94.85
	最小距离法	96.29	96.23	95.10	94.85	96.04	96.32	95.85	94.07	96.83	96.18	94.07	96.83	95.78
	平行六面体	95.58	96.53	95.31	96.37	96.18	95.34	94.07	96.45	95.58	100.00	94.07	100.00	96.14
	光谱角制图	89.52	86.53	87.16	87.56	86.43	88.89	88.70	87.65	89.46	88.81	86.43	89.52	88.07
	SVM	99.97	99.92	99.89	99.70	99.95	99.89	100.00	100.00	99.97	99.92	99.70	100.00	99.92
0.5	马氏距离	91.09	92.47	93.58	89.81	93.77	91.44	88.32	91.38	91.90	91.09	88.32	93.77	91.49
	最大似然法	93.90	94.66	95.80	93.20	94.80	93.31	95.50	94.64	95.58	94.23	93.20	95.80	94.56
	最小距离法	94.91	95.58	94.96	94.61	96.04	96.18	95.01	95.61	96.18	95.96	94.61	96.18	95.50
	平行六面体	95.12	96.69	96.37	95.07	96.40	94.99	96.64	96.18	96.42	95.26	94.99	96.69	95.91
	光谱角制图	88.21	88.30	88.13	88.38	89.27	89.41	87.92	88.81	88.76	88.92	87.92	89.41	88.61
	SVM	99.92	100.00	100.00	99.62	99.97	99.84	99.92	99.97	99.92	99.89	99.62	100.00	99.91
1	马氏距离	93.06	91.71	92.47	89.22	90.92	91.30	90.68	88.43	89.89	89.89	88.43	93.06	90.76
	最大似然法	94.80	96.15	93.04	94.72	94.42	94.96	94.72	95.99	95.20	94.93	93.04	96.15	94.89
	最小距离法	96.13	96.23	95.10	94.85	96.04	95.56	94.77	95.10	96.67	95.12	94.77	96.67	95.56
	平行六面体	95.58	96.53	95.31	96.37	96.18	95.85	95.61	96.83	96.37	96.40	95.31	96.83	96.10
	光谱角制图	89.14	88.78	88.43	87.86	89.03	88.62	87.97	88.02	89.33	88.70	87.86	89.33	88.59
	SVM	100.00	100.00	99.81	100.00	100.00	99.89	99.89	100.00	100.00	99.89	99.81	100.00	99.95

续表

样本量/%	分类方法	1	2	3	4	5	6	7	8	9	10	最小值	最大值	平均值
5	马氏距离	90.63	91.85	92.01	90.98	91.38	90.30	91.06	91.06	90.41	91.41	90.30	92.01	91.11
	最大似然法	94.72	94.15	95.42	94.45	94.58	94.26	94.85	94.39	94.15	94.83	94.15	95.42	94.58
	最小距离法	95.64	95.61	95.77	95.56	95.91	94.88	95.42	95.31	95.20	95.61	94.88	95.91	95.49
	平行六面体	96.15	95.83	96.15	95.64	96.15	95.94	96.23	95.83	95.80	95.83	95.64	96.23	95.96
	光谱角制图	88.81	88.81	88.84	88.68	88.92	88.16	88.49	88.32	88.21	88.70	88.16	88.92	88.59
	SVM	99.95	99.89	100.00	99.89	99.95	99.86	99.92	99.89	99.76	99.86	99.76	100.00	99.90
10	马氏距离	89.95	90.57	90.73	91.25	90.76	90.46	90.98	91.41	90.71	91.01	89.95	91.41	90.78
	最大似然法	94.36	94.91	94.69	94.96	94.53	95.12	94.74	94.99	94.39	94.58	94.36	95.12	94.73
	最小距离法	95.07	95.53	95.61	95.61	95.20	95.39	95.61	95.61	95.56	95.45	95.07	95.61	95.46
	平行六面体	96.10	96.13	96.10	95.96	95.85	96.23	96.29	96.15	95.64	95.83	95.64	96.29	96.03
	光谱角制图	88.30	88.59	88.59	88.59	88.43	88.38	88.65	88.73	88.65	88.57	88.30	88.73	88.55
	SVM	99.97	99.97	99.84	99.81	99.86	99.86	99.86	99.95	99.84	99.78	99.78	99.97	99.87
15	马氏距离	90.65	90.03	90.49	90.68	89.95	90.27	90.41	90.63	91.44	90.30	89.95	91.44	90.49
	最大似然法	94.74	94.53	95.01	94.85	95.07	94.34	94.69	94.58	94.58	94.80	94.34	95.07	94.72
	最小距离法	95.31	95.58	95.61	95.69	95.61	95.29	95.42	95.58	95.61	95.39	95.29	95.69	95.51
	平行六面体	96.29	95.83	96.23	95.83	96.29	96.13	96.13	95.64	95.94	95.88	95.64	96.29	96.02
	光谱角制图	88.46	88.65	88.65	88.76	88.73	88.32	88.49	88.62	88.68	88.46	88.32	88.76	88.58
	SVM	99.92	99.78	99.86	99.95	99.89	99.78	99.81	99.76	99.89	99.84	99.76	99.95	99.85

小麦识别的产品精度

续表

样本量/%	分类方法	1	2	3	4	5	6	7	8	9	10	最小值	最大值	平均值
		小麦识别的产品精度												
20	马氏距离	90.95	90.57	90.57	90.73	91.01	90.38	90.92	90.65	90.76	91.25	90.38	91.25	90.78
	最大似然法	94.77	94.72	94.72	94.58	95.12	94.88	94.74	94.77	95.10	94.77	94.58	95.12	94.82
	最小距离法	95.61	95.34	95.58	95.61	95.64	95.53	95.61	95.61	95.53	95.61	95.34	95.64	95.57
	平行六面体	96.10	96.15	95.83	95.83	96.13	96.13	95.83	96.10	96.13	96.15	95.83	96.15	96.04
	光谱角制图	88.73	88.40	88.70	88.70	88.81	88.57	88.65	88.73	88.65	88.78	88.40	88.81	88.67
	SVM	99.84	99.76	99.84	99.84	99.86	99.89	99.81	99.76	99.81	99.86	99.76	99.89	99.83
25	马氏距离	90.49	90.71	90.60	90.30	90.25	90.38	90.68	90.65	90.52	90.52	90.25	90.71	90.51
	最大似然法	95.01	94.91	94.83	94.69	94.91	94.66	94.83	94.64	94.77	94.74	94.64	95.01	94.80
	最小距离法	95.53	95.53	95.45	95.61	95.53	95.53	95.48	95.50	95.39	95.39	95.39	95.61	95.49
	平行六面体	96.13	96.13	95.83	96.10	96.13	96.15	96.15	96.10	96.13	96.13	95.83	96.15	96.10
	光谱角制图	88.51	88.59	88.54	88.62	88.62	88.62	88.59	88.59	88.43	88.46	88.43	88.62	88.56
	SVM	99.81	99.81	99.84	99.76	99.76	99.78	99.78	99.78	99.78	99.78	99.76	99.84	99.79
30	马氏距离	90.35	90.54	90.87	90.76	90.54	90.82	90.90	90.38	90.73	90.87	90.35	90.90	90.68
	最大似然法	94.53	94.88	94.83	94.72	94.77	94.77	94.64	94.53	94.85	94.66	94.53	94.88	94.72
	最小距离法	95.39	95.56	95.61	95.56	95.53	95.45	95.61	95.39	95.61	95.53	95.39	95.61	95.52
	平行六面体	96.13	95.83	96.13	96.1	96.15	96.13	96.10	95.83	95.85	96.13	95.83	96.15	96.04
	光谱角制图	88.46	88.59	88.76	88.59	88.62	88.57	88.62	88.43	88.62	88.62	88.43	88.76	88.59
	SVM	99.73	99.78	99.76	99.81	99.76	99.81	99.76	99.73	99.73	99.78	99.73	99.81	99.77
40	马氏距离	90.82	90.95	90.65	90.71	90.6	90.6	90.79	90.6	90.73	90.9	90.60	90.95	90.74
	最大似然法	94.85	94.8	94.77	94.72	94.74	94.77	94.8	94.88	94.99	94.66	94.66	94.99	94.80
	最小距离法	95.45	95.61	95.53	95.53	95.53	95.61	95.61	95.58	95.61	95.53	95.45	95.61	95.56
	平行六面体	96.13	96.13	96.13	96.1	96.13	95.88	96.13	96.13	96.13	96.13	95.88	96.13	96.10
	光谱角制图	88.51	88.73	88.59	88.62	88.59	88.62	88.65	88.59	88.68	88.65	88.51	88.73	88.62
	SVM	99.76	99.67	99.7	99.73	99.67	99.76	99.73	99.7	99.65	99.7	99.65	99.76	99.71

附表 4　不同样本量下各种方法的小麦用户精度表

样本量/%	分类方法	小麦识别的用户精度										最小值	最大值	平均值
		1	2	3	4	5	6	7	8	9	10			
0.25	马氏距离	94.16	94.11	94.62	94.57	95.04	90.65	93.05	94.19	94.05	93.92	90.65	95.04	93.84
	最大似然法	98.26	99.45	98.04	99.09	99.04	98.22	98.04	98.70	97.30	98.24	97.30	99.45	98.44
	最小距离法	95.08	95.66	95.98	96.05	95.97	95.90	95.96	96.42	95.13	95.89	95.08	96.42	95.80
	平行六面体	98.52	98.29	98.52	98.42	98.45	98.46	98.69	98.42	98.60	100.00	98.29	100.00	98.64
	光谱角制图	96.19	96.85	96.93	96.71	97.08	96.41	96.29	96.80	96.27	96.30	96.19	97.08	96.58
	SVM	94.52	94.98	94.32	94.60	94.20	93.91	94.62	93.14	93.80	94.27	93.14	94.98	94.24
0.5	马氏距离	95.24	94.28	94.35	94.82	94.80	94.51	95.13	94.77	94.46	94.60	94.28	95.24	94.70
	最大似然法	98.52	98.90	98.99	98.68	98.84	99.02	99.02	98.42	98.44	98.72	98.42	99.02	98.76
	最小距离法	96.00	96.03	95.90	96.15	95.66	95.66	96.08	95.84	95.58	95.78	95.58	96.15	95.87
	平行六面体	98.57	97.43	98.34	98.60	98.31	98.59	97.30	98.47	98.42	98.60	97.30	98.60	98.26
	光谱角制图	96.50	96.53	96.41	96.42	96.23	96.24	96.41	96.44	96.32	96.39	96.23	96.53	96.39
	SVM	94.93	95.06	95.06	95.68	94.57	94.73	95.17	94.64	94.98	95.17	94.57	95.68	95.00
1	马氏距离	94.16	94.11	94.62	94.57	95.04	94.24	94.65	94.53	95.07	95.07	94.11	95.07	94.61
	最大似然法	98.90	98.17	98.82	98.73	99.43	98.65	98.62	98.69	98.51	98.65	98.17	99.43	98.72
	最小距离法	95.81	95.66	95.98	96.05	95.97	95.89	96.18	96.01	95.66	96.19	95.66	96.19	95.94
	平行六面体	98.52	98.29	98.52	98.42	98.45	98.47	98.52	98.43	98.29	98.37	98.29	98.52	98.43
	光谱角制图	96.26	96.24	96.45	96.46	96.36	96.40	96.52	96.38	96.07	96.38	96.07	96.52	96.35
	SVM	95.35	94.98	95.96	95.67	95.18	95.77	96.09	95.45	94.86	95.99	94.86	96.09	95.53

续表

小麦识别的用户精度

样本量/%	分类方法	1	2	3	4	5	6	7	8	9	10	最小值	最大值	平均值
5	马氏距离	94.33	94.46	94.54	94.72	94.53	94.47	94.44	94.70	94.53	94.70	94.33	94.72	94.54
	最大似然法	98.76	98.89	98.85	98.98	98.76	99.15	98.84	99.01	99.00	98.98	98.76	99.15	98.92
	最小距离法	95.85	95.95	96.01	95.89	95.81	96.13	95.94	95.96	96.06	95.84	95.81	96.13	95.94
	平行六面体	98.47	98.52	98.47	98.52	98.47	98.47	98.48	98.52	98.52	98.52	98.47	98.52	98.50
	光谱角制图	96.33	96.41	96.33	96.41	96.33	96.47	96.43	96.39	96.42	96.41	96.33	96.47	96.39
	SVM	96.85	97.05	95.25	96.49	97.00	97.26	96.95	97.28	97.43	97.15	95.25	97.43	96.87
10	马氏距离	94.61	94.62	94.74	94.42	94.74	94.59	94.81	94.40	94.63	94.75	94.40	94.81	94.63
	最大似然法	99.06	98.93	98.92	98.90	99.01	98.96	98.98	98.96	99.01	98.92	98.90	99.06	98.97
	最小距离法	95.98	95.92	95.95	95.92	95.98	95.94	95.90	95.84	95.97	95.94	95.84	95.98	95.93
	平行六面体	98.47	98.47	98.47	98.53	98.52	98.45	98.45	98.47	98.52	98.52	98.45	98.53	98.49
	光谱角制图	96.42	96.40	96.40	96.43	96.40	96.39	96.38	96.35	96.41	96.40	96.35	96.43	96.40
	SVM	96.72	96.67	97.64	97.38	97.56	97.64	97.54	97.59	97.49	97.54	96.67	97.64	97.38
15	马氏距离	94.68	94.56	94.56	94.55	94.69	94.50	94.67	94.57	94.70	94.66	94.50	94.70	94.61
	最大似然法	98.93	99.01	98.96	98.87	98.82	98.98	98.98	98.98	99.01	98.98	98.82	99.01	98.95
	最小距离法	95.96	95.92	95.92	95.87	95.87	95.96	96.07	95.90	95.84	96.02	95.84	96.07	95.93
	平行六面体	98.45	98.52	98.45	98.52	98.45	98.47	98.47	98.55	98.47	98.52	98.45	98.55	98.49
	光谱角制图	96.40	96.41	96.38	96.38	96.38	96.39	96.43	96.43	96.38	96.40	96.38	96.43	96.40
	SVM	97.70	97.64	97.67	97.52	97.59	97.74	97.69	97.80	97.69	97.67	97.52	97.80	97.67

续表

小麦识别的用户精度

样本量/%	分类方法	1	2	3	4	5	6	7	8	9	10	最小值	最大值	平均值
20	马氏距离	94.51	94.73	94.73	94.71	94.38	94.50	94.67	94.49	94.69	94.53	94.38	94.73	94.59
	最大似然法	98.93	99.06	98.90	98.87	98.90	98.93	98.98	98.90	98.71	98.95	98.71	99.06	98.91
	最小距离法	95.90	95.96	95.90	95.87	95.85	95.92	95.90	95.87	95.92	95.84	95.84	95.96	95.89
	平行六面体	98.47	98.47	98.52	98.52	98.47	98.47	98.52	98.47	98.47	98.47	98.47	98.52	98.49
	光谱角制图	96.38	96.40	96.38	96.41	96.33	96.40	96.38	96.38	96.41	96.35	96.33	96.41	96.38
	SVM	97.67	97.98	97.80	97.77	97.72	97.62	97.72	97.82	97.82	97.77	97.62	97.98	97.77
25	马氏距离	94.56	94.60	94.68	94.50	94.63	94.69	94.55	94.60	94.49	94.70	94.49	94.70	94.60
	最大似然法	98.87	99.01	98.90	98.87	98.84	98.98	98.90	98.98	98.98	99.01	98.84	99.01	98.93
	最小距离法	95.92	95.92	95.94	95.92	95.92	95.92	95.94	95.92	95.94	96.04	95.92	96.04	95.94
	平行六面体	98.47	98.47	98.52	98.47	98.47	98.47	98.47	98.47	98.47	98.47	98.47	98.52	98.48
	光谱角制图	96.40	96.40	96.43	96.40	96.40	96.40	96.40	96.40	96.40	96.40	96.40	96.43	96.40
	SVM	97.87	97.85	97.72	97.90	97.85	97.87	97.82	97.90	97.80	97.80	97.72	97.90	97.84
30	马氏距离	94.50	94.51	94.53	94.79	94.59	94.50	94.69	94.72	94.66	94.64	94.50	94.79	94.61
	最大似然法	99.01	98.90	98.95	98.98	98.84	98.95	98.95	99.06	98.95	98.98	98.84	99.06	98.96
	最小距离法	95.94	95.92	95.87	95.89	95.92	95.94	95.90	95.94	95.90	95.92	95.87	95.94	95.91
	平行六面体	98.47	98.52	98.47	98.47	98.47	98.47	98.47	98.52	98.52	98.47	98.47	98.52	98.49
	光谱角制图	96.40	96.40	96.35	96.40	96.40	96.40	96.38	96.43	96.38	96.40	96.35	96.43	96.39
	SVM	97.92	97.90	97.93	97.87	97.80	97.85	97.90	97.95	97.92	97.77	97.77	97.95	97.88
40	马氏距离	94.64	94.7	94.55	94.66	94.49	94.65	94.63	94.44	94.6	94.61	94.44	94.70	94.60
	最大似然法	98.98	98.93	99.01	98.92	98.98	98.98	99.01	98.93	98.98	98.98	98.92	99.01	98.97
	最小距离法	95.94	95.9	95.92	95.92	95.92	95.9	95.9	95.92	95.9	95.92	95.90	95.94	95.91
	平行六面体	98.47	98.47	98.47	98.47	98.47	98.52	98.47	98.47	98.47	98.47	98.47	98.52	98.48
	光谱角制图	96.4	96.38	96.4	96.4	96.4	96.38	96.38	96.4	96.38	96.41	96.38	96.41	96.39
	SVM	98.19	98.13	98.11	98.08	98.08	98.19	98.24	98.11	98.13	98.03	98.03	98.24	98.13

附表 5　不同样本量下各种方法的一致区小麦识别的像元个数

样本量/%	分类方法	小麦识别的像元个数										最小值	最大值	平均值
		1	2	3	4	5	6	7	8	9	10			
0.25	马氏距离	74 592	73 258	73 725	71 093	72 268	72 368	72 731	72 239	75 627	72 720	71 093	75 627	73 062.1
	最大似然法	73 112	71 260	72 654	72 584	72 680	73 867	73 709	72 653	75 520	73 359	71 260	75 520	73 139.8
	最小距离法	76 341	76 067	74 837	74 707	75 778	76 039	75 638	73 852	77 021	75 917	73 852	77 021	75 619.7
	平行六面体	73 422	74 476	73 263	74 148	73 876	73 360	72 354	74 201	73 402	75 648	72 354	75 648	73 815
	光谱角制图	70 438	67 706	68 293	68 608	67 599	69 843	69 693	68 536	70 395	69 891	67 599	70 438	69 100.2
	SVM	79 939	79 449	79 933	79 555	80 160	80 460	79 652	81 101	80 557	80 072	79 449	81 101	80 087.8
0.5	马氏距离	72 125	74 184	74 454	71 721	74 559	72 959	70 211	72 606	73 623	72 826	70 211	74 559	72 926.8
	最大似然法	72 561	72 744	73 355	71 867	72 935	71 644	73 258	73 081	73 081	72 516	71 644	73 355	72 704.2
	最小距离法	74 718	75 235	74 911	74 324	75 832	76 029	74 869	75 487	76 132	75 884	74 324	76 132	75 342.1
	平行六面体	73 217	75 199	74 310	73 063	74 329	73 027	75 290	73 854	74 273	73 146	73 027	75 290	73 970.8
	光谱角制图	69 301	69 226	69 125	69 272	70 210	70 350	69 107	69 704	69 870	69 836	69 107	70 350	69 600.1
	SVM	79 378	79 864	79 403	78 422	79 717	79 346	79 249	79 659	79 620	79 330	78 422	79 864	79 398.8
1	马氏距离	74 592	73 258	73 725	71 093	72 268	73 088	72 304	70 858	73 863	71 515	70 858	74 592	72 656.4
	最大似然法	72 961	74 191	71 978	72 748	72 317	73 075	73 085	73 771	73 453	73 045	71 978	74 191	73 062.4
	最小距离法	75 881	76 067	74 837	74 707	75 778	75 309	74 430	75 002	76 456	74 732	74 430	76 456	75 319.9
	平行六面体	73 422	74 476	73 263	74 148	73 876	73 669	73 472	74 406	74 361	74 232	73 263	74 476	73 932.5
	光谱角制图	70 077	69 903	69 360	68 943	69 966	69 515	69 010	69 193	70 433	69 602	68 943	70 433	69 600.2
	SVM	79 333	79 530	78 431	78 846	79 262	78 726	78 485	78 946	79 568	78 603	78 431	79 568	78 973

续表

样本量/%	分类方法	小麦识别的像元个数										最小值	最大值	平均值
		1	2	3	4	5	6	7	8	9	10			
5	马氏距离	72 636	73 155	73 303	72 367	72 857	72 046	72 571	72 492	72 214	72 882	72 046	73 303	72 652.3
	最大似然法	73 011	72 476	73 154	72 577	72 927	72 429	72 923	72 584	72 341	72 771	72 341	73 154	72 719.3
	最小距离法	75 449	75 420	75 504	75 259	75 719	74 738	75 114	75 031	74 968	75 408	74 738	75 719	75 261
	平行六面体	73 863	73 584	73 849	73 454	73 948	73 703	73 961	73 573	73 560	73 577	73 454	73 961	73 707.2
	光谱角制图	69 705	69 663	69 729	69 601	69 858	69 082	69 452	69 301	69 195	69 634	69 082	69 858	69 522
	SVM	77 883	77 821	79 295	78 168	77 867	77 456	77 829	77 518	77 361	77 602	77 361	79 295	77 910.888 89
10	马氏距离	71 818	72 289	72 248	72 760	72 291	72 195	72 511	72 974	72 279	72 481	71 818	72 974	72 384.6
	最大似然法	72 444	72 950	72 760	72 957	72 545	72 943	72 863	72 979	72 571	72 770	72 444	72 979	72 778.2
	最小距离法	74 934	75 261	75 315	75 330	74 975	75 180	75 321	75 438	75 270	75 180	74 934	75 438	75 220.4
	平行六面体	73 810	73 836	73 825	73 721	73 616	73 970	74 039	73 863	73 470	73 573	73 470	74 039	73 772.3
	光谱角制图	69 275	69 513	69 501	69 508	69 359	69 371	69 560	69 632	69 615	69 461	69 275	69 632	69 479.5
	SVM	78 056	78 061	77 196	77 461	77 349	77 322	77 359	77 345	77 292	77 241	77 196	78 061	77 468.2
15	马氏距离	72 321	71 833	72 205	72 384	71 758	72 046	71 954	72 327	72 902	72 059	71 758	72 902	72 178.9
	最大似然法	72 796	72 646	72 973	72 905	73 014	72 558	72 685	72 642	72 706	72 723	72 558	73 014	72 764.8
	最小距离法	75 085	75 299	75 326	75 480	75 381	75 057	75 089	75 310	75 442	75 102	75 057	75 480	75 257.1
	平行六面体	74 017	73 599	73 970	73 599	74 017	73 832	73 842	73 466	73 709	73 620	73 466	74 017	73 767.1
	光谱角制图	69 367	69 554	69 568	69 671	69 654	69 324	69 459	69 549	69 657	69 427	69 324	69 671	69 523
	SVM	77 200	77 051	77 298	77 322	77 142	77 056	77 048	77 034	77 175	77 099	77 034	77 322	77 142.5

续表

样本量/%	分类方法	小麦识别的像元个数										最小值	最大值	平均值
		1	2	3	4	5	6	7	8	9	10			
20	马氏距离	72 467	72 133	72 733	72 270	72 603	72 115	72 410	72 325	72 324	72 831	72 115	72 831	72 421.1
	最大似然法	72 850	72 708	72 770	72 674	73 016	72 930	72 798	72 818	73 101	72 785	72 674	73 101	72 845
	最小距离法	75 085	75 299	75 326	75 480	75 381	75 057	75 089	75 310	75 442	75 102	75 057	75 480	75 257.1
	平行六面体	73 828	73 849	73 599	73 599	73 836	73 846	73 599	73 828	73 836	73 853	73 599	73 853	73 767.3
	光谱角制图	69 587	69 367	69 604	69 623	69 737	69 495	69 572	69 643	69 527	69 657	69 367	69 737	69 581.2
	SVM	77 160	76 870	77 094	77 073	77 187	77 213	77 004	76 943	77 046	77 112	76 870	77 213	77 070.2
25	马氏距离	72 294	72 456	72 253	72 111	72 011	72 079	72 366	72 300	72 287	72 140	72 011	72 456	72 229.7
	最大似然法	72 969	72 813	72 818	72 793	72 912	72 751	72 856	72 687	72 829	72 716	72 687	72 969	72 814.4
	最小距离法	75 253	75 277	75 184	75 323	75 286	75 238	75 182	75 186	75 175	75 090	75 090	75 323	75 219.4
	平行六面体	73 836	73 832	73 584	73 828	73 832	73 863	73 849	73 828	73 836	73 832	73 584	73 863	73 812
	光谱角制图	69 497	69 520	69 474	69 522	69 550	69 512	69 505	69 502	69 405	69 421	69 405	69 550	69 490.8
	SVM	77 012	77 013	77 111	76 969	76 934	76 893	76 937	76 965	76 988	76 988	76 893	77 111	76 981
30	马氏距离	72 156	72 300	72 525	72 304	72 194	72 471	72 445	72 096	72 422	72 478	72 096	72 525	72 339.1
	最大似然法	72 659	72 836	72 810	72 778	72 861	72 794	72 710	72 614	72 823	72 757	72 614	72 861	72 764.2
	最小距离法	75 115	75 288	75 417	75 271	75 241	75 165	75 325	75 088	75 305	75 208	75 088	75 417	75 242.3
	平行六面体	73 832	73 584	73 836	73 845	73 863	73 836	73 825	73 584	73 616	73 836	73 584	73 863	73 765.7
	光谱角制图	69 442	69 557	69 644	69 564	69 530	69 470	69 575	69 374	69 579	69 525	69 374	69 644	69 526
	SVM	76 856	76 891	76 830	76 906	76 909	76 875	76 788	76 812	76 831	76 948	76 788	76 948	76 864.6
40	马氏距离	72 368	72 484	72 351	72 309	72 320	72 339	72 348	72 357	72 357	72 485	72 309	72 485	72 371.8
	最大似然法	72 817	72 835	72 806	72 792	72 759	72 803	72 874	72 864	72 903	72 744	72 744	72 903	72 819.7
	最小距离法	75 169	75 354	75 242	75 240	75 234	75 325	75 384	75 287	75 401	75 247	75 169	75 401	75 288.3
	平行六面体	73 836	73 832	73 836	73 828	73 832	73 620	73 832	73 836	73 846	73 836	73 620	73 846	73 813.4
	光谱角制图	69 457	69 609	69 488	69 518	69 511	69 586	69 548	69 534	69 582	69 545	69 457	69 609	69 537.8
	SVM	76 704	76 629	76 763	76 743	76 679	76 704	76 668	76 763	76 631	76 669	76 629	76 763	76 695.3

附表 6　不同样本量下各种方法的全区小麦识别的像元个数

样本量/%	分类方法	小麦识别的像元个数										最小值	最大值	平均值
		1	2	3	4	5	6	7	8	9	10			
0.25	马氏距离	102 988	101 225	101 014	97 503	98 534	99 721	102 134	99 577	104 970	101 218	97 503	104 970	100 888.4
	最大似然法	93 086	87 355	92 452	90 181	90 643	94 454	94 405	90 779	99 042	93 472	87 355	99 042	92 586.9
	最小距离法	97 362	101 118	98 444	98 146	100 222	100 802	100 057	96 254	103 669	100 606	96 254	103 669	99 668
	平行六面体	92 532	94 696	92 255	93 937	93 430	92 699	90 335	94 035	92 257	96 348	90 335	96 348	93 252.4
	光谱角制图	90 570	85 881	86 482	87 225	85 209	89 315	89 320	86 953	90 249	89 778	85 209	90 570	88 098.2
	SVM	110 724	109 449	111 048	109 568	111 445	111 998	109 877	114 680	112 526	111 389	109 449	114 680	111 270.4
0.5	马氏距离	97 938	97 687	101 881	97 687	101 733	100 027	95 625	98 775	101 769	99 725	95 625	101 881	99 284.7
	最大似然法	91 391	91 568	91 866	89 483	91 601	89 099	91 850	92 269	94 140	91 023	89 099	94 140	91 429
	最小距离法	98 226	99 106	98 760	97 295	100 578	100 950	98 424	99 923	101 553	100 809	97 295	101 553	99 562.4
	平行六面体	92 087	91 696	94 326	91 696	94 419	91 700	97 784	93 376	94 176	91 828	91 696	97 784	93 308.8
	光谱角制图	88 264	88 215	88 304	88 405	90 181	90 271	88 472	89 162	89 781	89 560	88 215	90 271	89 061.5
	SVM	108 940	110 560	109 155	106 076	110 154	109 037	108 648	109 873	109 925	108 756	106 076	110 560	109 112.4
1	马氏距离	102 988	97 503	101 014	97 503	98 534	100 691	98 787	97 524	101 220	97 308	97 308	102 988	99 307.2
	最大似然法	91 529	94 569	90 040	91 272	89 666	92 071	92 247	93 183	93 001	91 927	89 666	94 569	91 950.5
	最小距离法	100 473	98 146	98 444	98 146	100 222	99 389	97 360	98 747	101 787	97 811	97 360	101 787	99 052.5
	平行六面体	92 532	94 696	92 255	93 937	93 430	93 087	92 597	94 350	94 508	94 205	92 255	94 696	93 559.7
	光谱角制图	89 935	89 981	88 422	88 039	89 676	88 975	87 817	88 523	90 896	89 020	87 817	90 896	89 128.4
	SVM	109 009	109 714	105 841	107 282	108 653	106 836	105 961	107 629	107 629	106 202	105 841	109 714	107 475.6

续表

样本量/%	分类方法	小麦识别的像元个数										最小值	最大值	平均值
		1	2	3	4	5	6	7	8	9	10			
5	马氏距离	100 158	100 504	100 963	99 157	100 214	98 783	99 642	99 393	99 281	99 865	98 783	100 963	99 796
	最大似然法	91 896	90 598	91 852	90 518	91 608	90 166	91 489	91 489	90 287	91 075	90 166	91 896	91 097.8
	最小距离法	99 664	99 528	99 634	99 191	100 264	98 140	98 923	98 785	98 584	99 545	98 140	100 264	99 225.8
	平行六面体	93 397	92 774	93 369	92 586	93 577	93 157	93 532	92 760	92 760	92 748	92 586	93 577	93 066
	光谱角制图	89 305	89 243	89 314	89 089	89 607	88 122	88 800	88 541	88 317	89 162	88 122	89 607	88 950
	SVM	104 042	103 826	108 752	105 026	104 063	102 388	103 751	102 741	102 219	102 955	102 219	108 752	103 976.3
10	马氏距离	100 158	100 504	100 963	99 157	100 214	98 974	99 340	100 204	99 125	99 380	98 974	100 963	99 801.9
	最大似然法	91 896	90 598	91 852	90 518	91 608	91 271	91 247	91 367	90 682	91 090	90 518	91 896	91 212.9
	最小距离法	99 664	99 528	99 634	99 191	100 264	99 160	99 357	99 651	99 155	99 067	99 067	100 264	99 467.1
	平行六面体	93 397	92 774	93 369	92 586	93 577	93 557	93 760	93 397	92 613	92 760	92 586	93 760	93 179
	光谱角制图	89 305	89 243	89 314	89 089	89 607	88 737	89 044	89 209	89 063	88 865	88 737	89 607	89 147.6
	SVM	104 653	104 708	101 524	102 618	102 134	101 974	102 119	101 971	101 848	101 700	101 524	104 708	102 524.9
15	马氏距离	99 018	98 593	98 935	99 583	98 286	98 722	98 385	99 351	99 929	98 713	98 286	99 929	98 951.5
	最大似然法	91 107	90 888	91 411	91 375	91 651	90 681	90 835	90 910	91 041	90 944	90 681	91 651	91 084.3
	最小距离法	98 942	99 350	99 423	99 760	99 494	98 877	98 782	99 337	99 668	98 874	98 782	99 760	99 250.7
	平行六面体	93 724	92 796	93 557	92 796	93 724	93 347	93 345	92 511	93 174	92 836	92 511	93 724	93 181
	光谱角制图	88 663	88 999	89 098	89 224	89 201	88 598	88 831	88 962	89 193	88 776	88 598	89 224	88 954.5
	SVM	101 466	100 970	101 867	101 912	101 332	101 055	100 971	100 927	101 398	101 147	100 927	101 912	101 304.5

续表

样本量/%	分类方法	小麦识别的像元个数										最小值	最大值	平均值
		1	2	3	4	5	6	7	8	9	10			
20	马氏距离	99 420	98 688	99 891	98 964	99 775	98 861	99 160	99 142	99 142	100 003	98 688	100 003	99 304.6
	最大似然法	91 257	90 854	91 185	90 920	91 678	91 414	91 163	91 282	91 816	91 146	90 854	91 816	91 271.5
	最小距离法	99 401	98 831	99 284	99 371	99 857	99 291	99 381	99 568	99 272	99 658	98 831	99 857	99 391.4
	平行六面体	93 329	93 369	92 796	92 796	93 356	93 375	92 796	93 329	93 356	93 378	92 796	93 378	93 188
	光谱角制图	89 081	88 649	89 099	89 140	89 405	88 941	89 028	89 185	88 961	89 228	88 649	89 405	89 071.7
	SVM	101 349	100 281	101 070	101 001	101 376	101 539	100 725	100 559	100 970	101 159	100 281	101 539	101 002.9
25	马氏距离	99 102	99 408	98 977	99 030	98 835	98 754	99 147	99 076	99 260	98 812	98 754	99 408	99 040.1
	最大似然法	91 430	91 093	91 191	91 213	91 458	90 981	91 154	90 891	91 077	90 873	90 873	91 458	91 136.1
	最小距离法	99 254	99 285	99 083	99 390	99 329	99 188	99 065	99 072	99 124	98 839	98 839	99 390	99 162.9
	平行六面体	93 356	93 347	92 774	93 329	93 347	93 397	93 369	93 329	93 356	93 347	92 774	93 397	93 295.1
	光谱角制图	88 977	88 962	88 850	88 954	88 988	88 939	88 943	88 944	88 794	88 777	88 777	88 988	88 912.8
	SVM	100 789	100 724	101 111	100 630	100 523	100 379	100 389	100 590	100 692	100 692	100 379	101 111	100 651.9
30	马氏距离	98 939	99 087	99 595	98 969	98 873	99 407	99 293	98 782	99 259	99 216	98 782	99 595	99 142
	最大似然法	90 799	91 232	91 126	91 107	91 367	91 088	91 001	90 693	91 153	91 086	90 693	91 367	91 065.2
	最小距离法	98 936	99 300	99 609	99 232	99 185	99 026	99 369	98 901	99 321	99 152	98 901	99 609	99 203.1
	平行六面体	93 347	92 774	93 356	93 351	93 397	93 356	93 323	92 774	92 818	93 356	92 774	93 397	93 185.2
	光谱角制图	88 823	88 996	89 223	89 019	88 957	88 868	89 044	88 657	89 040	88 969	88 657	89 223	88 959.6
	SVM	100 115	100 393	100 116	100 346	100 463	100 266	99 907	99 987	100 156	100 508	99 907	100 508	100 225.7
40	马氏距离	99 153	99 297	99 021	99 087	99 250	99 153	99 260	99 348	99 299	99 432	99 021	99 432	99 230
	最大似然法	91 064	91 205	90 984	91 125	90 958	91 108	91 218	91 284	91 307	91 001	90 958	91 307	91 125.4
	最小距离法	99 062	99 431	99 208	99 175	99 183	99 371	99 546	99 271	99 574	99 230	99 062	99 574	99 305.1
	平行六面体	93 356	93 347	93 356	93 329	93 347	92 836	93 347	93 356	93 375	93 356	92 836	93 375	93 300.5
	光谱角制图	88 835	89 121	88 904	88 935	88 939	89 057	89 033	88 984	89 136	88 995	88 835	89 136	88 993.9
	SVM	99 516	99 375	99 730	99 683	99 498	99 516	99 426	99 730	99 325	99 533	99 325	99 730	99 533.2

附表 7　不同样本质量下各种方法的全区小麦识别的总体分类精度和 Kappa 系数

分类方法	样本质量等级	总体分类精度/%								Kappa 系数							
		1	2	3	4	5	最小值	最大值	平均值	1	2	3	4	5	最小值	最大值	平均值
最小距离	1	88.86	89.00	88.99	88.95	88.83	88.83	89.00	88.93	0.82	0.83	0.83	0.82	0.82	0.82	88.93	0.82
	2	89.40	89.06	89.18	89.43	89.14	89.06	89.43	89.24	0.83	0.83	0.83	0.83	0.83	0.83	89.24	0.83
	3	91.38	91.51	90.78	91.16	91.23	90.78	91.51	91.21	0.86	0.86	0.85	0.86	0.86	0.85	91.21	0.86
	4	92.19	92.66	90.73	92.30	92.00	90.73	92.66	91.98	0.87	0.88	0.85	0.88	0.87	0.85	91.98	0.87
	1—4	89.39	89.46	89.58	89.25	89.43	89.25	89.58	89.42	0.83	0.83	0.83	0.83	0.83	0.83	89.42	0.83
最大似然	1	92.45	91.99	92.10	92.46	92.19	91.99	92.46	92.24	0.88	0.87	0.87	0.88	0.87	0.87	92.24	0.87
	2	93.09	93.01	93.25	92.73	93.14	92.73	93.25	93.04	0.89	0.89	0.89	0.88	0.89	0.88	93.04	0.89
	3	90.33	90.49	90.78	90.41	90.55	90.33	90.78	90.51	0.84	0.85	0.85	0.84	0.85	0.84	90.51	0.85
	4	77.10	72.09	66.86	75.23	72.81	66.86	77.10	72.82	0.65	0.59	0.52	0.63	0.60	0.52	72.82	0.60
	1—4	92.38	91.84	92.56	91.91	91.91	91.84	92.56	92.12	0.88	0.87	0.88	0.87	0.87	0.87	92.12	0.88
支持向量机	1	90.54	91.18	91.05	90.76	90.88	90.54	91.18	90.88	0.85	0.86	0.86	0.85	0.85	0.85	90.88	0.85
	2	93.68	93.56	93.39	93.61	93.53	93.39	93.68	93.55	0.90	0.90	0.89	0.90	0.90	0.89	93.55	0.90
	3	88.76	88.63	88.71	88.45	88.21	88.21	88.76	88.55	0.82	0.82	0.82	0.82	0.82	0.82	88.55	0.82
	4	64.80	63.03	64.24	62.71	61.66	61.66	64.80	63.29	0.50	0.48	0.49	0.47	0.46	0.46	63.29	0.48
	1—4	92.81	92.18	92.74	92.50	92.76	92.18	92.81	92.60	0.89	0.88	0.88	0.88	0.88	0.88	92.60	0.88

附表 8　不同样本质量下各种方法的全区小麦识别的产品精度和用户精度

分类方法	样本质量等级	产品精度/%								用户精度/%							
		1	2	3	4	5	最小值	最大值	平均值	1	2	3	4	5	最小值	最大值	平均值
最小距离	1	96.07	96.02	96.07	96.02	96.07	96.02	96.07	96.05	95.48	95.42	95.45	95.4	95.37	95.37	96.05	95.42
	2	96.07	95.58	96.13	95.53	95.99	95.53	96.13	95.86	95.63	95.69	95.53	95.74	95.65	95.53	95.86	95.65
	3	97.78	97.24	97.78	97.81	97.34	97.24	97.81	97.59	95.07	95.55	95.02	94.98	95.23	94.98	97.59	95.17
	4	94.83	94.93	91.09	93.96	95.1	91.09	95.10	93.98	97.06	97.2	97.45	97.39	97.18	97.06	97.45	97.26
	1—4	95.23	95.42	95.64	94.88	95.29	94.88	95.64	95.29	96.09	95.89	95.85	96.13	95.96	95.85	96.13	95.98
最大似然	1	94.61	93.36	94.12	94.01	94.5	93.36	94.61	94.12	96.84	96.91	96.88	97.09	96.65	96.65	97.09	96.87
	2	93.82	93.44	94.18	93.36	93.66	93.36	94.18	93.69	97.94	98.12	97.94	98.01	98.02	97.94	98.12	98.01
	3	97.53	97.53	98.05	97.86	97.32	97.32	98.05	97.66	97.77	98.15	98.05	97.94	98.52	97.77	98.52	98.09
	4	71.58	61.12	48.2	66.24	63.07	48.20	71.58	62.04	94.19	94.08	92.46	94.22	93.83	92.46	94.22	93.76
	1—4	94.23	93.99	94.55	93.17	93.17	93.17	94.55	93.82	99.49	99.46	99.49	99.51	99.51	99.46	99.51	99.49
支持向量机	1	98.05	98	98.08	98.05	98.16	98.00	98.16	98.07	95.72	95.81	95.67	95.72	95.59	95.59	98.07	95.70
	2	97.05	96.97	97.13	96.75	97.16	96.75	97.16	97.01	96.24	96.37	96.5	96.46	96.4	96.24	97.01	96.39
	3	97.59	97.07	97.34	97.34	96.83	96.83	97.59	97.23	97.43	97.34	97.32	97.37	97.46	97.32	97.46	97.38
	4	94.2	93.63	93.01	95.34	93.28	93.01	95.34	93.89	92.23	92.31	90.34	91.9	90.3	90.30	93.89	91.42
	1—4	95.75	96.13	96.67	96.42	96.94	95.75	96.94	96.38	98.66	98.75	98.32	98.7	98.49	98.32	98.75	98.58

附表 9 不同三波段组合 J-M 距离、分离度、OFI 和协方差值

波段组合	J-M 距离		分离度		OIF		协方差		综合排序
	值	排序	值	排序	值	排序	值	排序	
123 波段组合	1.201	35	1.361	35	3.971	32	8.310	34	136
124 波段组合	1.736	13	1.847	15	5.591	21	9.995	24	73
125 波段组合	1.589	25	1.707	28	5.250	25	9.705	28	106
126 波段组合	1.305	34	1.526	34	2.742	35	8.166	35	138
127 波段组合	1.534	31	1.667	31	4.318	29	9.227	31	122
134 波段组合	1.779	11	1.873	10	7.107	10	11.060	11	42
135 波段组合	1.626	22	1.743	20	6.452	15	10.650	14	71
136 波段组合	1.390	32	1.575	32	4.005	31	9.184	32	127
137 波段组合	1.556	29	1.690	29	5.489	22	10.026	22	102
145 波段组合	1.802	8	1.874	8	9.674	3	12.112	2	21
146 波段组合	1.589	26	1.863	13	5.623	20	10.508	16	75
147 波段组合	1.813	5	1.911	1	7.736	7	11.739	4	17
156 波段组合	1.635	20	1.740	22	5.296	24	10.280	19	85
157 波段组合	1.710	17	1.841	18	6.671	14	10.872	13	62
167 波段组合	1.578	28	1.715	27	4.275	30	9.795	27	112
234 波段组合	1.765	12	1.863	12	6.691	13	10.350	18	55
235 波段组合	1.622	23	1.728	25	6.076	19	9.972	25	92
236 波段组合	1.358	33	1.540	33	3.686	34	8.470	33	133

续表

波段组合	J-M 距离		分离度		OIF		协方差		综合排序
	值	排序	值	排序	值	排序	值	排序	
237 波段组合	1.547	30	1.683	30	5.393	23	9.358	30	113
245 波段组合	1.804	7	1.874	7	9.082	4	11.662	6	24
246 波段组合	1.633	21	1.869	11	5.197	26	10.215	20	78
247 波段组合	1.816	3	1.888	3	7.241	9	11.303	8	23
256 波段组合	1.641	19	1.735	24	4.916	28	9.898	26	97
257 波段组合	1.724	16	1.838	19	6.257	16	10.445	17	68
267 波段组合	1.585	27	1.727	26	3.925	33	9.371	29	115
345 波段组合	1.809	6	1.884	4	10.624	2	12.300	1	13
346 波段组合	1.799	9	1.883	5	6.745	12	10.999	12	38
347 波段组合	1.820	2	1.896	2	8.664	6	11.920	3	13
356 波段组合	1.654	18	1.742	21	6.131	18	10.613	15	72
357 波段组合	1.727	15	1.844	16	7.339	8	11.077	9	48
367 波段组合	1.597	24	1.737	23	5.118	27	10.003	23	97
456 波段组合	1.815	4	1.873	9	9.047	5	11.465	7	25
457 波段组合	1.792	10	1.855	14	10.848	1	11.676	5	30
467 波段组合	1.823	1	1.881	6	7.094	11	11.066	10	28
567 波段组合	1.730	14	1.843	17	6.160	17	10.185	21	69

附表 10　各样本库不同农作物百分比级下的区域精度平均值和标准差随分辨率变化分析表

1 km² 样本库

百分比/%	不同分辨率下区域精度平均值/%						不同分辨率下区域精度标准差/%					
	30 m	50 m	70 m	90 m	150 m	250 m	30 m	50 m	70 m	90 m	150 m	250 m
0~10	81.3	77.8	53.6	48.6	48.7	72.4	15.6	19.3	24.9	25.8	25.5	12.1
11~20	93.8	89.3	76.6	69.0	56.2	58.2	5.0	8.6	16.2	20.6	25.6	20.6
21~30	97.2	92.4	88.4	84.0	75.4	64.9	2.6	5.9	9.7	13.0	18.3	22.5
31~40	98.1	93.9	94.5	92.7	87.5	78.2	1.3	4.3	5.0	6.2	10.5	16.4
41~50	98.0	93.7	95.6	94.9	92.3	87.6	1.4	3.6	3.1	3.9	6.2	9.9
51~60	97.7	93.8	94.7	93.8	91.6	88.8	1.3	3.2	3.4	4.0	5.8	8.0
61~70	97.3	93.7	94.0	93.1	90.9	86.7	1.4	2.6	3.4	4.0	6.0	8.8
71~80	97.3	94.2	94.1	93.0	90.4	86.3	1.2	2.3	3.0	3.5	5.1	7.6
81~90	97.4	94.9	94.2	93.4	91.4	88.8	1.0	1.8	2.4	2.9	3.7	4.8
91~100	97.9	96.2	95.7	95.2	94.6	92.9	0.9	1.5	1.8	2.0	2.4	2.3

4 km² 样本库

百分比/%	不同分辨率下区域精度平均值/%						不同分辨率下区域精度标准差/%					
	30 m	50 m	70 m	90 m	150 m	250 m	30 m	50 m	70 m	90 m	150 m	250 m
0~10	86.2	83.3	60.2	54.6	44.9	47.6	12.2	15.5	23.9	24.7	25.2	24.1
11~20	96.0	92.4	82.5	77.0	66.9	52.7	2.7	5.2	10.2	12.7	18.0	23.1
21~30	98.0	94.7	90.6	87.8	81.5	72.8	2.0	4.7	8.2	10.7	15.5	20.2
31~40	98.9	95.7	96.7	94.8	92.7	85.7	0.9	2.9	3.0	4.3	6.6	10.9
41~50	98.2	94.8	96.9	96.4	95.4	92.9	0.9	2.9	2.1	2.6	3.4	5.4
51~60	97.6	93.7	94.9	94.5	92.8	91.6	1.0	2.5	2.6	2.9	4.0	4.9
61~70	97.6	94.1	94.6	93.8	92.1	89.9	0.8	1.7	2.0	2.6	3.4	5.2
71~80	97.5	94.5	94.5	93.9	91.8	89.3	0.9	1.6	1.9	2.3	3.1	4.0
81~90	97.4	95.3	94.8	93.9	92.1	89.4	0.7	1.2	1.8	2.1	3.0	3.9

8 km² 样本库

百分比/%	不同分辨率下区域精度平均值/%						不同分辨率下区域精度标准差/%					
	30 m	50 m	70 m	90 m	150 m	250 m	30 m	50 m	70 m	90 m	150 m	250 m
0~10	87.7	87.1	62.1	55.2	46.5	43.6	10.7	13.8	23.0	24.9	26.6	30.5
11~20	96.6	92.7	85.3	80.2	71.4	60.6	3.1	5.1	10.7	13.2	18.8	25.2
21~30	98.3	94.5	92.4	89.1	84.7	74.6	1.5	4.3	5.9	7.6	12.2	15.5
31~40	99.0	94.8	96.7	95.2	92.2	86.1	0.8	3.3	2.4	3.6	5.6	10.3
41~50	98.3	94.7	97.1	96.9	95.8	94.7	0.8	2.3	1.9	2.3	2.9	3.8

16 km² 样本库

百分比/%	不同分辨率下区域精度平均值/%						不同分辨率下区域精度标准差/%					
	30 m	50 m	70 m	90 m	150 m	250 m	30 m	50 m	70 m	90 m	150 m	250 m
0~10	90.9	88.5	69.0	63.9	52.4	46.0	8.9	12.4	21.2	21.1	22.6	26.3
11~20	96.9	93.5	87.1	82.6	74.0	63.7	2.9	4.6	10.6	14.3	18.6	24.9
21~30	98.3	93.8	91.6	87.2	81.8	71.6	1.8	4.8	9.2	11.4	16.7	19.8
31~40	99.0	95.5	98.1	97.4	95.8	93.0	0.7	2.8	1.2	2.0	2.5	6.3
41~50	98.4	95.2	97.6	97.7	96.5	96.4	0.7	2.4	1.4	1.7	2.7	2.9

续表

8 km² 样本库 / 16 km² 样本库

百分比/%	8 km² 平均值 30m	50m	70m	90m	150m	250m	8 km² 标准差 30m	50m	70m	90m	150m	250m	16 km² 平均值 30m	50m	70m	90m	150m	250m	16 km² 标准差 30m	50m	70m	90m	150m	250m
51~60	97.6	94.2	95.2	94.7	93.2	92.6	0.9	2.1	2.4	2.6	3.9	4.8	97.7	94.3	95.5	94.8	93.5	92.6	0.8	2.0	1.9	2.2	2.9	3.8
61~70	97.7	94.4	95.0	94.3	92.7	90.1	0.6	1.5	1.8	2.2	3.0	3.9	97.6	94.3	94.7	94.2	92.6	91.4	0.5	1.1	1.1	1.6	2.1	2.6
71~80	97.4	94.5	94.3	93.4	91.6	89.5	0.6	1.3	1.4	1.6	2.1	2.8	97.6	94.9	94.8	94.1	92.3	89.3	0.6	1.1	1.5	1.7	1.8	1.8
81~90	97.8	95.6	94.9	94.7	92.9	91.8	0.5	0.8	0.8	1.0	1.8	2.3	97.3	95.5	94.9	94.4	92.1	89.5						

32 km² 样本库 / 64 km² 样本库

百分比/%	32 km² 平均值 30m	50m	70m	90m	150m	250m	32 km² 标准差 30m	50m	70m	90m	150m	250m	64 km² 平均值 30m	50m	70m	90m	150m	250m	64 km² 标准差 30m	50m	70m	90m	150m	250m
0~10	92.4	89.1	75.0	63.7	51.9	45.4	5.2	11.0	13.6	17.1	21.4	23.3	93.7	87.9	79.1	71.7	59.7	48.5	5.4	17.8	12.9	19.0	23.6	27.9
11~20	97.4	94.2	87.4	83.7	74.9	65.6	2.9	4.9	12.0	15.1	20.6	25.2	98.6	93.9	92.9	90.3	86.3	81.8	0.8	3.4	4.8	7.6	10.5	15.0
21~30	98.8	95.3	96.6	95.4	93.2	88.3	0.6	3.0	3.1	5.2	7.0	11.1	98.8	95.0	97.1	95.6	92.9	88.9	0.9	3.1	3.4	4.1	5.4	7.2
31~40	99.0	96.0	97.8	97.4	96.3	92.8	0.8	2.1	1.9	2.5	3.1	5.2	98.7	95.0	98.5	98.7	98.9	96.2	0.7	2.3	1.0	0.8	1.0	1.9
41~50	98.2	95.1	97.3	97.0	96.0	95.4	0.6	2.2	1.8	2.4	2.8	4.3	98.4	95.8	97.4	97.6	96.6	96.3	0.8	2.5	1.6	2.4	3.1	3.3
51~60	97.8	94.3	95.8	95.5	94.6	94.2	0.6	1.8	1.5	1.8	2.6	3.3	98.0	94.8	96.6	96.2	95.7	94.3	0.7	1.9	1.9	2.1	2.6	2.7
61~70	97.6	94.3	94.8	94.1	92.6	90.9	0.4	1.2	1.2	1.6	1.9	2.5	97.7	94.5	95.1	94.8	93.6	92.4	0.4	1.0	0.9	1.1	1.2	1.8
71~80	97.6	94.9	94.8	94.2	92.4	90.3	0.5	0.9	1.1	1.4	1.4	1.8	97.4	94.5	94.7	94.1	92.4	91.0	0.5	1.0	0.9	0.5	1.0	1.2
81~90	97.1	94.5	94.0	92.3	90.9	87.7																		

附表 11　各样本库不同农作物百分比下的均方根误差（RMSE）随分辨率变化分析表

百分比/%	1 km² 样本库在不同分辨率下的 RMSE/%						4 km² 样本库在不同分辨率下的 RMSE/%					
	30 m	50 m	70 m	90 m	150 m	250 m	30 m	50 m	70 m	90 m	150 m	250 m
0~10	0.58	0.88	1.92	2.39	3.05	3.74	0.48	0.74	1.73	2.28	3.03	3.73
11~20	1.17	2.09	4.28	5.68	8.00	11.32	0.75	1.54	3.22	4.21	6.09	8.95
21~30	0.95	2.41	3.70	5.11	7.59	12.21	0.68	1.94	2.98	3.95	5.80	8.40
31~40	0.81	2.64	2.63	3.39	5.80	9.94	0.54	1.90	1.62	2.40	3.54	6.51
41~50	1.13	3.38	2.53	2.98	4.52	7.28	0.95	2.74	1.73	2.04	2.62	4.06
51~60	1.53	3.93	3.58	4.15	5.78	7.78	1.44	3.73	3.19	3.49	4.61	5.42
61~70	1.97	4.49	4.54	5.28	7.24	10.53	1.68	3.99	3.76	4.42	5.63	7.46
71~80	2.21	4.70	5.00	5.89	8.22	11.78	2.02	4.29	4.41	4.92	6.59	8.56
81~90	2.43	4.62	5.38	6.15	7.97	10.42	2.23	4.06	4.60	5.30	6.95	9.30
91~100	2.13	3.83	4.30	4.77	5.45	6.88						

百分比/%	8 km² 样本库在不同分辨率下的 RMSE/%						16 km² 样本库在不同分辨率下的 RMSE/%					
	30 m	50 m	70 m	90 m	150 m	250 m	30 m	50 m	70 m	90 m	150 m	250 m
0~10	0.42	0.62	1.59	2.02	2.73	3.49	0.40	0.60	1.57	2.06	2.81	3.59
11~20	0.69	1.35	2.77	3.61	5.20	7.21	0.60	1.22	2.34	3.14	4.54	6.35
21~30	0.53	1.74	2.32	3.27	4.74	7.39	0.54	1.79	2.71	3.81	5.45	7.91
31~40	0.46	2.15	1.47	2.13	3.35	6.15	0.44	1.92	0.82	1.15	1.79	3.40
41~50	0.87	2.68	1.63	1.78	2.34	2.98	0.81	2.46	1.30	1.31	1.99	2.06

续表

百分比/%	8 km² 样本库在不同分辨率下的 RMSE/%						16 km² 样本库在不同分辨率下的 RMSE/%					
	30 m	50 m	70 m	90 m	150 m	250 m	30 m	50 m	70 m	90 m	150 m	250 m
51~60	1.43	3.44	3.05	3.33	4.40	4.99	1.34	3.37	2.70	3.11	3.94	4.62
61~70	1.60	3.80	3.49	4.07	5.23	7.06	1.63	3.84	3.60	4.03	5.10	5.96
71~80	2.02	4.25	4.40	5.09	6.53	8.19	1.90	3.93	4.09	4.62	5.99	8.16
81~90	1.86	3.68	4.26	4.46	6.02	7.06	2.21	3.78	4.24	4.63	6.57	8.79

百分比/%	32 km² 样本库在不同分辨率下的 RMSE/%						64 km² 样本库在不同分辨率下的 RMSE/%					
	30 m	50 m	70 m	90 m	150 m	250 m	30 m	50 m	70 m	90 m	150 m	250 m
0~10	0.30	0.52	1.17	1.60	2.19	2.89	0.29	0.56	1.17	1.56	2.25	3.00
11~20	0.49	1.12	2.21	2.87	4.22	5.65	0.27	0.94	1.16	1.61	2.29	3.14
21~30	0.33	1.46	1.01	1.51	2.15	3.55	0.47	1.54	1.26	1.64	2.32	3.40
31~40	0.46	1.61	1.00	1.26	1.69	3.04	0.53	1.87	0.59	0.54	0.52	1.47
41~50	0.88	2.56	1.57	1.88	2.34	3.00	0.77	2.06	1.26	1.39	1.97	2.08
51~60	1.30	3.32	2.53	2.72	3.37	3.80	1.19	3.21	2.27	2.56	3.08	3.65
61~70	1.61	3.88	3.52	4.01	5.04	6.20	1.44	3.52	3.18	3.48	4.24	5.19
71~80	1.83	3.83	3.92	4.41	5.72	7.34	1.92	4.08	3.99	4.50	5.84	7.02
81~90	2.32	4.51	4.89	6.29	7.43	10.00						

附表 12　各样本库不同农作物百分比级下偏差随分辨率变化分析表

1 km² 样本库在不同分辨率下偏差/%

百分比/%	30 m	50 m	70 m	90 m	150 m	250 m
0~10	-0.32	-0.20	-1.14	-1.41	-1.81	-2.26
11~20	-0.85	-0.17	-3.47	-4.64	-6.82	-9.87
21~30	-0.41	0.61	-2.55	-3.73	-5.56	-9.53
31~40	0.13	1.66	-0.78	-1.50	-2.71	-6.30
41~50	0.81	2.82	1.22	1.27	1.02	0.23
51~60	1.30	3.48	2.80	3.19	3.97	4.27
61~70	1.74	4.15	3.92	4.49	5.78	7.96
71~80	2.02	4.36	4.47	5.24	7.19	10.00
81~90	2.14	4.10	4.67	5.33	6.92	9.10
91~100	1.97	3.57	4.00	4.42	5.01	6.48

4 km² 样本库在不同分辨率下的偏差/%

百分比/%	30 m	50 m	70 m	90 m	150 m	250 m
0~10	-0.31	-0.08	-1.14	-1.49	-2.00	-2.47
11~20	-0.60	0.27	-2.77	-3.63	-5.29	-7.92
21~30	-0.35	0.88	-2.10	-2.85	-4.38	-6.49
31~40	0.17	1.42	-0.52	-1.12	-1.96	-4.54
41~50	0.81	2.37	1.00	1.17	0.95	0.12
51~60	1.33	3.47	2.82	3.03	3.85	4.18
61~70	1.59	3.84	3.52	4.08	5.14	6.62
71~80	1.92	4.12	4.18	4.63	6.19	8.01
81~90	2.15	3.94	4.36	5.03	6.53	8.77

8 km² 样本库在不同分辨率下的偏差/%

百分比/%	30 m	50 m	70 m	90 m	150 m	250 m
0~10	-0.29	-0.07	-1.12	-1.43	-1.92	-2.48
11~20	-0.47	0.25	-2.17	-2.93	-4.30	-5.94
21~30	-0.29	0.96	-1.78	-2.58	-3.68	-6.31
31~40	0.25	1.81	-0.47	-0.72	-1.84	-3.66
41~50	0.78	2.45	1.19	1.05	0.89	0.10

16 km² 样本库在不同分辨率下的偏差/%

百分比/%	30 m	50 m	70 m	90 m	150 m	250 m
0~10	-0.29	-0.07	-1.16	-1.52	-2.11	-2.72
11~20	-0.37	0.65	-1.88	-2.50	-3.79	-5.36
21~30	-0.31	1.45	-1.91	-2.90	-4.20	-6.85
31~40	0.34	1.59	0.04	-0.25	-0.75	-2.17
41~50	0.74	2.20	0.90	0.84	0.77	0.19

续表

百分比/%	8 km²样本库在不同分辨率下的偏差/%						16 km²样本库在不同分辨率下的偏差/%					
	30 m	50 m	70 m	90 m	150 m	250 m	30 m	50 m	70 m	90 m	150 m	250 m
51~60	1.33	3.23	2.72	2.98	3.78	4.00	1.27	3.17	2.48	2.86	3.59	4.01
61~70	1.55	3.67	3.29	3.80	4.85	6.58	1.59	3.78	3.51	3.89	4.92	5.73
71~80	1.97	4.15	4.28	4.94	6.34	7.92	1.84	3.85	3.95	4.45	5.83	8.06
81~90	1.81	3.64	4.21	4.38	5.86	6.83	2.21	3.78	4.24	4.63	6.57	8.79

百分比/%	32 km²样本库在不同分辨率下的偏差/%						64 km²样本库在不同分辨率下的偏差/%					
	30 m	50 m	70 m	90 m	150 m	250 m	30 m	50 m	70 m	90 m	150 m	250 m
0~10	-0.23	0.09	-0.92	-1.26	-1.73	-2.27	-0.20	0.23	-0.90	-1.19	-1.77	-2.38
11~20	-0.23	0.80	-1.63	-2.18	-3.35	-4.73	0.03	0.79	-0.60	-0.95	-1.38	-2.15
21~30	0.09	1.03	-0.40	-0.79	-1.26	-2.42	0.28	1.36	0.05	-0.20	-0.66	-1.34
31~40	0.33	1.41	0.23	-0.04	-0.10	-1.23	0.46	1.68	0.33	0.16	0.07	-1.15
41~50	0.84	2.35	1.29	1.47	1.48	1.37	0.68	1.82	1.09	1.03	1.55	1.50
51~60	1.26	3.17	2.37	2.51	3.04	3.30	1.15	3.07	2.08	2.34	2.77	3.27
61~70	1.59	3.81	3.43	3.89	4.89	6.02	1.42	3.46	3.10	3.38	4.13	4.97
71~80	1.80	3.79	3.84	4.30	5.64	7.25	1.90	4.04	3.95	4.47	5.78	6.92
81~90	2.32	4.51	4.89	6.29	7.43	10.00						

索　引